まちづくりのための
北のガーデニングボランティア
ハンドブック

公益財団法人
札幌市公園緑化協会❖編

まちづくりのための
北のガーデニングボランティアハンドブック

公益財団法人
札幌市公園緑化協会 ❖ 編

北海道大学出版会

コンテナ花壇(百合が原公園)

扉上:5月下旬のライラック(創成川公園),下:植物ボランティア(創成川公園)

はじめに

　花や緑はうるおいや安らぎを与え心身を癒し，また，その魅力と共感は人をつなぐ力を持っている。これは，植物が古くから人の生存と文化に深くかかわってきたことによるのであろう。北の自然には，雪解けとともに萌えだす緑から初夏へ鮮やかに咲きだす花々，盛夏の濃緑と秋を彩る紅葉，晩秋から初冬の木の実の紅黄，そして緑の衣を脱いだ木立の雪景色へと，四季折々に心をとらえる植物の移ろいがある。本書はこれらの魅力と力を引出し応用するガーデニングを主体として，ボランティアでまちづくりに貢献しようとする方々のためにまとめられた。

　背景として，少子高齢化が進み，成熟した社会に向けて，豊かでうるおいのある地域づくりが課題とされ，行政のみでは多様化する住民のニーズに十分対応することがむずかしい時代となっていることがあげられる。そこでは住民，企業，行政がそれぞれの立場や違いをこえた協働のまちづくりが求められている。

　キーワードとなる〝ガーデニング〟，〝ボランティア〟，〝まちづくり〟はそれぞれ比較的新しく一般化した言葉であり，その意味や範囲も用いる人により多様であろう。まず，それらについて簡単に触れておきたい。

　ガーデニングの意味として，辞書には庭づくり・園芸活動とある。従来の園芸趣味はどちらかといえば，特定の植物への関心や植物栽培自体を楽しむ傾向が強いのに対して，庭づくりは植物自体よりも全体のデザインに関心があり，植物への関心も草花よりも樹木への愛好が強いように思われる。これに対して近年一般化した〝ガーデニング〟には，英国を中心とした海外の影響から，用いる植物の配置や色彩などの美しさやデザインへの関心が強くあらわれているようである。

　ガーデニングや園芸の本来の意味は，限られた空間において手をかけて花や野菜・果樹などの植物を育てることであり，ガーデン(庭園)には囲われた空間に理想としての自然をつくりだそうとしてきた歴史がある。その現代的な対象は，通常の庭園から屋上，ベランダなど身近にある様々な空間へ，また私的で閉鎖的な空間から公共的でオープンな空間へ，さらに，手を加え美的な感性をよびおこすことで地域の自然へも広がっている。

　生き物としての植物を育てることは，一時的ではなく生育のプロセスをとおして，地域から地球環境にまでつながる自然の循環，すなわち大気，土や水，草木，昆虫・野鳥などの生物との関連を知ることにもなる。そしてなによりもガーデニングは楽しみとしての活動であり，そのプロセスを通して人と人・社会との交流の機会を増やしてくれる。

　ボランティアは「自由意思」を意味するラテン語のボランタスを語源とし，志願兵を意味する英語に由来するという。辞書では奉仕者，志願者とあるが，現在では，〝ボランティア〟という人と活動の両者を意味する言葉自体が一般化している。ボランティアに対する関心はかなり以前から見られるが，特に1995年の阪神・淡路大震災から社会的関心が高まった。その対象も公的機関のみでは対応できない救援活動，介護や子育て支援，環境美化や保護など様々な領域に広がっている。

　活動の特徴は，自発性，利他性(社会性)，無償性にあるとされる。自発性とは義務や強制によるのではなく，あくまでも自由意志によることである。しかし，企業のCSR(社会貢献活動)に参加したり，学生・生徒の教育の一環として行われる活動などのように，まったくの個人意志とはいえないものも含めて広く使われることが多い。利他性(社会性)は自己の利益を目的とするものではなく，その目的が地域社会の向上や福祉増進，環境保全など社会的に意義のあるものへの労力，技術，知識，時間を提供することである。無償性は相応する対価を求めないことであるが，活動を通じて得られる自己実現性，社会的評価などによる心理的な満足性は活動を持続させる力となるものであり，人や社会とのつながりを通して新しい価値を見出すこともできる。また，付随的に得られる知識や社会的交流なども，それ自体が目的化されなければ活動の効果として大いに期待されてよい。

　まちづくりという言葉は，従来からの法的な制度である都市計画では十分対応できない様々な課題に応える期待を持って広まったと考えられる。そのひとつの理由は，従来の都市計画がおもに土地利用の規制と道路や上下水道，公園など都市施設の計画からなっており，都市が急激に拡大する時期に乱雑な土地利用を制御することと，必要な施設をインフラストラクチャ(基盤)として整備することに主眼があり，住民参加のしくみが整っていなかったことによる。しかし，1970年代ごろより都市計画において，市民や住民の参加が強く求められるようになり，その運動として〝まちづくり〟が広がり，現在では法的にもある程度位置づけられるようになっている。二番目の理由としては，都市が成熟の時代を迎え，生活の豊かさをどのように実

はじめに

現するかが大きな課題となり，従来の都市計画の概念を超えた，生活にかかわる社会，経済，文化，環境などの様々な要素が関連する，ソフトな政策が求められるようになったことがあげられる。

このような状況にあって，市民や住民が主体的にまちづくりに参加することが求められ，蓄積されてきた都市施設の活用においても，その管理・運営への参加が欠かせなくなっている。また，市民や住民の主体的な活動を行政が支援するしくみも様々に広がっている。古くは道普請のように地域の構成員により担われていたものが，近代化とともに行政の仕事となってきたものも少なくないが，それらを市民参加や行政との協働といった視点からボランティア活動として見直していくことも行われている。例えば，米国の道路管理から始まったアダプト（里親）制度は，契約を結び市民団体などが道路の清掃・美化などを行い"親のように"大切に育てる（管理する）もので，行政などはそれを公表し活動しやすいように支援するものである。日本でも道路，河川，公園などに広がりを見せている。

一方，大量消費社会や拡大時代につくられたまちを，将来の環境を悪化させずに次世代の利益を損ねないような持続可能なまちにしていく必要がある。そこでは都市の緑や自然の持つ機能が見直され，例えば大気浄化，洪水防止・水循環，気温緩和，生物多様性などに貢献する緑は，従来のコンクリートで象徴される"グレーインフラ"ではなく，"グリーンインフラ（緑の基盤）"として重要性が高まっている。また，庭や屋上緑化，壁面緑化，緑のカーテン，街路の緑化など身近な緑についてもグリーンインフラとして再認識することが望まれている。その特徴としてあげられるのは，維持管理に市民や住民がかかわることによって持続的に効果を保持したり高めることができることであり，美的な要素を加えることにより都市の個性や豊かさを育むこともできる。そしてまた，参加する人のつながりや力は，社会での協調や信頼関係から地域を活性化させるソーシャル・キャピタル（社会関係資本）としても注目されている。

本書でのまちづくりにおけるガーデニングボランティアとは，社会の絆が希薄になる中，花と緑をきっかけに市民が自らの意思によって社会との結びつきをつくり，地域の暮らしを豊かにする動きととらえることとしたい。

本書の構成は第Ⅰ～Ⅵ章からなり，第Ⅰ章では，まちづくりにおけるガーデニングボランティアの意義と方法，第Ⅱ章ではガーデニング活動の基礎となる知識と技術，第Ⅲ章ではガーデニングに用いる植物の栽培と管理，第Ⅳ章ではガーデニングとデザイン，第Ⅴ章では景観（ランドスケープ）とデザイン，第Ⅵ章では地域の自然や歴史などの環境をそれぞれテーマにしている。

第Ⅰ章では，まず，まちづくりの意義としくみを理解し，まちづくりにおいてガーデニングがどのような役割を果たすかを概括し，具体的には多くの人たちが協働で取り組むコミュニティーガーデンや公園，街路などでのボランティア活動について，その理念や事例を紹介している。また，ガーデニングの癒しの効果に焦点をあてた園芸福祉・園芸療法についてもその概念と実践例を示している。その上で，活動を進めるベースとなる考え方を整理し，活動を活発化させる組織や資金確保の方法，ネットワークの重要性について述べている。

第Ⅱ章では，最初にガーデニングに用いる植物の種類について園芸的分類に加えて，植物学的な分類と形態を解説している。次に，植物が成長していく基本的なしくみを示し，植物の健全な生育と栽培の基盤となる，土壌，肥料の知識と土壌管理，堆肥づくりについて述べている。次に，植物の害虫については，単に薬剤による防除に頼るのではなく，虫の習性や天敵，生態的調和の視点からも対策を示し，病気についてもその概念をベースとした幅広い対策について述べている。また，農薬の安全性にも触れている。最後に，人と花との深いかかわりをユリやライラックを中心とした園芸史から見ている。

第Ⅲ章はガーデニングの実践として，植物の栽培と管理法をまとめており，まず，草花，芝生，グラウンドカバープランツ（地被植物），果樹に分けて，それぞれの用途にそった栽培特性と管理の方法を概説している。野菜についてはコンテナでの育て方，バラについては公共花壇に向いた種類と管理法をより詳しく述べている。花の殖やし方に関しては，育種の基本的知識と一般に行われる栄養繁殖について解説している。また，除草剤に頼らない雑草管理を加えている。

樹木の管理に関しては，健全な生育のための剪定の基本や冬囲いの方法などを示し，主要な樹種ごとの剪定の特性を解説している。また，公園などにおいて重要となる群としての樹木，すなわち樹林管理について概説し，樹木を大きく育てるポイントについて触れている。さらに，ボランティアによる環境林や里山の管理の必要性と事例を示し，林床を美しく彩る野生草花の再生と管理やビオトープ（野生生物の生息空間）の造成と管理の方法を解説している。これらは，従来のガーデニングの概念からははずれると思われるかもしれないが，植物の手いれを通したランドスケーピング（景観づくり）としてつながりを持つ活動ととらえている。

第Ⅳ章では，まず，ガーデニングのデザインの基本を公共空間における花壇のデザインと庭づくりのプロセスにより示している。花壇では，目的としたデザインを保つ管理にも触れ，庭づくりでは人や生き物に居心地の良い空間を目指したデザインの重要性を指摘している。次に，移動できる器にいれ，狭い空間や街並みを彩ることのできるコンテナガーデンのデザインに

ついて述べている．また，近年，関心が高まっている実用的な野菜やハーブなどを美しくつくるキッチンガーデンの基本を解説し，ハーブガーデンの事例を紹介している．

第V章は景観（ランドスケープ）のデザインを幅広い視点から取り上げている．まず，ガーデニングを生み出した庭園の歴史と公園の発達を概説し，ガーデニングにかかわるまちの景観のあり方を整理している．次いで，街路に置かれるベンチなどストリートファニチャー，体に障がいがある人でも利用しやすい工夫（バリアーフリー），障がいの有無にかかわらず広範囲の人が利用できるユニバーサルデザインについて解説している．また，デザインプロセスにおける市民参加の具体例を公園づくりから概括している．さらに，自然景観を社会の自然観のあらわれとしてとらえ，身近な自然へのつながりを庄内砂丘林の形成と維持や，日独の森林観の比較から探り，地域の景観との触れあいを可能にするフットパスの展開を見ている．

第VI章はガーデニングが地域の自然環境と密接にかかわることから，まず，北海道の植生の特徴を概括し，札幌に残された自然植生をより詳しく取り上げている．次に，植物と気象の関係を，グローバルな地球環境問題にもつながる視点から，また，二酸化炭素濃度と植物の応答を研究実績をベースに解説し，札幌の例により具体的なガーデニング環境としての気象について説明している．さらに，植物栽培をともなうガーデニングに密接にかかわる生物多様性に関して，その基本的な概念と，外来種と在来種の扱いについて解説している．最後に，みどりを活かした環境教育に触れ，札幌のまちの成り立ちと歴史の中でみどりはどのように考えられてきたのか，そして今，みどりはどのようにあるのかを考える．

本書は札幌市の後援の下に，札幌市公園緑化協会と札幌市立大学によりボランティアガーデニングのリーダーを育てる目的で，2008年度から2012年度までの5年間にわたり開催された「さっぽろ緑花園芸学校」での講義，実習を基に執筆され，一部を新たに書き加えたものである．また，協会の設立30周年の記念出版でもある．

記載されている事例の多くは札幌を中心としており，自然環境に強く影響される植物栽培などでは，他の地域にすべてがそのままの形で応用できるとは限らない．読者の皆さんのそれぞれの地域にあわせて考えていただくようお願いしたい．ガーデニングに関する手引書は数多く出版されているが，本書はガーデニングを主体にボランティアとして活動するための知識・技術を幅広くカバーしている．ボランティアを志す方々には関連する知識・技術の共有のために，また，実践されている方々には手元において必要な箇所を役立てていただければ幸いである．

2014年2月
編集委員を代表して　淺川昭一郎

上：雪燈路(中島公園) / 撮影：長岡秀文 / さっぽろ緑と花のフォトコンテスト* 平成25年度四つ切りサイズ入選
下：ある春の日(農試公園) / 撮影：平尾敦子 / さっぽろ緑と花のフォトコンテスト* 平成25年度サービスサイズ入選
 *(公財)札幌市公園緑化協会主催

目　次

はじめに　　　i

第Ⅰ章　ガーデニングボランティアとまちづくり　　1

Ⅰ-1　ガーデニングボランティアのすすめ　　2
ガーデニング／住宅地の緑／まちづくり／実践にむけて

Ⅰ-2　「まちづくり」のしくみ　　4
地方都市の危機／先導的まちづくり成功のポイント／「都市計画」から「まちづくり」へ／都市計画・まちづくりの近年主要研究テーマ／西欧のまちづくりに学ぶ／今後の展望

Ⅰ-3　コミュニティの活性化　　6
たたき台としてのコミュニティ像／個人のライフスタイルからのとらえ直し／札幌市民ライフスタイル調査／西岡公園の事例／ガーデニングボランティアの意義と楽しみ

Ⅰ-4　まちづくりとガーデニング　　8
ガーデニングでまちづくり／想いを形にするのがまちづくり／ガーデンデザインの移り変わり／ガーデニングが及ぼす街への影響力／花のまちづくりの効用／ガーデニングからオープンガーデンへ／3月11日東日本大震災／オープンガーデンが社会貢献となる日を目指して／絶望の中で「ひまわり」が咲いた／植物の持つ力

Ⅰ-5　まちづくりとコミュニティガーデン　　10
コミュニティ／コミュニティガーデン／子どもの食育や環境教育への役割／日本のコミュニティガーデン

Ⅰ-6　コミュニティガーデンをつくる　　12
コミュニティガーデンのコンセプト／コミュニティガーデンのコツ

Ⅰ-7　公園をつかいこなす　　16
公園と人とのかかわり／公園を「遊ぶ」／公園を「育てる」／冬の公園を「つかいこなす」

Ⅰ-8　公園はコミュニティ資源　　20
公園ボランティア活動／前田森林公園／凸凹クラブの誕生／前田森林公園凸凹クラブの活動／活動の変遷／ボランティア活動を長く継続するために／今後の課題

Ⅰ-9　大通公園ボランティアの植物管理　　24
大通公園の花壇前史／新たなボランティア活動の始まり／大通におけるボランティア活動のこれから

Ⅰ-10　ガーデニング リラの会――大通公園西8丁目花壇の取り組み　　26
「ガーデニング リラの会」と大通公園西8丁目花壇／花壇コンセプト／これまでの経緯／活動にあたって

Ⅰ-11　AMAサポーターズ倶楽部　　28
AMAサポーターズ倶楽部設立経緯／AMAサポーターズ倶楽部のしくみ／活動を引っ張っていくリーダーについて／アマを北海道のラベンダーのように／市民，企業，町内会などをお仲間に

Ⅰ-12　新琴似六番通り街づくりクラブ　　30
新琴似六番通り街づくりクラブ／六番通地域街づくり憲章／みんなでつくる花壇――コミュニティガーデン

Ⅰ-13　園芸療法・園芸福祉　　32
園芸療法の歴史／日本における園芸療法／園芸福祉の誕生／園芸療法を実践するために求められている人材／園芸療法士

Ⅰ-14　園芸療法ボランティア　　34
園芸療法〝ぐり〜んの会″／札幌市豊平区内特別養護老人ホームの例／札幌市西区特別養護老人ホームの例／園芸療法ボランティアの意義

Ⅰ-15　ボランティア組織論　　36
ボランティアとは／ボランティア活動の特徴／持続のための組織づくり／リーダーの役割／ファシリテーターの役割

Ⅰ-16　ボランティア活動資金の確保　　40
ボランティア活動／必要経費を考える／会費の徴収／寄付金／自主事業の開催／協力・協賛を募る／助成金・補助金をもらう／事業を受託する／コンソーシアムを組む／資金管理／継続／〈補足〉

Ⅰ-17　花と緑のボランティアネットワーク　　42
情報による触発／さっぽろ花と緑のネットワーク／新たなボランティア団体の誕生／ボランティアの発案によるイベントづくり／「花壇づくり」がコミュニティをつくる／情報の受け手と発信者が固定しない情報交換

第Ⅱ章　ガーデニングの基礎　　45

Ⅱ-1　ガーデニング植物の分類　　46
ガーデニング植物とは／一・二年草／宿根草／球根植物／樹木／ツル性植物／山野草・高山植物／ヒース(Heather)／ハーブ／カラーリーフプランツ

Ⅱ-2　植物の分類と形態　　50
分類する／生物界は階層構造／分類学の父／様々な分類の考え方／APG分類体系／学名の構造／学名の命名／種と変種，品種／和名／栽培植物・園芸植物の学名は三名法／植物体の体のつくり／植物の生態／生活形／気候と生活形の対応／植物は環境に敏感！／外来種について

v

目　次

II-3　植物の生理　58
光環境と生理反応／温度環境と生理反応／空気環境と生理反応／土壌環境と生理反応／植物ホルモンと生理反応

II-4　土　壌　62
土壌／風化／腐植／土壌の役割／土壌の生成／土壌の元素組成／土壌の姿／有効土層／土壌の構造／土壌は生きている／土壌の機能／土壌肥沃度／札幌近郊に分布する土壌／問題土壌

II-5　肥　料　68
植物の生育のしくみ／植物が求める条件／植物の必須元素／肥料／化学的肥料区分／肥料取締り法による肥料の種類／有機質肥料／施肥／過繁茂(過剰窒素施肥)／施肥法／土壌の窒素供給／適正施肥／土壌診断／堆肥施用と施肥対応／市販有機物

II-6　土壌管理　72
圃場診断／作付・管理履歴診断／作付計画／土づくり目標／耕起／播種床造成／石灰施用／石灰質肥料の種類／pHと土壌病害／排水／練り返し／土壌保全

II-7　堆肥づくり　74
堆肥とは／堆肥化の利点／腐植とは／素材による堆肥の違い／発酵に働く菌／堆肥づくりの三要素／堆肥づくり／堆肥の判定／堆肥を使用しよう

II-8　害虫と天敵　78
害虫／庭の虫達／経過習性／虫達の越冬対策／虫の種類を調べる／天敵と天敵による防除／おもな害虫

II-9　植物の病気──その概念と対策　84
植物の病気／植物の病気に関するおもな用語とその意味／植物の病気の種類と原因／植物の病気の伝染法／病原体の植物侵入方法／植物が感染して発病するための3つの要因／植物の病気の診断／如何にして病気を防ぐか

II-10　農薬と安全　88
農薬の目的／農薬の歴史1／農薬の歴史2／科学技術の分野と進歩／現代に至るまで／農薬を安全に使うために／家庭園芸では／家庭での安全／農業に理解を／安全と安心

II-11　花の園芸史　90
花の園芸史／古代，中世日本での花の観賞／近世日本の花の育種／西洋人が見た近世日本の園芸状況／近代の花の園芸史／プラントハンター／ウォーデアンケース／栽培・観賞／収集された植物の育種／ユリの園芸史／ユリ王国／ユリのプラントハンター／ユリの育種／ユリの園芸品種の区分／アジアティクハイブリッドの育種／オリエンタルハイブリッド／トランペットハイブリッド／その他のハイブリッド

II-12　ライラックの園芸史　94
ライラックの特性／ライラック名前の由来／ライラックの分布／種間での特性の違い／ライラックの育種／ライラックの園芸品種／北海道でのライラックの歴史

第III章　ガーデニング植物の栽培・管理　99

III-1　草花の栽培　100
種から始めますか，それとも苗から始めますか？／一年草，宿根草とは／一年草の品目の選び方／多年草の品目の選び方／種子播き／育苗／移植／追肥／水分管理／支柱／摘心／除草／下葉欠き／凋花処理／病害虫対策／採種／多年草秋の管理／後片付け

III-2　芝生の種類と管理　104
芝生の基礎知識／芝生の種類と特性／芝草と牧草，イネ科作物との栽培上の特徴／北海道に適する芝生造り／芝生の造成／芝生の管理／今後の課題と展望

III-3　グラウンドカバープランツ(地被植物)　108
グラウンドカバーの効果／グラウンドカバープランツの条件／北国に適したグラウンドカバープランツ／増殖・造成・管理

III-4　コンテナで育てる野菜　112
コンテナ栽培／コンテナ野菜栽培の基本／葉物野菜／苗から育てる夏野菜／ウリ科の野菜／根菜／土の袋，保冷バッグを利用

III-5　果樹の栽培　116
果樹の種類の選び方／果樹品種の選び方／果樹の結実性／苗木の選び方／苗木の植えつけ／植えつけ後の養生／病害虫の防除／土壌管理と施肥／結果習性と整枝・剪定／主要な果樹の栽培

III-6　公共花壇におけるバラの種類と管理　120
多種多様なバラ／バラの系統／公共的な場面に適した系統／植え場所の選定／植え床づくり／剪定／花がら摘み／施肥／病害虫対策／越冬対策

III-7　花の育種　124
花の遺伝／花の育種

III-8　植物の栄養繁殖　130
植物の繁殖／挿し木／取り木／接ぎ木／株分け

III-9　効果的な除草　132
雑草とは？／除草の基本／管理レベルの設定／管理レベルと除草方法の例

III-10　樹木の剪定　134
樹木の剪定／その他の樹木の管理

III-11　樹種ごとの剪定　138
マツ類／モミジ・カエデ類／花木類／果樹類／生垣

III-12　公園の樹木管理　142
樹林管理計画／公園樹林の形態／樹林の利用目的，機能と種類／樹林管理技術／樹木観察の留意点

III-13　林の手いれと手応え　144
地域の林は，今，どうなっているか／林を手いれする担い手は，今，誰なのか／ではどう手いれすればいいのか／「林を見る力」と「手いれのhow to」／手いれの醍醐味／薪でつながるコミュニティと持続可能性

III-14　野生草花群落の再生と管理　146
北海道の自然は豊か／都市の中や周辺にも美しい野生の草花が残されている／スプリング・エフェメラルの

生活史／春植物のお花畑を維持，再生するためには？／群落の維持，拡大のための植生管理／個体群の再生，創造のための播種または苗の導入とその後の管理／種子の基本構造と休眠

- III-15 **環境林・里山の管理** 150

  環境林・里山／里山の果たした役割／里山のイメージ／里山の管理／具体的な里山の手いれ方法／森の表現／里山の管理を始める前に

- III-16 **ビオトープの造成と管理** 152

  ビオトープ／ビオトープ事業／住宅地の山野草／人為的攪乱／野生の草本の分類／山野草の定義とその生育地の特徴／山野草ビオトープの創出／ビオトープ創出の事例(平岡公園人工湿地)／人工湿地の基盤／水位調節／人工湿地の管理方針(順応的管理と受動的再生)／市民参加の公園づくり／除草／湿生植物の導入／平岡公園湿地の植栽ガイドライン／群落モニタリング

第IV章　ガーデニングとデザイン　157

- IV-1 **ガーデニングと花壇デザイン** 158

  ガーデニングとは／北国らしいガーデニング／公共空間のガーデニング／公共と個人の違い／花壇の計画／花壇づくりの流れ／花壇のデザインの条件／植物のデザイン／北国の花壇の特徴とデザイン／一年草(生)花壇／宿根草花壇／ミックスボーダー花壇

- IV-2 **庭づくりとデザイン** 168

  庭と人と地域とのかかわりあい／北海道らしいガーデニングと気候条件／デザインの大きな流れ／計画地の条件を把握する／既存の庭がある場合／イメージを固める／具体的な計画を立てる／ガーデンデザインのポイント／予算からできることを考える／施工する／維持管理

- IV-3 **コンテナガーデン** 174

  植物をうまく育てるポイント／パターン／草花の種類／配置／コンテナ選び

- IV-4 **キッチンガーデンデザイン** 176

  日本のキッチンガーデン／キッチンガーデンの定義／キッチンガーデンの基本／キッチンガーデンデザイン

- IV-5 **ハーブガーデン――北の沢コミュニティガーデンみんなの丘の事例** 180

  ふたつのテーマエリア／「ハーブ」である意義／郊外型コミュニティガーデンとしての役割／五感で楽しめるエリア／ハーブの活用

第V章　景観とデザイン　183

- V-1 **造園の歴史に学ぶ** 184

  庭園の様式／日本の庭園／ヨーロッパの庭園／近代から現代へ／都市公園の発達／造園技術の変化

- V-2 **まちの景観** 190

  景観とは／景観を認識するふたつの視点／景観形成の3層構造／街路空間の中間領域／街なかの花壇――点・線・面・縁どりの景観／まちの色彩景観／まちのプランターとサインシステム

- V-3 **ストリート・ファニチュア** 194

  ストリート・ファニチュアとは何か／ストリート・ファニチュアの種類／質の高いストリート・ファニチュアとは

- V-4 **バリアフリー** 196

  バリアフリーという考え方／やさしい気持ちを育む取り組み／公園でのバリアフリーの事例／バリアフリー新法以降の事例

- V-5 **ユニバーサルデザイン** 198

  ユニバーサルデザインの理念／ユニバーサルデザインの7原則／ユニバーサルデザインの附則／理念の〝誰もが〟は誰を指すか／バリアフリーからユニバーサルデザインへ／園芸は元よりユニバーサルな活動

- V-6 **市民参加の公園づくり** 200

  市民参加について／安波山みなとの見える丘公園の事例／道立十勝エコロジーパークの事例／旭山記念公園再整備の事例／市民参加の特色と成果

- V-7 **自然景観の評価** 204

  自然景観の成立／庄内砂丘林／日本とドイツの森林観／現代社会における自然景観

- V-8 **フットパスからロングトレイルへ** 208

  北海道内のフットパス／まずは1コースから／南後志エリア／富良野エリア／道東エリア／フットパス・ネットワーク

第VI章　地域の環境　211

- VI-1 **北海道の植物景観** 212

  植物から見た北海道／北と南の接点の植物達／暑い夏と寒い冬，そして多い雪／火山灰地・湿原――特殊な土壌の存在／海岸と高山／景観としての植生を巡る問題と対処

- VI-2 **札幌の自然植生** 218

  街の成り立ちと自然／札幌の植生区分／手稲山／藻岩山・円山／北大植物園／モエレ沼公園／野幌森林公園

- VI-3 **植物と気象** 222

  気象と気候／地表面の熱収支と地域の気象／植物の光合成と気象／地球温暖化と環境問題／自然エネルギーの利用

- VI-4 **二酸化炭素濃度と植物の応答** 226

  大気 CO_2 濃度の増加と植物の成長／生育環境の劣化――越境大気汚染の影響／病虫害／メタンの放出／将来の樹林地の管理への提言

- VI-5 **札幌のガーデニング環境としての気象** 230

  北海道全体から見た札幌の気候／気温と積算温度／降水量と蒸発散量／日長時間／太陽高度／積雪と地温／植物耐寒ゾーン／生物季節／開花予想

- VI-6 **生物多様性** 234

  生物多様性とは／環境と生物／生物間相互作用／競争

目 次

関係にある2種の共存 / 捕食関係にある2種の共存 / メタ個体群 / 群集内の多種共存機構 / 平衡仮説 / 非平衡仮説 / 中規模攪乱説 / ギャップ更新 / 島の種数はどのように決まるか / ビオトープの適正配置 / わが国の生物多様性の保全戦略 / 生態系サービス / 生物多様性の危機 / 基本戦略

VI-7　生物多様性とガーデニング　　238
生物多様性とは何か / 在来種と外来種の言葉の定義 / ガーデニング植物を含む国外外来植物の導入の際の注意 / 在来種を人為的に移動する際の注意 / 近縁種や同種の導入による遺伝的多様性の攪乱 / ではどうすれば良いのだろうか？ / 植物の移動や導入に関するまとめ

VI-8　札幌のガーデニングと外来植物　　242
外来植物・帰化植物の定義 / 北海道ブルーリスト / 特定外来生物 / 要注意外来生物 / ガーデニングと外来植物 / 外来種の問題点 / 国内移入種

VI-9　みどりの環境教育　　246
環境教育 / 持続可能な社会をつくるための教育 / 札幌市の環境教育基本方針 / 「みどり」の概念 / ガーデニングを活かした環境教育活動

VI-10　札幌のまちの歴史と特質　　248
札幌のまちの形成史 / 札幌の地域構造の変容 / 札幌の特質 / 札幌らしさ

VI-11　札幌の公園の歴史　　252
札幌の街の成り立ちから考える / 地形の記憶をたどる / 北海道の公園事始め / わが国初の公園である偕楽園 / 開拓使のホテルだった豊平館 / 私設のフラワーパークである東皐園 / 賑わい空間として発展した中島遊園地 / 人気の行楽地だった円山公園 / 街の軸としての大通

VI-12　札幌のみどりと公園　　256
札幌のみどり / 人口推移 / 森林 / 緑被(地)とは / 市街地(市街化区域)の緑被 / 政令市の緑被率 / 市街地の土地利用別緑被率 / 都心の緑被 / 札幌市の都市公園 / これまでの公園づくり / これまでのみどりの保全 / 札幌市緑の基本計画の改定

索　　引
　事項索引　　261
　植物名索引　　271
執筆者紹介　　277
写真撮影者・提供者一覧　　278

コラム　ガーデニングでトランジション——持続可能なまちづくり　15
コラム　中島 Kids ガーデン　18
コラム　公園ガイドボランティアとして活動するために　19
コラム　ガーデニングと植栽の分類　57
コラム　ユリの交配作業　129
コラム　札幌市内手稲区における野生植物保全の取り組み　217
コラム　公園の芝生管理とセイヨウタンポポ　241

第 I 章
ガーデニングボランティアと
まちづくり

大通公園西8丁目花壇

花壇ボランティア「ガーデニング リラの会」

I-1　ガーデニングボランティアのすすめ

淺川昭一郎

わが国では身近な環境で花や緑を育てる伝統があり，園芸愛好家も多い。この花や緑に代表される自然が，過剰なストレスに満ちた都市生活にうるおいと安らぎを与え，心を豊かにしてくれることは都市化が始まった古代から知られ，近代の都市公園整備の重要な役割のひとつとされてきた。また，阪神・淡路大震災(1995年)や東日本大震災(2011年)でも花や緑による復興支援活動が広がり，被災者や地域を元気づけている。さらに公園に限らず，個人の庭園から地域に広がる様々な花や緑の美しさが快適なまちづくりばかりでなく，少子高齢化が進み地域のつながりが薄れる中で，コミュニティの活性化にも貢献することが期待されている。

ガーデニング

ガーデニングという言葉は1990年の大阪での花博を契機に新しい洋風の花壇，コンテナガーデン，英国のコテージガーデンなどの紹介とその魅力とともに広まった。ガーデニングは単なる観賞ではなく植物を育てる過程でもあるため，花や緑とのかかわりが密で，多くの知識と労力を必要とする。そのことから自然との接触がより日常的で，植物を通して土壌や大気，他の生物とのかかわりなど地球環境にもつながり，都市にあって人為的なシステムに隠されがちな自然のシステムを理解する機会を与えてくれる。

その取り組みは自宅の庭やベランダなどの身近な空間から始まり，公園や街路など公共空間やコミュニティガーデンなどにも及んでいる。そこでは環境にあったデザインを考える必要があり，様々な知識の習得や美的感性を磨くことが望まれる。このように広範な対象となる花や緑を育て維持するには，公的空間においても行政に頼ることは困難であり，ボランティアの力が欠かせない。

住宅地の緑

一般の戸建住宅地では地域の緑に庭の緑が占める比率が高く，また，街路景観にも庭の構成が強く影響する。ライフステージによる住宅の住み替えや移動が多い米国では，良好な住宅地として地価や住宅などの不動産価値を高めるため，統一された前庭による緑豊かな景観が重要で，その維持向上のための管理が不可欠となっている。しかし，社会学者のリースマンは均一で美しい住宅地の前庭を維持することができなくなる(労力，資金などから)と，地域から排除される問題を述べている(リースマン，1968)。また，近年では，芝生で統一された前庭ばかりでなく，草花を植え込んだり，生物多様性の重視など，従来の統一された美しさではなく，多様な価値観による景観形成や管理が課題となっている。

わが国では逆に住宅地の景観的秩序のなさが指摘されている。北海道では街路に面する敷地に囲障がないかあっても低くオープンな構成が多く，庭が地域景観に与える影響が特に大きい。従って，私的な空間であっても街路からの見え方にも配慮したガーデニングが望まれる。また，敷地面積が狭小でも，フェンス，玄関付近，ベランダ，窓辺などの緑化や花飾りが地域の魅力を高めてくれる。

ガーデニングへの関心はライフステージによっても大きく異なる(川根ら，2000)。子育ての時期には，十分な時間が取れないことの理解や，子どもたちの草花への触れ合いを高める工夫や支援が必要であろう。また，地域の高齢化が進むと庭の維持管理が重荷になったり困難になる場合が多い。できるだけ長く地域に住み続けるためには，オーストラリアのシドニーで行われているボランティアによる高齢者所有の庭に対するガーデンサービス(伊藤ら，2006)のような，私的な花や緑を持続的に維持するしくみが望まれる。

まちづくり

花や緑によるまちづくりは，1952(昭和27)年に長野県松本市のある小学校の先生の提唱で，「戦後のすさんだ人々の気持ちを和らげ，美しく明るい住みよい社会」を目指して始まり，全国的な運動となっている。一方，札幌市の花壇づくりにも古い歴史があり，大通公園の花壇は，1876(明治9)年に開拓史が西洋草花を西3・4丁目に植えたことが始まりとされ，1907(明治40)年には篤志家が私費で花壇を造成している。1952年には市内の造園・花卉園芸業者15社がボランティアで花壇造成を行い，1954年にはそれを基に札幌市花壇推進組合がつくられ，花壇づくりを競いあうコンクールが始まり現在に続いている。企業がスポンサーとなる花壇づくりの始まりも同時期である。また，大阪の花博に先立ち，1986(昭和61)年にはさっぽろ花と緑の博覧会(第4回 全国都市緑化フェア)が百合が原公園で開催され，花への関心を高め公的空間での花づくりも盛んになった。

花によるまちづくりとしては恵庭市恵み野が全国的に知られている。家庭のガーデニングから生徒達による学校花壇，商店会による店先花壇，ボランティアによる街路や公共空間の花づくりなど，行政に頼らない様々な活動が展開されている。行政も市民の活動を支援する制度を設け，花によるまちづくりを主要な施策

としている。また，北海道では2003(平成15)年より，自然，緑，花をテーマに，"美しい庭園の島・北海道"の実現を目指す道民運動，「ガーデンアイランド北海道」(略称GIH)がおきている。この運動は，ガーデニングを自宅の庭から，地域コミュニティ，都市，地域へと広げる活動でもある。

札幌市でのボランティアの活動の中で，街路の花植えを行っている団体の事例から参加者の動機を見ると，「花の魅力」「植えた後の満足感」といった個人の心理的動機に加え「地域の人達との交流」「地域美化への貢献」といった社会的動機などが見られ(淺川，2007)，その効果の多様さがうかがわれる。

表1 街路植樹桝への花植えの動機と順位

A地区(被験者195人)	B地区(被験者64人)
1. 街路を美しくしたい	1. 街路を美しくしたい
2. 地域への愛着を高める	2. 地域の人達との交流
3. 植えた後の満足感	3. 植えた後の満足感
4. 花の魅力	4. 花の魅力
5. 地域の人たちとの交流	(同順)地域への愛着を高める
6. 地域美化への貢献	6. 花への知識を増やす
7. 花への知識を増やす	7. 地域美化への貢献
8. 良い身体運動	8. 良い身体運動

実践にむけて

これらのボランティア活動を新しく始め，活動を継続し活発化させるには，個人的な活動から組織的な活動が必要となるが，そのためには，エンパワーメントの次のプロセスが参考になろう(安梅，2005)。

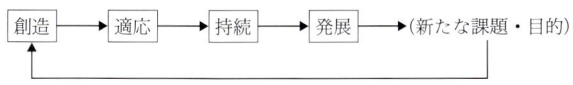

図1 活動の展開プロセス

まず，「創造」は活動が立ち上がる状況であり，個々人の草の根的な活動や行政などの支援から始まったり，キーマンともいえる人たちの個性や魅力が仲間を集め活動を推進している場合も多い。「適応」は困難を乗り越えて活動が定着することであるが，リーダーの力や目標が明確になっていることが重要であり，定着を可能にするような背景や環境づくりも大切である。活動が「持続」するためには，経費を賄う資金確保やマンネリ化を防ぐことなどが必要であり，地域の人達の支えや行政，専門家などの支援も大切である。また，組織が大きくなってくるとメンバーのつながりやリーダーシップのあり方も変化してくる。メンバーの創意工夫が十分に反映される水平的な組織が望まれ，新たな活動的なメンバーの参加とともに，リーダーの養成やリーダーシップの分散も必要になるかもしれない。また，持続した活動を行っている団体のモットーには"無理をしない"で"楽しく"行うことが共通してあげられている。「発展」は参加人数や地域的拡大ばかりではない。この段階では花や緑の活動が福祉や子育て支援，環境保全など様々な活動につながりながら，新たな目的と活動を生み出すことも期待される。そして，新たな課題が生じ，その解決に向けて再び「創造」のレベルにフィードバックされて循環することになる。

地域コミュニティの活性化には地域への愛着が欠かせない。その愛着は地域におけるこれまでの経験や特別な意味を持った記憶から生じるが，一方では，将来へのかかわりのイメージや期待によっても生じるといわれている。花や緑の活動が地域の具体的なイメージをつくりだし，愛着を高める上でも重要な役割を果たすことができるだろう。

「札幌市みどりの基本計画」(2011)では，みどりに関するボランティア活動の支援を強く打ち出している。その一環として，花と緑のまちづくりにかかわるボランティアの人達の相互交流をはかり，活動に役立つ情報を提供する「花と緑のネットワーク」を立ち上げ，団体登録とともに，個人登録の「さっぽろタウンガーデナー制度」を設けている。この制度の下で多くのボランティア団体とタウンガーデナーが公園，街路，広場などで様々な活動を行っている。一方，北海道では地域の花のまちづくりのリーダーとしてフラワーマスター制度を設けている。米国では以前から園芸知識の普及や地域のボランティア活動の支援プログラムとして，州立大学によるマスターガーデナー養成があり，本書のベースとなった「さっぽろ緑花園芸学校」の講義・実習もその制度を参考としたものである。また，(公財)札幌市公園緑化協会では札幌市の協力を得て，2013年度より新たな花と緑のボランティア養成プログラムを開設している。その他，各都市では花の種子や苗を配布する制度や「アダプトプログラム」(『はじめに』のii頁参照)など，各種の支援制度を設けている場合が多い。

以上のような様々な支援制度を活用し，交流の輪を広げながらガーデニングボランティアの活動が展開されることを望みたい。

［参考文献］
- 安梅勅江：コミュニティ・エンパワーメントの技法，医歯薬出版，2005.
- 淺川昭一郎：みどりを軸とした地域活性化を考える，公園緑地 68(2)，2007.
- 淺川昭一郎編著：北のランドスケープ，環境コミュニケーションズ，2007.
- 伊藤美希子・杉田早苗・土肥真人：オーストラリア・シドニーの高齢者所有の庭に対するガーデニングサービスに関する研究，ランドスケープ研究 69(5)，379-382，2006.
- 川根あづさ・愛甲哲也・淺川昭一郎：北海道恵庭市恵み野を事例とした住民の庭づくりに対する意識と取り組みについて，ランドスケープ研究 63(5)，695-700，2000.
- リースマン，D.(加藤秀俊訳)：何のための豊かさ，みすず書房，1968.
- 札幌市：札幌市みどりの基本計画，札幌市みどりの推進部，2011.

I-2 「まちづくり」のしくみ

中原　宏

地方都市の危機

現在は都市および都市計画の転換期といわれている。わが国の都市の多くは第二次世界大戦後わずか50年で急激に都市化をしてきたが，その都市計画の理念や方法は，増加する都市人口の受け皿として市街地を郊外へ拡大させる「成長型計画思考」で構築されていた。すなわち，市街地整備は新市街地における基盤整備に重点が置かれ，既成市街地の生活や街並みなどの都市文化を醸成させるソフト面での政策を持たなかった。また，まちづくりに対する明確なビジョンと戦略を持たずに，どの都市でも画一的な整備事業が行われたために，長い年月をかけてつくりあげてきた市街地の空間資源を皮肉にも解体する結果を招いた。さらに，縦割り行政の歪みにより，まちづくりへの横断的な手法が展開されることがなかった。加えて，住民もそれまでまちづくりにかかわる機会がほとんどなく，情報交換の場や議論の場が形成されてこなかった。

その結果，わが国の地方都市では，かつての濃密な都市空間が崩壊しつつあり，活力の低下した市街地を露呈するに至っている。今日の経済低迷と，地方財政の逼迫，急速な人口減少，高齢化の進展の下に，まさに地方都市はかつて経験したことのない深刻な状況にあるといっても過言ではない。このような地方都市が活力を失いかけている状況を踏まえ，これまでのしくみや価値観を大きく転換し，新機軸を創出していく方向を目指さなければならない。

先導的まちづくり成功のポイント

上述の地方都市の危機を背景に，生き残りをかけ，全国各地で自立したまちづくりへの取り組みが始まっている。それらの成功事例にはいくつか共通するポイントがある。

第1のポイントは，まちづくり活動はあるできごとを契機として大きな展開を見せていくが，実はそれ以前からまちづくりの素地や住民の地道な活動，伏線となるできごとが必ず存在している。このことは，とかく功をあげることを急ぎ，すぐに「まちづくりの大輪」を咲かせようと意識するのを戒め，「まちづくりの土壌」を耕すことの方が重要であることを意味している。

第2は，義務ではなく，本当にまちづくりの好きな人が参加し，活動そのものがおもしろいことである。参加者自ら楽しめることが継続性の原動力となっている。

第3は，活動を強力に推進していくリーダー的人材の存在である。リーダーの夢と熱意が周囲に伝搬し，賛同を得るとともに，多くの参画者を惹きつける。

第4のポイントは，まちの住民ではない方，すなわち地域外に，そのまちをこよなく愛するファンがいて，まちづくりに積極的にかかわっていることである。地域の魅力は，地域の外にいた方が気づきやすい。また，組織の活性化には外部の人が加わることによる効果が大きい。

第5のポイントは，よく「まちづくり」は「ひとづくり」ともいわれるが，そのための「しくみづくり」「しかけづくり」がきちんと備わっていることである。

道内においても従来は行政主導型や施設整備型，イベント型などの地域振興が多かったが，近年，地域を愛する住民の創意工夫により，まちの資産を活かしながら，地域の生活や文化の醸成を企図するまちづくりが，地道ではあるが実践されるようになってきている。まさに住民主体のまちづくりの輪が着実に芽生えていることを窺わせる。

「都市計画」から「まちづくり」へ

従来の都市計画は行政機関や専門家が中心となって計画立案し，結果を住民に周知する方式となっており，計画立案過程に住民が積極的にかかわる機会は極めて少なかった（図1）。

図1　従来型の「都市計画」

これに対し，参加型のまちづくり，パートナーシップによるまちづくり，協働型まちづくり，共創型まちづくりなどといわれている新しい「まちづくり」とは，住民も，行政も，専門家も，互いに主体を持って連携して計画立案にかかわっていく方式である（図2）。

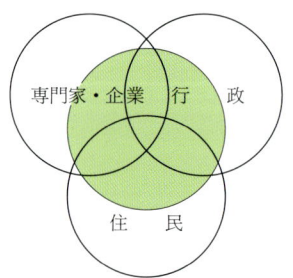

図2　参加型，パートナーシップ，協働型，共創型の「まちづくり」

以前は「都市計画」という用語が一般的で，主体は

行政，内容はハード面(施設整備)，対象は市街地全体という誤った概念が長い間支配してきた。一方で，「まちづくり」という用語がしだいに定着し，今日では「都市計画」よりも汎く用いられている。行政機関やコンサルタント会社でも，組織の名称を「都市計画」から「まちづくり」に変更したケースが多い。

「まちづくり」については，主体は「住民」，内容はソフト面(生活支援，コミュニティ活性化など)，対象は近隣地域という認識が広まっている。「都市計画」の場合，担い手が限定されていたことに加え，「都市計画」の世界が広がりを見せなかったために，意図的に「まちづくり」の用語がつくられ(図3)，市民の間に浸透し，「まちづくり」への参加の機運が高まっていったのである。また，「まちづくり」の用語は極めて曖昧で，多様な概念であるが，そのことによって，活動内容の自由度が拡大した効果は大きい。

町造り → 街造り → 街づくり → まちづくり

図3 「まちづくり」の表記の変遷

都市計画・まちづくりの近年主要研究テーマ

従来の成長時代に対応した「拡大・拡散型のまちづくり」から，今後の人口減・低成長時代に対応した「凝集・成熟型のまちづくり」への転換が急務である。このため，都市計画や，まちづくりの研究テーマも大きく変容してきている。

近年の主要研究テーマとしては以下のようなものがある。

中心市街地の活性化
居住人口，商業機能，公共公益機能，文化機能が空洞化した「まちなか」の再生と魅力向上。

郊外型大規模住宅団地の再生
開発・整備から40〜50年経過し，住民の高齢化，建物の老朽化の進む大規模住宅団地のリニューアル方策。

コンバージョン
建物の用途転換(フローからストック活用へ)。

コンパクトシティ
人口減社会に対応した都市経営的視点に基づく「集約型市街地構造」への再編。

サスティナブル・シティ
生活の質を持続的に維持・向上できる持続可能な都市の創出。

西欧のまちづくりに学ぶ

西欧都市の多くは建物が石でつくられたため，堅牢であるとともに，一度建設すると容易に解体できないことから，建設にあたっては入念な長期ビジョンを持つ必要があった。また，中世より市街地周囲を城郭で囲ってきたため，市街地拡大が抑制され，外周に新たな城郭が建設されるまでには数百年の年数がかかり，市街地の拡大速度も極めて緩やかであった。

このような背景から，西欧都市の場合，自ずと高密なコンパクトシティが形成され，広場の果たす役割は大きく，「公共」に対する意識も必然的に成熟していくこととなる。今後，市街地のコンパクト化を目指すわが国のまちづくりの方向として，これら西欧都市のまちづくりに学ぶ点は多い。

今後の展望

北海道民の特質として「開放的気質」をあげることができる。これは外来者に閉鎖的ではなく，世間体や因習にこだわらない合理的な考え方を持つ気風である。また，新し物好きの特質もあわせ持っている。これらの特質から，地域外の人々との連携が容易であることに加え，従来とは異なる新しい価値観やしくみを構築し，積極的に導入していく可能性がある。一方，北海道民の特質として，行政や中央政府への強い依存体質もよく指摘されるところである。人を頼りにすることは対等の関係ではなく，自律した独立人とはいえない。「市民参加」の基本は「市民主体」である。独立人同士が互いに手を結ぶときにのみ，真のパートナーシップが築けることを再認識しなくてはならない。

道内には明治期より計画的に建設されたまちが多く，優れた基盤の上で後世の人々は豊かな生活を送ることができた。しかし，気づいてみると既に市街地は低密に広がりすぎ，活力のないものになっている。いわば明治期の遺産を100年で食いつぶしてしまったことになる。今後すべきことは，受け継いできた地域固有の「潜在的なまちづくりの記憶」を明瞭にし，後世の人々に満足して継承してもらえる新機軸を創出することである。

すべてのまちには「受け継がれてきた地域資源」が潜んでおり，その魅力に気づいている住民にとって，そこは「住んでいて楽しいまち」であり，「愛着が持てるまち」である。まちづくりの成功というのは，この受け継いできた地域固有の「潜在的なまちづくりの記憶」を解き明かしたことに他ならない。「潜在的なまちづくりの記憶」というものは「まちづくりの遺伝子」「まちづくりのDNA」ともいえる。よく使われる「原風景」という言葉は，失われてしまった風景，本来そこにあるべき風景，あってほしいイメージ，継承されるべきイメージという意味である。すると，これも立派な「まちづくりDNA」のひとつである。原風景のないまちなどない。

すなわち，まちづくりを成功させるヒントはどのまちにも必ず存在することに気づく。このためには，人真似をせず，それぞれのまちがその歴史，風土，文化，人などの資産を十分に活かしながら，身の丈にあった独自の工夫をしていく以外に近道はない。

I-3 コミュニティの活性化

飯田俊郎

ガーデニングボランティアを志す人が知りたいのは，「趣味のガーデニングを，これからボランティア活動とすることの意義は何か」「景観づくりや自然保護により，地域社会が活性化した事例には，どのようなものがあるか」といったことであろう。本稿ではこれらの問いに答えながら，コミュニティのあり方と育て方を論じて行く。

たたき台としてのコミュニティ像

仮にコミュニティを「社会的資源の加工によって生み出されるサービスの供給システム」と定義してみる。地域社会には様々な組織，機関，施設，設備，人材，ネットワーク，規範，お金(補助金・寄付金)があるが，それらの資源を組み合わせて加工し，新たなサービスを生み出すことが「コミュニティ形成」である。このサービスによって地域の問題が解決できることと，この過程への参画により地域住民の社会生活が豊かになることに，コミュニティ形成の意義がある。

その際，①地域住民に共通し，優先すべき生活問題は何か，②自助・互助・共助・公助・商助のサービスをどのように組み合わせるべきか，③育て上げるべきソーシャル・キャピタル(ネットワークと規範意識)は何かが議論の焦点となる。地域住民をコミュニティ活動の単なる「参加者」ではなく，この意思決定に携わる「参画者」として位置づけることが，持続可能なコミュニティを形成するためにはとても重要である。

個人のライフスタイルからのとらえ直し

我々にはそれぞれ，個人的な興味関心があり，人間関係の好みがあり，知識・技能と人生経験の多様性がある。そのため，「ガーデニングボランティアによるコミュニティの活性化」という目標は共有されても，その実現プロセスと自分自身の参加方法については様々な立場がありうる。さっぽろ緑花園芸学校(以下，園芸学校)の講義では「自分が暮らす街の魅力や問題に，市民個人がどのようにかかわることができるか」を考えようと呼びかけた。しかし，「魅力的な街」のイメージと受講生のライフスタイルの多様性をふまえなければ，話はうまく先に進まない。

札幌市民ライフスタイル調査

2009年12月，筆者が北海道新聞のモニター467人(札幌市民の性別，年代，就業率の縮図となるように構成)に，「お宅から徒歩圏内の地域で，これから力を入れるべきことは何ですか(22の選択肢から3つずつを選ぶ)」と尋ねたところ，ベスト5は，①除雪(31.5%)，②犯罪のない安全で安心なまちづくり(28.1%)，③ごみ・資源回収(22.7%)，④高齢者福祉(17.6%)，⑤公共交通の利便性(14.8%)であった。

我々が関心を持つ「公園や緑地など"みどり"の整備」は8.4%で12位にとどまった。しかし，同じ選択肢を用いて「地域でうまく行っていること」を尋ねたところ，「みどりの整備」は30.6%で3位に入った。「みどりの整備」はおおむねうまく行っていると思われており，優先すべき身近な問題としては感じられていない。

趣味・学習活動として「園芸」を選択した人は図1の通り，「今年した」と「以前したが今年はしなかった」をあわせて46.2%であった。未経験者は「興味はあるがしたことがない」と「興味がない」が半々であった。

一方，ボランティア活動として「自然保護・動物愛護」を経験した人は28.7%と少ないが，興味を持っている未経験者が47.1%と非常に多かった(図2)。

ガーデニングボランティアの意義を「身近な"みどり"の整備」と手堅く設定すると，ある程度の経験者を見つけることはできるが，地域住民の大きな関心は得られない。意義をより大きく，動物保護を含む「自然保護」と設定することで，新たな賛同者・体験希望者を募ることが可能であろう。

西岡公園の事例

水源池を中心とする41 haの西岡公園は，1977年

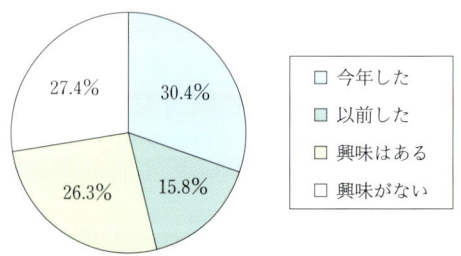

図1 園芸を学ぶ・楽しむ趣味・学習(四捨五入のため合計は100.0%にならない)

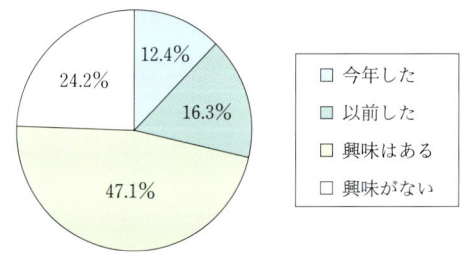

図2 自然保護・動物愛護のボランティア

に「総合公園」として設置された。「総合公園」とは，市民全般が休息，観賞，散歩，運動など，総合的に利用できる公園であり，札幌市の顔ともいえる円山公園や中島公園が該当する。これまで西岡公園では貸しボート場およびパークゴルフ場の建設計画が浮上し，地域住民を二分する論争が起きた。自然保護と地域活性化の相克が問題の焦点である。

貸しボート場の問題をきっかけに，子どもたちに本を読み聞かせる育児サークルを母体とする「西岡公園の自然を残す会(1985～2008年)」と，日本野鳥の会のメンバーなどの専門家が参加する「西岡公園の自然を語る会(1985年～現在)」が相次いで結成された。両団体は建設計画に反対すると同時に，西岡地区住民だけに閉じない自然を楽しみ・学び・保護する活動を展開した。2009年3月には念願がかない「特殊公園(風致公園)——自然景観のすぐれた樹林地や水辺などの風致を享受するための公園」に位置づけが変更された。

西岡公園の指定管理者は，(公財)札幌市公園緑化協会である。経費削減とサービス向上を求める指定管理者制度により，管理事務所スタッフの業務は多忙を極めているが，貸しボート場およびパークゴルフ場にかわる大きな収益獲得プランはない。スタッフと自然保護団体が手を携えて育成した西岡ヤンマ団，にしおか魚組(さかなぐみ，写真1)，子りす工房，樹名板工房などの自然体験・学習サークルが，居住地域と世代を超えた活動を展開しているが，低予算・高水準のサービス供給システム構築には，地域住民を含むより多くの担い手の参画が必要である。

2011年9月から季節ごとに西岡公園管理事務所は，地域の大人達が責任を持って冒険的な遊び場を子どもに与える「プレーパーク」を開催し，公園に隣接する西岡パークヒルズ町内会と，西岡南小学校おやじの会の全面的な協力を得た(写真2)。2011年度よりプレーパーク推進事業は札幌市の「子ども未来プラン後期計画」「子どもの権利に関する推進計画」に取り入れられ，専門的な指導者であるプレーリーダーの育成・雇用，プレーパークの常設へと夢は広がっている。

写真2　冬のプレーパーク(宝探し)

2012年8月以降，西岡公園管理事務所の移築ないし改築の是非と方向性について，西岡地区の新旧住民，ボランティア活動の新旧の担い手，管理事務所スタッフが意見調整をはかっている。人工的な建造物による生態系破壊への危惧と，大人も童心に返る安全な冒険の場づくりの希望のバランスが焦点である。この30年間に育てたソーシャル・キャピタル(地域住民のネットワークと規範意識，すなわち信頼関係)を活かして，従来の住民間の意見対立と行政不信の図式を乗り越えた議論が，建設的に行われることが望まれる。

ガーデニングボランティアの意義と楽しみ

多様な価値観を持つ人々がネットワークを組み，最大公約数となる規範を育てながら新たなサービスを提供する。「自然保護か地域活性化か」という意見対立の溝を埋める有効かつ魅力的な参加プログラムをつくり，育てることが肝心である。

ガーデニングボランティアは，多くの人に喜ばれる魅力的なプログラムである。園芸学校は一見，居住地域限定の狭い地域貢献を目指しているようだが，受講生の活動の場は，近所の花壇や緑地から大通公園などへと広がっている。ガーデニングを出発点としながら，自然保護へ，地域の魅力向上へ，プレーパークのような新たなスタイルの公園づくりへと道は続いている。

コミュニティ形成の担い手は新しいサービスを担い地域に貢献すると同時に，居住地や性別・世代を超えたネットワークを持ち，豊かな社会生活を楽しんでいる。ガーデニングボランティアを志す皆さまには，ぜひガーデニングという趣味の共有から始めて，景観づくりや自然保護のような地域内外の諸問題に視野を広げていただきたい。

写真1　にしおか魚組の生物生息状況調査

Ⅰ-4 まちづくりとガーデニング

内倉真裕美

ガーデニングでまちづくり

　私がガーデニングでまちづくりをスタートさせたのが1990年のこと。「恵み野を花の街に」したいと願い，地元恵み野で，1990年，個人のガーデニングサークル「恵み野花づくり愛好会」を設立。1991年からは「恵み野ガーデニングコンテスト」を開催。商店会を花の通りにするために商店の婦人たちとつくった「ラベンダークラブ」。商店街組織の「花さんぽ」。1995年には町内会や学校を巻き込んだ組織「美しい恵み野花の街づくり推進協議会」を設立。その後，恵庭市に向けて「花の部署をつくって欲しい」と要望書を提出したことで恵庭市には「花と緑の課」ができ，「花のまちづくりプラン」が策定された。そのプランを進めるにあたって恵庭市には「恵庭花の街づくり推進会議」が設立され，花の街づくりの総合的なプランを市民とともに進めている。

想いを形にするのがまちづくり

　今では，全国的にも「花のまち」として知られるようになった「恵庭市・恵み野」は1980年，恵庭市のニュータウンとして開発された新興住宅街であった。私はその8年後の1988年に移り住んだ。ここが子ども達の故郷になると思ったとき，私はママさん達と読み聞かせや，人形劇をする「おはなしサンタ恵夢」という母と子の文化サークルを立ち上げた。それと同時期に恵み野が美しい花の街になって欲しいと願って取り組んだのが「花のまちづくり」だったのである。
　願いは，それに向かって活動し続けると叶うのだと感じた。

ガーデンデザインの移り変わり

　ひとつのコンテナを上手に咲かせ育てる初心者の花づくりから，庭全体をトータルに考えてつくる上級者の庭づくりは，花や樹木の育て方を学ぶだけでなくデザイン性をともなうため，感性を磨くこともとても重要になってくる。初心者ガーデナーの多くは一年草の花を植えることから始めるが，経験とともにバラや宿根草，花を引き立たせる芝生や樹木などの緑の分量が増えてくる。

ガーデニングが及ぼす街への影響力

　個人の庭が外に向けて花や緑を飾ることで街の景観が変わる。自分の庭を手入れするガーデナーは，余裕が出てくると街の景観に気をくばるようになり，積極的に花のまちづくり運動に参加して，除草作業に精を出すようになる。ガーデナーが公共空間のデザインにかかわるようになると，街の花壇や花空間のデザインのグレードがアップしてくる。
　地域の花のまちづくり運動がさかんになると，子ども達も参加することで情操教育につながる。それ以外にも花やガーデニングでまちづくりを進めると様々な効用が生まれてくる。

花のまちづくりの効用

　「花」には可能性があり，「花」には目に見えないエネルギーがある。
①お花を見て美しいと思うことは精神衛生上良い。
②お花は手をかけてあげると成果が出る（これが良いのである）。
③学校で子ども達が花育てをすることで，世話をすることの大切さを学ぶ。
④生徒が地域の花植えをすると，地域の一員であることを実感する。
⑤土いじりは適度な運動になり健康に良い。特にお年寄りにはお勧めである。
⑥元気なお年寄りが増えると元気な街になる。
⑦花のまちづくりは老若男女の共通のコミュニケーションの材料となる。
⑧街を自分達の手できれいにすると，地域に愛着がわく。
⑨個人個人の家の前をお花で飾ると，街並み景観が美しくなる。
⑩花の街には人が集まり，地域が活性化される。
⑪市民がつくりあげた花の街はそこに住む人達の誇りとなる。
　「花でまちづくり」をすると，これ以上の成果があるかも知れない。

ガーデニングからオープンガーデンへ

　2001年より北海道のオープンガーデン雑誌「オープンガーデンズ オブ 北海道」が毎年発行されると，ガーデニングが単なるブームではなく，そこで交流が生まれるようになった。
　英国のオープンガーデンは1927年にチャリティ（社会貢献）が目的でスタートした。庭を公開し，見学者から寄付金を集め，それを社会のために役立てようという庭とチャリティが結びついた英国文化のひとつである。かれこれ85年もの歴史があるのだから，さすがチャリティ王国イギリスである。
　一方，日本のオープンガーデンの始まりは1996年，私の住む恵み野で花マップをつくり個人の庭を公開したのが始まりである。ガーデン雑誌「BISES」の影

響もあり，オープンガーデン仲間は全国に広がっていった。

美しい庭の公開は，世代間を超えたガーデナー同士の交流の場であり，美しい庭のつながりは美しい街並みをつくっていた。私は，それで十分社会貢献を果たしていると考えていた。

写真1　オープンガーデンで寛ぐひととき

3月11日東日本大震災

2011年3月11日，東日本大震災の発生は世界中を激震させ，私自身も「自分に何かできることはないか」と自問自答するようになった。そんなとき，ガーデン雑誌「BISES」編集長の八木波奈子さんから「内倉さん，今回の未曾有の大事態を見て黙っていられる……？ 花と緑の力を被災地で役立てない？」と聞かされ，辻本智子さん(淡路夢舞台温室奇跡の星の植物館プロデューサー)も私も賛同し，3月30日，ビズ事務所に3人が集まり「3.11ガーデンチャリティ」が設立された。

震災によって自然は猛威を振るい，被災した人々は多くのものを失い，明日をどう生きるかという状況だっただろう。長年庭や緑に携わってきた私達は，絶望のときだからこそ，風にそよぐ一輪の花が人の心を癒し，悲しみの淵から生きる希望の手掛かりになることを願わずにはいられなかった。

そんな私達の呼びかけに，多くの人が「花と緑の力」を信じ協力してくれた。2011年のオープンガーデンでは日本中のあちこちのお庭に募金箱が置かれ，日を追うごとに賛同してくださる仲間が増えた。そのおかげで2012年の5月，石巻と陸前高田の2か所の被災地に「奇跡の花風景」が出現したのである。奇跡の花風景は多くの失われた命には鎮魂の想いとして咲き誇り，これから生き抜く方々には希望の花として咲いているようであった。

オープンガーデンが社会貢献となる日を目指して

英国人と結婚した知り合いのお嬢さんが昨年遊びに来てくれた。「英国では，なんでもチャリティはあたり前。みんなで支えあう文化が定着しているんだよね。日本のオープンガーデンもそんなふうになれば良いね」と嬉しいことをいってくれた。

全国どこのオープンガーデンに行っても募金箱が置かれ，何の説明をしなくても見学者は寄付をしてくださるようになるとオープンガーデンは一個人の趣味から大きく羽ばたき，本当の意味で，市民が育てる日本の文化になるのだと思う。「日本のオープンガーデンはガーデンチャリティ。庭主も見る側も社会貢献しているのよ」となる日がきっと来ると信じている。

絶望の中で「ひまわり」が咲いた

1995年1月17日阪神淡路大震災があったとき，「がれきに花を咲かせよう」と瓦礫の間の土をおこし，「ひまわり」の種を植え続けたグループがあった。瓦礫から家々の再建過程の第一歩として，荒れ地を花畑にしていったのだ。「衣食住も儘ならないときに何が花さ……」といわれたこともあったという。しかし，そのグループはスポンサーを探し「ひまわり」の種を買い，「ひまわり」の種を植え続けたのである。多くの被災者の方々は住み慣れないプレハブやアパートで明日の希望も持てないまま暮らしていた。心身が疲れ果てたときに，「ひまわり」の種は芽を出し，茎を伸ばした。プレハブに住む人達は，花の咲く日が楽しみになった。絶望の中で「ひまわり」の花が開くことが，ホンの小さな喜びに変わっていったのである。

たくさんの「ひまわり」が太陽に向かって咲いたとき，被災者達は勇気をもらったという。「ひまわりのように元気にならなくてはと思った」「ひまわりの咲く日を，みんなで楽しみにすることができて嬉しかった」「ひまわりを見て，皆が応援してくれているんだな，と思った」このように，「ひまわり」1粒の種が与えたものは一人ひとりの楽しみだけでなく，共通の喜びの一体感であり，目に見えない多くの人が応援してくれている，私達は一人じゃない，という生きる希望にもつながったのである。

植物の持つ力

北海道に住んでいる私達は，「冬」雪の下から固い土を割って芽を突き出す植物の強さや，春の訪れを感じて，木の芽からいっせいに若葉を吹き出し花開く喜びを知っている。

絶望の中にあっても物いわぬ植物達は，眠っていてもときが来ると必ず芽を出し，花を咲かせることを教えてくれる。植物からたくさんの恩恵を受けて，植物が人の心に与える力を知っている。

この植物の持つ力を信じてガーデニングを楽しむ私達は，「まちづくりや」や社会貢献へと目を向けていきたいと思う。

I-5　まちづくりとコミュニティガーデン

吉田惠介

🌿 コミュニティ

　農村から都市への人口集中，農村の過疎化，郊外へのスプロール化と都心の空洞化，最近では都心への回帰現象など，50年ばかりの間の日本の人口の流動化はめまぐるしいものがある。このことは人の動きだけではなく，小学校や郊外住宅地といった地域インフラや都市景観の変動をともなってきた。その中で一番身近な変化を実感することのひとつに，人の暮らしを支えるコミュニティの変化がある。これまでのコミュニティ像は，家族，町内や会社といった地縁，血縁的なものや宗教や政治的な集まりといった古典的なコミュニティから，現在では電子媒体やTVといった様々なメディアを始めとする様々なコミュニティが存在するようになっている。一方，より良いコミュニティ形成を行うことは，私たちの暮らしの中で重要性は高い。

🌿 コミュニティガーデン

　こういったコミュニティの質を高めるきっかけとして，「同じ釜の飯を食う」，「花見や観楓会を皆で楽しむ」といった，「食」や「花や緑」などの楽しみを通したつながり方は受け入れやすい。

　コミュニティガーデンとは，おもに地域社会が開発し運営する，地域住民が食べたり，観賞できる動植物を育てるためのオープンスペース(緑地)のことである(ACGA, 1984)。コミュニティガーデンの初期の記述を見ると，1893年の米国の経済パニックを基とされている(英国教育・科学省, 1994)。またコミュニティガーデンは家庭菜園の必要性を起源とするが，第一次世界大戦と第二次世界大戦ではコミュニティアロットメントやヴィクトリーガーデンとして一般的になっていた。現在のコミュニティガーデンのイメージを定着させたのは，1973年ニューヨークのイーストビレッジでリズ・クリスティらが始めたコミュニティガーデン(Christy, 1979)やその後1979年に設立されたACGA (American Community Garden Association)の活動に負うところが大きい(Egginton-Metters, 2001)。米国においては1950年代から進んだ郊外への住民の移動は，社会的にも目に見える形で地域の変化をもたらした。都心オープンスペースの増加と地域コミュニティの崩壊である。このため，リズなどの運動家は今までの伝統的な郊外志向のオープンスペースデザインではなく，都心居住地での新しいデザイン手法を見出した。コミュニティガーデンは，都心で見捨てられた，あるいは開発予定の土地を探し出し，一時的に小規模ながら「第二の公園」をつくり出すものである。従来の公園と違うのは住民の参加意識である。レクリエーション，教育，社交の場以外に，公衆衛生や地域浄化の意義が加えられた。そのことを前述のリズ・クリスティは都心部のrural renewal(ルーラル・リニューアル)と述べている(越川, 2002)。

　その形態はおおむね日本の多くの市民農園や分区園とよばれるものに近いものである。異なる点は，①コミュニティづくりのためのスペースづくりを目的とするため住民参加で行われること，②ボランティアと市職員が非常勤職員やNPOと連携し，支援・運営していること，③食糧銀行(FOOD BANK)といった困窮者救済のための制度化された団体とリンクしていること，④地元の大学，園芸士，造園家の協力があること，⑤土地信託による土地取得も多いことなどがあげられる。このため，日本の均等に区分された農園の敷地割とは異なり，公園の芝生や遊具コーナーの脇に敷地形態の都合にあわせ，様々な区画地が付随している。さらに日本の市民農園と大きく異なることは，背景にリズ・クリスティやジェイン・ジェイコブズ(Jane B. Jacobs)などによる，環境やまちづくりに対する草の根的な社会運動や教会などを介したチャリティの心といった社会的な志の強さがうかがえることである。

　具体例を米国西海岸のシアトル市に取ると，ポートランドなど他都市と同様，条例でコミュニティガーデンをレクリエーションと緑地機能を推進することと定めている。多くのコミュニティガーデンを運営するP-PATCHというNPOでは，耕作者は①4月の集会での区画割り，お茶会，春の耕作から秋の収穫の食事会，②園芸士ボランティアからの機関紙の受け取りなどを享受できる。一方，耕作者の義務は①オリエンテーションへの参加や耕作者の集まりへの参加，②最低，年8時間以上のP-PATCHへのボランティア活動(135項目から選択)，③最低一度以上畑でみんなと労働すること，④種や道具は自弁することなどがある。耕作者は毎年同じ土地を継続して使えるが，通年利用と季節利用では取り扱いが異なり，季節利用の土地は年2回P-PATCHが耕すが，両者とも10月20日までには畑をきれいに片づけておかなければいけないというところは共通している。また，耕作放置や許可される農薬の範囲，通路といった共有地の管理，禁煙，ラジオの騒音などの規定がある。また種の蒔き方から病虫害の防ぎ方，コンパニオンプランツの利用，堆肥のつくり方などの手引きがある。このようなリーフレットは他の州や都市のコミュニティガーデンを運営する団体がそれぞれ工夫を凝らしている。また収穫物の料理方法を記載したガイドブックもある。

子どもの食育や環境教育への役割

このように，これまでの不特定多数の利用者を迎える公園や緑地と異なり，第二の公園は「花も実もある」緑の空間として，特定の利用者が身近な空き地や放棄地の再生を実感できるよう，まちづくりの一端を担っている。特にモノカルチャーによる加工食品を日常的に食している子ども達にとっては，食べ物がつくられてきた経緯や，多民族国家の米国において，食習慣の多様性，食を通して環境や自然を考える上で良い機会を提供している。またコミュニティガーデンの開設される場所の影響も大きく，小学校に付随する場所ではピザの材料となる野菜が一片ずつピザ状に円い形になっている子供農園（ピザガーデン）。デザイナーや学生が住む地区ではタイルなどを切り，手づくりでつくった太陽光稼働の噴水があるアートガーデン。様々な堆肥化ボックスを体験できるエコガーデン。ベトナムなどアジアの人々がつくった水田や北欧の人々がつくったサラダ畑など，自らのアイデンティティが食を通して確かめることができるガーデンなど，様々である。

このような食育や環境教育とガーデニングプロジェクトを結びつける考え方は，前述の米国のACGAのホームページや機関紙の他，米国や英国の国家プログラムであるPFA（Play For All）やBUILDING BULLETIN 71や民間のLearning through LANDSCAPESでよく知られている（中村，1978，ムーア，1995）。それらの背景には，ガーデニングを行う中で子どものときに学ぶ算数，音楽，保健，体育，社会，国語など多くの経験や知識を得ることができるとした考え方がある。

米国以外でも英国，カナダ，オーストラリアなど英語圏でコミュニティガーデンという言葉は使われるが，特に英国では子どものための屋外園芸器材の工夫や子ども達が喜びそうな動物を飼うなどするCity Farmや社会教育支援のためのCommunity gardenなど多彩である。英国のコミュニティガーデンは「しばしば美しいものをつくる」（TODMORDENの事例より）ことを目的とした例が見られ，また幅広い年齢層の方の連携により技術や能力を習得したり，ショップ販売を行ったりするなど多様で，植物を育てるということだけでなくコミュニティを形成させるために様々なきっかけを講じているというのが特徴である。

日本のコミュニティガーデン

近年日本でもいくつかのコミュニティガーデンが開設されるようになった。札幌市，仙台市，川崎市，横浜市，阪南市などの事例がある。高速道路予定地や空き地を使い，地域の町内会や福祉施設が運営する例が多い。地域との連携については，施設整備や催事の様子から地域との深い交流が垣間見られる。横浜市今宿コミュニティガーデン（2004開設，600 m^2）の入口には多くの資材提供者の団体名があげられており，川崎市宮前コミュニティガーデン（2000開設，650 m^2）では近接する小学校の子ども達の絵が飾られている。阪南市コミュニティガーデンぽけっと（1998開設，1000 m^2）ではオープンカフェを開設するなど様々な工夫が見られる。これらのコミュニティガーデンの印象を米国や英国の印象と比較すると，第二の公園として人と人とがみどりを通して新たなコミュニティによって運営されていることが感じられる。より良いコミュニティの形成は，今後の都市の変化──都市の縮小や少子高齢化社会などの中で，安全・安心なまちづくりをする上で重要である。人の気配がない市街化区域の空地や市街化調整区域の遊休地や耕作放棄地などの緑化は，新たな緑のフロンティア空間になるのではないかと思われる。

一方，米国の草の根的ボランティア意識といった社会意識やチャリティの志を日本のコミュニティガーデンにそのまま導入するのは無理があるのではと思われる。日本では米国と比べ，町内会組織や自治体の影響力や「公」と「私」への認識の違いもあるが，市民個々のまちづくり参加への意識が大きく異なるのではないだろうか。空き地などの土地利用の促進は今後制度面からも考え直していく時期になると思う。一方，現実的に見ると，子どもを通した交流や農産物の収穫や販売体験などといった，直接的で，緩やかで，かつ小規模なレベルでコミュニティ（向こう三軒両隣や事業所規模）の質を高めていくことも重要であると思われる。特にコミュニティガーデンが成立する背景になったゲリラガーデニング的な発想（吉田，1996）は日本でも身近な場所での農への可能性を示唆してくれる。「庭」や「園」の語源（財団法人都市緑化基金，2005）に基づけば，身近な生活空間から「花も実もある緑」を地域の中で育てていく上で，ガーデニングボランティアの社会的な重要性はますます高まるものと考えられる。

[引用・参考文献]
- ACGA Annual Report: The beginning of the ACGA coalition, 1984.
- Christy, Liz:The Greening of Cities, Urban Open spaces. Rizzoli International Publications, 1979.
- 英国教育・科学省：アウトドア・クラスルーム，公害対策技術同友会，1994.
- Egginton Metters, Ian：英国市民農園，農村開発企画委員会，22-25，2001.
- 越川秀二：コミュニティガーデン，学芸出版社，2002.
- 中村一：造園技術集成，養賢堂，1-4，1978.
- ムーア，ロビン（吉田哲也・中瀬勲訳）：子どものための遊び環境―計画・デザイン・運営管理のための全ガイドライン，鹿島出版会，1995.
- TODMORDENなど，まちづくりへの適応事例が近年増えてきた，http://www.youtube.com/watch?v=M4tCuBcAFdQ
- 吉田惠介：地域づくりのためのコミュニティガーデン，札幌市立高等専門学校紀要5，65-68，1996.
- 財団法人都市緑化基金：コミュニティガーデンのすすめ，誠文堂新光社，21，2005.

I-6 コミュニティガーデンをつくる

坂本純科

コミュニティガーデンのコンセプト

「コミュニティガーデン」のメインコンセプトは「人の出会いと交流」をつくることにあるだろう。デザインについては、草花の栽培や空間計画のテクニックもさることながら、集う人々が過ごす時間の質を高めるための心づかいが重要だ。

私はかつて英国でコミュニティガーデンの運営にかかわったことがある。借地で始めた菜園が発端となり、園芸セラピーやトランジション・タウン(環境市民運動、コラム参照)、生物多様性を促進するグループとつながりができて、様々な人が集まる場所へと発展した。最初からそのような組織づくりを目指していたわけではなく、園芸や農業の専門家がいたわけでもない。むしろ一般の人、それもガーデニング分野に限らず、アートや料理など幅広いテーマでそれぞれがやりたいことを持ち寄り、互いに知っていることを教え合い、友達を連れてくるうちに自然発生的に広がっていったのだ。自閉症の子どもを連れたお母さんや、不登校の若者が参加するなど顔ぶれが多様になるに連れて、そのような弱者をサポートする民間の助成金を活用するようになったり、友達が草取りを手伝ってくれた後に海苔巻きをふるまったのが好評で、畑作業とランチを楽しむワーキングパーティーが毎月の恒例行事となったり、ガーデンを舞台にいろいろなできごとが生まれていった。

英国では子どもや外国人、障がい者などマイノリティの社会参加を目的としたコミュニティガーデンがさかんで、おもにNPOによって運営されている。決められた営業日には誰でも立ち寄って活動に参加できる。五感に訴え、学びの要素を盛り込んだデザインが施されていて、手づくりのサインやモニュメントを眺めて歩くだけでも楽しい。菜園に動物を加えたシティファームという取り組みもある。動物との触れ合いによる情操教育やヒーリング効果をねらっており、訪れた人は馬や牛、山羊、ウサギなどの世話をすることができる。コミュニティガーデンやシティファームはロンドンのような大都市の地下鉄駅沿線にもあり、市民は日常的に農的暮らしに触れる機会を持つことができるのだ。

ガーデン空間が単に草花を観賞するだけでなく、人々の癒しや社交の場になり、とりわけ弱者の生活支援や子どもの教育などに活かされていることに感心した。

一人でやっても楽しいガーデニング。それが親子2人になり友達5人になるだけでも喜びが増える。さらに「コミュニティ」を意識した場づくりをすることで、日ごろは決して出会うことのない人達が知り合い、会話のチャンスが生まれる。人の集め方やかかわりの工夫しだいでは、子ども達の成長や高齢者の生きがいを促すことにもなるし、家に閉じこもりがちな人々にとっては地域で居場所や役割を見出すことにつながる。そんな空間が街のいろいろな場所に登場したら、無縁社会などと呼ばれ、無機質に見える街の風景もイキイキと生まれ変わるかもしれない。

もちろん人が増えるにつれて面倒も発生するようになる。公共の場所へ進出すればなおさら気にかけることがらも増えてくる。それでも小さなトラブルを体験し、それを乗り越えるプロセスにこそコミュニティガーデンの肝がある。小さな発見や失敗を積み重ね、煩わしさも楽しい学びと思えれば、いろいろなことができそうだ。

写真1 デイサービスで高齢者と子どもが共同作業

コミュニティガーデンのデザインや運営にマニュアルはないが、私なりにコツをまとめてみたので参考にしてほしい。

コミュニティガーデンのコツ
まずはやってみよう

経験がないからできない、誰も手伝ってくれないかもしれない、役所の人がダメというに違いない……そんな不安は投げ捨ててまずはやってみる。

一人より二人、二人より三人、親しい周囲の人に声をかけて始めるのが良い。最初は面積も集団も小さくスタートするのがコツ。

お金をかけずに時間をかけて

　美しいガーデンはプロに頼めばできるかもしれないが，コミュニティガーデンは一朝一夕にはできない。人々が気持ちよく集える空間づくりには時間と根気が必要。大きなお金を投入して一気につくったものは，合意形成が不十分だったり維持管理のノウハウに欠けていたりして短期間に廃れる傾向にある。かかわる人々の関係性や運営のしくみをつくりあげるのにも時間がかかるもの。あるものを利用しながら少しずつ育てる方が良い。慌てず，焦らずコツコツと進めよう。

地域の住民とイイ関係を築いて

　公共的な空間を利用する場合はもちろん，私有地であっても近隣の人々によい印象を持ってもらうことはとても大切。清潔に管理する努力や近隣住民への配慮を怠らないようにしたいものだ。

　自分達だけ多いに楽しんで，周囲への配慮に欠けてはいないだろうか。ときには参加・協力を得られるように日ごろからオープンな姿勢や心づかいを忘れないように。

様々な人々の参加で

　たくさんの人が集まるということは，造園や土木，建築，教育，福祉，法律など多様な分野の知恵や経験をゲットするチャンス。お金をかけて購入したり外注できることでも，集まった人々の得意技を寄せ集めれば安く済むだけでなく，長い間にわたっておつきあいできる協力者や仲間が増えるきっかけにもなる。

　コミュニティガーデンに必要なのは専門技術だけではない。「資材を提供できる」「倉庫や会議室を貸してくれる」「物の運搬ができる」人が見つかったらラッキー。人が集まったら「こんなことができる・したい」リストを作成するのがお薦め。

ボランティアの主体性を大事に

　ボランティアのモチベーションは様々だ。「ガーデニングのスキルを身につけたい」「地域の役にたちたい」「友達がほしい」etc……。その人の意思や目的を満足させてあげると同時に，長期的には活動全体の目標，公益的な価値を理解してもらいながら，責任感をもって参加してもらえるようにボランティアの主体意識をつくっていくことが重要だ。かといって，「順番制で全員必ずやらなくてはいけない」と参加者に負担をかけると楽しさに欠けて長続きしないものだ。「○○さん，絵が上手だからニュースに挿絵を描いてみませんか」「○○さん，木工が得意だそうですね。看板つくってもらえないでしょうか」とタイミングを見計らってそれぞれの得意技を引き出すような投げかけをしてみよう。少し離れて見ていた人が「おっ，それならいっちょやってみるか」とたちまち積極的になってくれるかもしれない。

進め方はフレキシブルに

　これは○，これは×という固定的な考え方はできるだけ避け，現場の状況や参加者の様子にあわせて柔軟に進めよう。「立派な野菜をつくりたい」「美しいデザインのガーデンをつくりたい」「有機無農薬で栽培したい」いろいろな希望があると予想されるが，最低限の目標とルールだけ設定して，あとはある程度参加者の自由を認めながら臨機応変に進めたいものだ。技術や考え方が対立したら，「では両方やって比較実験してみましょうか」と提案してみる余裕を。

行政の協力を得る

　行政機関の理解を得，協力的な関係をつくると活動の前進につながることがある。直接的なサポートや金銭的な援助を望まなくても，情報の共有は大切だ。広報ツールや講師派遣などの支援プログラムを活用できたり，学校や町内会に協力を要請するときも話がスムーズになるというメリットもある。

　公共用地も所有者と相談して賃借できる可能性があるが，単に「花を植えたい」と頼むのではなく，まちづくりや教育，福祉，景観向上など公益的な目的のための活動であること，行政のミッションを市民が代わって行うものであること，管理者に負担をかけずに自主的継続的な運営を行うことを，まずは関係者が確認しあい，行政の理解を求めると良い。

造成する前に

(1)場所選び

　保育園や学校，老健施設，高齢者住宅，授産施設，個人の庭など。施設利用者がメインの場合は，もちろん施設の庭につくるのがベストだが，庭がなくてもベランダや屋上のコンテナで，街中のちょっとした空き地を借りて，といろいろな方法がある。日常的な世話を考えると，できるだけ住まいや活動の場所から近い所が望ましい。

　長年植物が育っていないような土地を使う場合は，土壌改良や排水設備の必要があるので専門家に相談したほうが良いかもしれない。機械で耕して空気をいれ，砂利や雑草の根を除去したり，水はけの悪い所に黒土や腐葉土をいれ，その土が流れないように石や木片を使って縁をつけると良いだろう。

(2)野菜と花の組み合わせ

　コミュニティガーデン発祥の米国や英国ではガーデンにも野菜や果樹があり，それらを食べたり加工したりすることで人々の交流を一層活発にしている。公共用地の場合，個人の口にはいるものを栽培するのは一般に認められないが，所有者の理解が得られるなら，プログラムをより豊かにするために混植を薦める。食べられるものを育てることで，子ども達も参加しやすく，食育につながるなど教育的な効果も広がる。

　花壇では一番人気のマリーゴールドは害虫を駆除するなど野菜のコンパニオンプランツにも最適。他にも薬用効果があったり，お茶や化粧品に加工できる草花を組み合わせて植えることで，美しく機能的なガーデ

写真2　キッチンガーデンにハーブや花を植えて

写真4　マリーゴールドはいろいろな野菜と相性が良い

写真3　コンパニオンプランツとして野菜とともに植えられた草花

ンを楽しみたい。

(3)スペースデザインで気をつけること

　大勢で作業することが多いのでスペースに余裕を持たせ、車いすや介助者のことも考えてゆったりとしたデザインを心がけよう。資材や道具を置いたり、ミーティングや休憩する場所も考慮したい。また、いろいろな人が代わるがわる来ることも多いので、植えたものがわかるように表示をしたり、踏んでもいい所と作物が植わっている所の境界をはっきりさせるための仕切りをするなどの工夫をすると良い。

(4)そのほか作業環境で意識すること

　より幅広い人を巻き込むために、ガーデンやグループの名前、植えている作物や草花の名前などを書いたプレートを置くなどして活動をPRする努力を。特に、公共的な場所を使用する場合は、自分達の楽しみだけでなく、周辺の人達にも理解を促しサポートしてもらうために、経緯や実りを共有する姿勢が大切。壁新聞やチラシで活動日や作業している人の様子を伝えることも、新しい参加者やボランティアを集めるのに効果的だ。

　定期作業日を決めて参加をよびかけたり、近所の児童施設や子ども会に声をかけてはいかがだろうか。

　また、慣れていない人が来るときは、安全に気をつけるのはもちろん、気持ちよく作業できるような環境を整えることも重要。特別なお客様対応は不要だが、騒音や混雑のないゆったりした環境や、休憩時間のちょっとした飲み物やお菓子で参加者の会話をはずませる気遣いがあると、リピーター率が高くなる。

コラム　ガーデニングでトランジション
―持続可能なまちづくり―

坂本純科

トランジション・タウン

　英国では最近，環境運動が様変わりしている。「トランジション・タウン」がそれだ。「トランジション」は英語で「変遷，移行」の意味で，石油依存型社会から持続可能なまちへ移行するための市民活動を意味する。石油生産量がすでにピークを迎え，安価な石油が手に入らなくなるという予測（ピークオイル），そして地球の温暖化にともなって世界各地で発生している気候変動の事実を真剣にとらえ，将来に備えて社会構造や市民のライフスタイルを変化させていこうというのが運動の大筋である。

トランジション活動とガーデニング

　トランジション活動の大事なポイントは，その土地それぞれの資源や文化風土を活かしたプログラムをつくっていくこと，そしてプロセスで地域コミュニティを再生させていくことだ。

　私は2007年3月から約2年にわたってウェールズの小さな町（人口約1万4,000人）に住み，トランジション活動に参加した。最初はピーク・オイルをテーマにした映画を観たり「課題を知ること」からスタート。次は「エネルギー」「交通」などのテーマグループ別に具体的にどんなことができるかを話し合った。

　私の参加した「食」のグループでは「市民農園が空くのを2年も待っている。遊休農地を開放してほしい」「近所の公園が芝生だけなので，リンゴなどの果樹を植えたい」などの意見が次々と出た。ファーマーズ・マーケットを運営している団体の女性からは「市役所の助成が今年度から打ち切られた。助成を続ける請願に協力してほしい」という提案があった。それをきっかけに地域の食や農業をサポートするべきだという議論が白熱。その中で「消費者の意識変革を促すイベントを市民の手で開催しよう」という案が出された。こんなとき，彼らの行動はすばやい。あっという間に半年後のイベント計画がスタートした。「依存から自立・共存へ」「トップダウンからボトムアップへ」はトランジションのスピリッツだが，行政や大きなパワーに依存するのではなく，小さくても市民自ら行動することの大切さを実感するできごとだった。

　このイベントを通じてガーデン好きのネットワークがぐんと広がった。私が主宰していたコミュニティガーデンにもボランティアが来てくれるようになり，そこで種や苗の交換をしたり野菜の宅配サービスを始める人もあらわれた。菜園に挑戦したいがスペースがないという人のためには，遊休農地や公共用地を紹介するマッチングのプログラムも立ち上がった。名づけてガーデン・エクスチェンジ。それがきっかけで，友人達が教会の用地を借り，住民主催の市民農園をオープンしたりと，短期間に様々な展開を見せている。

写真1　苗の交換会の様子

　スキルシェアを推進するグループの冊子を開くと「庭の草刈します」「犬の散歩をします」などなど，一見スキルとは呼べないようなものでも「あったら便利でお得」な情報がたくさん。地域の資源や個人の特技を地域内で活用，循環することは，環境への負荷を減らすばかりか地域コミュニティの活性にもつながる。大型スーパーや通販で手に入るものは聞いたこともないどこかの国で，それも不公平な労働によって生産され，さらに莫大な石油エネルギーを費やして搬入されたものかもしれない。それらの安物を壊れては捨てて買い換えるという生活は，明らかにサスティナブル（持続可能）ではない。生産者の顔がわかるものはより安心で，大切に使おうという気持ちもわくだろう。「地域主義」はトランジションの大きな柱であるが，その一歩として有効な活動だ。

トランジション・ジャパン

　2006年9月，英国で初めて「トランジション宣言」をしたトットネスに続き，世界各地でトランジション・タウンが誕生している。2008年6月には「トランジション・ジャパン」が結成され，関東や関西を中心に活動は勢いを持って広がっている。

　最後に強調したいのは，庭好きの英国人がガーデニングをツールにした様々なプログラムを開発したように，ガーデニングはトランジションの中でもとりわけ効果の高い手法だ。市民一人ひとりが植物を育てる活動を楽しみながら，地域コミュニティの再生をリードする，ガーデナー達がそんな新しい時代を開いていく存在になることを期待したい。

I-7 公園をつかいこなす

中村佳子

公園と人とのかかわり

公園と人との最初の出会いは幼い子どものころ。乳母車に乗せられて緊張したお母さんとともに公園デビュー。歩くようになると，公園中をわが物顔で動き回る。公園の主役となる小学生。学校帰りに公園にたまる中学生。高校，大学，社会人とスポーツなどの目的を持って公園へ。公園への道も遠のきつつある。親となり子どもを連れて公園へ。2度目の公園との出会いとなる。仕事をリタイアすると，健康のために公園で散歩。公園の樹や緑が目に入る。そして，何かできないかなと考える。3度目の公園との出会いだ。今，たくさんのこの年代の人達が公園や地域の活性化のために楽しみながら活動を行っている。リハビリのために公園を歩くお年寄り。公園はいろいろな人が，様々な場面で使う場所「公園は皆のもの」である。

2001年，地域づくり・まちづくりを公園から考えようと活動を始めた「公園ねっとわーく」。"公園は皆のもの"をテーマに"公園を考える・遊ぶ・育てる・つなぐ，そしてつかいこなす"ための活動を行っている。

公園を「遊ぶ」

公園で遊ぶ子どもの姿が少なくなっている。が，今に始まったことではない。10年以上前，活動の始めに公園調査を行った。想像以上に子どもの声がしない公園。主役のいない遊具・広場。子ども達の「遊び」はどこへ行ってしまったのだろう。その後も様々な公園利用調査が行われたが，結果は同じ。子どもにはもっと外で遊んでほしい。

「遊び」は子どもが成長する中で，危険予知能力や，創意工夫，コミュニケーション能力，などなど様々な知恵や知識を学ぶ場である。それを，お父さんお母さんにもう一度伝え，子どもが遊ぶということの大切さをわかってもらいたい。公園ねっとわーくでは，子どもと大人が一緒に遊ぶプログラム「忍者修行」を行っている。子ども達が"公園をつかいこなし"走り回る。いつもの公園の魅力を，公園の秘密を探し出し，仲間に伝える。真剣に遊ぶ大人と子どもの目は輝いている。

ここ数年，札幌でもプレイパークという活動が行われている。子どもの遊びを考える「大人」が増えてきている。昔はいらなかった"子どもの遊びを手助けする大人"がしばらくの間必要なのかもしれない。

公園を「育てる」

みんなのものである公園を育てていこう。樹木や花の手いれを学ぶ，仲間づくりをする，体を動かす，などいろいろな目的を持って公園に集まってみる。すると公共の場所だからとなかなかかかわることのできなかった公園が身近なものになる。大人も楽しみながら"公園をつかいこなす"チャンスである。公園で花を植えてみよう。といっても勝手に植えて良いわけではない。公共の場である公園での活動は，管理者・利用者・そして公園を取り巻く地域の人達との連携が重要である。

写真1 忍者遊び

写真2 樹木や花のお手いれ

冬の公園を「つかいこなす」

北海道の子ども達の体力低下が問題となって数年がたつ。これは，冬の間の外遊び・野外活動の減少が大きな要因だといわれている。長い間雪に閉ざされ，大

人も子どもも外に出て活動する機会が少なくなる。子どもだけではなく大人も毎日の雪かきにうんざりし、気持ちは暖かい室内へと向いている。最近では冬期の体力向上を目的に体育館など室内での運動教室が開かれることが多い。しかしもっと"冬の公園をつかいこなす"ことはできないだろうか。子ども達が雪の中で遊ぶこと、大人が雪かきや雪道歩行などの日常的運動をすることは、体力づくりの他に、サラサラ雪・ザラザラ雪・しまり雪など様々な雪の状態・性質を読み取る感覚の訓練と雪中での手足の使い方を学ぶ、という効果もある。雪の多い地方で暮らすためには欠かすことのできない、知恵と知識である。

「スノーキャンドル」の勧め

写真3　スノーキャンドルイベント

公園ねっとわーくでは、2003年から「冬のまちにスノーキャンドルの灯りをともそう」というイベントを行っている。「大きな災害が冬の札幌で起こったら……」をキーワードに、「冬の公園をもっと活用しよう」「冬の災害、そのとき公園の果たす役割と外で過ごす業を考えよう」「地域のつながりを深めよう」という3つのテーマを持って、阪神淡路大震災の起きた1月17日に近い土曜日に近くの公園に集まってスノーキャンドルづくりという共同作業を行い灯りをともそうというイベントである。その後2011年3月に東日本大震災がおこり、札幌では冬の災害がさらに身近なものとなった。2012年の第10回目からは3月11日に近い土曜日にもpart 2としてその開催をよびかけている。

このイベントでは、公園で活動するボランティアが活躍している。春〜秋にかけて公園の樹木や花壇の管理などを行っていた公園ボランティアが、灯りを冬に咲く公園の花に見立て、公園利用者に楽しんでさらに参加してもらおうと、スノーキャンドルづくりを行っている。

バケツでつくるスノー　　アイスキャンドル　　雪玉を積みあげる
キャンドル　　　　　　　　　　　　　　　　　スノーキャンドル

写真4　スノーキャンドルとアイスキャンドル

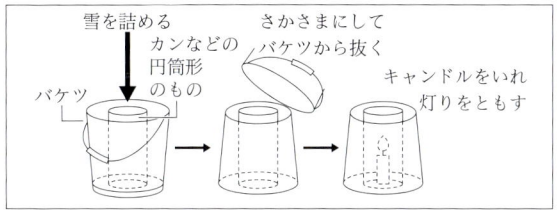

図1　スノーキャンドルのつくり方

スノーキャンドルは雪でつくるランタンである。氷でつくるアイスキャンドルとは違い集まったメンバーでその場で簡単につくることができる。基本の作り方は、バケツに空き缶などをいれ缶とバケツの隙間に雪を詰めていく。しっかり詰まったら、バケツをひっくり返して缶を抜き、ろうそくをいれる。さらに、雪の壁に掘った横穴を利用したり、雪玉を積み重ねてのスノーキャンドルも。いろいろなアイディアが湧いてきて、楽しみながらの作業となる。さらに近くの子ども達や地域の人達も参加するようになると、公園が地域の活性化をはかり、コミュニケーションの場となる。

「イグルーづくり」の勧め

冬の災害時には、外で過ごすことを余儀なくされるだろう。少しでも寒さをしのぐ知恵として「イグルーづくり」を行っている。イグルーはイヌイットがつくる家のことで、雪のブロックを切り出してドーム型に積みあげたものである。イグルーの中は暖かい。ドームではなくても、ブロックで壁をつくりシートをかけた避難場所。短時間を外で過ごすための知恵となる。遊びながら、大人も子どもも、生きる知識を身につけたい。

写真5　イグルーづくり

「冬の災害訓練」の勧め

毎年夏には、地域での災害訓練が行われる。では、

I　ガーデニングボランティアとまちづくり

雪の降り積もった冬にも災害訓練は行われているのだろうか。阪神淡路大震災では，消防などの公的機関に助けられた人(公助)の割合をはるかに超え，自力または知人・家族・近所の人・通行人などに助けられた人(自助・共助)の割合が多かった。

このところ冬の災害への危機感が増し，各地域でも冬の緊急時や避難経路について様々な取り組みが行われるようになってきた。では私達は，交通マヒによって車で搬送できないなどの悪条件が重なったドカ雪時の震災で，ケガをした人，障がいを持つ人達を，安全な場所まで運ぶことができるのだろうか。被災者同士で助け合える力がどれだけ備わっているかが，災害時の損害の程度を決めるともいえる。こんな場面での救助活動としてどのような方法が適当か，どのくらいの体力が要求されるのかなどの研究や訓練はほとんど行われておらず，情報もないのが現状である。

写真6　救助活動

公園ねっとわーくでは，冬の公園を使って，雪の中で動けない人を運ぶための実験を行っている。冬の公園で遊びの中でブルーシートに人を乗せて運ぶ競争など，実践しながら知恵と知識を身につけていきたい。

公園は，冬の野外活動の宝庫である。

コラム　中島 Kids ガーデン

山田順一

　中島公園(札幌市の総合公園)の近隣の子ども達を対象に，中島公園 kids ガーデンを開催している。子ども達が土に触れ，野菜栽培を通して食・農育活動を行うことで自然とのかかわりを学び，理解を深め協調性を養うとともに，親以外の大人と触れ合う機会を持つことで社会性を身につけることが目的で，この活動を通して地域コミュニティが活性化していくことを期待し開催している。

写真1　野菜の手いれ，収穫

　5月から10月までの5か月間，野菜と花の栽培体験，収穫物の加工・試食体験，公園内の自然素材をつかったクラフト，園内で見かける動植物や昆虫，水生生物などの観察などをおもに活動している。特に参加者が求めているのは野菜の栽培と収穫物の試食だ。参加者は幼児から小学生までの親子で，植える野菜を決める際にはいろいろな種類があがってくる。出た要望をすべてかなえてあげたいのは山々であるが，実際，植え込む床には限りがあり，子どもが簡単に手いれできる品種を選んでいる。特に人気なのはジャガイモ，タマネギ，ニンジンで，経年参加している子ども達は収穫後の「カレー」を楽しみにしているのである。

　平成25年度は幼児の参加が多く，最初のころは予定通りに作業が進まなかったが，徐々に小学生のお兄ちゃん，お姉ちゃんが上手に小さな子ども達を引っ張っていく姿が見られるようになり，終盤には皆が作業に向かう姿勢がまとまっていた。短い活動期間ではあるが子ども達が少しずつ成長していく姿をはっきりと感じることができたのも，1つの目標に向かって子ども達が素直に向き合ってくれたからだと思う。幼児にとって野菜を育てることも遊びの一環なのかもしれない。親がついて簡単に教えてはいるが，子どもにしてみれば初めての体験，親のいう通りにはなかなかいかず，途中でできなくなって諦めてしまう子どももいる。が，小学生のお兄ちゃん，お姉ちゃんが「こうするんだよ」と一緒になってアドバイスすると，なぜか諦めていた子どもも再度チャレンジしてしまうのだ。子どもには子ども同士の疎通するものがあるのだと常に感じながら開催している。

　野菜栽培の他には，公園内の枯損木をつかって思いのままに造形物をつくるネイチャークラフトや，カシワの木の下でどんぐり拾い，鴨々川で水遊びや生物観察，駆除したスズメバチの巣の解体観察などを行った。公園内にある自然を有意義につかって活動している。

　この活動は親も子どもも自ら体験したことをお互いに共有できる良い企画。指導する側もいろいろと実践しながら知識を身につけさせてもらっている。もし興味を持った方がボランティアとして参加してくれるのならば，この活動も幅を広げられるのかもしれない。

コラム　公園ガイドボランティアとして活動するために

大森有紀

　札幌市内のいくつかの公園では来園者を対象としたガイドサービスがある。ガイドを担う人々は職員ではなくボランティアという形態が増えており，特徴的な公園(花に特化している，地域の歴史的シンボルなど)では，ガイド研修後にその公園のボランティア組織に参加して活動することになる。公園ごとに活動のルールはあるが，ガイド内容については自由な発想で，個性を活かし，自分なりの言葉での案内となる。

　ただ，その際に忘れてはならないのが「おもてなしの心」。そのためのヒントをいくつか紹介する。

写真1　百合が原公園のガイドボランティア

(1) どのような客層か把握する

　お客様の年齢や性別，個性を把握する。高齢者が多い場合は歩くペースを考える，お子さんもいる場合は飽きないように「触る」「嗅ぐ」などの体験を入れる，写真撮影の回数が多いなら説明配分を減らし撮影時間を入れるといった工夫が，ガイド終了時にお客様に満足いただける結果につながる。

(2) コミュニケーションをとる

　説明の際に視線を合わせる，質問仕立てで説明するなどの工夫をしコミュニケーションをとることで，お客様は一方的な説明を受けている感覚が薄れる。また，移動中に「どこからいらっしゃいましたか？」「こうしたガイドを受けるのは初めてですか？」などの個人的な話題の声がけをすることで，より親しみを持ってもらえる。ただしその際，会話に入っていないお客様に疎外感を与えないよう他のお客様に聞こえるようにする必要がある。

(3) 振り返る・笑顔でいる

　目的地に向かって歩いているときはガイドが先頭になるが，時折振り返りお客様の様子を確認する。あるいは背面に気をつけ後ろ向きで歩く方法も有効だ。目があったら笑顔で！　まずは気を配っていることが感じられる仕草を身につける。

(4) 仕草だけじゃなく，気を配る

　道の段差，雨の後は水たまりなど，歩く上で注意が必要な場面では，「段差があるのでお気をつけくださいね」「濡れてる所はよけて通りましょう」という声がけが大切。特に炎天下のガイドでは日陰を選んで歩く，小休止を入れるなどといった対応が必要だ。

(5) 押しつけない

　自分の知識をすべて伝えようと意気込みすぎ，押しつけがましい案内になっていることに気がつかない場合がある。例えば説明最中に仲間同士でおしゃべりをしている方に「ちゃんと聞いてください」と注意したり，歩くのが遅い人に「はやくこっちに来て！　みんな待ってるんだから！」などといえば，良い内容の話をしていても不快感しか残せない。そうならないよう，以下の行動には注意したほうが良い。

- 前置きが長い　　　・一方的にしゃべる
- 必要以上に大きい声でしゃべる
- なぜか自分の自慢話が混じる
- 言葉遣いが威圧的(こっちに来て！　などの命令口調)
- 態度が威圧的(腕を組む，ポケットに手をいれて話す，腰に手をあてて説明する)
- 笑わない　　　・内容が細かすぎて数字ばかり並べる
- 譲らない　　　・批判や批評，悪口をいう

---

(6) ゆとりのある時間取りをする

　案内の最中に不測の事態があることも考え，案内時間すべてを使い切るようなガイド原稿を作らない。天候の悪化やお客様の歩くペースがゆっくりで時間が足りなくなった場合，原稿を消化しようとするあまりお客様を急かせることは避けたい。臨機応変に対応できる時間のゆとりは必要である。

(7) 最後に

　一番大切なのは，ガイドをすることでその場所をより深く理解してもらう，または好きになってもらうという気持ち。楽しんでもらう，終わった後は気持ち良く帰っていただこうという気持ちを忘れないことだ。その前向きで明るい気持ちは，自分がガイドをする場所を好きになることでいくらでも湧いてくるものであり，好きな場所を好きな人に説明するすばらしさをぜひ体験して欲しい。

I-8 公園はコミュニティ資源

石田哲也

公園ボランティア活動

人間として生きていくためには、人と人との絆、社会とのつながりは不可欠である。高齢化の進展や悲惨な孤独死に象徴される無縁社会・疎遠社会となってきている日本において、コミュニケーション環境の充実は老若男女を問わず切実な課題である。特に会社人間として長い年月を過ごしてきた定年退職男性陣は、地域社会のみならず家庭内においてさえコミュニケーション下手が指摘される。「引きこもり」や「濡れ落ち葉」にならないためにも、加えて、自分のスキルアップ、充実した楽しい人生を過ごすためにも、コミュニケーションの場は、人生の楽園ともいえる。公園は、その楽園となり得る身近な場所のひとつである。

公園ボランティア活動は社会貢献の活動であるが、同時に公園というコミュニティの場を活用した「生きがいづくり」「自分づくり」の活動でもある。公園ボランティアに普遍的な定義は存在しない。あえていうなら「公園で展開されるすべてのボランティア活動」であると考える。

そのような視点から、前田森林公園を拠点として活動している「前田森林公園凸凹クラブ(以下、凸凹クラブと略称する)」の来歴や活動を実践事例として紹介する。

前田森林公園

前田森林公園の所在地、面積などの情報は同公園のパンフレットや札幌市公園緑化協会のホームページを参照願いたい。

昭和46年国土地理院発行の地形図[札幌北部]に、赤枠で前田森林公園が立地している場所を示した。かつては水田であったことがわかる。1982(昭和57)年に造成が開始され、1991(平成3)年に完成した完全に人工の森林公園である。

2007年には拡張区域の造成も完了し、地域住民のみならず石狩市民や小樽市民も利用する緑の拠点に成熟しつつある。ブランコや滑り台といった人工遊具は設置されておらず、巧みに配置された様々な樹木や草花、そこで暮らす野鳥達の姿を楽しむことができる公園である。札幌市に設置されている公園の総数は、大規模な総合公園から小規模な街区公園まで含めると2,700か所を超える。それらの中で「森林」という言葉を冠しているのは前田森林公園だけであり、札幌市近郊の小樽市・石狩市・江別市を含めても、野幌森林公園との2か所だけである。

凸凹クラブの誕生

1999年、札幌市公園計画課(当時の部署名。現在の環境局みどりの推進部みどりの推進課)が「前田森林公園サポーターズ講座」というワークショップを開催した。前田森林公園がフィールドに選定された理由は以下の4点であった。①手稲区は市民活動のさかんな地域で、ボランティア活動の素地があった。②前田森林公園の近傍の小学校にボランティア活動に積極的な教師がいた。③前田森林公園の近くの北海道工業大学に地域コミュニティの研究者がいた。④公園管理事務所長の積極的な支援があった。

この講座は2001年度までの3か年に及ぶもので、前田森林公園の利活用の活性化、拡張区域の設計に市民要望を取り込むこと、公園の維持管理と市民活動の連携などの社会実験を目的としていた。この講座の閉講時に、受講生の中から、せっかく3年間かけて検討してきた内容や活動を講座の終了とともに終焉させてしまうのはもったいないとの声があがり、数か月の自主的な話し合いと行政・管理事務所との調整を行い、受講生全員にボランティア団体立ち上げの意思確認をするハガキを郵送し、加入の返信をした19家族36名で2002年5月に発足した。札幌市公園緑化協会のボランティア登録要綱に基づいて団体登録し、凸凹クラブ会員(以下、クラブ員と略称する)には協会からID(会員証)が発行されている。2011年度現在の会員数は21家族36名である。

凸凹クラブの誕生は地域住民の自由意志によるものだが、その契機は「行政の仕掛け」であった。

前田森林公園凸凹クラブの活動

既成の公園ボランティアの多くが活動の主体を公園内の清掃・草刈り・花壇づくりに置いている。行政もそのような活動を期待している側面があり、札幌市公

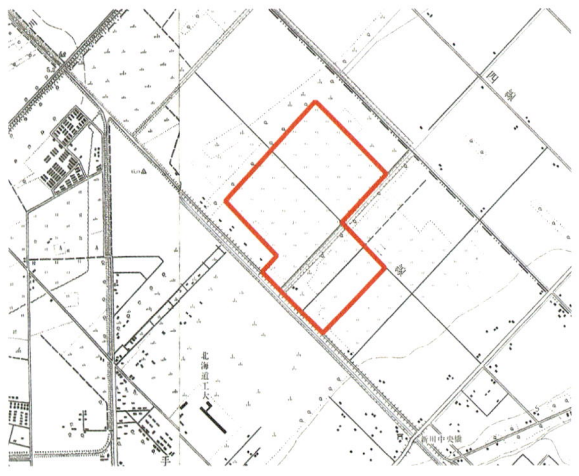

図1　昭和46年国土地理院発行 1/5000 地形図

園ボランティア登録制度要綱では，第2条活動内容の筆頭に「清掃」と書かれ，順次，「草刈り」「花壇」と続き，最後に「その他，維持管理運営の活動」となっている。しかし，凸凹クラブの活動は発足の経緯から公園の利活用を促進充実させる遊びのメニューを提供することが主体で，凸凹クラブの特徴ともなっている。花壇や清掃にかかわる活動も実施している。しかし，その比重は小さい。大規模な総合公園での日常的な管理作業は専門の職員に委ね，ボランティアは職員が手を出しにくい「遊び」や「宣伝」のメニューでかかわるのがベストだと考えるからである。当然，小規模な街区公園などでは清掃・草刈り・花壇を全面的にボランティアが担うことも可能であり，有意義な活動であると考える。

　凸凹クラブの活動は，①内務系，②イベント系，③公園広報維持管理系の3種に大別される。

　以下に主要な活動を紹介する。

内 務 系
(1)定 例 会

　総会方式の定例会を奇数月の第2日曜日10時からを基本として開催し，近々に予定しているイベントの詳細や活動のあり方などを話し合っている。場所は前田森林公園管理事務所の和室を借用している。管理事務所の担当者にも同席してもらい，情報交換のみならず活動の連携もはかられるため好都合である。議案審議だけではなく，思わぬ世間話に発展していくことも珍しくはない。アットホームな雰囲気もクラブ員を惹きつけているのだと感じている。1月の定例会は新年会を兼ねて居酒屋などで開催し，出席者が最も多く，親睦を深めている。また，年度末の3月に開催する定例会では，役員改選を含め，翌年度の年間活動スケジュールまで決定する。クラブ員は，公園ボランティア以外の様々な活動にかかわっている人も多く，行動日程を調整しやすい環境づくりに効果を発揮している。

(2)会　　報

　不定期発行であるが，定例会での決定事項等の周知を目的として「前田森林公園凸凹クラブ会報」を発行している。様々な情報は凸凹クラブ代表に集中するため，発行者は代表が担わざるを得ない状況となっている。そのため，タイミングを逸した誌面となることも少なくないが，情報発信は活動継続のエネルギー源でもあり，欠かすことはできない。新年会では前年4月から12月までの活動状況を取りまとめて写真で報告する特集号を回覧して，座を盛り上げている。

イベント系
(1)自然観察会

　人工造成された公園ではあるが，そこで展開されている生物の営みは天然自然であるから，自然観察会である。しかも遭難や危険生物との遭遇の心配が極めて少ない，安心安全な自然観察でもある。四季折々の様

写真1　2011年春の観察会のひとコマ　　**写真2**　藤蔓工作コーナー

子を楽しむため，春5月，夏7月，秋10月，冬2月を基本として年4回の開催である。自然観察指導員やネイチャーゲームの手法を取り込むなど工夫をしており，リピーターも増えている。今後は，拡張区域での開催や回数の増も行っていきたいと考えている。

(2)藤まつり

　2010年度から開始した新しい取り組みである。園内の展望ラウンジの両側に設置されているパーゴラにはフジが植栽されている。植栽後20年以上が経過し，毎年の開花時期には札幌市内でも指折りの絶景が展開される。しかし知名度は低く，せっかくの景観がもったいないとの思いがあった。管理事務所の発案を凸凹クラブが引き受け，事務所との連携の下で開催している。剪定した蔓を使ったリースづくりやカゴ編みは大好評である。

(3)前田森林公園まつり

　従前は札幌市青少年科学館が主催する「星まつり＝星の観察会」であったが，日昼の部を前田森林公園の知名度アップを目的としたイベントに拡充させた。流星群や金星大接近などの星にかかわるトピックの有無と天候の良否に左右されて来場者が大きく変動するため，事前準備のむずかしいイベントではある。

(4)トンカチ広場

　「森林」という冠の特徴を出したいという希望を形にした自由木工広場のイベントである。毎年，5月連休明けから10月第1週までの日曜日の9時半〜15時を基本として，小学校の夏休み時期には回数を増やしながら年間11〜12回開催している。公園内から除伐された樹木や剪定枝，松ボックリやドングリなどの木の実を主要な材料として，クラブ員が持ち寄った建築端材，家具解体材などの材料を無償提供し，クギ，ネジ，接着剤といった資材，金槌鋸などの手道具，電動ドリルなどの安全な工具類は自由に無料で使用できるように配置している。大型の電動丸鋸など危険度の高い工具はクラブ員のみの使用で，来場者の希望にそって切断加工している。また，クラブ員が持ち寄った道具工具類もたくさん用意されており，資材機材の充実度は市内随一だと自負している。来場者の評判も高く，リピーターも多い。ファミリーで来園して，最初は子どもに引かれて渋々来場してきた親が，最後は子どもより熱中している姿も頻繁に見る。また，祖父や父親が腕を発揮して家族に自慢顔している光景はとても微

笑ましい。大きな丸太材やカツラの丸太など，一般人には入手困難な材料を使うことができることや，樹種によって異なる木質などを様々に体験できることなど，森の恵みが人々を惹きつけており，森林公園らしさを発揮できていると感じるイベントである。従前は凸凹クラブの主催で管理事務所からは物質的な支援を受ける形態であったが，管理事務所の主催で凸凹クラブは催事の主演者とする形態に変えることで，来場者のケガに対する保険適用が可能となったことはとても心強い。

写真3　トンカチ広場の情景

公園広報維持管理系
(1) 樹　名　板

　凸凹クラブが手づくりの樹名板を設置し始めるまで，園内に樹名板は1枚も設置されていなかった。来園者からの問い合わせには随時，管理事務所の職員が対応していたが，植物分類や見分けは本来業務ではなく，負担になる場合もあった。樹木の名前を知ることは親しみを増す一歩でもあり，森林公園らしさを演出する必要もあった。クラブ員の中には林務を仕事としていた者がおり，教えを受けながら手づくりの樹名板の設置を進めた。小枝で文字を形づくる素朴な樹名板であるため，ひと冬越すと傷みが出る。それを毎年の開園前の4月連休時に修復するとともに新しいものも追加する。少しずつ充実してきており，来園者から慰労の言葉を頂戴している。

写真4　樹名板の修復と新作の作業風景および完成した樹名板

(2) 花　　畑

　園内には多数の花壇，花鉢がある。ボランティアがそのすべてを管理することはむずかしい。凸凹クラブでは東駐車場の横にある築山(木の広場)の斜面を利用した花畑を引き受けている。この活動を始めた当初はマリーゴールドやクリサンセマムなどの草花を主体に植えていたが，近年はヒエやアワも植えている。現代人はその名前を知っていても姿形は知らない人が多い。もの珍しさから秋の観察会の良い素材ともなっている。また，スズメの大量死を契機として野鳥給餌台を撤去したため，ヒエ，アワやヒマワリをつくり捨てにして野鳥達にプレゼントする企みも兼ねている。

(3) カナール清掃

　前田森林公園の象徴的な施設のひとつが延長600mのカナールである。ゴム製の遮水シートでつくられているため自然浄化能力は低い。周辺の樹木からの落ち葉やカモ類の置きみやげで汚れが蓄積する。そのため，春と秋の2回，清掃作業を行っている。管理事務所が主体となった作業であるが，人海戦術であるため凸凹クラブも応援している。しかしクラブ員も高齢化してきており体力的に追いつかない場面も出てくるようになった。一般市民のボランティア参加を幅広くよびかけるなどの工夫が必要となってきている。

写真5　カナール清掃の情景

(4) パンフレット発行

　前田森林公園の知名度を少しでも高める活動をしたいという想いから，凸凹クラブとして独自のパンフレット作成にも取り組んでいる。これまでに「前田森林公園の実のなる樹」「前田森林公園の針葉樹」の2種を作成した。増刷は管理事務所に無心している。今後は「前田森林公園の珍木マップ」「前田森林公園のカエデ類」といった園内の樹木を紹介するパンフレットの充実と英語版パンフレットの作成を目論んでいる。

活動の変遷

　凸凹クラブを立ち上げた当初はウォーキングラリーの実施や公園内の食べられる野草試食会を実施したこともある。また，北海道工業大学の碇山ゼミが中心となって展開している「野良がっこう」という公園内の隅地を利用したコミュニティファーム活動にも参画していた。この活動は現在も継続しているが凸凹クラブとしては見守る程度の活動に縮小している。前田森林公園外ではあるが，手稲区の鉄北広場で冬季に開催されている「雪っていいね・ていね」というイベントに参加している。このイベント実施の中心となっている手稲区体育振興協議会のメンバーがクラブ員であったことからの連携が契機となっている。その他にも，カエルが好きなクラブ員が前田森林公園内のカエル生息数の減少を嘆き，カエル復活を目指した「カエルプロジェクト」の発足を検討している。

　以上のように，活動内容は変遷してきている。クラブ員の発案を大切にして，団体として取り組むか否かは定例会での話し合いに基づき決定している。

また，ユニークな活動を展開しているためか，「街おこし活動講習会」「定年後を考えるライフプラン講演会」「手稲郷土史研究会」などの講演会講師やテレビ・ラジオの取材の依頼も受けるようになっている。

ボランティア活動を長く継続するために

凸凹クラブの活動を通してボランティア活動を継続していくことのむずかしさを考えさせられる。「継続は力なり」という格言があるように，地道な活動であっても継続していくことが重要であると考えている。そのための心構えを以下に述べる。いわば，街区公園で若い母親達が公園デビューしたり，育児情報交換したり，ストレス発散している姿を見習う気持ちが大切なのである。

情報の共有

ボランティアは，団体を立ち上げた後，いかに長く活動を継続していけるかが大きなハードルとなっている例が少なくない。活発に活動を展開しすぎるとスタッフへの負担が高じ離脱者を生む。逆に活動が低調になると，活動の意義に疑問が生じ離脱者を生じさせることになる。団体の構成メンバーの経験値やスキルなど様々な要素と活動の内容や頻度を相応させることが重要である。そのためには，一つひとつの活動に関してスタッフ全員できちんと話し合うこと，情報を共有することが必須である。

関係機関などとの連携

誰かのために仕方なく実施する活動ではなく，まず「自分が楽しむ活動」「身の丈に合った活動」は長続きするが，いくら楽しくても「身勝手な活動」が許されるはずもない。その意味でも「行政や関係機関との連携」が欠かせない。社会的な活動には思いも寄らない規制がかけられている場合がある。ましてや公園という公共の場で活動するとなれば，それ相応の規制があって当然である。公園の指定管理者や行政部門との連携で適正に対処することができ，活動に安心感が生まれる。

義務化しない，させない配慮

日本人は律儀で完璧を求める人が多い。その結果，ボランティア活動を自分に対しても他人に対しても無意識のうちに義務化してしまう傾向にある。所詮，ボランティアだからといってチャランポランでは困るが，あまり頑固になっても長続きはしない。団体の中心となっている者が注意を払って采配すべきポイントだと考える。

柔軟性のある活動

ボランティア団体を立ち上げたときのメンバーは共通の情熱や考え方を持っているので団結は強い。しかし活動が活性化し，幅が広がるほど，スタッフ増強も必要となる。新加入してくれる人材をいかにうまく既成の枠に取り込むことができるかは重たい課題である。逆に，既成の活動が，より柔軟性を持つことも必要と考える。

安全性の確保

ボランティア活動中にケガを負う可能性もある。凸凹クラブではクラブ員全員にボランティア保険を義務づけている。社会福祉協議会のボランティア保険は一人年間300円で加入できる。実際に，トンカチ広場で電動工具を取り扱っていたクラブ員が大きなケガを負ったことがあり，治療費はボランティア保険で賄うことができた。

一方，イベント参加者の安全確保に配慮することも大切である。自然観察会ではフィールドに出る前に，季節に応じたドクガやスズメバチ，イラクサなどの危険生物の情報を提供し，フィールドで発見した場合には速やかに指し示すなどの対応を怠らないようにしている。トンカチ広場では日除けのルーフテントを充実させ，直射日光を遮る工夫や，熱射病に注意するように随時よびかけるなどの対応も行っている。棘が刺さったり，鋸が擦った程度のケガには救急絆創膏程度で対応しているが，大きなケガの場合は素人対応せずに救急車を要請すべきである。幸いにして，凸凹クラブ10年間の活動の中ではイベントの一般参加者が大きなケガを負う事態は発生していないが，油断は大敵である。

気持ちの切り換えと自覚の保持

札幌市公園緑化協会から受領しているIDケースにはボランティア保険証も入れておき，活動時には携帯するようにしている。ボランティア活動に出かける間際にIDを身につけるという行為は些細なことであるが，気持ちを切り換え，やる気を喚起する効果がある。また，IDを所有していることで，団体の一員であることの自覚を持続させる効果がある。ボランティア活動の根源は，自発的な情熱に基づくものであるが，情熱を維持するために工夫することも長続きの秘訣ではないかと考えている。たかがID（会員証）ではあるが，こんな小道具でも使いようである。2008年度には念願の凸凹クラブロゴ入りのスタッフジャンパーを揃えることができた。

今後の課題

公園は多面的な機能を有している。洪水遊水地，防火帯，避難場所といった災害時の用途や除雪堆積場，犬と人の散歩場所，ランニングコースといった日常生活にともなう用途は，従前から意識されていた。

今後は，きちんとした原体験と自然遊びを子ども達に提供する自然教育施設としての機能，豊かな人生を花咲かせるコミュニティ資源としての機能をも存分に発揮させていきたいと思う。

公園ボランティアはこれらの機能を発揮させるために有効な手法のひとつであると考える。

I -9　大通公園ボランティアの植物管理

笠　康三郎

札幌の町の中心に位置している大通公園では，たくさんのボランティアが植物管理などで活躍している。これは，様々なタイプの花壇があることに加え，市内各所からの交通の便が良く，人が集まりやすい利点を持っていることや，市民だけでなく，たくさんの観光客が四季を通じて訪れる場所であるため，注目されることなどもその理由になっていると考えられる。

写真1　2011年には，様々な100歳記念イベントが行われた

大通公園の花壇前史

大通では，はるか100年以上も昔から，ボランティアによる花壇造成の歴史を持っている。

1901（明治34）年には大通逍遙地として整備がされているが，1907年には，札幌農学校の11期生で，札幌興農園（後の五番館）の創業者である小川二郎が，2丁目から4丁目にかけて花壇と芝生をつくっている。

さらに1916（大正5）年には，札幌洋翠園の戸部佶が，「大通が札幌区民や旅行者に喜ばれる空間」になるために，花壇造成を札幌区長に提案した。しかし「趣旨には賛成するが，札幌区には造成費用も管理費用もないので賛成しかねる」との回答であった。そこで，農科大学の星野・前川両先生のアドバイスを基に，花壇の設計と品種の選定を進め，すべて自費での花壇造成と維持管理を行ったのである。

戸部による花壇の造成は3年続いたが，さすがに限界があるので札幌区の直営に引き継がれた。ちょうどこの年は，開道50年記念北海道博覧会が中島公園や駅前通で開かれており，当時の札幌の人口の10倍にあたる140万人以上もの観覧者が全国から訪れている。彼らが大通を通過したときに，その両側にはすばらしい花壇が広がっていたと考えると，現在とは比較にならないほど広い空とハイカラな街並みが続く札幌の町は，さぞや魅力的な町に映ったことであろう。

戦後，荒廃した町中に少しでも潤いを与えようと，市内の園芸店，生花店，造園業者などが集まって花を植え始めたのが1950（昭和25）年である。

写真2　草創期の大通花壇の制作風景

これも一種のボランティア活動であったが，その後コンクールが始まることにより，賞を得るための花壇造成に走る業者が増え始め，維持管理の面には何ら配慮がされない状態になっているのが現状である。

新たなボランティア活動の始まり

そのような歴史を持っている大通公園では，近年ボランティアによる新たな活動がさかんになってきている。

あるば・ローズの活動

大通公園には，花壇推進組合による「コンクール花壇」とは別に，各丁目のまん中には「スポンサー花壇」が設置されている。そのひとつ，駅前通に面しており，本郷新の代表作である「泉の像」を中心にした最も目立つ花壇に対し，植栽の内容から維持管理までトータルに行っているのが，「あるば・ローズ」であ

写真3　「あるば・ローズ」の会員による花壇管理

る。元々は，一年草による普通の花壇がつくられてきたが，バラや宿根草などを交えたホワイトガーデンとして模様替えし，一気に北国らしさを持った，おしゃれな花壇に変身した。スポンサーは途中から変わっているが，新たな花壇のコンセプトはしっかりと維持されており，春から秋まで，札幌の顔ともいえる花壇がつくられている。

ガーデニング　リラの会の活動

コンクール花壇は，最盛期には50か所もあったが，景気低迷のためかどんどん減少して，現在は42か所になっている。この空いた花壇のうち，西8丁目にある4つの花壇に対し，すぐ横で夏まつりのビアガーデンを開催しているサッポロビールがスポンサーになり，造成や維持管理をボランティアで行うことになった。

ここで活動を行っているのが，さっぽろ緑花園芸学校の修了生で構成されている「ガーデニング　リラの会」で，スポンサー提供のホップをはじめ，宿根草や球根，一年草などを交えた，特徴的な花壇が人気を博している。

写真4　西8丁目の花壇として定着したホップのある風景

バラボランティアの活動

もうひとつ特徴的な活動を行っているのが，「バラボランティア」である。西12丁目のバラ園は，約20年前に，大通の再整備にあわせて新たにつくられた。しかし，バラの傷みが目立ってきたことや，新たに瀋陽友好コーナーを整備することになり，既存のバラ園もリニューアルを行うことになった。

私は，当初の基本計画とこの改修計画もともに携わることになり，いずれもバラの品種の選定には，道内のバラ栽培の権威である工藤敏博氏にお願いして，その内容を詰めてきた。その際に，現在の事務所の作業員による管理では，管理がとても追いつかないことから，当初より市民からボランティアを募って，維持管理をこまめに行える体制づくりが必要との認識をお互いが持っていた。

2009年の募集以来，工藤氏の熱心な指導もあり，自発的な作業も少しずつ行われるようになっていることから，技術的な蓄積だけでなく，今後はしくみづくりの面の充実が期待されている。

公園内ではこの他にも，花壇管理ボランティアや大通高校の生徒による作業。資生館小学校の生徒による苗の植え込みなど，たくさんのボランティアによる作業が展開されている。

写真5　バラ園管理は，熱心なボランティアに支えられている

大通におけるボランティア活動のこれから

このように，大通公園では様々なボランティア活動が展開されているが，単純な労力奉仕にとどまらない，幅の広さがひとつの特徴となっている。

何といっても大きい力になっているのが，さっぽろ緑花園芸学校で研修を積んできた修了生の存在である。園芸作業は，どんな作業でも，なぜそんなことをするのか？　どのようにやればよいのか？　やることによってどう変わるのか？　という流れを確実に理解しなければ，単なる単純労働になってしまう。一連の作業を基礎から経験してきていることは，大変大きな財産である。

もうひとつ大切なことは，経験を積むことにより個々の力量がアップしていくことは当然としても，それがグループに蓄積されていくことが大切な点である。誰がやっても同じレベルの作業を行うことができれば，単純な労力奉仕から脱却して，新しいステップに進むこともできよう。その可能性を持っていることが，大通公園のボランティアの魅力ではないだろうか。

写真6　西8丁目の花壇管理を行うリラの会会員達

I-10 ガーデニング リラの会
──大通公園西8丁目花壇の取り組み──

熊木真智恵

「ガーデニング リラの会」と大通公園西8丁目花壇

ガーデニング リラの会のメンバーは「さっぽろ緑花園芸学校」で1年間のカリキュラムを修了した，さっぽろ緑花ガーデナー・さっぽろ緑花パートナーで構成されている。

2009年4月，さらなる園芸技術のスキルアップと花のまちづくりを行おうと園芸学校1期生25名はリラの会を発足させ，その活動の実践場所を探していた。

ときを同じくして，大通公園(札幌市)の指定管理者である札幌市公園緑化協会は，札幌市とパートナー協定を締結しているサッポロビールをスポンサーとする西8丁目花壇の植栽管理をする団体を探しており，双方の希望が合致して活動が始まった。

しかし，会の設立と同時に空き花壇の設置準備をすぐに始めなければいけないという時間的な制約と実戦経験の少なさから，花壇デザインを含む技術指導は田淵美也子氏(札幌市公園緑化協会スタッフ)，運営管理は大森有紀氏(現，同上)のもとでのスタートとなった。

を持たせ，大通公園を訪れるたくさんの市民や道外，海外からの観光客のみなさんに楽しんでいただけるように工夫している。

①ホップの小径(北側)
②ホップの小径(南側)
③北国の花壇(北側)
④北国の花壇(南側)

(大通公園西8丁目)

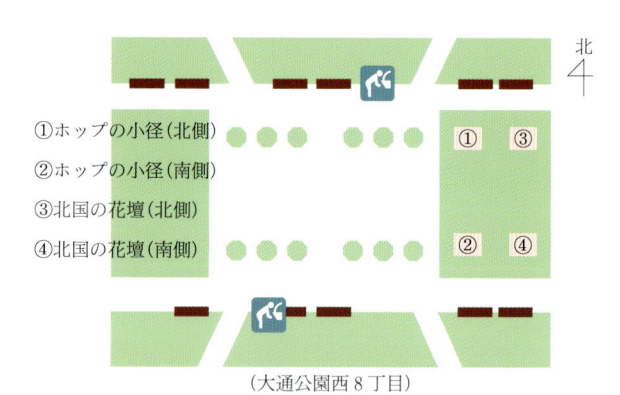

図1　大通公園西8丁目花壇位置図

写真1　切り戻しのコツを教わる(2009.7)

花壇コンセプト

花壇は東西南北に4面でそれぞれの大きさは5.5m×3.5m(当初は5×3m)の合計77 m²である。

西8丁目花壇では大通公園でこれまであまり使われることのなかった季節感のある宿根草をメインに，東西の2面ずつにそれぞれテーマを設けている。西側の2面は「ホップの小径」。スポンサー企業を象徴するビール原料のホップをシンボルアーチに仕立て黄緑・黄・オレンジなどの暖色のカラーイメージで牧歌的な北海道らしさを演出している。東の2面はそれとは対照的に北国の爽やかなイメージをブルー・ピンクなどの寒色の植物を柔らかなグラデーションで表現した「北国の花壇」。北と南の同じコンセプトの2面で使う花の種類や数量は同じだが，配置を変えて植栽で個性

写真2　ホップの小径。ホップアーチと暖色の葉と花で(2011.8)

写真3　北国の花壇。寒色を多用し爽やかさを演出(2011.7)

これまでの経緯

1年間の技術や運営の習得を活かして，2年目からは実施計画やデザイン検討を行う5名による大通班を組織し，自力での活動を始めた。しかし，春と夏の花苗をいっせいに植え込む際以外は少ない人数での管理作業も多く，ひとりひとりの負担が大きかった。そこ

で仕事や家庭を持つ会員でも無理なく楽しく続けていけるよう，園芸学校2期修了生や在校の3期生にもメールニュースや会報誌で情報を共有するよう心掛けた。その甲斐もあってか初年度の参加延べ人数は100名程度であったのに対し，2年目，3年目と徐々に増え続け4年目までの参加延べ人数は約600名になった。また，活動も充実してきた3年目からは大通班が園芸学校の実習講師をするに至り，現在班のメンバーも19名となり，実践と話し合いを通してアイディアや交流がたくさん生まれる場となっている。

活動にあたって

活動は花壇が雪に覆われている冬の時期から始まる。作業日の調整や予算を検討し，結果を関係各所に打診し承認を得たら，いざ大通公園へ。自力での活動となった2年目の秋より秋植え球根を植えているので，春一番に雪解けとその芽を確認することが現場での最初の嬉しい作業となる。

そして春の花苗の植え込みからが本格的な活動となる。その後は年間15回ほどの作業を通して，植物の様子をよく観察して花がら摘みや除草を行い，限られた時間の中でできるだけ美しい状態を保つよう心掛けている。植物名のプレートも見やすいように工夫して設置し，より多くの人に植物に関心を持っていただけるようにしている。

写真4　紅葉の大通公園で宿根草の位置を図面に落とし込む（2012.10）

写真5　雪の残る大通公園にて。状況確認と出てきたチューリップ（2013.4）

写真6　植物のネームプレートを事前に用意し現場で設置（2013.7）

写真7　子ども達に花壇づくりについてインタビューされる（2011.7）

また，大通公園で作業をしているといろいろな交流が生まれる。観光客の方から花の咲く時期や札幌で越冬できる品種等について質問をされたり（ときには英語とネームプレートの学名による説明も），地元の小学生の課外授業に参加したり，新聞社やラジオなどの取材も受けることがあった。またガーデニング リラの会は，第21回全国花のまちづくりコンクールで若葉賞を受賞した。

札幌の都心部にある大通公園での花壇づくりには特に緊張感がともなう。その中でときには意見の違いや葛藤があったことも忘れられない。そのたびに話しあいを重ね，乗り越えて来たことで活動を通じて私達が学んだことは非常に多く，機会をいただけたことに感謝するとともに，他ではできない貴重な経験の積み重ねをもとに各々の身近な場所で，さらには活動を広げて行けるようこれからも前向きに取り組んでいきたいと思っている。

写真8　活動の記録をまとめた冊子

I-11 AMAサポーターズ倶楽部

走川貴美

AMAサポーターズ倶楽部設立経緯

AMAサポーターズ倶楽部とは札幌市北8条通りをアマとホップで飾りたい，花好き仲間の集まりです！

この会は平成15(2003)年に，私達の活動する地域のお花好き仲間を中心に立ち上がった。次の年に宿根タイプのアマの種をオランダから輸入して，育ての親を募集し，5月に東区役所の協力の下に北8条通りの街路花壇にアマとホップを中心とした宿根草や一年草の植栽を行った。そして毎月第1土曜日の午前10時半から手いれ活動を行っており，これを11年間続けている。

なぜ，アマとホップかというと，かつて札幌市の北8条界隈は，麻布を製造する帝国製麻(現テイセンボウル付近)や，官営麦酒醸造所(現サッポロビール園)など，日本を代表する工場が連なっていた。

写真1　サッポロビール博物館　　写真2　かつての帝国製麻

そこで，こうした歴史にちなみビールの原料になるホップと，繊維の材料であるアマといった地域ゆかりの植物で街を美しく飾り，かつての地域の活気を取り戻そうという夢「アマとホップのフラワーロード構想」の実現に向けた取り組みを行っている。

写真3　アマ　　写真4　ホップ

AMAサポーターズ倶楽部のしくみ

会の特徴としては，どなたでも参加しやすいように，2か月くらいアマを育ててくれる人(アマ育ての親)と，手いれをしてくれる人に分かれている。

アマ育ての親では，毎年3月に「アマ育ての親説明会」を開き，「アマとホップのフラワーロード」の活動や「アマ苗の育て方」についての説明をする。128穴のセルトレイと土，種のセットを渡し，5月のフラワーロードへの植え込みの日まで，自宅で育てていただく。戻していただく苗は，育てた苗の半分で，残りの半分はそのまま育ててもらうことになっている。

写真5　アマ育ての親説明会　　写真6　播種後2週間のアマ

もちろん育ての親と手いれの両方参加も大歓迎である。5月に苗植え会が盛大に行われ，幼稚園児から80代の方まで多くの方が集まってくれる。

近隣の町内会，沿道の企業，行政の力もお借りして，皆さんのご協力で成り立っている。

写真7　苗植え会

年に一度アマホップフェスティバルを開いて，持ち寄った宿根草でバザーを開催し，そこで1年分の資金を調達しているため，会費などはない。

写真8　宿根草バザー　　写真9　カントリーダンス

毎月の手いれ会だけではなく，楽しい集まりにするため，ホップを使った"自"ビールづくりや，もちろんそれを飲む自ビール祭り，忘年会や新年会，花のき

れいな時期には，1泊バス旅行，冬はスノーキャンドルつくりで雪と戯れ，そこに飾るワックスボールをつくったり，押し花をつくったりと，皆でワイワイガヤガヤとやっている。

写真10　スノーキャンドル

作業中　　　　　　　　完成

写真11　ワックスボールつくり。ロウを溶かしボウルの形に固め，中にキャンドルをいれて灯す。写真では外側に押し花を貼りつけ，デコレーションをしている

2011年は，「第21回　全国花のまちづくりコンクール」において奨励賞をいただいた。

活動を引っ張っていくリーダーについて

現在22名のリーダーがおり，それぞれ得意分野を活かして，会計，文章書き，企画，種取り，料理，草取りなどと様々な分野で活躍している。リーダーになるとお揃いのエプロンがもらえる。

アマを北海道のラベンダーのように

将来の夢！　だが，アマといえば北海道というようになるといいなと思っている。

冷涼な気候と，梅雨のないこの地の利を活かす植物であることは間違いない。無理なく育てて行けるのが最高のローメンテナンスで，種を自分でとることができるのはローコストである。

視覚で訴える，それがどんなに効果的かは皆さまもご存じの通りで，富良野や美瑛は，テレビコマーシャルで一躍有名になった。現在，北海道を代表するガーデンをつくられている上野ファームの上野砂由紀さんも，ビズに掲載されたのがきっかけと聞いている。

近いうちにアマの写真集を出したいと思っている。今だとDVDの方がいいかもしれない。それがまたフラワーロードを知ってもらうのに一役買ってくれると思っている。

アマ＝北海道，そんな図式を考えている。

市民，企業，町内会などをお仲間に

フラワーロードとしている区域には，"各町内会さん"や"企業さん"がいる。自分のうちの前をきれいにしようという発想の原点があるので，町内会，企業にもその旨をお伝えして，参加していただいている。

そのために，最初は写真をいっぱいとってスライドショーを見ていただき，まずは初めての説明会を開催する。次にまたおたずねして，参加の意思を確認する。決して無理強いはしない。2，3回会っているうちに，やろうか？ということになる。

当然，アマの花のことを知らない方が多いので，後はお手伝いしながら，おしゃべりしながら仲良く作業を続けているうちに，毎月の手いれも自分達でしてくれるようになる。

東区役所に案内サインをつけていただき，ここはどこが管理をしているのかがわかるようになったので，皆さん一生懸命に管理をしてくれている。

それを見て，うちも参加したいと名乗ってくれる"町内会さん"が出たりして，輪が広がっていった。

AMAサポーターズ倶楽部も参加していただくだけではなく，地域の企業や行政の様々なイベントのお手伝いをしたりと，ギブ・アンド・テイクでやっている。

もしこの活動がなければ，道路を歩いていても知らない人として行きかってしまうが，あらお久しぶり…とか，お元気？とか声が行きかう。それが街の安全にもつながり，人とのコミュニケーションになる。

AMAサポーターズ倶楽部も"町内会さん"も，10年たつと10歳年を取るわけで，高齢化が進んできている。これからの課題は，若い方に参加していただき，将来を担っていく方を育成しなければならないことである。

今でも小学生や若い社会人に参加していただいているが，どんどん責任のあるポジションを譲って，次世代につなげていきたいと思っている。

団塊の世代が高齢者の仲間いりをした。とはいってもまだまだ若い。何かしたいなと思っていらっしゃる方の参加をお待ちしています。

携帯電話のメールマガジン配信では，月に1回程度お知らせをお送りしているので，ご興味のある方はご登録の上，ぜひご覧ください。

写真12　アマとホップのフラワーロード

I-12　新琴似六番通り街づくりクラブ

秋山忠継

新琴似六番通り街づくりクラブ

札幌市北区にある新琴似六番通り地域は，先人達が遺した貴重な防風林が隣接し，その規模は市内で最大とされている。かつては耕地を守るためにつくられた防風林もその役目を終え，住民の働きかけにより緑地へと生まれ変わった。現在では遊歩道が設けられ，市民の憩いの場になるとともに，環境教育の実践の場としても活用されている。

写真1　初夏の防風林

1993年，まちづくりを目的に，新琴似六番通りを拠点とする「新琴似六番通り街づくりクラブ（以下，街づくりクラブ）」が発足した。

まちづくりに必要なことは，「地域を知ること」「人のつながりをつくること」と考え，まずは少人数でグループをつくり，まちを探検することにした。このとき，地域を歩き回って見つけたのが，六番通りと平行して走る延長3kmの「防風林」であった。

防風林は突然あらわれたわけではなく，昔からそこにあったのだが，こうやってまちづくりについて考えながら歩くまでは存在を意識していなかった。見方を変えて歩くだけで，自分達の住むまちには宝物が溢れているのだ。探検した住民達からは，「防風林を活かしたまちづくりがしたい」という意見が出された。さらに，探検に参加しなかった住民達は新琴似六番通りをどのようなまちにしたいと考えているのかを知るため，街づくりクラブでアンケートを実施した。アンケートの結果は，「冬に快適なまち」「景観を活かしたまち」にしたいというものであった。

これらの結果を活かし，防風林と六番通りを緑でつなぎ，緑の回廊をつくろうという構想が生まれた。

六番通地域街づくり憲章

街づくりクラブでは，快適な生活環境，豊かで個性的な景観を実現するために，「六番通地域街づくり憲章—3つの基本理念とその方針」を定めた。地域住民のまちづくり活動への幅広い参加・協力と実践をよびかけるものである。

六番通地域街づくり憲章—3つの基本理念とその方針

①愛着と誇りの持てる個性的な街—「住みごたえのある街」を目指します。

　六番通りとその周辺，防風林などの環境づくりを通じて地域住民のふれあいと交流を育み，新琴似地域への愛着と誇りと活気をつくり出し「住みごたえのある街」にしていきます。

②防風林を守り緑豊かな「いい風景のある街」を目指します。

　地域のかけがえのない資産である防風林・リラ（ライラック）の並木・安春川の河畔林・緑道などに加え，一木一鉢運動などの実践を通して，六番通りの並木・六番通り地域の住まいの花と緑によって緑豊かで「いい風景のある街」にしていきます。

③人にやさしく，人と人がつながり，人と花・緑が調和する「リラの花咲く街」を目指します。

　六番通りはこの地域の住民生活の骨格であり，安全で快適な交通機能とともに子どもからお年寄り，弱者にもやさしい生活機能が求められます。六番通りとその周辺の場づくりを通じて，人々がゆったりといきいきとした生活（スローライフ）が楽しめる，緑豊かな「リラの花咲く街」にしていきます。

写真2　一木一鉢運動の例。庭先や玄関先に樹を植えたり鉢を置いたりすることで，景観に配慮し，街中に緑を増やしていく運動

みんなでつくる花壇——コミュニティガーデン

一方，新琴似六番通りでは，車の慢性的な渋滞や環境悪化を解消するために，道路の拡幅工事が検討されていた。1999年から拡幅のための用地買収，2006年からは工事が始まった。しかし工事が進むにつれ，買収された用地のうち，道路脇のスペースが鉄柵で囲われ，空地として残されるようになった。その空地には雑草が茂り，誰も利用することのない空間となっていた。そこで街づくりクラブは，その空地を花壇にすることを札幌市に提案した。

街づくりクラブには，花と緑のボランティアグループ「花くらぶ」がある。地域に住む花好き，庭づくり好きの人であれば，誰でも自由に参加できるしくみである。

「花くらぶ」は，札幌市との協議の上，拡幅工事によってできた空地に「みんなで創る花壇」をつくった。通りすがりの誰もが好きなときに，好きな方法で参加できる花壇である。花壇は現在5つ設置されている。それぞれの花壇には地域の人に参加をよびかける看板が立てられており，次のようなことが書かれている。

「みんなで創る花壇」
①どなたでも花壇づくりにご参加下さい。
②どなたでも都合のいい時に草むしりをして下さい。
③どなたでも都合のいい時に花に水をやって下さい。
④どなたでも花の種類・デザイン等の提案をして下さい。

写真3　花壇づくりへの参加をよびかける看板

花壇づくりには，この看板に掲げた内容のとおり，種から花苗を育てる花の里親に参加した人，花壇の整地に参加した人，通りすがりに草むしりをする人，害虫とりをする人，花苗づくりから初冬の花壇の片づけまで一貫して参加する人など，様々な人達が好きなときに好きな方法でかかわっている。また，花壇の中には，地域の中学生や高校生が参加をして野菜づくりを行っている花壇もあり，地域交流や環境教育の場にもなっている。

六番堂書店横にあるコミュニティ花壇

花壇造成前の様子 (2008.4)　　さっぽろ緑花園芸学校実習時の植込みの様子 (2008.6)

現在の様子 (2013.6)

写真4　コミュニティ花壇の変遷

新琴似11条9丁目にあるコミュニティ花壇

写真5　地元の学生と野菜づくり (2011.7)。苗植え，草取り，堆肥場づくりなどを行い，自分達で収穫した野菜を味わう。地域の新聞でも取り上げられた

普段近所付きあいの少なかった人々を含め，これらの花壇は地域に住むたくさんの人達に出会いの場と人の結びつきを与えてくれる。まさにコミュニティガーデンである。

私達の街づくり活動も20年を超えた。通りすがりの街の人々が，私達がつくりだす花壇の花達を眺め，ほほ笑んでいる風景に喜びを感じている。街の人達の協力を得ながら，花と緑を媒介に「人と人がつながる」「いい風景のある街」づくりをこれからも進めていきたいと思う。

I-13　園芸療法・園芸福祉

大竹正枝

園芸療法の歴史

近年，福祉や医療の分野で，心身の機能回復や疾病予防に園芸作業を積極的に利用する試みが行われつつあるが，その歴史は意外に古く，18世紀に米国のRush博士が園芸作業を精神医療に適用したのが始まりであるといわれている。彼は，野外作業によって一人の精神病患者の精神異常が軽減されたことを報告した。このような米国での療法的な園芸は，第二次世界大戦後の傷痍軍人のリハビリに導入されたことをきっかけに急速に発展していく。

その後，20年以上が経過した1973年に，園芸療法を推進するアメリカ園芸療法協会*が設立された。同協会は，園芸療法士の資格認定を担当するとともに，園芸療法の啓蒙活動をおもな仕事としている。1971年にはカンザス州立大学の学部課程で園芸療法専攻プログラムが開講され，1975年には同大学院の園芸療法プログラムが州立の資格制度として正式に承認された。これを契機に園芸療法の教育カリキュラムも整備され，園芸療法は米国内に徐々に浸透していった(松尾，1998，2002)。

日本における園芸療法

一方，日本においても，1970年代後半から園芸療法が少しずつ紹介されるようになり，その存在が社会一般に浸透していった。1994年には，第24回国際園芸学会議が京都で開催され，そこで米国や英国の園芸療法士が園芸療法を紹介したのをきっかけに，園芸療法への関心が日本でも急速に高まっていく。2000年には日本に園芸療法を紹介した松尾英輔氏を中心として，人間植物関係学会が設立され，これを機に園芸療法にかかわる研究者の間で活発な議論が展開されるようになった。

ところで，上記のように日本における「人間植物関係学」は未だ黎明期にあるため，「園芸療法」に対する認識は，園芸療法の研究者および実践者によって様々である。その理由のひとつとして，松尾(2002)は，「日本における園芸療法の定義や方法については，歴史が浅いことに加え，幅広い分野の人達がかかわっているため分野ごとに解釈がまちまちである」ことを指摘している。園芸療法は，当初，造園・緑化関係者の関心を集めた。しかし，現在は徐々に，福祉および医療従事者の関心を集める傾向にある。これらの理由から，園芸療法についての解釈はますます多様化しつつある。

解釈が不統一である点は，使用されてきた用語の多様さから見ることができる。例えば，「植物療法」，「園芸セラピー」，「園芸治療」，「ホーティカルチュラルセラピー」，「ホルトセラピー」および「アグリセラピー」などである。松尾(1998, 2002)は，これらを「園芸療法」(植物の成長にかかわり育てる行動)と「植物介在療法」(植物の成長にかかわらず植物を利用する行動)のふたつに大別し，さらに「植物介在療法」は，「植物工芸療法」(フラワーデザインやリースづくりなど)と「植物受容療法」(アロマテラピーやフラワーセラピーなど)に分類している。すなわち，「植物介在療法」が，「狩る」，「ものとしてとらえる」，または手に入れたものに手を加えて「つくる」という3つの行為に根差しているのに対し，「園芸療法」は植物を育てる行為に根ざしていることが大きな相違点である。

「園芸療法」について，松尾(1999)は「園芸療法の専門家が，福祉的または医療的かかわりを必要とする対象者に対して，その心身の状態を把握し，治療，リハビリテーション，介護，ケアにとどまらず，健康の維持・増進，および生活の向上のために園芸を活用する活動のその領域である」と記している。つまり，心身に何らかの障がいを持つために，自力では園芸活動を楽しめない人が，専門家やボランティアの支援によってそれを享受しようというプロセスが園芸療法である。

園芸福祉の誕生

ここで疑問が湧きあがる。それでは何ら心身に障がいを持っていない人々が，家庭菜園や市民農園で園芸活動を行うことを園芸療法というのだろうか？　その疑問に答えたのが「園芸福祉」という用語の誕生である。

松尾(1999)は，このような健康な個人が単独または共同で園芸活動を楽しみながら健康増進や生きがいづくりにつなげる活動を「園芸福祉」とよび，「園芸療法」と区別した。つまり，ハンデキャップのある一部の人を支援する「園芸療法」に比べ，すべての人々を対象とする「園芸福祉」は幅の広い概念であるといえる。

以上のことをまとめたのが図1である。すなわち，園芸作物の色彩や香りおよびその栽培を通して人間がプラスの作用を享受しようとする営みすべてを園芸活動と定義すれば，これは病人，障がい者および健康機能の衰えた高齢者を対象とする園芸療法と健康な人間を対象とする園芸福祉にわけられ，さらに園芸療法

---

*The National Council for Therapy and Rehabilitation through Horticulture(現在，アメリカ園芸療法協会American Horticultural Therapy Associationに改称).

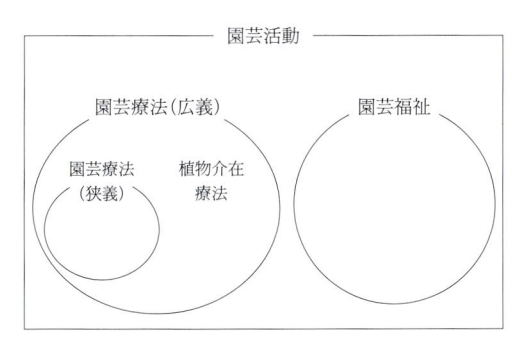

図1 園芸活動にかかわる用語とその領域
（松尾，1999 を一部改変）

(広義)は，植物を育てる過程を含む園芸療法(狭義)と植物を育てる過程を含まない植物介在療法に分類することができる。しかし，福祉および医療の分野において，園芸療法(狭義)と植物介在療法を区別して解釈している人は極めて少ないだろう。とすれば，「園芸療法」という用語は，園芸療法(狭義)と植物介在療法を含めた広義の意味でとらえることができるだろう。

園芸療法を実践するために求められている人材

それでは園芸療法を福祉や医療の現場で実践する場合，どのような人材が求められているのだろうか？

我々が 2004 年に実施した札幌市内の福祉施設を対象に行ったアンケート調査(351 か所に郵送，176 か所が回答)(大竹ら，2008)で，「園芸療法に関心があるか？」という問いに対して，75％(133 / 176 か所)が「はい」と回答していた。しかし，実際に園芸療法に対する取り組みを行っていたのは 34％(59 / 176 か所)にとどまっており，園芸療法の実践を希望していても，なかなか容易に実践できないことがわかった。その理由としてあげられたのが，図 2 に示す通りである。

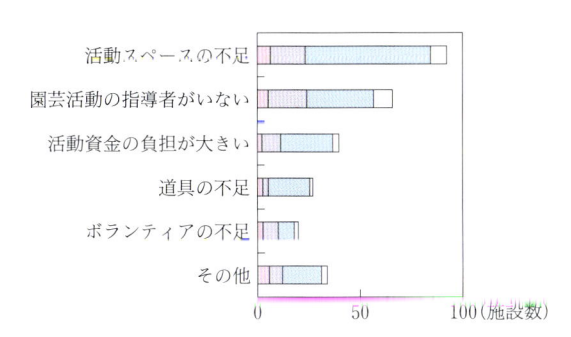

図2 園芸療法を施設が取り入れることに困難を感じる理由（大竹ら，2008）。176 か所(複数回答可)。■介護老人保健施設，■老人ホーム，■障がい者福祉施設，■不明

アンケート対象が札幌市内の福祉施設ということもあり，園芸療法を実践する活動スペースが少ないのは容易に想像がつく。次に多かったのは，「園芸活動を行う上で必要となる園芸の指導者やボランティアがいない」という回答である。さらに，「どのような支援者を求めているか？」の問いに対し，「ボランティア」を求める回答が最も多かった。次いで「園芸愛好家」，「園芸療法士」，「園芸農家」となっており，多くの施設が園芸関係者の助けを望んでいることがわかった。

これは「職員だけでは園芸の知識が十分ではない」および「職員の時間的制約から対応がむずかしい」ことなどから，福祉施設および医療機関は，「ボランティア」，「園芸愛好家」および「農家」からの支援を大きく望んでいるものと考えられる。「園芸療法士」を求める声が少なかったのは，まだその存在が十分に認知されていないことが考えられる。

園芸療法士

ここで「園芸療法士」について述べておこう。「園芸療法士」とは，園芸と福祉に関する知識をあわせ持ち，さらに一定以上の実習などを行い訓練された専門家のことである。

米国や英国では農・園芸活動を指導する園芸療法士の制度が既に確立されており，わが国でもそのような園芸療法士の養成を認定する機関が整備されつつある。2004 年に全国大学・短期大学実務教育協会による園芸療法士の称号認定制度が発足し，同年には兵庫県立淡路景観園芸学校に園芸療法専門課程が開設されている。2005 年には人間・植物関係学会が園芸療法士の資格認定制度を開始した。なお，2008 年度より，日本園芸療法学会が資格制度の認定を行っている（人間・植物関係学会ホームページより）。

このように少しずつわが国でも園芸療法士の資格認定制度は整備されつつある。最近では，「園芸療法士を募集しています」や「園芸療法に取り組んでいる施設です」などの広告を目にするようになってきた。高齢社会から超高齢社会を迎えた現在，園芸療法と園芸療法を実践できる園芸療法士が求められているのだ。

［引用・参考文献］
・松尾英輔：園芸療法を探る，15-34，147-149，170-187，グリーン情報，名古屋，1998.
・松尾英輔：くらしにおける園芸(5)，農業電化 52(5)，17-21，1999.
・松尾英輔：園芸療法から園芸福祉へ―園芸活動（ガーデニング）の恩恵（効用）を活かす，農業および園芸 77(7)，784-792，2002.
・松尾英輔：日本にも園芸療法の専門家養成教育と資格認定制度が発足―それらの認定基準，農業および園芸 77(10)，1049-1053，2002.
・人間・植物関係学会ホームページ：http://www.jsppr.jp/index.html
・大竹正枝・古橋卓・前田智雄・鈴木卓・大澤勝次：札幌市内福祉施設における園芸療法および園芸活動の今後の課題，人間・植物関係学会雑誌 7(2)，31-37，2008.

Ⅰ-14 園芸療法ボランティア

岡野牧子

園芸療法 "ぐり〜んの会"

2004年，全国大学・短期大学実務教育協会認定園芸療法士の資格を取得した者が中心に集まり，"ぐり〜んの会"が発足された。札幌市内，近郊でおもに高齢者福祉施設を中心に園芸療法活動を実践している。

札幌市豊平区内特別養護老人ホームの例

この高齢者施設では大正琴や習字など，入居者の方々が楽しみにしているクラブ活動がある。その中に生け花クラブがあったが，参加人数が激減してしまったということがあった。原因は，参加者の中でとりわけ元気な方が，必要以上に手助けをしたり，批評をしたりしたため，片麻痺で利き手が使えない方や軽い認知症の方達が自分のペースで生け花を楽しめなくなったためであった。また，生け花の型を重視し完成度を求めると，障害を持った方には大変な作業になり，「できない」から「やらない」という意識が参加者に芽生えてしまったのである。

私達は，完成品の評価より作業過程を大切にしたいと思っている。「手が痛くてできない」とか「何もできませんから」と挨拶代わりに話す方には，「大丈夫です。できないところはお手伝いしますから一緒にやりましょう」と声掛けをしている。そして，できるだけ，少しでも作業に参加してもらうように配慮する。これは大事なことで，回りの者が手を出しすぎてしまうことがよくあるからである。高齢になっても，向上心はある。認知の軽い方には「こうした方がもっと良くなるかも」「あら，ほんとだ」という言葉のやりとりをして作品の満足度をあげてもらうことが達成感にもつながるのである。また，認知の重い方には，自分の意思で自分の手を使って作業することを楽しんでもらいたいのだ。完成した作品の良し悪しに関係なくそのプロセスが満足度につながる。少しの時間もじっと座っていられない方が，30分近く作業に没頭する姿は，ときに施設の職員の方々にも新鮮な驚きとなる。しかし，もちろん，気が乗らないときもある。そういうときは無理強いはせず退席してもらうようにしている。

施設での生活は，そのほとんどすべてが受動的なものである。花の香りをかぐ，好きな花の色を選ぶ，押し花でカレンダーをつくる，クリスマスの飾りをつくるなど，いろいろな作業の中で，ひとつでも能動的に動く時間を大切にしている。また，ときどき，隣の人との共同制作をしてもらい，相談したり，自分の意見をいうというあたり前の日常を思い出して欲しいのである。

作品が完成すると，発表会をする。楽しかったか，どこが苦労したか，お気に入りの所はどこか，など話してもらっている。

他の人の作品を見て拍手をしたり，自分のが一番だと自己満足の意見に大笑いをしたりする。中には，「こんなに上手くできたから棺桶にいれてもらうわ」という発言も飛び出し，喜んでくださる顔を見て私達も励まされる。

作業のメニューは正月，節分，七夕，クリスマスなど季節感や行事を大切に組み立てる。万が一口にいれてしまっても無害なものを取りいれるのはもちろんだが，今まで問題のなかった方でも突然，土を食べてしまうということがおこったりするので注意が必要である。作業時間は30分程度で終了するもので，子どものころの話や子育てをしていた時代の話などを聞いたり，行事にちなんだ歌を歌ったりして1時間程度で終わるようにする。

作業を始める前と終わった後の表情に変化はあったか，楽しめていたか，何か気になったことはなかったかなど，終了後は職員の方と話し合いを持っている。

このような取り組みをすることで参加者が増えた。「この時間が一番楽しみです」といってくださる方もいてそれを励みに通っている。

札幌市西区特別養護老人ホームの例

この施設ではデイサービスの方を対象に畑作業を中心に活動している。当初，クリスマスリースづくりや正月のしめ縄づくりなど，単発のイベントとして園芸を取りいれたが，施設側は継続的に園芸活動を続けたいと考えた。しかし，職員だけの知識や時間的な面でむずかしく，園芸に詳しいボランティアを必要としたのである。幸い，施設の前には花壇があった。人を雇用するだけの経費は捻出できないが材料費だけならなんとかなりそうだ，ということで最初は花壇の整備から始めた。一般に施設内の園芸活動では女性の方の参加がほとんどだが，ここは通所ということもあり畑作業がメインとのことで男性陣の参加者が多いのが特徴である。玄関前の大きなサクランボの木の下にあった花

写真1 庭の花をつかって押し花

壇には何代にもわたって生き残ってきた植物が繁茂していた。長靴をはき，ジャンパーを着込んでの草取り開始だ。さすがに昔とった杵柄で，スコップや鍬の扱いも慣れたものである。野外活動での注意点は，やはり，寒さ，暑さ対策である。春先や秋口にはジャンパーや帽子は欠かせない。また，夏の炎天下では木陰に休憩テーブルを配置するなどの配慮は当然である。温かいお茶や冷たい水など，水分の補給にも注意が必要である。

花畑を整理して，持ち寄った苗を植え，新たに野菜畑をつくった。作業に夢中になると，腰が痛いのも忘れ，ついつい無理をしてしまう。作業にあまり熱中しすぎないように，あれこれと会話をしながらのんびりと作業を進めることが大切である。日光浴をし，外の風にあたるだけでも疲れる。昼夜逆転で夜中に何度もおこされていた家族から，園芸活動をした日は夜ぐっすり寝てくれるので助かります，との声もいただいた。

最初のころはミニトマトひとつにしても，対象者の方が食べることを施設側は良しとしなかった。それぞれの方の病気や服用している薬など対応がむずかしく，何事も予防の観点からすると，余計なことはしないのが安全である。しかし，目の前に真っ赤に熟した美味しそうなミニトマトやサクランボがぶら下がっているのだ。草取りや手入れをしてきた方達がつままないわけがない。

結局，休憩のおやつとして，みんなでおしゃべりをしながらいただくことになった。そのうちに，職員の方が率先してガス台やなべを持ち出し，収穫したばかりのじゃがいもや枝豆を茹でて食べられるようになった。みなさんの本当に楽しそうな笑顔に職員の方も応えてくれたのだ。

また，この施設はさっぽろ緑花園芸学校の実習先となり，高さの違うレイズドベッド（立ち上がり花壇）が数基設置されており，足腰の動く程度によって作業の分担が可能となっている。

雨の日や肌寒い日は室内での活動となる。ヤーコンの葉を乾燥して手揉みのお茶や，イモ団子をつくったりする。また，ポットに種播きをしたり移植作業をする。畑を活用することで経費をかなり抑えることができ，その分をクリスマスや正月のイベントなどにあてることができる。持続し継続することで対象者，施設職員，ボランティアの間に信頼感も生まれ，来年は何を植えようか楽しみにしている明日につながる活動なのだ。

園芸療法ボランティアの意義

私達は平等に歳をとり，多くの人が病院や高齢者施設で最期のときを迎える。元気だったころ，あたり前のようにあった緑や花に囲まれた生活とは一変し，無機質な壁を見て暮らす生活を想像してみて欲しい。そこに一鉢の手いれされた鉢花があったら，どんなに癒されるだろうか。窓から見える眺めにチューリップで春を感じラベンダーで夏を嗅ぎ分けることができたら

写真2 庭に花・野菜を植える

どんなにすてきだろうか。しかし，残念ながら多くの施設では人手や財源の不足で，庭があっても手が回らないという現実がある。花がしおれかかっていても水をやる余裕もないのだ。特別な珍しい植物や豪華な花が必要なわけではない。ただ，手いれのいきとどいた庭や，生き生きとした植物をいつでも眺めることのできる環境を大切にしたいと思うのである。そして，緑や心地良い風と一緒に楽しい会話を届けて欲しいと思う。

高齢者施設や病院などは特殊な環境だ。こちらの思いや好みを押しつけるのではなく，細かい打ち合わせをして継続していくことが大切である。普段，見慣れた花でも毒性があったり，体調の悪い方にはかぶれやすいものもある。植物を取りいれる際には，あらためて調べてみることも必要だろう。

園芸療法ボランティアにとって，一番大事にしなければならないのは，花や緑ではなく，あくまで対象者であることを忘れてはいけない。

表1 おもな年間活動スケジュール

月	活動内容	対象者
4月	今年度，庭に植える花・野菜についての話し合い，種播き	デイケア（室外）
5月	ベランダ用 ハンギングの花の寄せ植え	施設入居者
	畑おこし ポット苗移植	デイケア（室外）
6月	プランターに野菜苗を植える	施設入居者
	大きなケースで水田づくり 庭に花・野菜を植える	デイケア（室外）
7月	庭作業 ラベンダーの花束づくり 庭の花をつかって押し花・ポプリづくり	デイケア（室外）
8月	七夕飾りつけ 庭の手いれ 収穫	デイケア（室外）
9月	収穫と手いれ 十五夜のフラワーアレンジ	デイケア（室外）
10月	ハロウィン ミニカボチャをつかって	施設入居者
	収穫 畑の片づけ 種とり	デイケア（室外）
11月	クリスマスリースづくり	施設入居者
12月	押し花カレンダー	施設入居者
	しめ縄づくり	デイケア（室内）
1月	フラワーアレンジ	施設入居者
2月	花でつくるおひな様	施設入居者
3月	豆や松ぼっくりなどの自然素材で壁飾り	施設入居者

I-15 ボランティア組織論

丸山博子

ボランティアとは

ボランティアという言葉は，一般的にはボランティアをする人を示すが，活動のことをあらわす場合もある。

語源は，自由意志を意味するラテン語の「voluntas」であり，その後，フランス語「voluntaire」が，「強制や束縛をされていない人」つまり「自らの意思で動く人」の意を，英語「volunteer」では，自警団，志願兵の意に転換されて，使用されてきたとされる。

日本においてボランティアという言葉が広く使用されるようになったのは，1960年代ごろであり，大学セツルメント運動などが進む中，それまでの「奉仕活動」に代わる新しいイメージの言葉として使用されるようになったといわれる。1975年には，厚生省が支援を開始し，その後，各地に民間のボランティアグループや社会福祉協議会などによる「ボランティア協会」，「ボランティアセンター」の設立が進んだ。

ボランティア活動の特徴

ボランティア活動の定義に関する国の指針としては，以下のようなものがある。

表1 ボランティア活動の定義に関する指針

年	機関	定義
1992年	文部省生涯学習審議会答申	個人の自由意志に基づき，その技能や時間等を進んで提供し，社会に貢献すること
1993年	厚生省中央社会福祉審議会	自発的な意思に基づき他人や社会に貢献すること
1994年	経済企画庁国民生活審議会総合政策部会	自発性に基づく行為であり，慈善や奉仕の心，自己実現，相互扶助，互酬制といった動機に裏づけされた行動
2000年	経済企画庁国民生活局(現 内閣府国民生活局)	仕事，学業とは別に地域や社会のために時間や労力，知識，技能などを提供する活動
2001年	総務省	報酬を目的としないで，自分の労力，技術，時間を提供して地域社会や個人・団体の福祉増進のために行う活動

これらを見ると，おおむね「自発性・貢献性(社会性)・無償性」の3点が共通点になっている。

しかし，現実は非常に多様である。例えば，交通費は，実費弁済として無償の範囲内ととらえることは少なくなく，また，謝金相当の受け渡しをともなうものもある。

さらに，柔軟な発想で，時代の変化に対応した新しい社会のしくみをつくり出す「創造性」や，組織をつくり効率的に活動を行っている場合は「継続性」を重視するものもあり，活動の目的や形態などによって違いが見られる。

2012年現在，北海道体験活動・ボランティア活動支援センター(北海道教育庁生涯学習推進局 生涯学習課社会教育・読書推進グループ 所管)では，ボランティアの4原則として，以下を紹介している。

ボランティアの4原則

1. **自発性・自主性**
   他から強制・強要されたり，義務で行ったりするものではありません。個人の自由な意思に基づく，自主的・主体的な行動，自分から進んで行う活動です。「自分にできること」「自分がしたいこと」を探すことから始めてみましょう。

2. **社会性・連帯性・公共性**
   ボランティア活動は，性別や年齢，職業，国籍を越え，人と人が豊かな関係を築き，社会や困っている人のために役立つ活動です。お互いを尊重し，対等な関係で活動することが重要となります。

3. **無報酬性・無償性**
   活動の見返りとして金銭的な報酬を期待して行うものではなく，活動を通していろいろな人とともに目的を遂げることにより，充実した何かを得ることができるものがボランティア活動です。ただし，交通費や材料費などの実費弁済については無償の範囲内とする考え方があります。

4. **創造性・先駆性**
   生活や社会の変化によって新しく必要になるものが生まれてきます。このため，制度やシステムを改善していくことが大切であり，より豊かな社会を目指す創造性・先駆性が常に求められています。「今必要なことは何か」という地域社会のニーズをいつも念頭において，アイデアや経験，感性を生かし，行動することが必要です。

ボランティア活動には，注意も必要である。最も大切なことは，無理をしないことである。自発的な活動は，始めるときだけでなく，止めるときも自分自身で決めることになる。しかし，動植物を育てる活動などは，いったん始めるとなかなか止めることがむずかしいという一面がある。そのため，最初は無理のない範囲から始めること，守れない約束をしないこと，自分をつらい立場に追いこむ「自発性パラドックス」に陥らないよう気をつけることが大切である。

次に，活動中の不慮の事故に備えておく必要がある。ボランティア保険は，ボランティア自身の事故だけでなく，第三者の身体または財物に損害を与えた場合の損害賠償にも対応している。活動に参加する際には，ボランティア保険に加入することが望ましい。

持続のための組織づくり

ボランティア活動のやりがいについて，国民生活白書などに報告があるが，活動を行って良かったこととしてあげられているものは，「社会に貢献できた」「自分自身の生きがいを得ることができた」の他に，「新たな友人や仲間ができた」が多い。実際，活動の形態は，個人単独の他に，友人や仲間が数名で，さらには大人数のグループでなど，複数名によるものが多い。

仲間と活動することは，喜びを共有できる，多様な知識や情報の交換がなされるなど，楽しみが増大する。しかし，複数での活動は，お互いにマナーを問われることがある。また，活動に関する熱意の差や価値観の相違を感じることもある。例えば，「無償性」への意識に関しては，生活レベル階層意識で差があると分析する社会学の見地がある。自らが富裕であると意識する活動層は，無償であることに大きな意義を感じるが，下層層は，相互扶助的互酬性を重要視する傾向があるとされる。このように，同じ活動に参加していても，期待するものは，同一ではないことが考えられる。

また，ボランティア活動は，自分の好きなことを実践するものであるが，その実践の対象は，他者であり社会である。活動が，他人や社会に受けいれられ，評価されたときに，初めて満足感が高まり，良い活動であるといえるだろう。

このため，活動においては，仲間と相互理解を深め，他者や社会からの信頼を得ていくことが大切になる。そこで，同じ「おもい」を持った人が集まり，同じ目的で活動できるしくみをつくることが有効になる。

このしくみが，団体や組織である。一般に，同じ目的を持つ者の集まりを団体，目的達成のための役割を明確にしている団体を組織とよぶ。

組織にとって第1に重要なことは，組織の目的と役割を明確にすることである。この役割とは，目的達成のための役割であり，社会的役割のことである。目的をビジョン，役割をミッションと称することがある。活動は，この目的と役割を達成するために行われるものであるから，これらを常に共有する作業を忘れてはならない。

ボランティア活動を行う組織は，営利を目的としない無償性の活動を行うものであるから，非営利組織（NPO）である。この中で，法人格を取得したものがNPO法人である。法人格を持つことによって初めて，契約などの法律行為の権利主体になることができる。

個人のボランティアは，余暇の範囲での活動が中心になるが，NPOは日常的，継続的に活動することが可能であり，社会に認知，信頼されやすくなり，参加者や支援者，必要な資金を得ることが容易になる。一方，市民は，ボランティアとして参加するだけでなく，NPOの会員になる，サービスを利用する，寄付を行うなど多様な方法でNPOを支援していくことができる。

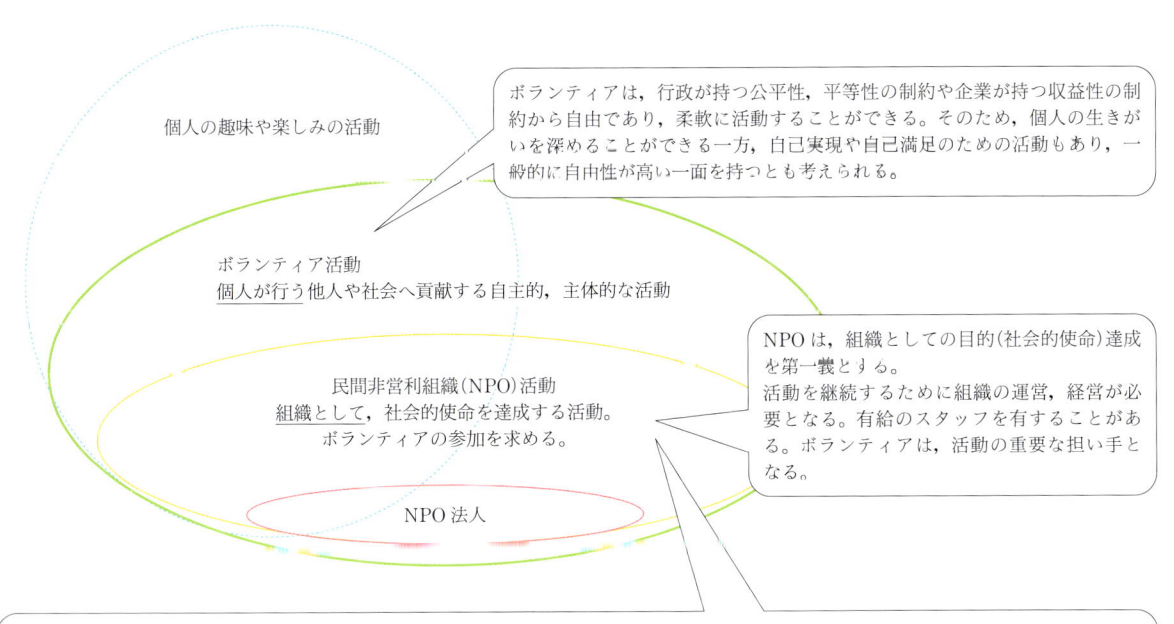

個人の趣味や楽しみの活動

ボランティアは，行政が持つ公平性，平等性の制約や企業が持つ収益性の制約から自由であり，柔軟に活動することができる。そのため，個人の生きがいを深めることができる一方，自己実現や自己満足のための活動もあり，一般的に自由性が高い一面を持つとも考えられる。

ボランティア活動
個人が行う他人や社会へ貢献する自主的，主体的な活動

民間非営利組織（NPO）活動
組織として，社会的使命を達成する活動。
ボランティアの参加を求める。

NPO法人

NPOは，組織としての目的（社会的使命）達成を第一義とする。
活動を継続するために組織の運営，経営が必要となる。有給のスタッフを有することがある。ボランティアは，活動の重要な担い手となる。

NPOは英語の「Non Profit Organization」の略語。「営利を目的としない組織（非営利組織）」。この意味から，政府や自治体も非営利組織ともいえる。そのため，NPOは『民間』非営利組織』と称されることもある。また，NPOは公共を担うものであると位置づけることも可能である。現在日本では，民間非営利団体（市民団体・市民活動団体）やボランティア団体を指して『NPO』とよぶことが多い。

（注）「非営利」とは，団体の利益を構成員で分配しないという意味である。団体の活動経費や管理費などは稼ぐが，それ以外の利益は次の活動につかうということである。団体がサービスを提供した場合に対価を得て売上をあげても，そこから経費を差し引いて残った利益を，団体の構成員に分配しなければ，それは非営利団体である。団体が組織的・継続的に活動を行うためには，活動資金を稼ぐことは当然ともいえる。よって「非営利」は，「完全無料奉仕」ということではない。

図1　ボランティアの活動と組織

1998年のNPO法の施行以降，ボランティア活動や市民活動を行う団体が法人格を持って多様な分野で公共的な活動を数多く担っている。また，各分野の専門家が，職業上の知識や技術，経験を活かして社会貢献するプロボノ(Pro bono)も広まってきている。弁護士による無料の法律相談，弁護活動に代表される。

リーダーの役割

ボランティア活動は，メンバー個人の自由意思による参画で成り立っているものであるから，その意思を尊重することが期待されている。そのため，命令や指示で動く関係性ではなく，自主性と相互信頼に基づいた，対等な関係性により運営されるように配慮することが必要である。

ボランティア活動は，いろいろな市民が集まっているという点を長所ととらえ，その多様性を上手く活かすことができれば，活動の目的をより高く達成することができる。「いろいろ」を互いに理解し合い，受け止め，「いろいろだから」を活かす工夫をする視点を持つことが必要となる。

さらに，ボランティア活動のリーダーとして，地域住民や市民に参加をよびかける，一緒に活動するという場合には，「さらなる，いろいろな」市民とのかかわりが発生することになる。そのため，これらの参加や活動が円滑に進むような支援が，欠かせない役割になる。

リーダーとは，元々は先導者という意味で使用されるが，組織を維持，運営していくという役割であると考えると，リーダー的な役割は多様に存在し，それらは，組織の規模や活動内容，また同じ組織においても成熟度や状況などにより必要な機能は変化する。

表2 ボランティア活動組織に求められる役割

求められる役割・機能	元々の意味・主な役割
リーダー	先導する・統率する・指揮する(旗印を示す・引っ張っていく)
インストラクター	教える・命令する(知識や技術を伝習・見本を見せる)
コーディネーター	調整する・統合する・対等にする(特性を知り組み合わせる・折り合いをつける)
インタープリター	通訳・解釈する・説明する(解説を行なう・仲介する)
ファシリテーター	容易，楽にする・促進する(気づきと発見を促す・活性化させる，反応をおこす)

自由意思での個人参加を基本とするボランティア活動を円滑に行っていく上で，コーディネーターやファシリテーターは，たいへん重要な役割である。

コーディネーターは，ボランティアとボランティア団体をつなぐだけでなく，ボランティア団体とボランティアを受けいれる側を結ぶ役割を持つ。そのため，ボランティア活動を行う人の意向と活動を受けいれる側の意向の両方を理解しなければならない。ときには，ボランティア活動とはどのようなものなのか，また，活動団体についても十分な理解がなされるよう努めなければならない。ボランティア各人，ボランティア団体，受けいれ側の3者を上手く調整することが重要な支援となる。ボランティア活動は，人と人とのつながりで進められ，活動を通してさらにつながりを生み出すものであるため，画一的な対応ではなく，その場に応じたきめ細かな対応が求められる。経験も必要な役割であるため，コーディネーターの育成は，活動団体にとって重要な課題となっている。活動を円滑に進めるために，専任のボランティアコーディネータースタッフを置く所もある。

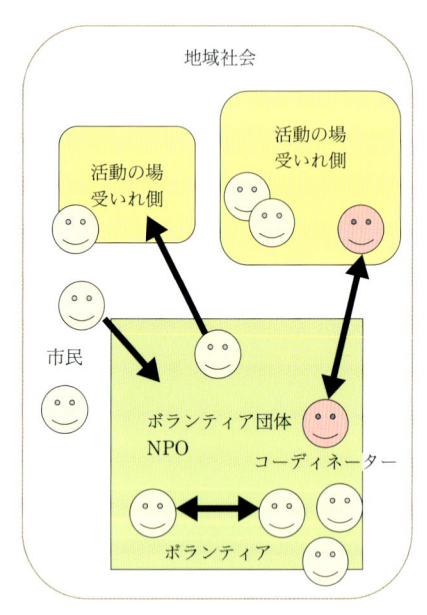

図2 地域とボランティアのつながり

ファシリテーターの役割

参加者が活動しやすい雰囲気をつくり出すための支援を行うのがファシリテーターである。複数名で何かを進めるときには，「満足のいく結果(内容)」と「良い雰囲気(関係性)」の両方が求められている。いくら良い結果が出ても，気持ち良く参加できなければ不満が残る。また，その反対に，どんなに良い雰囲気で作業や話しあいが進んでも，必要なことが決まらない，目的が達成されないなど，結果が出なければ，良かったとは感じられない。

しかし，参加している者は，結果や成果を出すために，一所懸命になり，作業や話しあいの内容に集中し(これ自体は，たいへん良いことなのであるが)，他のメンバーのことや，良い雰囲気をつくり出すこと，ときには目的や時間さえも，つい忘れがちになってしまうも

のである。やり遂げることに熱中し，張り切り過ぎて，周りが見えない状態になりやすい。

そこで，参加している者が忘れがちになる「良い雰囲気(関係性)」をつくり出し，維持するための支援が必要になる。これが，ファシリテーションであり，この役割を担う者をファシリテーターとよぶ。

参加者の力を総動員して目的をより高く達成するためには，一人ひとりの参加を促し，活動を活性化させることが必要である。そのためには，階層型のつながりだけではなく，ウェブ型のかかわりをつくり出していくことが求められる。ウェブ型のかかわりをつくり出すためには，「参加者が安心して参加できる環境を整える」，「参加者の能動的な参加を引き出す」，「参加者間のコミュニケーションを活性化させ，反応をおこす」ことなどが大切であり，この役割がファシリテーション(容易にする・促進する)である。

ファシリテーションは「多様な要素で構成される集団の力を活かして反応をおこすことで結果を生む」創造的な作業の場をつくり出す。そのため，ファシリテーターは，助産師に例えられることがある。助産師は，お母さんが赤ちゃんを産む作業を楽にする役割であり，自分で産み落とすことではない。参加者(お母さん)主体の作業(出産)で無事に成果(赤ちゃん)を生むことを間接的，側面的に支援する役割である。

ファシリテーターは，話しあいや共同作業の進行を司ることが多い。その際のおもな役割は，「進行・時間管理(タイムキープ)・共有記録」の3つである。進行役の影響力は，小さくないため，自らの意見に誘導してしまうことのないよう，参加者が主体となって話しあいや共同作業が行われるように，中立な立場でかかわることが求められる。

ファシリテーションは，役割や機能であるため，だれでも担うことができ，また，その機能を分担して担うことも可能である。そして，どんなに優れたファシリテーターが存在しても，構成員の理解や協力というファシリテーションシップがなければ上手く機能しない。必要な機能や役割を分担して活動が進行するように，役割分担をすることが，参加者主体のボランティア組織にとっては，重要である。

活動や組織運営に関する相談窓口としては，札幌市市民活動サポートセンター(札幌市北区北8条西3丁目札幌エルプラザ2階，TEL：011-728-5888)などがある。札幌で活動しているNPOやボランティア活動団体など，様々な分野の市民活動団体を支援する総合拠点であり，最新情報の入手や事例に応じた相談をすることが可能である。

図3 ファシリテーション

表3 ファシリテーターの役割

参加者が主体となる話しあいや共同作業のための条件とその工夫の例		
必要な条件	つくり出したい雰囲気の例	そのための工夫の例
コミュニケーションの成立	一方向的ではなく，双方向，多方向的に受発信しあう相互関係がある 互いの存在を認めあい，感じ方や意見を表明しあい，違いも認めあう関係性をつくる	・名札をつける ・全員が自己紹介をする ・話しあいの際には，全員が相互に視線があうようにイスや机の配置を考えて会場の設営をする ・全員に発言の機会を平等に設ける ・ボードなどを使用して，発言の記録をする
緊張緩和	以前のかかわりの有無や経緯などの関係性の存在に配慮しつつ，新しい関係性をつくり出す	・過去のかかわりや職場のルールや地位などをそのまま持ち込まない ・お茶などを用意して，和やかな雰囲気をつくる ・休憩時間を設ける
能動的参加の促進	参加者全員が，自らがこの場を構成する存在であるという意思を持ち，自由かつ自主的に場にかかわることができる	・事前に十分な情報を提供し，参加者が準備をする余裕を設ける ・会場設営，話しあいの際の時間管理など，運営の一部を分担して担当していただく
自主自律の精神	各人が自らを守り，創造的な作業をする	・団体や場の基本ルール，マナーを確認する ・自己の体力や都合に無理のない範囲で参加する

I-16　ボランティア活動資金の確保

大森有紀

ボランティア活動

ボランティア活動は，どこの組織にも所属せず個人で活動するもの，組織の一員として活動に参加するものの大きく二通りある。いずれも活動を継続して行うために大切なことは「無理をしない」ことだ。

社会貢献という理念と自己実現のための活動が，体力的・時間的，そして金銭的な問題により活動者が疲弊するのでは本末転倒である。その状態を招かないため，個人の力では活動の場を維持することがむずかしい場合，同じ志の者が集まり組織化することで活動を継続させることがある。

ボランティアをしたいという，個人の意思を活かすための組織化によって，活動の場が維持されているならば，ボランティア組織がどのように運営されているかを知っておくことも大切だと考える。

ボランティア活動は「自発性」「社会性（公益性・公共性）」「無償性」の3点を定義とされる場合が多い。また，語呂の良い「やる気」「世直し」「手弁当」といい換えることもある。手弁当とは「自分で弁当を用意して参加すること」の意味から「必要なものを自ら負担して取り組む」ことを指すが，手弁当の行き過ぎを注意するために，ここではボランティア組織を前提として，活動資金の確保について述べる。

必要経費を考える

ボランティア組織を運営するにあたり，事務所を構えた場合には以下の必要経費が発生する。

・事務所の賃貸料
・電気，水道，通信などのインフラ整備費と利用料金
・会員間連絡用の通信費
・活動の際の交通費および燃料費
・組織運営にあたっての人件費

会員の個人宅を使用した活動の場合，上記すべてを手弁当で賄っている組織も多いが，組織の継続的な活動を考えると，それを支えている一部の会員が疲弊し，結局は活動自体がなくなってしまう。それを防ぐためにも，最低限の活動資金を確保する必要が出てくる。組織運営のためには，まず年間必要金額を設定するところから始めるべきである。以下より，資金確保の方法と，活動内容を活かした継続的な取り組みについて述べる。

会費の徴収

ボランティア組織の活動意義の賛同者を募り，会員として会費を徴収することが最もスタンダードな資金確保方法であり，これを基本的な活動資金としている組織が多い。これは活動内容に賛同した仲間同士による出資と考える。会員は2種あり，組織の運営に対して決定権を持つ正会員，活動内容に賛同し支援するのみで，決定権のない賛助会員である。近年は賛助会員の組織を別につくり，会費徴収のみを求める場合も増えている。

寄付金

組織外部からの資金確保の上で，法的にも組織的にも縛られない柔軟な方法は「個人からの寄付」である。個人寄付を募るためには，活動理念を理解してもらう場づくりと，気軽に参加しやすい活動内容を構築し実施する。寄付を募る際，ポピュラーな対面式の募金活動以外にも，ネット募金，チャリティーイベントなどのプログラムを組織内で考える必要がある。

個人以外に，団体・企業から寄付金を募る場合もある。米国では項目別控除というシステムをつかえば，寄付者の所得額から寄付金分が全額控除されるため，所得税対策としても寄付行為が活発だが，日本では寄付金に対しての控除内容が周知されておらず，しかも私立学校，特定個人，任意団体，ボランティア団体などへの寄付は控除の対象とならないので，寄付という習慣が根づきにくい。また日本人の文化として寄付行為が浸透していないこともあげられる。

とはいえ，活動を広くアピールして賛同を得，支援・応援を個人および企業から受けることは，組織を維持するために大切である。

自主事業の開催

ボランティア組織が自主的に，資金確保の事業を展開することもある。よくあるのが，組織の会員や地域住民に広くよびかけ，不用品や組織の開発商品などを販売するバザーの開催だ。その利益を活動資金として活用する。

成功例として，群馬県邑楽町のボランティアグループ主催の「ボランティア福祉バザー」がある。1978年にグループが結成されたとき，活動資金獲得のため始めた福祉バザーは，不用品を村の全世帯から募る形でスタートした。毎年開催されるこのバザーの利益は，この組織の貴重な活動資金となっている。現在では規模を拡大し，主催単独のものではなく，他のボランティア組織の参加も可能にしたことで，徐々に参加数が増えていき，単なる一組織のみの活動資金を得る場ではなく，地域のボランティア活動を支える場として浸透している。

協力・協賛を募る

協力と協賛の簡単な違いは「協力：情報・場所の提供，ボランティアでの参加など，金銭以外で支援体制をとる」「協賛：金銭および物品の提供」である。

協力の場合は，人的サポートを含めた活動基盤の広がりが期待でき，また協力企業および組織とのネットワークが構築できる利点がある。

協賛の場合は，金銭および物品提供により実施内容の可能性が増え，運営の負担が減る。

ただし，協力・協賛ともに企業や団体からの支援は，組織そのものに対してではなく，組織が開催するひとつの事業に対しての方が得やすい。またその際には，事業の目的を明確にし，主旨に賛同を得なくてはならない。そのような説得材料を日ごろから整えておくことが重要である。

また，協力および協賛はその事業が終了した時点でつながりが切れる一過性のものになりやすい点も注意が必要だ。

助成金・補助金をもらう

助成金・補助金（以下統一し「補助金」と記載）の制度は，国や地方自治体，または企業や財団などが実施している。特に企業・財団関係の補助は，近年CSR活動の活発化により増加の傾向にある。

補助金を得るには，最低でも規約があり，収支報告と監査のある組織でないと対象にならない場合が多い。また補助金申請のための条件などもあり，どの補助金事業が自分たちの組織とマッチするかの情報をきちんと得てから申請する必要がある。加えて任意団体よりもNPO（特定非営利活動法人）の方が補助を受けやすいという点がある。

加えて，補助を得た段階でボランティア活動ではなく組織的な奉仕活動になるという認識が必要との声もあり，ボランティア活動と奉仕活動の境があいまいになってきている。

事業を受託する

他組織から事業を受託し，受託金を得る。受託内容は，大きなものでは自然環境系をはじめとした調査事業，まちづくりにともなうアンケート調査・分析などの事業があげられるが，それ以外にも市街地の一角を使用した花壇メンテナンス，企業と組んでの啓発活動への参加などもあげられる。この場合，自分達の活動理念と活動内容＝受託事業という形が望ましく，組織内でその事業を完遂できるスキルを持った人材が不可欠なことが大きな問題となる。またそのスキルを持った人物に対しての報酬が発生した場合，それはボランティア活動なのかということになってしまう。それを回避するために，例としてボランティア組織を運営する内部の有償スタッフがいる場合はそのスタッフが事業を担う場合が多くなり，個人への負担が増えることになりがちである。受託の場合は活動内容に則し，なおかつ組織内の負担やリスクを分散させる計画を立てられることが前提である。

コンソーシアムを組む

コンソーシアム（Consortium）を組むということは簡単にいえばパートナーを組む，あるいは共同体をつくるということである。2つ以上の個人，企業，団体，政府などが，共同で何らかの目的にそった活動を行ったり，共通の目標に向かって資源や情報を共有する（＝貯める）目的で結成される。

日本では，公共事業への参画や非営利活動の実施の際，企業・団体が組んで政府から補助金や受託金を受けて活動することが多く，それが活動資金となる。この場合，コンソーシアムに参加しているボランティア組織は活動目的とその事業がマッチしていることが大切である。無理をしてコンソーシアムを組んでも，組織の目的とは違った方向性のものであった場合，事業参加のための専門的な人材不足や，活動内容からの乖離によって信用を失うなどといったことがおこり，事業自体破たんすることもある。

資金管理

様々な形の資金確保方法を述べてきたが，組織として集めた資金は，開かれた会計が必須である。会の活動にそった活用方法か否か，その使用状況を明らかにするためにも会計業務は必須である。また内外問わず会計監査をし，収支報告ができる体制づくりが必要だ。

継　続

ボランティア活動をする上で大切なのは，自分の活動ペースを守ることである。これは無理をしないことで長期間継続できる活動とするために必要だ。なんのためにボランティア活動をするのか，自分の活動目的は何か，それを見据えて長く活動していってもらいたい。

〈補足〉

個人がボランティア活動に参加した際に，実費弁償を超えた報酬を得る活動はボランティア活動とはよばない*1 としながらも，互助的有償活動をボランティア活動の中に位置づける動き*2 もある。また本来のボランティアの語意から外れた「有償ボランティア」という言葉が浸透しつつあり，無償有償の是非についての論議が長く続いている。

---

*1 1987年全国社会福祉協議会・全国ボランティア活動振興センターによる発表。
*2 1993年中央社会福祉審議会地域福祉専門分科会による意見具申。

I-17 花と緑のボランティアネットワーク

都築仁美

情報による触発

ボランティア活動を始めるときには，何らかの「出会い」がある。花と緑のまちづくり活動も例外ではない。例えばフラワロードづくりをよびかける新聞記事や町内会の回覧板，立ち寄った公園で見かけたボランティア活動の様子，ガーデニング好きの友人との何気ない会話など様々だ。それらの「出会い」はすべて，形こそ違うけれど「情報」である。多くの人は「情報」に触発されて，関心を広げ，新しいことを始める。

「情報」は，ボランティア活動の継続のためにも欠かせない。タネから苗を上手に育てる方法や，ローメンテナンス・ローコストで見栄えもいい花壇づくりのノウハウ，仲間集めや活動資金獲得のコツなど，知って役立つ情報はたくさんある。経験をたっぷり重ねた活動の先輩や専門家に学んでもいいし，異なる分野で活躍する人の斬新な発想に刺激されるのもいい。「情報」はひらめきをもたらし，活動を発展させる。行き詰ってしまったときの打開策が見出せることもある。

さっぽろ花と緑のネットワーク

2010年1月に，札幌市民による自発的な花と緑のまちづくり活動の促進を目的に，札幌市により設立された「さっぽろ花と緑のネットワーク」の事業内容のひとつが情報によるボランティア活動の支援である。

このネットワークでは，花と緑のまちづくりへの参画の意志を持つ個人には「さっぽろタウンガーデナー」として，団体をつくって活動に取り組んでいる場合には「花と緑のまちづくり団体」として登録していただく(表1)。事務局では，講習会やワークショップ，ホームページや会報などを通じて，登録者間の交流の促進と，知識や技術の向上などをはかっている。情報支援については，事務局からの情報提供と，登録者間相互の情報交換の促進を行っている(図1)。

表1 花と緑のネットワーク登録状況

さっぽろタウンガーデナー(246名)			
中央区	45名	北 区	42名
東 区	33名	白石区	11名
厚別区	22名	豊平区	20名
清田区	7名	南 区	28名
西 区	8名	手稲区	22名
その他	8名		
花と緑のボランティア団体(全27団体)			

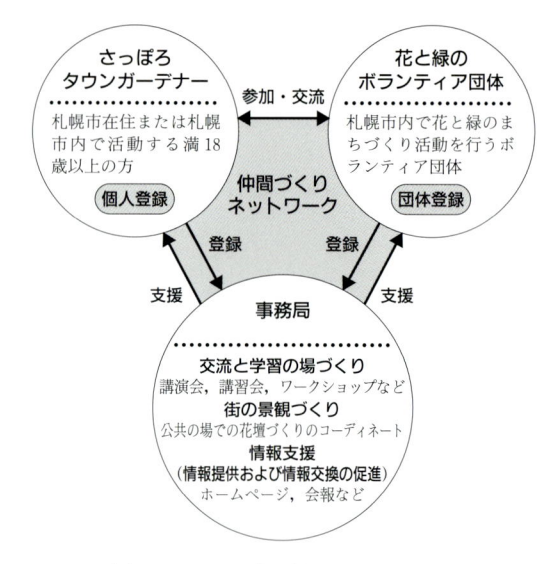

(2013年4月1日現在)

図1 さっぽろ花と緑のネットワーク

新たなボランティア団体の誕生

いくつかの実践例を通じて，情報支援を含む「さっぽろ花と緑のネットワーク」の事業が，花と緑のまちづくり活動にどのような成果をもたらしているのかを紹介したい。

例えば，2010年度から3か年計画で実施した「花と緑のまちづくり交流ワークショップ」では，札幌市内各区で連続ワークショップを行った。ここでは参加者同士がアイディアや経験を交流し，新しい仲間や活動のきっかけを見出す場となった。北区で行ったワークショップでは，1回目は参加者同士の自己紹介や意見交換，2回目は先進事例紹介と北区内のボランティア団体の活動紹介，3回目はイベント「タネの交換会」のプランを練った。そして4回目には，プランにそってタネの交換会を開催した。後日，このワークショップに触発された参加者の一人が，他の「さっぽろタウンガーデナー」によびかけて「シーディーサンデープロジェクト」というタネの交換会を通じて街に花と緑を広げていく団体を2011年1月に立ち上げた。現在も北区を拠点に，活発な活動を続けている。

ボランティアの発案によるイベントづくり

また，「さっぽろ花と緑のネットワーク」では，年に1回「さっぽろ花と緑のまちづくりフォーラム」という，ネットワークの周知，市民への啓発，登録者間の交流と学習を目的とした数百名規模のイベントを行っている。ネットワーク発足時には事務局主導で企画運営したこのフォーラムを，2年目からは「さっぽろタウンガーデナー」と「花と緑のボランティア団体」の有志に企画運営していただくことにした。これ

写真1　たくさんの人で賑わうフォーラム会場

写真2　中島児童会館前花壇の苗の植え込み

まで著名ガーデナーによる講演会や，まちづくりの現場で活躍する人達によるシンポジウムの他，ハーブティが楽しめるカフェに，EMによる土づくり体験やガーデンパネル展など多彩なプログラムが開催されてきた。このフォーラムはネットワーク登録者の活動発表の場としての役割も果たしており，他の登録者の活動からヒントを見出す人も少なくない。行政のお仕着せの講演会などとは違って，ボランティアのイニシアチブで行われるフォーラムは，祭りのような活気に満ちている。地域密着のボランティア活動を担う人達の口コミ力は抜群で，会場はいつも人であふれかえるのも特徴だ。

「花壇づくり」がコミュニティをつくる

ところで，「さっぽろ花と緑のネットワーク」では，自宅でのガーデニングもまちづくりに貢献すると考えている。住宅街に並ぶ一軒一軒の家の庭が花と緑にあふれ，マンションのベランダに鉢植えが置かれたり，緑のカーテンで覆われていたら，街並みは豊かになるだろうし，花と緑を媒介にした会話も住民の間で頻繁に交わされるようになるだろう。

また，そのように自宅でガーデニングに取り組む人の中には，街路や公園など公共の場も緑豊かな空間にしたいという願いを持っている人も少なくない。そうした人達に実践の場についての情報を提供するのも，ネットワークの大きな役割となっている。

具体的には，既存のボランティア団体の活動を紹介し，団体への加入を促す他に，札幌市役所本庁舎前のコンテナガーデンや，中島児童会館前の花壇づくりへの参加をよびかけている。

札幌市役所前では，2010年度から市内の複数のボランティア団体が5月下旬から10月にかけて市役所前に設置されるコンテナの植栽デザイン，植え込み，メンテナンスを分担して行っているが，「さっぽろ花と緑のネットワーク」では，「さっぽろタウンガーデナー」から希望者を募り，ワークショップや講習，学習を兼ねた見学会などを交えながら，コンテナガーデンづくりを行っている。

また，中島児童会館前の花壇づくりは，2012年度からの取り組みだ。管理が行き届かず雑草が生い茂っていた花壇に，子ども達に喜んでもらえそうな花を

「さっぽろタウンガーデナー」の有志が選んで，デザインと植栽をし，メンテナンスを行っている。花壇の花を活用した子ども向けのイベントや，タネ・苗の交換会の企画・開催など，地域を巻き込む活動も行っており，今後の発展が期待できる事業である。

この他，手稲区から相談を受けて，JR手稲駅前の花壇づくりのサポートを行った。「さっぽろタウンガーデナー」によびかけて担い手を募ったところ，10名ほどの希望者が集まり，そのメンバーが自発的に「手稲花の会『ノンノ』駅前花壇」というグループを発足させた。現在，このグループは，手稲区と協働して，駅前花壇のメンテナンスなどに取り組んでいる。

ボランティア活動への参加を希望する人達は，これらの花壇づくりを通じて，実践の場と仲間を得る。ここで出会う人達は，人生経験もガーデニングの知識も様々である。お互いの意見を尊重しあい，ときに妥協しながらも，学びあい協力して花壇をつくる。その取り組みが街を花と緑で美しくするだけではなく，人と人をつなぐコミュニティづくりへと発展する。

情報の受け手と発信者が固定しない情報交換

これまで紹介したようなワークショップやイベント，花壇づくりも，情報支援の一環といえるだろう。そこは事務局が発信する会報やホームページ以上に様々な情報が行き交う場となっているからだ。「さっぽろ花と緑のネットワーク」は，情報をツールとして，ボランティア活動のすそ野を広げ，スキルアップを促し，札幌市の景観の向上と，コミュニティづくりにつなげていく事業ともいえるだろう。

留意すべきことのひとつとして，情報の発信者と受け手が固定しない関係づくりが求められる。ボランティア活動の場を求めてネットワークに辿り着いた個人も，仲間と出会い活動を始めることによって，情報の発信者となる。行政からの情報を受け取る一方だった地域の活動の担い手は，地域のニーズと住民の取り組みに関する情報を行政へと発信する。さらにボランティア活動の担い手同士が情報交換することによって，札幌市の花と緑のまちづくりの目指す方向をプランし，提言していくということもありうる。情報を媒介としたボランティアのネットワークは，市民の自発的なまちづくり活動の推進に大きな可能性を持っている。

花壇ボランティア「NPO法人ジーズネット」(大通公園)

第 II 章
ガーデニングの基礎

さっぽろまちづくりガーデニング講座温室前花壇（百合が原公園）

II-1 ガーデニング植物の分類

田淵美也子

ガーデニング植物とは

ガーデニングでは，植栽地の環境やガーデンの目的などによって多様な植物を扱う。そのため，植物を便宜上分類するが，植物学的な分類だけではなく，園芸的，造園的，実用的などの分類がよくつかわれる。近年は新しい植物なども導入され，項目が多岐にわたっているが，ここでは北国のガーデニングに重要であると思われる次のような分類項目についておもに解説する。

①一・二年草，②宿根草，③球根植物，④樹木(高木，低木，落葉樹，常緑樹)，⑤ツル性植物，⑥山野草，高山植物，⑦ヒース，⑧ハーブ，⑨カラーリーフプランツ

一・二年草

種子の発芽から成長を始め，開花・結実して枯死する生活サイクルを，1年以内に終える植物を「一年草」，1年を越え2年以内に終える植物を「二年草」といい，園芸的にはこれらを総称して「一・二年草」とよんでいる。春に種子を播いてその年に開花/結実するものを「春播き一年草」，秋に種子を播いて越冬し翌年開花・結実するものを「秋播き一年草」というが，北国では越冬困難なものが多く，大半は春播きとし，パンジー・ビオラ類は夏播きで越冬させ苗をつくる。

ガーデニングでは自然の状態にまかせた栽培だけでなく，施設利用や利用上の都合などにより，本来植物的には多年草であっても，越冬のできない非耐寒性の多年草などを1年で終結させることも珍しくはない。このような場合は「一年草扱い」とよばれる。

一・二年草の利用上の大きな特徴は，開花期が長く，次から次に開花するものが多く，花壇などを華やかに演出し，主役として利用できることである。維持管理は美しく長期間保つために，種類にもよるが，肥料を切らさず，花がら摘みや切り戻しなどをこまめに行い，株を老化させないようにすることが大切である。

宿根草

草花の中で，2年以上多年にわたって生育を続けるものを「多年草」といい，多年草の中で特殊なグループ(サボテンや多肉植物，ラン類，球根植物)を除いたものを宿根草という。多くの宿根草は冬季に上部が枯死し，地上部の茎の地際部や地下の茎や根に新芽を持ち，翌春芽が成長して成育を繰り返す。上部が枯死しない常緑のものもある。

北海道では低温や積雪，凍結などにより，本州で屋外越冬できる宿根草でも枯死してしまうことがあるので，購入の際などにはハーディネス・ゾーン(植物の耐寒性の指標，232頁参照)の確認など，注意が必要である。

宿根草の特徴は，開花期間が短いが，季節や植物の大きさや形(フォルム)などのバリエーションが多い。

単一多品種のハナショウブ園など季節感の演出，多種で長期間咲き代わるボーダーガーデンなど，ガーデニングでは最も利用される植物群である。

特に，夏の涼しい北海道では多くの美しい宿根草の栽培が可能である。

宿根草は屋外越冬可能が原則であるが，貴重な種類などであれば秋に堀上げて，低温の屋内で越冬させ，翌春ガーデンで利用する方法も可能である。

一般に宿根草は苗で植栽して2〜3年が最も旺盛となり，その後種類によっては花つきが悪くなったり，株元が枯れて移動したり形が乱れることが多い。この

表1 一年草の種類

春播き	コスモス，ヒマワリ，クレオメ，マリーゴールド，ジニア，メランポジュームなど
秋播き	キンレンカ，カルセオラリア，キンギョソウ，キンセンカなど
二年草	ホリホック，バーバスカム，ジキタリス，フウリンソウ(種によりは多年草あり)など
一年草扱い	サルビア，ベゴニアセンパーフローレンス，ペチュニア，インパチェンス，コリウスなど

ペチュニア'さくらさくら'　メランポディウム　サルビア・コクネシア

写真1　一年草

表2　札幌地方で越冬可能な宿根草例(季節は開花時期)

春初夏	プリムラ，プルモナリア，クリスマスローズ，シャクヤク，ジャーマンアイリス，宿根ルピナス，オダマキ類，宿根ビオラ，スズラン，ラミウムなど
夏	デルフィニウム，ペンステモン，バーベナ，モナルダ，エキナセア，カンパニュラ，ゲラニウム，ガウラ，アストランティア，アスチルベ，ハナショウブ，アルケミラ，ゲウム，タルクトルム，ヘメロカリス，スカビオサ，マロウなど多種
秋	ポリゴナム，ルドベキア，ユーパトリウム，アスター，ミズヒキ，シュウメイギクなど

エキナセア　　　ゲラニウム　　クリスマスローズ

写真2　宿根草

ため，おおむね4～5年ごとに掘り上げ株分けをし，植え直しや株の更新をすることが望ましい。

球根植物

多年草の中で，地下部に栄養を蓄えた器官を持つ草花の仲間を「球根植物」とよんでいる。球根とよばれる部分は，植物の種類によって肥大した部位が異なり，根が肥大したもの(塊根)，茎が肥大したもの(球茎，塊茎，根茎)，葉が肥大したもの(鱗茎)があり，扱いなどが異なる。

植えつける季節によって園芸的におもに春植え球根，秋植え球根に分類される。

表3　春植え球根と秋植え球根

春植え	ダリア，グラジオラス，カンナ，球根ベゴニア，アマリリス，オキザリス，グロリオサなど
秋植え	チューリップ，スイセン，ヒヤシンス，ムスカリ，ユリ，アイリス，クロッカス，チオノドクサ，アネモネ，エルムルス，シラーなど

ガーデニングで屋外植栽に利用するのは秋植え球根が多く，春植え球根ではダリア，カンナ，グラジオラスなどがしばしば利用される。

チューリップ，スイセン，ムスカリ，クロッカスなどは春のガーデニングには欠

写真3　チューリップ・ムスカリの花壇

かせない材料である。ユリは種類が多く，6～9月まで開花するため，宿根草などと混植し，ガーデンのポイントにすると効果的である。

ダリアは7月下旬から降霜まで咲き続け，品種が多く，色や花形も多様でガーデンに彩りを与える。

チューリップは八重咲きやフリンジ咲きなどの品種ものは毎年葉が枯れかかるころに掘り上げて，球根を選別して乾燥保管し，再度10月ころに植えつけることが好ましい。スイセンは3～4年は放置，ムスカリは雑草などに負けてきたら掘り上げて植え直しすると良い。ユリは種類により3～5年くらいで掘り上げ植え直しするが，球根を乾かしてはいけない。

ダリアは秋に掘り上げ，球根を分割しないでやや湿らせたおがくずなどに沈め，5～8℃の温度で貯蔵する。

写真4　ユリとダリア

樹　木

樹木は一般的におよそ8m以上で主幹が明白になるものを高木といい，3m以下で明白な主幹がなく株立ち状になるものを低木という。両者の中間的なものを中木，亜高木，大低木などとよぶ場合もある。低木には地面を這うような小さなものもあり，草本のように見えるものもあるが，樹木は細胞が木化し，肥大成長する。

鉢花のマーガレットやシロタエギクなどは株元が木化し，暖地では低木のようになり，亜低木とされる場合もある。チェリーセージやパイナップルセージなども木性サルビアといわれ低木と分類される。

大きさの分類とは別に，外見的に見て，葉が針のように細い針葉樹と広い面的な葉を持つ広葉樹に分類できる。針葉樹は一般にマツやヒバ類などの裸子植物で，やや原始的な植物である。街路樹でよく見られるイチョウは針葉ではないが，裸子植物に属し，針葉樹の一種とされている。

冬季間落葉するものを落葉樹，しないものを常緑樹という。まれに，気温の関係などから不完全に葉を落とすものもあり，半落葉や半常緑などというよび方もある。

これらの分類方法を組み合わせて，高木性落葉広葉樹，低木性常緑針葉樹などと園芸的に分類し，おおまかな樹木の特徴をあらわすことができる。

北海道では常緑広葉樹は極めて少ない。また，落葉針葉樹も種類数は少ない。

表4　樹木の種類

高落針	カラマツ，メタセコイヤ，イチョウ
高落広	シラカバ，ハルニレ，カエデ類，サクラ類，ナラ類，コブシなど多数
高常針	マツ類，ヒバ類，スギ，コノテガシワなど
高常広	シイ・カシ類，クスノキ，ヤマモモなど
低落広	ヤマツツジ，アジサイ，バラ，ハマナス，ヤマブキ，ウツギ類など多数
低常	キャラボク，多くのコニファー類，エゾムラサキツツジ，アオキ，ラベンダーなど

また，造園や園芸では庭に利用する樹木を庭木といい，特に花を観賞する樹木のことを花木とよぶことが多い。

II ガーデニングの基礎

ガーデニングにおいて，樹木の役割は次のようなものがあげられる。
- 観賞(花，実，緑，樹皮，フォルムなど)
- 空間の骨格・景観づくり
- 背景・目隠し(生け垣，境栽)
- デザインのポイント(シンボルツリーなど)
- 環境づくり(緑陰，野鳥など)

樹木は草花にもまして，その形態はバリエーションに富んでおり，また，人為的管理によって同じ種類でも様々な利用が可能である。

どのような目的で樹木を植栽するのかをよく検討し，その上でその目的に見あった樹種を選択する。

ここで，樹木を選択するにあたって最も注意しなければならない点は，樹木は草花と違い，一度植えつけをしたら原則的に移動はさせず，長期間その場所で露地栽培を行うため，耐寒性や，樹木の成長後の大きさや姿，適地であるかどうか(日照，排水，落雪状況など)などを熟慮しなければならない。

その上で，植栽後の管理がどの程度可能であるか，例えば大きくなる樹種であっても，きちんと毎年剪定や刈り込みなどが行えれば問題はないが，できなくなった場合，放置され，樹木が伸び放題になり近隣などに迷惑をかけてしまうなど，樹木のトラブルは多い。

家庭でのガーデニングであれば樹高 20 m にもなりうる樹種の使用は広い敷地や確実なメンテナンスがなければ植栽は控えたほうが良いだろう。

公共用地であっても，5 年ごとの間伐作業の計画や病虫害の防除や剪定費用などのしっかりとした樹木管理計画をたてた上で植栽するべきであろう。

狭い家庭の庭では，近年，樹木は中高木程度を 1〜2 本くらいの，いわゆるシンボルツリーとよばれる単木植栽をするケースも増えており，向いた樹種として，ナツツバキ，エゴノキ，アオダモ，キングサリ，ツリバナ，ヤマボウシ，ジューンベリーなどが良く用いられている。全国的に人気のあるハナミズキは北海道では寒さのため開花が少なく本来の美しさを発揮できない。

サクラは人気樹種ではあるが，成長が早く，病虫害も多く，花の時期以外は家庭ではもてあましてしまう

写真5 樹木の種類

ブンゲンストウヒ（高木性常緑針葉樹）
ノムラモミジ（高木性落葉広葉樹）
アジサイ（低木性落葉広葉樹）
エゾムラサキツツジ（低木性常緑広葉樹）

ヤマボウシ　ナツツバキ

写真6 近年人気の樹種

ケースが多い。サクラの中でもチシマザクラは株立ち状であまり大きくならず，庭木向きである。

ツル性植物

ツル性植物とは，自らの力で自立せず，他のものに絡まったり吸着して体を支えている植物で，草本類，木本類がある。絡みつき方は
　①吸盤や付着根を出すもの
　②巻きひげや葉柄，トゲなどで引っかけるもの
　③ツル自体が絡みつくもの
のおもに 3 通り見られる。

ツル植物は，壁面の緑化や目隠しなどに利用されるが，植物の巻きつき方を考慮し，ワイヤーを張ったり，パーゴラやラティスなどの設置も必要になる。

ツル植物は成長が早いので，隣接の建物や樹木への侵入や，フェンスなどの補修の際に障害にならないような注意と計画が必要である。

表5 ツル性植物

	木本類	草本類
①	ナツヅタ，ノウゼンカズラ，ヘデラ・ヘリックス，ツルアジサイなど	
②	クレマチス，ブドウ類，ツルバラなど	スイートピー，ゴーヤなど
③	アケビ，サルナシ，ハニーサックル，ナツユキカズラ，フジなど	アサガオ，ホップなど

山野草・高山植物

山野草とは，原産地の内外を問わず，園芸品種ではなく平地から高山に至るまでの観賞価値のある野生植物のことで，草本類から小型の低木まであり，園芸の 1 ジャンルとして愛好者は多い。野生種だけでなく，一部は選抜や改良された園芸品種も含まれるが，一般的に野趣に富み，派手ではないが可憐な魅力的なものが多い。中でも高山植物は植物体の割に花が大きく美しいものが多いが，高山のデリケートな環境に育つため，栽培がむずかしいものも多い。北国では本州に比べ平地でも気温が低く，山野草栽培に向いている。

山野草を栽培する場合は，その自生地に似た環境をつくることが必要で，特に高山植物は，自然石を不規則に配置し，火山礫などの水はけの良い用土でつくっ

たロックガーデンで栽培される。

写真7　ロックガーデンと高山植物

ヒース(Heather)

ツツジ科の常緑低木の耐寒性のあるエリカ属，カルーナ・ブルガリス，ダボエシア属の総称で，欧米ではヘザー(Heather)とよばれる。

これらの植物は品種が多く，開花期や花色，葉色にもバリエーションが豊富で，英国の植物園では様々なヒースをパッチワークのように植え込んだヒースガーデンが見られる。ヒースは夏の高温多湿に弱く，北国ならではのガーデン材料である。

ヒースガーデンは，ある程度広い敷地が必要であるが，個人宅でも本州の刈り込みツツジなどの代わりに利用できる。

最も品種が多いカルーナ・ブルガリスは開花期が8〜9月，エリカは種類によって春咲き，夏咲き，秋咲きがある。

写真8　ヒースガーデン

ハーブ

ハーブとは実用的な分類で，世界中には2万種以上の植物がハーブとして利用されているといわれ，一年草から樹木まで多岐にわたっている。

広義では古代より人間が利用してきた有用な植物(野菜や果物，米なども含む)をハーブというが，現在のガーデニングの中では，料理の香りづけや美容，芳香，癒し，健康，防虫，染料などに利用できる植物という意味あいが強い。

料理やハーブティーで頻繁に利用する場合は，ハーブガーデンやハーブエリアとして，収穫しやすいように配置植栽すると良い。観賞価値が高いものも多いので，通常のボーダーガーデンなどに取り込んでも良い。

丈夫で繁殖力が強いものも多いので，刈り取りや株落としをして広がりすぎないように注意する。

薬用としては危険なものもあるので，専門家の指示がない素人判断では利用しないほうが良い。

写真9　ハーブ

カラーリーフプランツ

植物の中で，葉の色が黄色や赤(銅葉とよぶ)，シルバー，斑入りなど美しいものの一群をカラーリーフプランツという。

一年草から樹木まであり，花のない時期でもガーデンに彩りを与え，近年多くの種類が流通している。

昼夜の温度差や日あたりなどで発色が良くなり，北国に向いた材料といえる。斑入り植物は日あたりの悪い場所を明るくするのに効果的である。

表6　カラーリーフプランツの例

黄葉	オウゴンテマリシモツケ，リシマキア'オーレア'，ニオイヒバ'ヨーロッパゴールド'，フウチソウ
銅葉	アメリカテマリシモツケ，キミキフガ，リグラリア，アジュガ，リシマキア・キリアータ
銀葉	プンゲンストウヒ，シロタエギク，ヘリクリサム，アサギリソウ，ラムズイヤー
斑入	ギボウシ，ネグンドカエデ，パイナップルミント，ハクロニシキ，シラタマミズキ，斑入りススキ，アイビー類

写真10　カラーリーフプランツ

II-2 植物の分類と形態

山崎真実

分類する

分類する作業それ自体は，特別な記述や知識がなければできないむずかしいことではなく，人間が日ごろから行っている「比べて見分ける」作業である。例えば，赤ちゃんが大勢の人間の中から自分のお母さんを認識するようになることは，生まれて初めて行う「分類」作業ともいえる。

私達は街や庭に様々な草木を植えて緑化や美化に利用し，育てることを楽しむ。野山にはもっとたくさんの植物が生育し，地球上には花をつける植物（被子植物）だけでも約27万種があるとされる。私達人間は，それをどのように見分けてきたのだろうか。初めは「食べられる・食べられない」という基準だったかもしれない。人間が自然とかかわって生きてきたからこそ，分類する必要があったといえよう。

しかし，一部の地域の人間の経験則に基づくのではなく，地球上の膨大な種類の植物について誰にでもわかるように説明するため，共通の基準（考え方）でもって識別点を見出し，ある一定の形態的，遺伝的な特徴を持つ生物のまとまりに個別の名称をつけて，体系立てて整理しておく方が良い。

自然界はただそこに存在している。それを分類することは，人間が"共通の言語"を持って世界を理解するための基本的な作業といって良いだろう。

生物界は階層構造

生物界は階層構造として整理されている。それはビルの階層や地層のように，下の層に上の層が積み重なっていくのではなく，「入れ子構造」に例えられる（図1）。

入れ子とは大きな容れ物の中に中くらいのサイズの容れ物が入っており，さらにその中には小さな容れ物がはいっていて，またさらにその中には極小の容れ物がはいっているという構造をいう。大きな容れ物から順に界，門，綱，目，科，属，種となる。この考え方から「種は分類の最小単位」といわれる。最近の考え方では界の上に「ドメイン」を置く。

分類学の父

再現性が求められる科学としての分類学では，ある一定の数値データや裏づけ証拠を示して，共通認識をつくっていくことになる。

分類学の開祖といってもよい人物はリンネ（スウェーデン，1707～1778）とされる。1735年に出版した「自然の体系」の中で，被子植物について雄しべと雌しべそれぞれの数や形の組み合わせによって分類する「24綱分類」を提唱した。ただし，この考え方は現在はつかわれない。リンネは1753年に「植物の種 Species Plantarum」を出版し，後の国際的な取り決めによって植物の学名はこの出版物を起点としている。なお，学名には命名者名が付されるが，L. で略されるのはリンネだけである。

様々な分類の考え方

1859年に，チャールズ・ダーウィンが「種の起源」を出版し，生物は自然選択と突然変異を繰り返しながら，長い時間をかけて進化してきたという考え方が広まった。外部形態や細胞の形態，染色体数，花粉形態などから導かれる類縁関係に基づいた分類が進んだ。これまでに提唱された分類体系として，考案者の名前を取って，新エングラー体系，クロンキスト体系がある。日本で出版されてきたおもな図鑑類・教科書は新エングラー体系にそっているものが多い。

近年，広く行われる分類学の手法や考え方として，遺伝子の解析による「系統分類」がある。これは遺伝子，つまりタンパク質と糖が鎖状につながった物質に基づく分析であることから，外部形態に基づく分類に比べてより客観的に生物の進化にともなう類縁関係（系統）を反映した結果が出せる。遺伝子を用いた様々な手法が確立し，パッケージ化され，共通の方法で実験可能になってきた。研究の目的にあわせた解析用のコンピュータープログラムにより詳細が明らかにされ，その結果は野生植物の保全計画を立てる際にも活用され始めている。

APG分類体系

遺伝子解析の進展により，被子植物の科の系統が明らかにされた。その研究プロジェクト名 Angiosperm Phylogeny Group の頭文字をとって「APG分類体系」とよばれる。APG分類体系の系統樹（系統関係をあらわした図）はインターネット上でも結果が公開されている（英文）他，日本語による解説書も出版されている

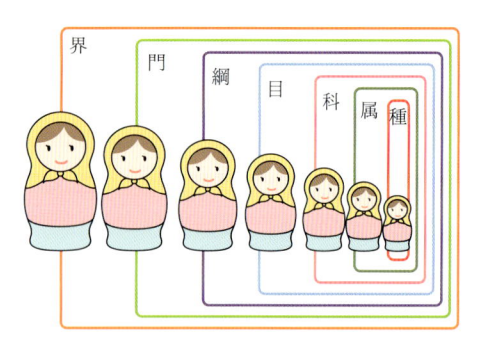

図1　入れ子構造（概念図）

(下記参照)。

　日ごろのガーデニングで気にする必要はないかもしれないが，APGではアジサイがユキノシタ科からアジサイ科になるなど，新しい科名が設けられたり，従来の分類体系と同じ科の名前であってもその中に入ってくる属が変わっている場合がある(従来の体系とAPGとの対応は下記参考図書参照。分類学の歴史も掲載されている)。

大場秀章編著：植物分類表　アボック社，2009.
邑田仁監修・米倉浩司著：高等植物分類表　北隆館，2009.
邑田仁監修・米倉浩司著：日本維管束植物目録　北隆館，2012.
日本植物分類学会監修・戸部博・田村実編著：新しい植物分類学Ⅰ，新しい植物分類学Ⅱ　講談社，2012.

学名の構造

　学名はラテン語で表記される世界共通の生物名である。種の学名をつける方法は「二名法」とよばれ，リンネが考案したものである。これは植物に限らず生物全般に共通の方法である。

　学名は，属名と種形容語(種小名)のふたつの単語からできている。二名法の「二名」とは，この2単語を指している。属名はその生物の属(前頁参照)をあらわす。当然ながら，属の中には形態的に似た種が集まっているため，種を個別に認識するため種形容語で各種の特徴を表現する。文法的には種形容語が後ろから属名を修飾することになる。なお，学名を表記する際は他の単語と区別するため，慣習としてイタリック体(斜字，筆記体)で書く。発見者などの功績をたたえ，種形容語が人名に由来する場合もある。

```
学名 ＝ 属名 ＋ 種形容語(種小名)
               修飾
(例)学名 Oryza sativa　和名イネ
【文法，表記のルール】
属名：名詞　頭文字は大文字で表記
種形容語：形容詞または属格　頭文字は小文字
```

学名の命名

　植物の学名の命名に関するルールは国際植物命名規約によって定められている。規約は6年ごとに改訂される。正式な学名は学術雑誌に掲載された論文に基づく。命名する属や種など分類群の典型的な特徴の詳細を文章や図・写真で説明して示した論文は，記載文とよばれる。記載文には，記載に引用された標本(タイプ標本)およびそれが収蔵されている場所(標本庫)が明示される。タイプ標本はその種の典型的な特徴を確かめることのできる実物証拠であり，後代の研究者によって再検討できるよう大切に保管される。

　学名は新たな見解の追加や修正が必要な場合に，規約に従って変更される。古い図鑑を見た場合，現在はつかわれないが同種を指す学名(シノニム，同種異名)が載っている場合がある。

学術的に諸説ある場合，学名を広義と狭義でつかい分けることもある。

種と変種，品種

　変種や品種が最も下の階層なのでは？と思われるかもしれない。しかし，これらは生育する地域や形態のわずかな違い(変異)を区別しているにすぎず，おもな特徴は基となる種(母種)と変わらない。したがって，亜種・変種・品種は種の内側に含まれるものととらえられ，「種内分類群」とよばれる。生物種の分類の基準としてかけ合わせが可能かどうかがある。自然界で雑種ができて世代交代も行っている例があり，自然雑種あるいは「雑種由来の～」と表現される。また，例えばエゾシカはニホンジカの北海道亜種というように，動物の分類では地域的に特徴のある生物群がまとまって生息する場合に亜種とすることが多いが，それに比べて植物は亜種として分けるものはそれほど多くない。

```
学名を見れば，亜種，変種，品種がわかる。
種内分類群の略記号は以下の通り。
ssp.またはsubsp.：亜種(subspeciesの略)
var.：変種(varietyの略)
f.：品種(formの略)
```

和　　名

　最近では園芸に用いる植物の属名の読みをカタカナで表記することもあるが，やはり和名(標準和名)を目にするほうが多い。日本の研究者が書いた記載文であれば和名がつけられている。ただ，和名を見ただけでは亜種，変種，品種はわからない。和名といえどもカタカナで表記する。紛らわしいのが俗名(地方名，方言)，通称，流通名などで，図鑑によっては和名と併記し，区別のため平仮名や漢字で表記されることもある。例えば和名イチイの俗名はオンコである。

　日本の在来種および一部の外来種の学名や標準和名，シノニムの情報についてはインターネット上の「Y-list(ワイリスト)」でも検索できる。

栽培植物・園芸植物の学名は三名法

　農業，林業，園芸で使用される植物については，栽培植物命名規約がある。栽培品種の場合，母種の学名の後ろに栽培品種名を続けて示し，一重の引用符でくくり，イタリック体にしない。旧規約では品種名はcv.(cultivarの略)の後に書いていた。

```
(例)イネの栽培品種であるササニシキの学名
    Oryza sativa L. 'Sasanishiki'
         ↑              ↑
       学名         栽培品種小名
```

植物体の体のつくり

　植物の体は様々な"単位"(部品)からなる。"骨格"となるのは節(node)が規則的に繰り返す軸(シュート

II　ガーデニングの基礎

shoot)である。形態用語は部品の典型的な形を表現しているので，用語の意味する形をイメージできるようになれば，図鑑などの解説文から植物全体の形を予想できる。ここでは，おもに花をつける植物(被子植物)に関する基本的な形態用語を模式図で載せた。

表1　植物の体の部分と主な役割

部　　分	役　　割
花，果実，種子	繁殖
茎，葉	光合成，ガス交換(呼吸)
根	水分など物質の吸収，体を支える

花弁と萼片

　花弁も萼片も，進化上は葉と同じ器官から発達したものと考えられている。

　花弁はいわゆる「花びら」で，厳密には1枚を指して花弁とよぶ。花弁をまとめて花冠とよぶ。萼片をまとめて萼とよぶ。花被は花冠と萼をまとめて指す用語で，花被片が"部品"をあらわす用語である。

　アヤメ科やユリ科では内花被片，外花被片という用語が出てくる。萼片が花弁と同じ形態または鮮やかな色を持つ場合に用いる用語で，外花被片が萼片に相当し，内花被片が花弁に相当する。

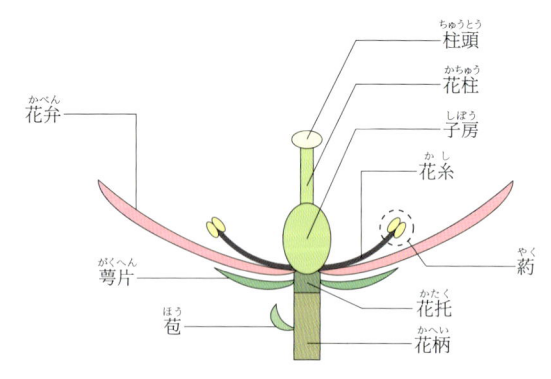

図2　花の基本的な形(概念図)

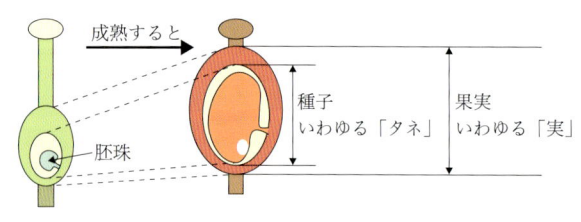

図3　果実と種子は違う

葉

　茎(軸)の側面から出る器官で，葉身と葉柄からなる。葉の起源や機能は多様で明確に定義できない。腋芽と茎は，葉に含まない。

　葉の形には大きく分けて単葉と複葉がある。それぞれ切れ込みや小葉の数によって多様な形となる。化石の研究から，進化の方向は単葉から複葉と考えられて

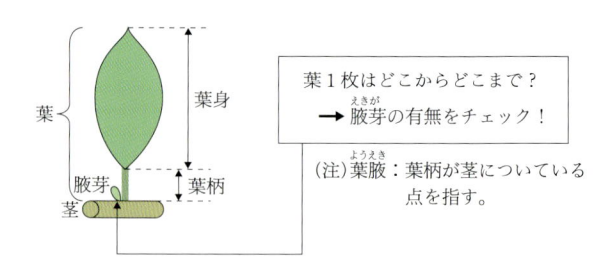

図4　葉＝葉身(ようしん)＋葉柄(ようへい)

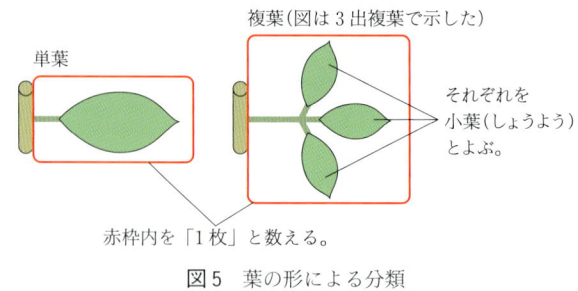

葉1枚はどこからどこまで？
→ 腋芽の有無をチェック！

(注)葉腋：葉柄が茎についている点を指す。

図5　葉の形による分類

いるが，単葉が滅んだのではなく，現在も両方の形が存在する。複葉は，単葉の葉身がしだいに深く切れ込んで，2個以上の部分に完全に分裂した状態とされる。

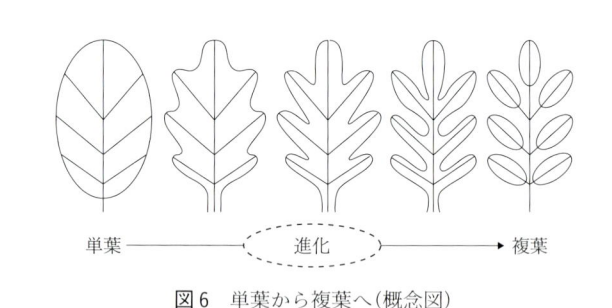

図6　単葉から複葉へ(概念図)

様々な複葉

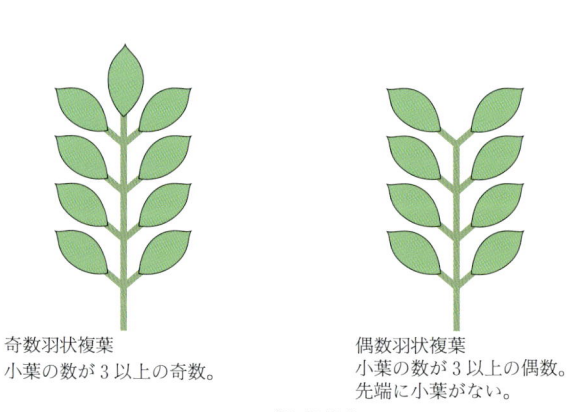

奇数羽状複葉
小葉の数が3以上の奇数。

偶数羽状複葉
小葉の数が3以上の偶数。先端に小葉がない。

図7　羽状複葉

52

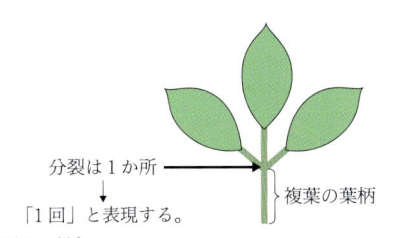

図8　3出複葉。1回3出羽状複葉，3出葉とも略される。例)カタバミ，シロツメクサ(クローバー)

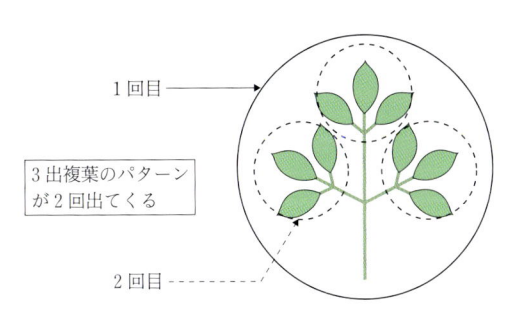

図9　2回3出複葉。図8の1回3出複葉の小葉が3つに切れ込んで分裂してできた，と考える。同様にして，様々なパターンの複葉がある

図10　A：掌状複葉。単葉が3つ以上の小葉に分裂したもの。例)ルピナス，アサ
B：鳥足状複葉。3出複葉，掌状複葉の一番下の小葉柄から枝分かれし，さらに小葉柄が枝分かれしたもの。例)マムシグサ，アマチャヅル

茎・節・シュート

　茎は葉をつける器官である。節は茎の中で，葉のつく所を指す。葉がない場合も葉痕から葉がついていた位置がわかる。節間は節と節の間を指す。

　シュート(shoot，苗条)は1本の茎とその茎につく葉のことである。茎の先端の分裂組織は茎と同時に葉をつくっていくため，組織としては茎と葉を一体のものとして考えることができ，まとめてシュートとよぶ。

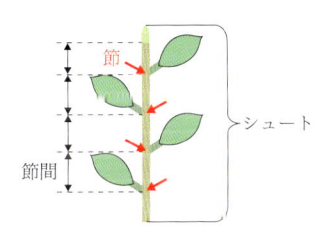

図11　節・節間・シュート

葉序

　葉の並び方のことである。一定の規則性がある。科や属で決まっているので，科や属と対応させて覚えると見分けのヒントになる。

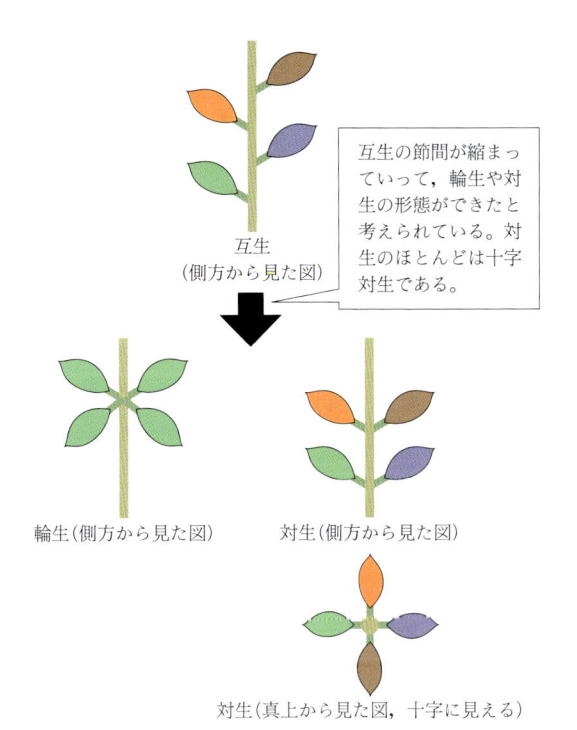

互生の節間が縮まっていって，輪生や対生の形態ができたと考えられている。対生のほとんどは十字対生である。

互生(側方から見た図)

輪生(側方から見た図)　対生(側方から見た図)

対生(真上から見た図，十字に見える)

図12　代表的な葉序

束生と叢生

　花序や葉序にかぎらず使われる用語に，束生と叢生がある。束生(そくせい)はシュートの先端で，複数の節間が極端に短くなり，その各節から葉や花が出ている状態をいう。一見すると，1か所から葉や花がたくさん束になって出ているように見えるが，節が横スジとなって観察できる。(例)イチョウの葉は短枝の上に束生する。

　叢生(そうせい)は地下茎や地ぎわの側芽から新しいシュートを生じて，新旧のシュートが互いに密接してまとまって株状になって地中から出ている状態をいう。(例)ススキなどイネ科，カヤツリグサ科に多い。〝やちぼうず″の形状をイメージするとよい。

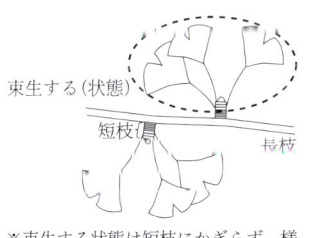

※束生する状態は短枝にかぎらず，様々な植物の葉や花などで見られる。

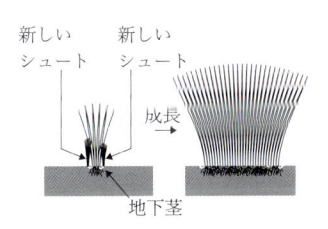

図13　束生(イチョウ)　　図14　叢生(カヤツリグサ科)

Ⅱ　ガーデニングの基礎

地中〜地表付近の茎をあらわす用語

①地下茎（ちかけい）
地中にある茎。根のように見える形を「根茎（こんけい）」という。節に鱗片葉があることで根と区別できる。例）チシマザサ

②匍匐枝（ほふくし）
ストロン
節に根あり
地表を這う。例）ミント類

③走出枝（そうしゅつし）
ランナー
節に根なし
地表を這う。例）オランダイチゴ

④ロゼット
（上から見た図）
茎（節間）が非常に短く，葉が根のすぐ上から出て，地表にはりつくように放射状に広がる。例）タンポポ類，ナズナ

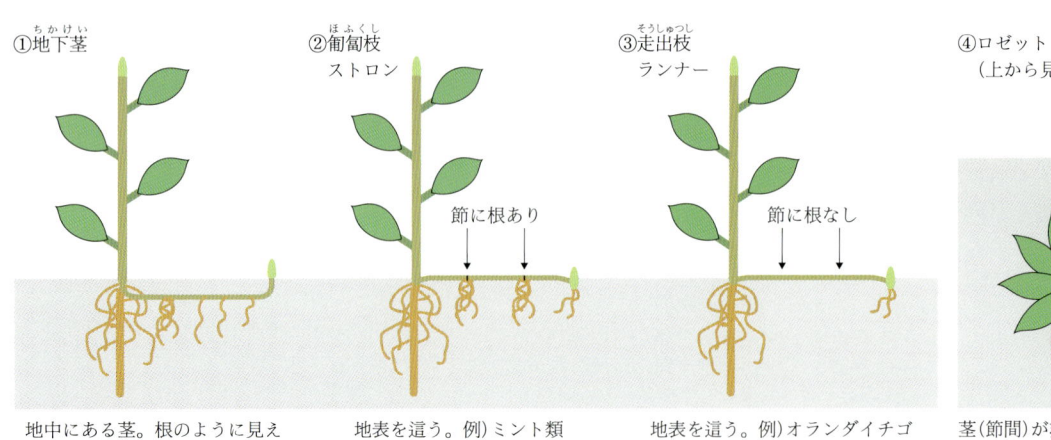

図15　地中〜地表付近の茎をあらわす用語

球根の形態をあらわす用語

鱗茎（りんけい）
例）タマネギ，スイセン
- 普通葉
- 地上／地中
- 鱗片葉（多肉質になった葉）
- 短く縮んだ茎
- 根

球茎（きゅうけい）
例）サトイモ
- 茎
- 根
- 球茎　横筋は節にあたる

塊茎（かいけい）
形は不ぞろいだが，芽がある。
例）ジャガイモ
地中
- 茎
- 芽が出る所

塊根（かいこん）
形が不ぞろい。芽がない。
例）サツマイモ
地中
- 根

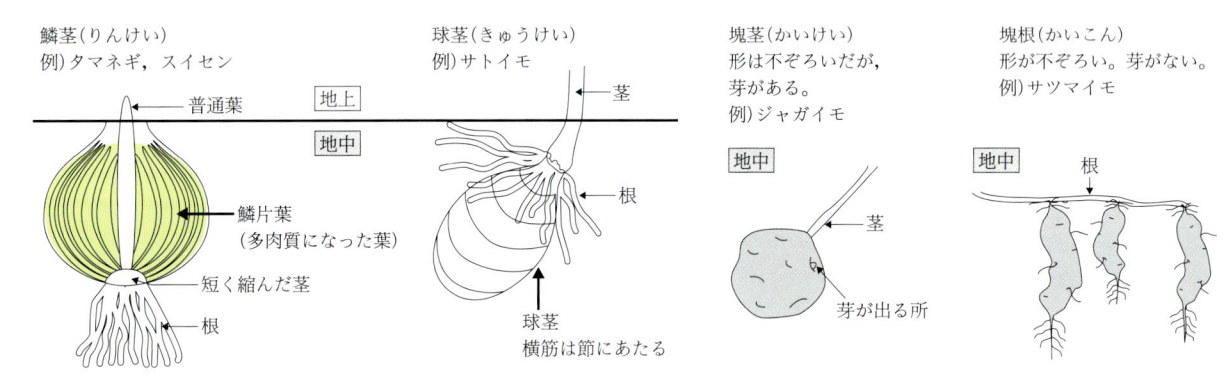

図16　球根の形態をあらわす用語

形態ではなく，状態をあらわす用語

直立する　斜上（しゃじょう）する　開出（かいしゅつ）する　下垂（かすい）する　湾曲する　点頭（てんとう）する

沿下（えんか）する　茎を抱（だ）く　突き抜き（形）の〜　楯状（盾形）（たてじょう）の〜　（表側）（裏側）　袴状（はかまじょう）の〜

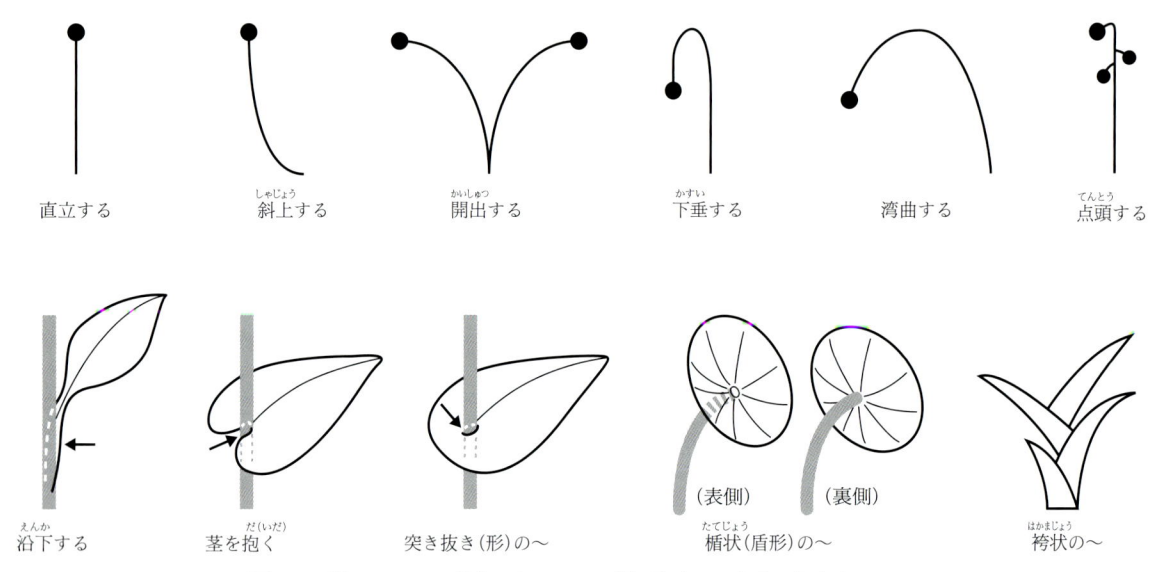

図17　形態ではなく，状態をあらわす用語。注意する部分に矢印をつけた

植物の生態

植物を「生き生きとした状態で育てたい」と思えば、植物の生き方を知る必要がある。そのためには、分類をベースとして、植物の生態、つまり植物と環境とのかかわりについて知っていると役に立つ。生活史(生活環)は、種子から芽が出て成長し、花が咲いて実ができて……という植物各種がどのような"一生"を送るのかということであり、1年のガーデニング作業の暦にもかかわってくる。また、どのような形で越冬するのか、種子で殖えるだけでなく植物体の一部からも殖えることができるのかなど植物の繁殖や生き残りのしくみは、科や属のグループ内でおよそ似通っているので殖やし方や管理方法の参考になる。

生活形

生活形(life form)とは、植物の生活様式を特徴づける形態をいう。1907年にラウンケルが提唱した区分が用いられることが多く、「ラウンケルの生活形」(図18)とよばれる。これは進化の系統を反映したものではなく、生態学的な区分である。

ラウンケルは被子植物、裸子植物、シダ植物について、成長に適さない時期をやり過ごすための冬芽などの抵抗芽に注目し、抵抗芽と地表面との位置関係から区分した。植物の環境条件への適応を植物全体に通用する同一の基準で示したことから、今日でも意義のある考え方としてつかわれている。

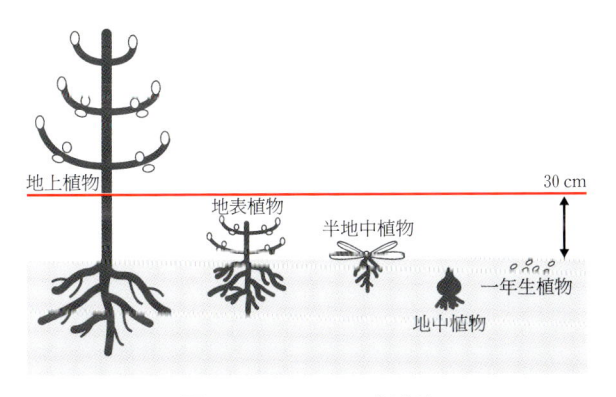

図18　ラウンケルの生活形

水生植物の生活形分類には特別な用語があり、水中あるいは水辺に生育するため、抵抗芽と水面との位置関係に注目して区分されている(図19)。抽水植物は水底に根を張り、植物体の根元は常に水に接しているが上部の大部分は空気中に出ている。浮葉植物は水底に根を張り、十分に成長した株では水面に浮く葉をつける。沈水植物は体全体が水没したまま一生を過ごすが、花は水面から突き出て咲く種類が多い。浮遊植物は水底に根を張らず(種類によっては根がない)、水面もしくは水面下に浮いて漂って生活している。1つの科の中に複数の生活形が見られる場合もあり例えばスイレン科の中には抽水植物、浮葉植物両方が含まれる。また、

遺伝的に同じ種あるいは1個体の中で、環境条件の変化にあわせて短期間で葉や茎の形態を変化させ、別の生活形になることがある。少数であるが植物でも水中と陸上の両方に適応して体の形を変化させる種があり、両生植物とよばれる(写真1)。

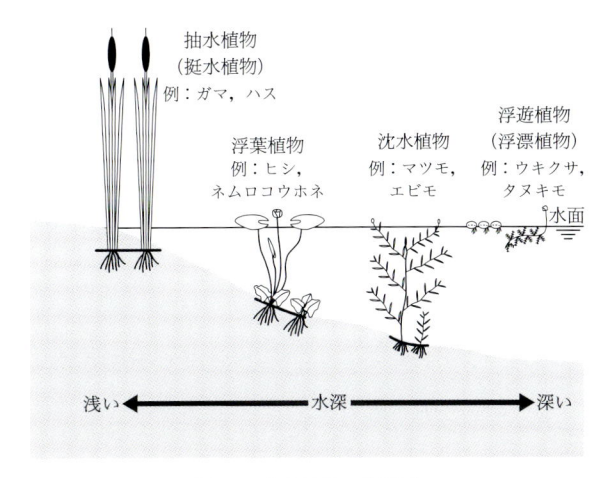

図19　水生植物の生活形

写真1　両生植物の例　エゾノミズタデ

気候と生活形の対応

ある植物の生育に適した土地かどうかは、おもに気温と降水量が重要となる。日本の位置する北半球で考えると、緯度が赤道から北に向かうに従い、熱帯、亜熱帯、温帯、亜寒帯、寒帯、高山帯という順で地球を一周するベルトのように同一の気候の地域が広がっている。各気候帯ごとに、観察されるおもな植物の生活形が異なることが知られている(図20)。

園芸植物は、人間の手によって地球上の様々な気候帯から集められ、移動されてきたものである。例えば、四季咲きの一年草のほとんどが温帯〜亜熱帯地方が原産地である。また、ラベンダーの広大な畑とその風景は、なぜ"北海道名物"になり得たのか？　それは、ラベンダーの原産地が夏に乾燥し比較的涼しい地中海地方のため、日本の中では梅雨がなく夏に気温が上がらない北海道で育てやすいからである。このように、北海道とほぼ同じ緯度にあるヨーロッパや北米原産の植物は北海道で比較的育てやすい。

II　ガーデニングの基礎

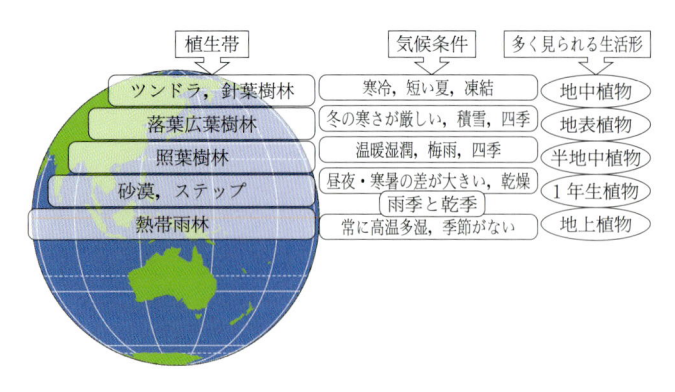

図20　地球の気候帯と植生帯と生活形の対応

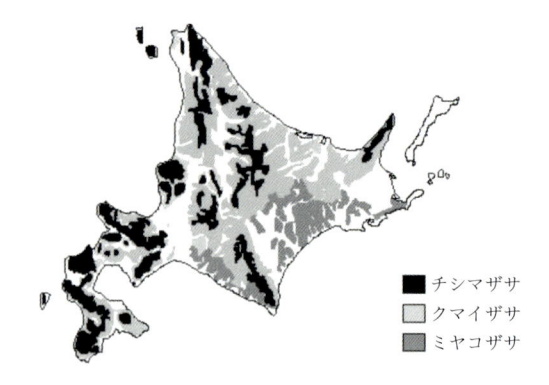

図22　北海道のササの分布図（豊岡ら，1983を基に作図）。3種は冬芽をつける位置が異なる

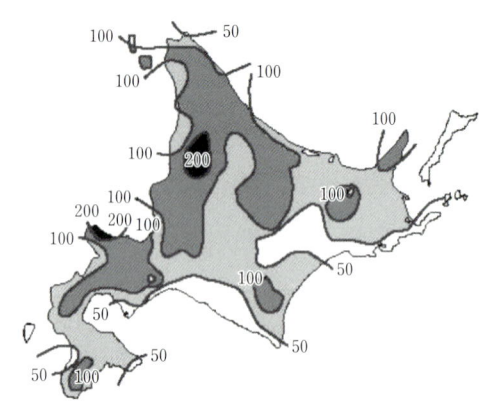

図23　積雪深の等深線の分布図(cm)（気象庁のデータを基に作図）

植物は環境に敏感！

北海道は地球の北緯41〜45度付近に位置し，冬季は1mを超える積雪がある。本州で普通に見られる竹林や照葉樹林が，北海道では自然分布していない。

ブナの分布の北限として知られる道南の黒松内低地帯より南側は比較的温暖で雪が少なく，落葉広葉樹林が多い。道南地域は本州と共通する植物が多く見られる。一方，黒松内低地帯より北側は徐々に冷温帯気候に移行し，広葉樹に針葉樹が混じる針広混交林となる。さらに，札幌を含む石狩低地帯もクリやコナラの分布の境界地域として知られ，温暖な気候を好む植物と寒冷な気候を好む植物が混在する。例として札幌の藻岩山と円山が，日本の中の比較的寒冷な地域にありながら樹種が多いとされ，国の天然記念物に指定されている（図21）。

北海道では冬季の雪の深さ（積雪深）も植物の生育を制限する一因となる。道南，日本海側，太平洋側地域によって積雪深が異なり，特にササの仲間は積雪深に対応して違う種類が生育することが知られている（図22，23）。積雪期の管理が必要な露地栽培の庭木などは，原産地の雪の有無・量・質（乾雪・湿雪）を知っておくと，冬季管理の参考になるだろう。

外来種について

北海道の開拓初期に，寒冷地での植栽に適した樹種を探すため，現在の北海道神宮敷地内で本州産・外国産の様々な樹木が試験栽培された。その中から選ばれたのが北米原産のハリエンジュ（ニセアカシア）や長野付近から移植されたカラマツである。オオハンゴンソウやアワダチソウの仲間も，初めは花を観賞するために日本に持ち込まれて広まった。これらの中には現在は生態系のバランスを崩す可能性がある外来種として全国的に問題視され，駆除の対象になっているものもある。このように，私達が庭や公園で楽しんでいた植物が偶然に野外に出てしまうことがある（逸出，逃げ出し）。

自動車や電車，飛行機をつかって人間が長距離輸送・移動することで，植物が数万年単位での長い時間をかけて自然に移動できる範囲を超えて広がってしまう可能性もある。こうしたことも頭の片隅に置きながら，ガーデニングを楽しんでいただければと思う。

［参考文献］
・豊岡洪・佐藤明・石塚森吉：北海道ササ分布図概説, 36 pp., 林業試験場北海道支場, 1983.
・気象庁：過去の気象データ検索, http://www.data.jma.go.jp/obd/stats/etrn/

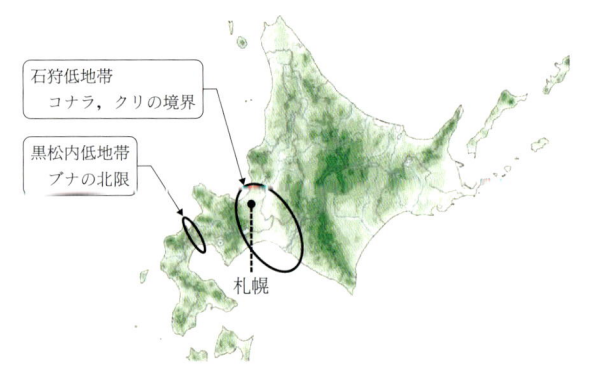

図21　北海道内の代表的な温帯性植物の分布境界線

コラム　ガーデニングと植栽の分類

淺川昭一郎

　ガーデニングでの植栽を概念的に見ると，アクセントとなる飾植え植栽，他の種類とともに魅力を発揮する美的・生態的コンパニオン植栽，同一種や少数の種を集団として植える群植，主景を引き立てる背景植栽があり，それぞれに適した種類がある。また，観賞植栽，空間構成植栽，機能植栽に分けることもある。観賞は視覚のみならず，香りや味覚，触覚，聴覚など多様な感覚にも及ぶ。空間構成では床面を芝生・地被植物がカバーし，壁には生垣をはじめ密な灌木・樹木が用いられ，ツル植物によるトレリスもある。天蓋は樹冠やパーゴラなどによる。機能植栽では防風，防音，遮蔽，雨水浄化・浸透，日照調節，熱環境緩和，環境修復・改善など，主として都市の生活環境向上に関する植栽があげられる。これらは，それぞれが単独というよりも互いに重なる場合が多い。以下はおもなガーデニングの様式・用途を分類したものである。

花壇・花園，緑化の様式・用途による分類

(1) 観賞する季節など

　春花壇，夏花壇，秋花壇，スリーシーズン(春～秋)花壇，冬花壇(寒冷地を除く)があり，年に数回植え替える一年床花壇と植えたままの多年床花壇がある

(2) 形　態

- 模様(毛氈)花壇(平面的)：わい性の草花で複雑な模様を描く花壇で，色砂やレンガなども利用される
- 縁取り花壇(平面的)：細長い花床でわい性の花や葉が美しい草花を用いる
- 寄せ植え花壇(立体的)：円形や多角形で周囲から眺められるように中心部を高くする
- 境栽花壇(立体的)：建物，通路などにそって設け，高さや成長の異なる多様な植物により構成する。宿根草や球根類を用いる宿根境栽(宿根ボーダー)がメインで，両側から眺める両面ボーダー，通路を挟んで対称のミラーボーダー，芝生の中に島状に配置するアイランドボーダーなどもある
- 沈床園(サンクンガーデン)：周囲より一段低く下げて設ける花園
- 立体花壇：フェンスやポールなどを利用する他，プランターパネルによるものもある

(3) 花や葉色

　白い花によるホワイトガーデン，ブルー系の花で初夏からの涼しさを感じさせるクールトーンガーデン，柔らかいパステルカラーの花を中心としたパステルカラーガーデン，明るく華やかな暖色系ガーデンなど

(4) 石景園

- ロックガーデン：高山の岩場に生える草花の風景を模したもので，高山植物のみならず，わい性の山野草や園芸種も用いる
- 壁園(ウオールガーデン)：空積みの石垣の隙間などに植え込み，上部や裾にも植栽し壁面をかざる。乾燥に耐えるわい性の宿根草が多く用いられる
- 舗石園(ペーブドガーデン)：舗装した石の間にわい性の宿根草・球根類，灌木などを植え込む

(5) 水景園

　流れ・池など整形，非整形を問わず水景を彩る水生植物や水辺にあう植物を用いる

(6) 野生園

- ワイルドガーデン：英国の近代造園において発達したもので，林間地などに宿根草や球根類を植え込む。地形は選ばず平坦地，傾斜地，水辺など園芸種を含めて環境に適した植物を用いる(伝統的なものをロマンティック・ワイルドガーデンともいう)
- ネーティブプランツガーデン：在来種を中心としたワイルドガーデン
- メドウガーデン：野原に咲く花のイメージで，高原，牧場，海浜，湿地，樹林の中や隣接地，プレイリー(米国)，乾燥地などバラエティに富む

(7) 特定の種類

　美しく多くの品種や形態の相違を持つものを集めたり，特殊な土壌や環境にあう植物をまとめた花園。一般的にはバラ園，ユリ園，ボタン園，ハナショウブ園，アジサイ園などがあり，イネ科植物によるグラスガーデン，エリカ類などによるヒースガーデンも人気

(8) 実用園

　キッチンガーデン，ハーブガーデン，薬草園，切花も提供できる切花ガーデンなど

(9) コンテナガーデン

　コンテナは容器を意味し，鉢やプランター植栽，ハンギングバスケット，プランターパネルなど多様。狭い場所での配置や室内ガーデンとしても利用範囲が広い

(10) テーマガーデン

　香りのガーデン，野鳥をよぶバードガーデン，文芸作品にちなむシェークスピアガーデンや万葉植物園などがあり，近年では癒しをテーマにした，ヒーリングガーデンも注目されている

(11) 環境修復・改善緑化

- 壁面緑化・緑のカーテン，屋上・屋根緑化：緑の環境づくりとともにヒートアイランド対策などからも普及し，技術開発が進んでいる
- 雨水浸透・浄化花壇(バイオスウェル)：乾燥と湿潤に強い植物が適する(189頁写真14参照)
- ビオトープガーデン：野生生物の生息地としての花園で環境教育にも役立つ

II-3 植物の生理

天野正之

光環境と生理反応

日　長

　1日の昼と夜の長さの比，すなわち明期と暗期の時間の比は，植物の生育や開花を支配する重要な要因で，日長によって反応する様々な現象を光周性とよんでいる。キク，ポインセチア，ベゴニア，カランコエ，シャコバサボテンなどの短日植物では，その日長反応を利用して開花を制御し周年生産が可能となっている。日長に対する植物の反応は，短日植物の代表であるキクについて研究が進んでいる。

　キクの営利生産では，日長と温度に対する複雑な生理・生態反応を利用しながら，品種改良とその栽培技術を発達させてきた。夏ギクは，限界日長(栄養成長から生殖成長へ移行する境目になる日長でそれ以上長い日長では開花しない。限界日長を持っている短日植物を絶対的短日植物または質的短日植物という)を持たなく24時間日長でも開花するが，短日条件にすると，より開花が促進されるので相対的短日植物または量的短日植物とよばれる。夏ギクの開花は日長よりも，幼若性や低温花芽分化性などの温度に対する反応によってコントロールされている。従って，営利栽培において，日長処理による精密な開花制御がしがたい。7月咲き～9月咲きギクは，長いけれども限界日長を持っているので絶対的短日植物とよぶことができ，電照による長日処理で開花調節が可能である。

　秋ギクや寒ギクは，短い限界日長を持っていて典型的な絶対的短日植物で，栄養成長は電照により，また生殖成長はシェード(遮光)により周年にわたって精度の高い生育・開花調節が行われている。

　シャコバサボテンやカランコエなどの短日植物の生産においても同様に，周年開花(出荷)のための生産プログラムが作成されている。

　一方，カーネーション，ナデシコ類，宿根カスミソウ，トルコギキョウなどの長日植物は，より長日条件に置くことによって，花芽分化および花芽発達が促進される。これらは，短日条件でも開花が可能なので，相対的長日植物であり，短日植物のように日長処理による精密な開花調節はむずかしい。しかし，到花日数，着花節位，節間伸長，休眠(またはロゼット化)などの反応には大きく影響するので，営利栽培では秋冬下に電照による長日処理を行う。この場合，終夜電照をして24時間日長とするのが最も効果的であるが，明期の延長や暗期中断あるいは間欠照明なども有効である。なお春播き一年草であるアスターでは，花芽分化開始前は長日で促進され，その後の花芽発達は短日条件で促進されるので長短日植物とよぶ。逆にプリムラ・マラコイデスのように分化開始前は短日，発達は長日で促進されるものもあり，短長日植物とよぶ。

光強度

　日長反応(光周性)においては，植物が感じる光強度(光量)は比較的小さくて十分である。しかし炭酸ガスと水から炭水化物を生産する光合成に必要な光の量は，植物の生育量に直接関係するので重要である。

$$6\,CO_2 + 6\,H_2O + エネルギー \xrightleftharpoons[呼吸]{光合成} C_6H_{12}O_6 + 6\,O_2$$

図1　光合成と呼吸の反応様式

　光合成の量は，そのときに吸収される炭酸ガスの量から呼吸によって排出される炭酸ガスの量を引いた値(見かけの光合成量)を指標としており，この見かけの光合成が，ゼロになる光の強さの点を光補償点とよび，光量を増加しても光合成が増加しなくなる点を光飽和点とよんでいる。光飽和点は植物の種類によって異なり，光飽和点が高く比較的強光条件に適する強光型の種類は，バラ，カーネーション，スイートピーなどであり，中光型の種類は，キク，シクラメン，フリージア，ストックなどであり，スパティフィラム，アナナス類，モンステラなどの観葉植物やセントポーリアなどの植物は，弱光型の種類である。

光　質

　日の長さや強さの影響を見てきたが，太陽光(自然光)のすべての波長域が同じように作用しているわけではない。特にここでは，光周性と大きく関係している赤色光(波長域600～700 nm)と遠赤色光(700～800 nm)との関係について紹介する。

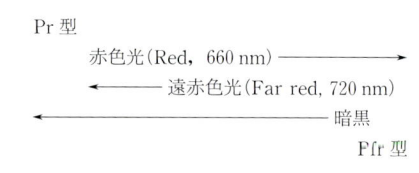

$$Pr型 \xrightleftharpoons[遠赤色光(Far\ red,\ 720\ nm)、暗黒]{赤色光(Red,\ 660\ nm)} Pfr型$$

図2　フィトクロームの反応様式

　暗期中断としていろいろな波長の光を与えると，最も有効なのは赤色光であり，赤色光に続いて遠赤色光を与えると赤色光の効果が打ち消される。これは光レセプターで，色素タンパクであるフィトクロームの反応様式によるものと考えられており，暗所ではすべてPrの形で存在し，これに赤色光を与えるとPrが赤色光を吸収してPfr型に動く。自然光では赤色光(R)と遠赤色光(FR)の比率は，R／FR＝1.1～1.2であり，

この値が大きくなると伸長成長が抑制され，小さくなると促進される，というようにフィトクロームの光平衡状態によって種々の遺伝子群に発現の指令が出され，様々な植物の日長反応が起きるものと考えられている。R／FR比を変化させることにより，茎伸長などの抑制あるいは促進の制御が可能である。

温度環境と生理反応

気　温

キク科，バラ科，ナデシコ科，ユリ科，リンドウ科をはじめとして現在園芸植物として普及している種類の多くは，温帯性の植物とその改良種であるため，光合成が最高となる適温（昼温）は，20℃を中心とする15〜25℃付近にある。多くの種類が，30℃以上では著しい高温障害を，10℃以下では低温障害を引きおこし，いずれも生育・開花に大きな影響を受け，品質も著しく低下する。

最近，米国で昼温と夜温の差（DIF＝昼温−夜温）を利用して花きの草丈を調節する技術が開発された。テッポウユリ，ダイアンサス類，ストック，キクなどの広い範囲にわたる花きについて，DIFが大きくなるほど茎の伸長が促進され，逆に小さくなるほど抑制されることが知られている。

地　温

植物の根域においては，地温も通常は気温と連動して変化する。一般には地温は夏季は気温より低めに推移し，冬季は高めに推移する。気温が，適温域を外れた場合でも，地温の管理によって高温あるいは低温による障害を緩和することができる。冬季の低温対策として，敷きわら，落ち葉などによるマルチやべたがけなどは有効な手段となる。また種子繁殖性の花きにおいては，地温は種子の休眠や発芽に関係する。

空気環境と生理反応

大気中のガス組成としては，炭酸ガス，酸素，窒素，水蒸気，エチレンなどが植物の生理・生態反応にとって重要な成分である。

炭酸ガス

炭酸ガスは，光合成を行って植物が生育するために必須のものであるが，通常の農家の栽培圃場では，その濃度は比較的安定していて，昼夜や季節によって多少変動するもののおよそ300 ppm前後である。炭酸ガス濃度が高くなると光合成がさかんになることが知られており，施設利用型の営利栽培などでは，冬季の生産力を向上させるために，1,000〜1,500 ppmの炭酸ガス処理により，キク，バラ，トルコギキョウなどで10〜20％程度の生育促進が認められており，オランダや一部わが国でも実用化されている。

酸　素

酸素は，植物の呼吸作用に重要な気体である。植物は葉の裏面にある気孔とよばれる細胞から酸素を吸収し，代謝経路を経た後，炭酸ガスを排出するという呼吸を行っている。日中は，光合成のために大量の炭酸ガスが吸収されるので，呼吸で排出される炭酸ガスは相殺されて目立たないが，夜は光合成による炭酸ガス吸収がないため（CAM植物は例外），呼吸による炭酸ガスの排出のみが検出される。通常の環境では，酸素不足による呼吸障害の心配はまずないが，種子が吸水して発芽するときや根が発根するときなどは，多量のエネルギーが必要となり呼吸がさかんになるので，地下部環境が酸素不足にならないように覆土や土質や鎮圧などが過度にならないよう留意が必要である。

水蒸気

水蒸気は，空気中の湿度に関係する点で重要である。気孔は上記の呼吸に関係しているだけでなく，植物の体温調節などを行っている蒸散作用に関係している。人間の皮膚の毛穴の機能と良く似ているといえる。湿度が高くなるほど，気温が高くなるほど気孔は開口し，蒸散はさかんになる。その結果として日中は炭酸ガスの吸収も増加して光合成は促進される。一方夜間に高温，多湿過ぎる場合には，呼吸や蒸散だけがさかんになるので，消耗の方が大きくなり生育上問題となる。熱帯や砂漠に強いサボテンや多肉植物などは，日中は気孔を閉じて蒸散を防ぎ，夜間に炭酸ガスを吸収して貯蔵する性質を持っていてCAM植物とよばれる。

エチレン

エチレンは，通常の空気中にはほとんど含まれていないが，重要な植物ホルモンのひとつであり，次の項でその生理作用について説明する。

窒　素

窒素ガスは大気の4／5を占めるが，植物がこの窒素を直接利用することはできない。マメ科植物などと共生する根粒菌などの微生物の働きによってアンモニアに変換された後，植物に吸収される。吸収したアンモニアから種々のアミノ酸をつくり，生命の基であるタンパク質が合成される。通常の窒素成分は，肥料のように土壌中に溶けた無機態窒素として根から吸収される。これらの大気中ガス成分の他にも近年は，大気汚染物質として，硫黄酸化物，窒素酸化物，フッソ系ガス，塩素系ガスやオゾン，ホルムアルデヒド等のオキシダントなどが，植物に障害を与える点で問題となってきている。

土壌環境と生理反応

植物の生育は，光，温度，空気だけでなく地下部環境にも大きく影響を受ける。特に水分は，根から吸収し植物体の9割以上を占めている要素なので重要である。またN，P，Kの3大肥料要素をはじめ微量要素などの各種無機栄養成分の吸収やpH，EC，pFなどの化学的・物理的性質も水を介して作用しているので

植物の生理に大きく関係する。さらに水分は，土壌の三相分布(固相，液相，気相)に関係し，根の呼吸作用にも大きく影響している。また培地組成の物理的・化学的・生物的性質も重要であるが，これらにかかわる生理はⅡ-4『土壌』に譲る。

植物ホルモンと生理反応

ホルモンとは，極めて微量にもかかわらず，体内の生理反応を画期的に制御する生理活性物質である。植物ホルモンには，オーキシン，サイトカイニン，ジベレリン，アブシジン酸，エチレン，ブラシノライドなどの存在が知られている。植物から抽出された天然の物質と同じような効果をもたらす合成化合物もあり，総称して植物生長調節物質とよんでいる。

オーキシン

植物は光の方向に向って曲がって伸びてゆく性質を持っており，屈光性とよばれている。これは1935年に初めて単離されたインドール酢酸(IAA)によって引きおこされる生理作用であることがわかり，植物ホルモンとして最初に発見され，天然オーキシンとよばれる。インドール環を持った類似化合物で同様の作用(オーキシン活性)を示すものとして，インドール酪酸(IBA)，2,4-D，NAAなどが化学合成されており，合成オーキシンとよばれる。

(1)頂芽優勢

高等植物では，頂芽が存在する間は側芽の伸長が抑えられている。この現象を頂芽優勢という。しかし，頂芽を除くと次の側芽が伸長を開始し，頂芽となる。頂芽ではIAAがさかんにつくられ，IAAは極性に従って重力の方向へ移動し，その濃度は下へ流れるほど薄くなり，頂芽のすぐ下の側芽が最もIAAの影響が強い。IAAは側芽の成長点の分裂組織の活動を抑え，伸長開始が抑えられる。頂芽優勢性の程度は植物の種類によって異なり，例えば頂芽優勢性の強い針葉樹ではとがった樹形になり，弱い樹種では丸い樹形になる。剪定や摘心などの管理技術は，人為的にIAAの作用をコントロールしているわけである。従って，どの側芽を，どちらの方向に，いつの時期に伸ばすかを考えれば，正しい剪定や摘心が可能となる。

(2)発根促進

オーキシンは不定根の形成を促進する作用があり，挿し木繁殖や組織培養のときの発根剤として実用化している。

(3)果実肥大

植物は開花，受粉が行れ受精すると，子房組織などが肥大して，種子の成熟が達成される。この作用もオーキシンによるもので，受粉，受精の代わりにオーキシンを処理すると果実は肥大を開始し(単為結果という)，野菜のトマト栽培などでは普通につかわれている技術となっている。

(4)離層形成の抑制

植物の葉が秋に自然に落葉したり，果実が落果したり，サクラの花が散るように花弁が脱落したりする現象は，茎と葉柄，果柄との間に離層が形成されるためである。このような脱離現象を支配しているのは，アブシジン酸とオーキシンとの拮抗作用によるもので，オーキシンはアブシジン酸の離層形成作用に対し抑制的に働いていると考えられる。

サイトカイニン

タバコの組織培養研究から細胞分裂を引きおこす生理活性物質が発見され，1956年に単離されてカイネチンと名づけられた物質や，1964年にトウモロコシの胚芽から発見されたゼアチンなど，類似の生理活性を示す物質の総称で，いくつかの天然サイトカイニンが知られており，合成サイトカイニンとしてはベンジルアデニン(BA)が市販され，実用化されている。

サイトカイニンは，植物の生理反応の全過程に重要な役割を果たしているが，生化学的にはRNA合成の誘起を促して，種々の生長促進効果に関係している。例えばオーキシンによって伸長が抑えられている側芽にBAを処理すると，芽の伸長が開始される。バラや灌木類のベーサルシュートの原理は，サイトカイニンはおもに根でつくられ，オーキシンとは逆に上方へ(重力に逆らって)移動するので植物の根に近い基部の側芽では，サイトカイニンの作用は強く，一方頂芽からは遠いのでオーキシンの作用は弱く，両者の拮抗作用により，芽は伸長の引き金が引かれて萌芽が開始されると考えられる。サイトカイニン活性は，細胞分裂の促進，発芽や萌芽の促進，高温や低温ストレス抵抗性の増加，老化抑制などのように，他のホルモンと密接に関係しながら多くは成長促進的に作用している。

ジベレリン(GA)

1938年にイネに寄生する馬鹿苗病菌から，日本で抽出，単離，命名された物質で，現在140種類以上のジベレリンが同定されて，発見順にGA_1，GA_2，GA_3，……とよばれている。その特徴的な生理作用は，茎の伸長，長日植物の開花促進，発芽促進，休眠(ロゼット*)打破，単為結果の促進などである。

(1)茎の伸長

幼若細胞に働いて細胞の伸長を促進して節間を伸ばす作用をしており，一部は細胞分裂をも促進して茎を伸長させる。たけのこ(筍)が1日に1m近くも伸長するのもGAの生理作用によるものである。植物体内のGA生合成が少ないか，その経路に支障が生じると茎の伸長は著しく抑えられ，高さが低い植物となる。抗ジベレリン物質あるいはジベレリン生成阻害物質を処理しても同じように丈の短い矮化した植物をつくる

---

*ロゼット：草本の茎が基部で節間が伸びず，地表近くで葉を出す。

ことができる。このような矮化剤の利用は，苗の徒長を防止したり，植物の草丈を抑えてコンパクトな鉢ものにしたり，のり面の雑草を抑えたり，応用場面が多い。

(2) 開花促進

花成に低温を要する植物すなわち春化作用が必要な植物では，GA が低温の代替をすることで知られている。また，サトイモ科のように低温要求のない長日植物では，GA が長日の代替をして花芽分化を誘起する。日長に中性の植物では，花芽分化は誘起しないが開花を早める促進効果が見られる。

(3) 発芽促進

グロキシニア，カランコエ，プリムラ類，トルコギキョウ，レタスなどの植物では，種子の発芽のときに光を必要とするため（光発芽性種子または好光性種子という），播種のときに覆土をしてはいけない。これは発芽に GA が必要なためで，GA 処理は光の代替効果が明白である。また，発芽に低温処理の必要なバラ科，シソ科の植物などの種子も，低温期間中にジベレリン活性が高まり，休眠が打破されるが，この生理は GA 処理で代替できる。

(4) 休眠（ロゼット）打破

植物の休眠には，種子の休眠，球根類の休眠，宿根草のロゼット，木の冬芽の休眠などがあるが，冬季の低温期間によって休眠が打破されるタイプの休眠とその打破は，いずれも GA とアブシジン酸などの成長抑制物質との拮抗作用によって引きおこされている。

(5) 単為結果

GA 処理による単為結果の誘起はトマト，キュウリ，モモ，ナシ，リンゴ，カンキツ類など多くの植物で認められているが，実用化している最も顕著な例は，種なしブドウである。

アブシジン酸

カエデやシラカバなど木本性の冬芽から休眠誘導物質として抽出，単離され，1965 年にアブシジン酸（ABA）と名づけられた。夏季が過ぎて短日条件になると，葉で ABA がつくられ，芽に蓄積され，冬芽となって休眠する。休眠芽は，冬季の一定期間の低温に遭遇することによって，ABA が減少し，一方拮抗物質であるジベレリンは増加し，萌芽しても安全な春が確実に来たことを確かめた後，休眠が破られて萌芽の引き金が引かれる。種子，球根の休眠や宿根草のロゼットなどもまったく同じメカニズムで，不良な環境から身を守っているのである。

また，ABA は，落葉や落果に関係する離層の形成にもオーキシンと拮抗しながら重要な役割を果たしていることは前述の通りである。万有引力を発見した物理学者のニュートンがもし生物学者だったら，リンゴが落下するのを見て，ABA を発見していたであろう，と興味深くいわれている。

エチレン

エチレン（C_2H_4）そのものは簡単な化合物で，昔からよく知られていたガスで，街灯や暖房に利用されていた。その周辺の植物に多少異常がおきることなどは指摘されていたが，植物ホルモンとして重要な生理作用を果たしていることがわかったのは最近になってからである。

一般に成熟促進や老化促進の方向に働き，カーネーションの蕾が開かなくなる眠り病などは有名であるが，ナデシコ科の植物やデルフィニウム，スイートピーなどエチレン感受性の植物では，花の著しい老化を引きおこす。切花では，鮮度保持剤として STS（チオ硫酸銀）などのエチレン生成阻害剤などが使用されている。エチレンの作用によって老化した組織や器官は，さらにエチレンを発生し周辺植物への老化を引きおこすことになる。従ってエチレン感受性によって花の老化が誘発される種類については，エチレン発生源の管理が大変重要である。ガーデニングなどで花柄を摘むのも，エチレン発生源を除去して，老化を防止し，開花期を長くすることにつながっているのである。

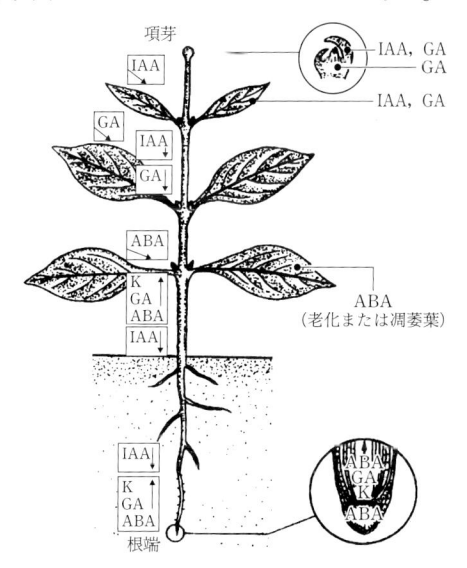

図3 植物ホルモンの合成場所と移動方向（Scott, 1984 を基に作成）。IAA：インドール酢酸，GA：ジベレリン，K：サイトカイニン，ABA：アブシジン酸

その他のホルモン

上記の 5 大ホルモンの他に，最近ではセイヨウアブラナ（*Brassica napus*）の花粉から単離された生理活性物質であるブラシノライドや老化促進作用を示すジャスモン酸などについて研究が進められている。さらに植物の幼若性を支配している幼若ホルモンおよび開花を支配している開花ホルモンについても関心が持たれており，これらの生理反応が解明されれば，植物の生育や開花を自由にコントロールすることが可能となるが，今後の研究に待たなければならない。

［引用・参考文献］
・Scott, K. Hormonal Regulation of Development II. Encyclopedia of Plant Physiology, vol.10, 4-22, 1984.

II-4 土壌

西宗 昭

土壌

土壌は，無機物と有機物で構成される。無機物は岩石が細かくなった大小の粒子である。有機物は植物・微生物・動物の遺骸の，微生物に分解されにくい部分である。

風化

風化とは，岩石が空気，水，植物根・微生物，太陽熱の作用を受けて崩壊・変化することをいう。物理的には温度変化で亀裂ができ，そこに入った水の凍結・融解で崩壊，水・氷で摩食，風が運ぶ砂で研磨される。化学的には水が岩石成分を酸化・分解・溶出する。生物的には植物根が亀裂を割り，根や微生物の分泌酸，有機酸が岩石を溶かす。

腐植

土壌中の植物・動物・微生物の遺骸の難分解部が長年集積した有機物である。無機物との結合，団粒形成，窒素供給など，土壌機能の主役である。その多少は土壌の黒さと関連し，土壌特性の指標となる。

土壌の役割

作物や花は誰がつくる？ 商社？ デパ地下？ スーパー？ コンビニ？ 農協？ 農家？ No!!である。Yes，土壌なのである。土壌は植物の根に水，養分，酸素を供給して植物を育て，根や茎葉，実を動物に与え，養う。緑や美しい花は人の心を癒し，和らげ，夢や希望を与え，愛を目覚めさせる。

土壌の生成

源は岩石で，図1は一般的な土壌生成モデルである。露出した岩石(①)に地衣類(糸状菌と藍藻の共生)が棲みつき(②)，腐植が堆積するとコケ類が繁殖(③)，多くの小動物が繁殖して土壌をつくり，草原が広がる(④)。植物と小動物が土壌を深め，草原は低木から森林へ移る(⑤)。これは3億数千万年前から現在に至る基本モデルである。今，私達はこの森林を取り払って文化生活を営み，楽しんでいる。

土壌の元素組成

一般的には土壌は珪素とアルミニウムの含量が多い。次いで鉄，カルシウムである(表1)。

土壌に含まれる元素の多くが酸化物として存在するので，酸素も多く含む。表1ではガーデニングの最終主役である植物の元素含量も対比した。酸素は土壌と

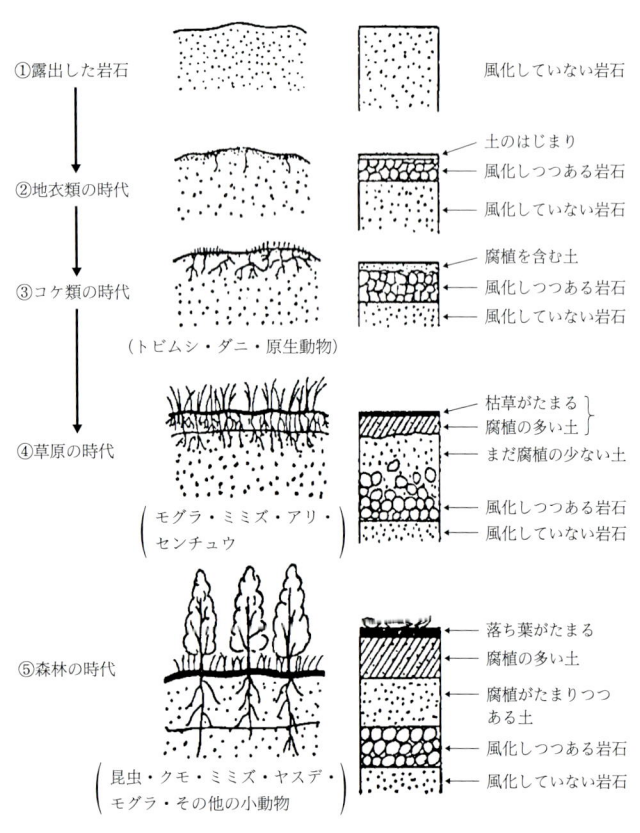

図1 土壌生成モデル(石川，1977)

表1 土壌および植物の元素含量

元素		土壌中(%)	植物中(%)	植物供給源(備考)
酸素	O	49.0	41.0	空気(光合成)
珪素	Si	33.0	0.02〜0.5	
アルミニウム	Al	7.1	0.05	
鉄	Fe	3.8	0.014	
炭素	C	2.0	45.4	空気(光合成)
カルシウム	Ca	1.37	1.8	
カリウム	K	1.4	1.4	肥料
ナトリウム	Na	0.63	0.12	
マグネシウム	Mg	0.5	0.32	肥料
チタン	Ti	0.5	0.0001	
窒素	N	0.1	3.0	肥料・空気(N固定)
マンガン	Mn	0.085	0.063	
リン	P	0.065	0.23	肥料
ストロンチウム	Sr	0.03	0.0026	(核分裂産物の放射性^{90}Srは危険)
ルビジウム	Rb	0.01	0.002	
バナジウム	V	0.01	0.00016	
硫黄	S	0.07	0.34	肥料
亜鉛	Zn	0.005	0.01	
ニッケル	Ni	0.004	0.0003	
銅	Cu	0.002	0.0014	
ヒ素	B	0.001	0.005	
鉛	Pb	0.001	0.00027	
モリブデン	Mo	0.0002	0.00009	
水素	H	−	5.5	水

(雪印種苗，ゆきたねネット・土壌を基に作表)

同じ含量であるが，炭素と水素は植物に多い。植物の多量必須元素の，窒素，リンは土壌中に極めて少なく，植物は吸収・濃縮し，人は肥料で補う。環境保全のために，表1の数値を変化させない配慮が必要である。

土壌の姿

植生，表層の色，下層の色・性状を**髪型**，**顔色**，**心**に見立てて土壌の姿をイメージしてみる(図2)。

髪　　型：自然には多様な植物が生育，農地にもいろいろな作物が栽培され，髪型は気象・土壌の水分条件で異なる。人は散歩時や旅の車・汽車の窓から髪型を眺めて土壌をイメージする。また，髪型の特性を把握すれば土壌の性質を知る。例えば，開拓初期，肥えた緩傾斜地に生えるセンノキを開墾適地の目印にした。

顔　　色：顔色は鉄と腐植含量で決まり，収穫後や，耕耘時に見る顔色から土壌の性質を知ることができる。**黒～暗色**は腐植に由来し，黒さは腐植含量，排水性，窒素供給量の目安となる。**赤～褐～黄色**は酸化鉄に由来し，腐植含量の少ないことを示す。また，下層の排水・通気の良さを示唆する。**灰～白色**は酸化鉄が乏しいか，還元から酸化過程の下層の表層露出に由来する。おもに重粘土壌で，土壌管理の困難さを示唆する。ただし，顔色は〝土壌の機能〟の原因ではなく，次項の〝心〟の長年の総合的反映結果である。

心：土壌を掘ると，いろいろな顔色の下に灰～白色，青灰～青緑色などの層を見る。青灰～青緑色の層は還元状態にある鉄に由来し，地下水位が高い圃場で見られる。この土層は排水不良，地下水停滞を示唆する。一方，礫混ざり層，砂層，泥炭層なども出現する。中には過去の髪型に由来する黒色の層も見る。

髪型，顔色，心の総合例：下層土壌の水はけが悪く酸素供給が少ないと，微生物の有機物分解が進まず，泥炭土壌や腐植含量の多い厚層黒色土壌になる。髪型，顔色は心の水・酸素供給・温度に応じて変身する(図2)。

有効土層

根が伸張できる範囲を有効土層という。その深さ・広さは植物の生育を規制する。養・水分供給が低い土壌で礫層や重粘土層が浅いと，養・水分吸収が制限され，植物は大きく育たない。この典型が盆栽・鉢植えである。なお，圃場では砂地のように排水が良い土壌は保水性が弱いので，日照りが続くと干ばつを受ける。ただ，適度な水の供給がある限り有効土層は深い。逆に，排水の悪い粘土が浅く出現する土壌では，水の下層移動が悪く多雨による湿害を受ける。一方，日照りが続くと下層からの水供給がなく，根域が浅いので，干ばつも受けやすい。

土壌の構造

土壌の粒子：土壌構成の中心の無機物は，粒径により

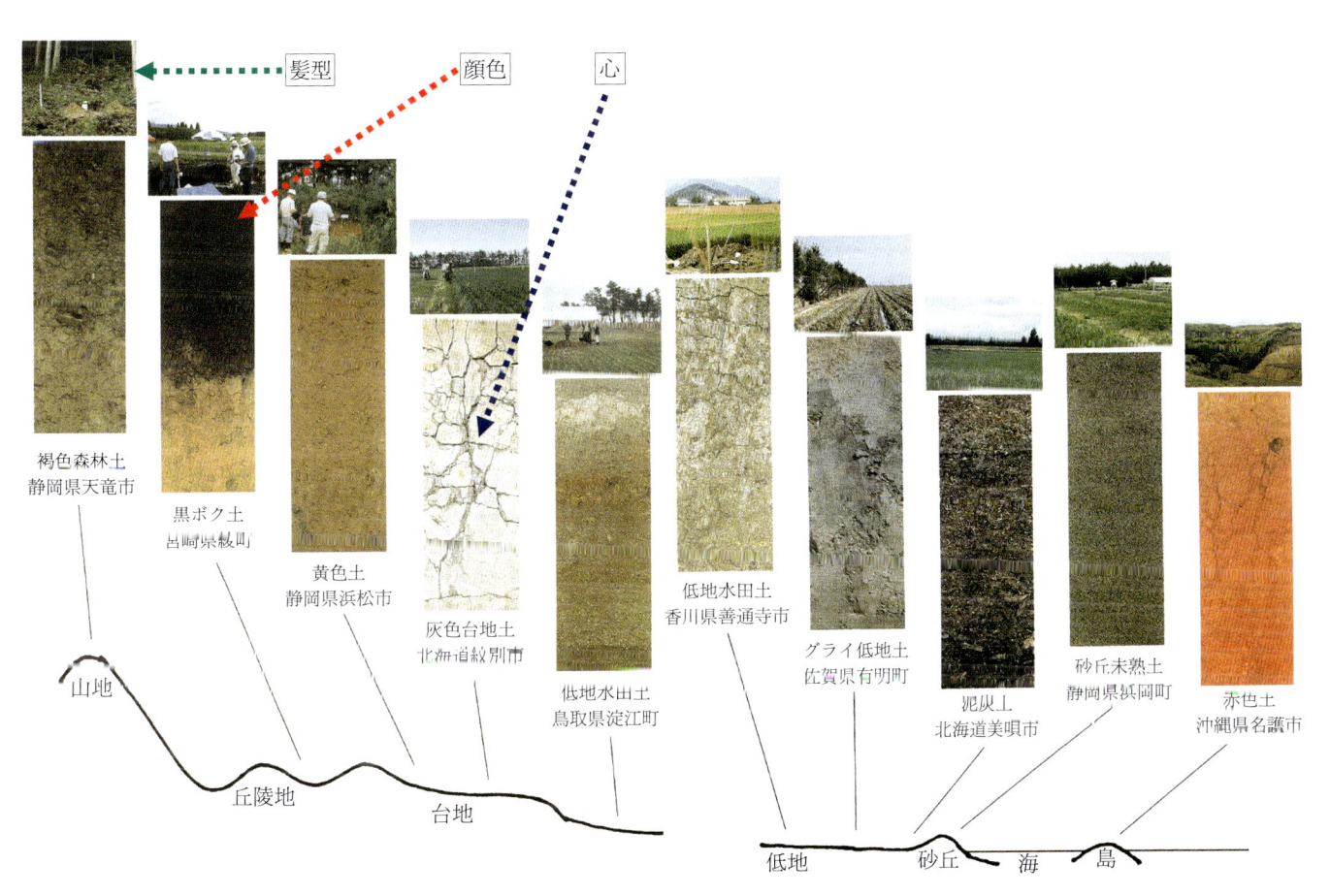

図2　色々な姿の土壌（日本土壌肥料学会，土と食糧，1998に一部加筆）

区分され(表2)，粒径 0.01 mm 以下の粘土はコロイド性を持ち，土壌の最も活性な部分となる。

土　性：土壌のゴロゴロさ，ザラザラさ，サラサラさ，ネチネチさを土性という(櫻井，1990)。表2の大きさの異なる粒子の混ざり割合と粘土の種類により，土壌の物理性が表現される(表3)。

団　粒：粘土粒子は電気を帯び，腐植と結びついて複合粒子をつくる。さらに，それらが集合して団粒になり，耐水団粒に発展し，粒子間のすき間が多くなる。その過程は図3のように模式化でき，粘土，鉄・アルミニウム・珪酸化合物，有機物，土壌生物の分泌物が接着剤の役割を果たす。土壌の乾湿，凍融解，根の締めつけも関与する。鉢を始め，引き抜いた根の周りにいろいろの団粒を観察できる。なお，耕地では 1～10 mm 程度の団粒が最適とされ，5～10 cm 以上になると土塊といわれ，不適とされる。

土壌のイメージ：土壌は粒子間に大小無数のすき間のあるスポンジ状構造を持ち，すき間に水，空気を保つ。粒子部分を固相，水の部分を液相，空気の部分を気相という。適度な湿りの畑表土で，三相分布が固相 40，液相 30，気相 30 が一般的とされる。

孔　隙：土壌粒子のすき間を孔隙という。大孔隙の水は下層移動しやすく空気と置き換わる。小孔隙の水は動きにくく作物に利用されにくい。孔隙の大きさが多様だと，土壌への浸入，移動が穏やかで，作物の吸収が容易で長く利用できる。水の利用率が高まり，ゆっくり地下に蓄えられる(図4)。同時に，孔隙は空気の保持・通り道である。空気の流れは水移動にともない，炭酸ガスを大気に放出，大気から酸素が流れ込む。

🌱 土壌は生きている

土壌生物：植物由来の有機物をエネルギー源に様々な動物，微生物が棲み，土壌生成，土づくり，地力発現，物質循環に関与する。小動物は粗大有機物を分解する。微生物は多様で，10 μm 以上の藍藻や緑藻は水田に棲み，窒素を固定する。5～10 μm の糸状菌は団粒面・内の孔隙に菌糸を伸ばして生物遺体や有機物分解の主役を演じる。1～2 μm の細菌は，pH6～8 の適潤な団粒内に棲み，巨大な数，急速な増殖力，多様な活性から，土壌の物質変化に影響する。一方，病害生物もいる。

土壌の呼吸：温度，湿度，空気，養分，pH が適当なすき間に対応して，根を含む様々な生物が棲む。すき間を移動する水，水に溶けた養分，水の移動後に入り込む空気の酸素を利用して生活し，呼吸して酸素を消費，炭酸ガスを出す(図4)。すき間が少ないと根域が制限され，酸素が不足して根が腐る。以上のことから，「土壌は生きている」といわれる。このすき間と養分・有機物を含む土壌の原型は 3 億年ほど昔に完成したとされる。今，私達はそれを基盤に，地上唯一の可

表2　土壌の粒径区分

区分	粒径(mm)	特徴
礫	>2	水を保持しない
粗砂	2～0.25	孔隙に毛管水を保持する
細砂	0.25～0.05	同上(肉眼視の限界)
微砂	0.05～0.01	集まって土塊を形成する
粘土	0.01>	コロイド性を持つ(土壌の核)

国際法の粒径区分：粘土は 0.002 mm 以下

(斎藤，1984 を基に作表)

表3　土性の区分

土性	記号	粘土と砂の感触*	粘性**	2 mm 以下細土の粘土含量(%)
埴土	C	ぬるぬる感で，砂をほとんど感じない	こより状に細長くなる(2 mm 以下の輪になる)	50.0<
埴壌土	CL	一部砂を感じる	マッチ棒状の太さにできる	37.5～50.0
壌土	L	粘土と砂が半々の感じ	鉛筆ほどの太さになる(曲げると壊れる)	25.0～37.5
砂壌土	SL	わずかに粘土を感じる	固まるが，棒状にできない(小球)	12.5～25.0
砂土	S	ほとんど砂だけの感じ	固めることができない	<12.5
礫土	G	礫(2 mm<)の容積が 50%以上		−

(山根，1960，1976；北海道農協「土づくり」運動推進本部，2002 を基に作表)
*湿った土壌を人さし指と親指で摺りあわせたときの感触
**湿った土壌を指でこねたときの伸び具合

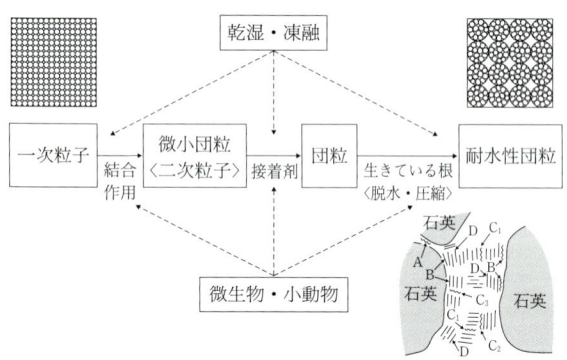

A：石英-有機物-石英，B：石英-有機物-粘土，C：粘土-有機物-粘土，D：粘土-粘土

図3　団粒形成過程(山根，1960；高井ら，1976 を基に作図)

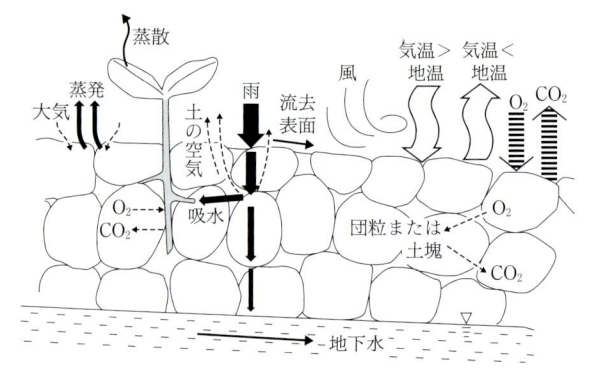

図4　孔隙と水・空気の流れ(遅沢，1990)

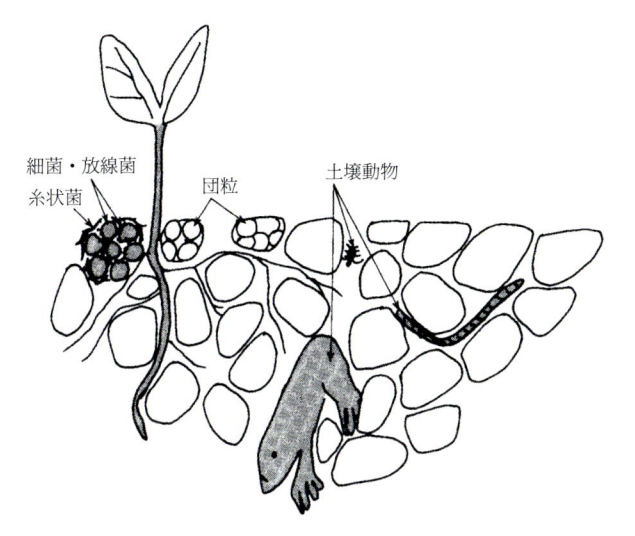

図5　生物の棲みか（遅沢，1990）

表4　土壌の水供給機能

土　壌	有効土層(cm)	有効水(mm)／有効土層	生育可能日数
疑似グライ土	40	36〜40	10〜11
褐色低地土	60	68	19
酸性褐色森林土	60	65〜88	19〜25
褐色火山性土・ローム質	80	127	36

（三木，1984を基に作表）

食エネルギー生産工場・農業を，心を支えるガーデニングを展開している。

土壌の機能

水の受けいれ：すき間の大きさが多様だと雨水は速やかに土壌に入り，表面流が少なくなり土壌浸食が抑えられる。強く踏圧されると受けいれ機能が低下し，激しい流れが土壌を浸食する。水を受けいれないアスファルトの農道なども浸食を助長する。

濾別：汚濁液の粗大固形物は濾別されて表面に残され，動物・微生物に分解されて圃場はきれいになる。液体部分はすき間を通りながら異物とバクテリアに篩別され，無機物は土壌粒子に吸着され有機物は分解され，澄んだ水が地下水に流れる。山地から流出する水は貴重な飲用水資源である。

土壌保全：水を受けいれる機能は土壌保全に直結する。湛水する水田は広域的な水の流れの緩衝機能を持ち，土壌保全の最良土地利用形態である。

水の貯蔵・供給：適度な大きさのすき間には植物に供給できるかなりの水を貯蔵できる。すき間の大きさが様々なほど水の貯溜・抜け方を緩やかにする。道北の草地の事例であるが，有効土層に降雨換算で40〜130mmの水を貯蔵できる。雨が降らなくても1〜5週間程度は植物が生育できる水供給機能を持つ（表4）。

酸素・窒素供給：すき間を通して空気中の酸素と窒素を供給する。植物の根や土壌生物は酸素を消費して呼吸，すき間から炭酸ガスを大気に放出する。マメ科植物は窒素固定をし，空気からタンパク質を生産する。

養分貯蔵・供給：土壌粒子はマイナスの電気の手を持ち，プラスの電気を帯びたカリウム，マグネシウム，カルシウム，アンモニウムなどを保持し，適宜に植物に供給する。

吸着・固定：土壌粒子の強い養分保持は吸着・固定といい，植物に利用されにくくなる。リン酸固定とその多肥は典型難問である。逆に，土壌を通った水を利用する側に立てば，浄化機能になる。しかし，有害な重金属や放射性核物質が吸着・固定されると土壌汚染になる。その土壌での生産物は食べられない。

窒素バンク（微生物・小動物の扶養）：空気中75%の窒素は安定して，他の元素と結合せず，多くの植物は利用できない。窒素は地球上の無機，生化学反応の緩衝役である。しかし，土壌のすき間に棲む根粒菌，アゾトバクターや藍藻類は窒素を固定し植物に供給する。他の生物は土壌表面や土壌中の多様な有機物をエネルギー源とし分解する。同時に，それらに含まれる有機体窒素をアンモニア態窒素，硝酸態窒素に徐々に分解，植物に供給する。この土壌窒素の供給の多少が植物の繁茂を左右し，農業の場では土壌の窒素供給を維持して作物を再生産する。例えば，十勝の畑土壌では，およそ5〜15kg／10aの窒素肥料分を毎年作物に供給する。いわば，土壌は窒素バンク機能を持ち，農産物はその利子で，人はその寄生者となる。

浄化・循環機能：人の側に立てば，諸機能が総合的に働く「浄化・循環機能」によるゴミ片づけが期待される。しかし，その機能には限界があり，ゴミ捨て場的な有機物の投入は地下水の硝酸汚染，収量・品質低下，病害虫多発，養分アンバランスを招く。有機物神話の危険性だけは認識されたい。

土壌肥沃度

　熊澤喜久雄『豊かなる大地を求めて』（1989）から概括する。土壌生産力を評価する用語として，広い意味での〝肥沃度〟と日常的，社会的な場面での〝地力〟とに使い分けられる。例えば「地力の低下は文明を衰退させた」と表現されたりする。しかし，いずれも同一内容を示すとされる。土壌肥沃度は，作物の生産を維持する能力で，地力や生産力は土壌の化学性，物理性，生物性などの調和がとれて発揮される。

札幌近郊に分布する土壌

　北海道には多様な土壌が分布する。専門的には72に分類され，その名称には〝灰〜褐〜黒色〟，〝低地や台地〟，〝泥炭，火山，森林〟といった表現をともなう。札幌近郊にもいろいろの土壌が存在するが，多くは施設や建物に覆われ，私達が日常的に大地の土壌を目にするのはまれである。土木工事で削られたり，運び込

まれたものである。土壌の本当をご紹介したいが，このハンドブックでの詳細な紹介は不可能である。そこで，北海道農試作成(1989)の「北海道の土壌図」から図6を抜粋した。地図上の分類No.と凡例表の分類名とを照らしあわすと，札幌が立つ基盤をイメージできよう。大まかには，石狩浜の砂丘土壌，石狩川や主要河川ぞいに分布する泥炭土壌，豊平川・石狩川・夕張川ぞいや丘珠地域に分布する肥沃な沖積土壌(褐色低地土壌)，東区に広く分布する粘質な重粘土壌，羊ヶ丘～北広島に向けて分布する排水の良い乾性火山灰土壌，羊ヶ丘の一部に分布する湿性火山灰土壌，近郊の山際に分布する褐色森林土壌，などが存在する。その特徴的土壌の断面を図7に紹介する。

問題土壌

瓦礫の埋め戻し土壌：庭の芝生の不良状態の相談を受けて土壌を掘ると，「建て替え前の建物の鉄筋コンクリート混じりの土壌」が埋め戻されていた。有効土層

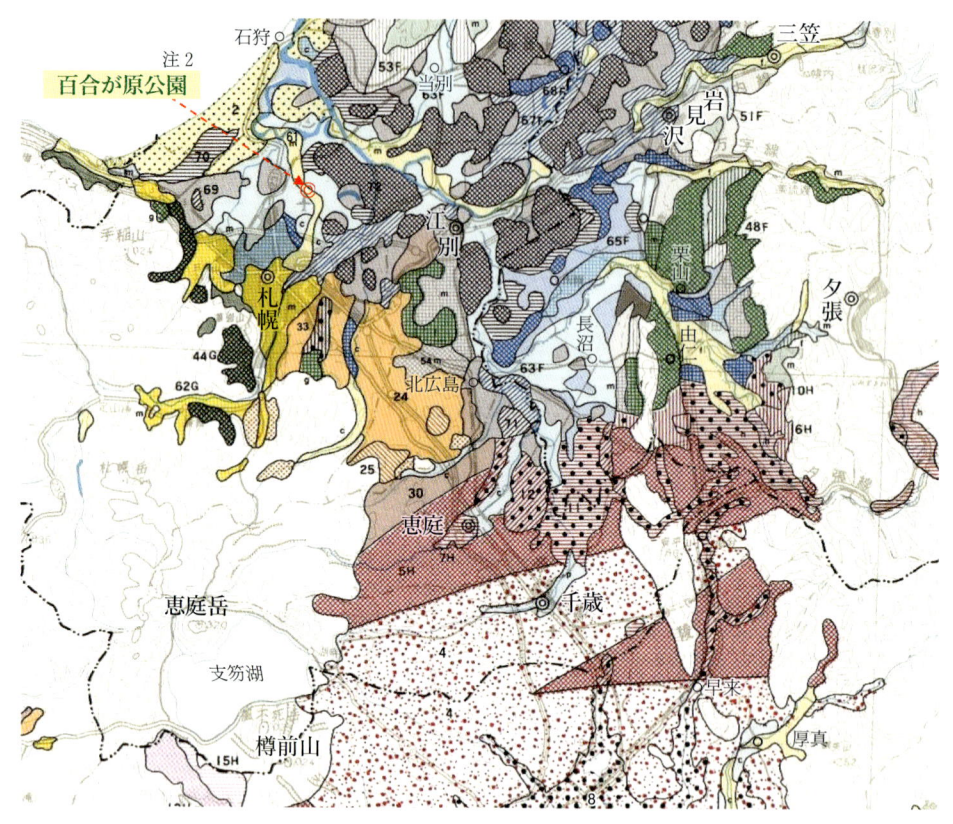

札幌近郊土壌図凡例

中分類	分類No.	小分類	中分類	分類No.	小分類
砂丘未熟土土壌	2	砂丘未熟土	褐色森林土	44	暗色表層褐色森林土
火山放出物未熟土	4	放出物未熟土		48	暗色表層酸性褐色森林土
	5	積出物放出物未熟土	疑似グライ土	51	疑似グライ土
	6	下層台地放出物未熟土		53	褐色森林土性疑似グライ土
	7	下層低地放出物未熟土		54	暗色表層褐色森林土性疑似グライ土
湿性火山放出物未熟土	8	湿性放出物未熟土	褐色低地土	61	褐色低地土
	10	下層台地湿性放出物未熟土		62	暗色表層褐色低地土
	11	下層低地湿性放出物未熟土	灰色低地土	63	灰色低地土
	12	下層泥炭湿性放出物未熟土	グライ低地土	65	グライ低地土
未熟火山性土	13	積質未熟火山性土		67	下層泥炭グライ低地土
	15	下層低地未熟火山性土		68	暗色表層下層泥炭グライ低地土
褐色火山性	24	ローム質褐色火山性土	低位泥炭土	69	低位泥炭土
	25	下層台地ローム質褐色火山性土		70	下層無機質低位泥炭土
黒色火山性土	30	ローム質黒色火山性土	中間泥炭土	71	中間泥炭土
湿性黒色火山性土	33	下層台地湿性黒色火山性土	高位泥炭土	72	高位泥炭土

図6 札幌近郊の土壌図(富岡ら，1985に加筆)。注1：分類No.：地図の土壌分布エリアに記入された数字。注2：三笠や由仁の淡黄色エリアは，河川沿いなので区分No.1は，百合が原と同じ分類No.61の褐色低地土(沖積土壌)と見るのが妥当。注3：この図は，1961～1973の13年間に，瀬尾春雄をはじめ，片山雅弘，天野洋司らが息長く調査した結晶である

砂丘未熟土　　褐色火山性土　　湿性厚層黒色火山性　酸性褐色森林土　　灰色低地土　　低位泥炭土
（2．砂丘未熟土）（24．ローム質褐色火　土　　　　　　　（46．酸性褐色森林　（63．灰色低地土）（69．低位泥炭土）
厚田村，防風林，海　山性土）　　　　　（39．湿性厚層黒色火　土，丘陵）　　　　興部町，牧草地　　浜頓別町，野草地
岸砂丘　　　　　　　札幌市羊ヶ丘，畑，　山性土）　　　　　　岩見沢市志文，広葉　　　　　　　　　　　ヨシ泥炭，深さ60
　　　　　　　　　　恵庭岳火山層　　　　札幌市羊ヶ丘，畑，　樹林，第三紀層　　　　　　　　　　　　　cm
　　　　　　　　　　　　　　　　　　　　恵庭岳火山灰 a 層　泥岩残積土壌

図7　札幌近郊の土壌断面（富岡ら，1985）

が浅く，慢性干ばつが原因であった。モラル以前の土木工事による泣き寝入りも多いだろう。昔，農家圃場の生育不良地点の調査を依頼されたが，原因は「以前の住宅跡地での養分アンバランス」であった。この類の問題は，規模もケースも多様である。修復時間と経費を要するので，ガーデニング以前の「造成時の観察・注意」も軽視しない。

不良重粘土壌の搬入：写真1は花の生育が悪い花壇の下層土壌の状況である。粗粒な火山灰の上に重粘土壌を，さらに腐植を含む土壌が盛られて作土層にされている。下層の粘土層の水はけが悪いのに，作土層直下の黒色層にグライ土塊が混在している。対応に，オーガーで粗粒火山灰層まで5～10 cm径の縦穴を掘り，粗大有機物を充填してもらった。専門的には小スケールの「縦穴暗渠」である。写真2は丘の住宅の庭に持ち込まれた排水不良の重粘土壌の土塊で，庭の芝生の生育が若干悪かった。多分干ばつであろう。表土への混入なので，ときとともに酸化が進み，好転すると推察したが，要注意ではある。

危険な土壌・酸性硫酸塩土壌：30年ほど前から全道の農地や道路法面に被害を及ぼす土壌が知られてきた。河口・湖沼・泥炭の底土，上流に温泉・硫黄鉱床・火山のある河川底土である。これらには硫黄が含まれ，酸素に触れない深い層に何の害も及ぼさずに静かに存在している。しかし，利用のために掘り出されると，酸素に触れた硫黄が硫酸になり，酸性硫酸塩土壌になる。これを客土するとpH3以下の場合もあり，植物が発芽・生育しない不毛の地と化す。公園や一般花壇での被害は聞かないが，この土壌は全道に分布し（図8），見かけ上や手触りからは水はけの良い最適客土用土にも見える。従って，該当しそうな土壌では事前調査を要す。

写真1　排水不良土壌の搬入

土塊を割ると青い粘土

写真2　排水不良土壌の混入

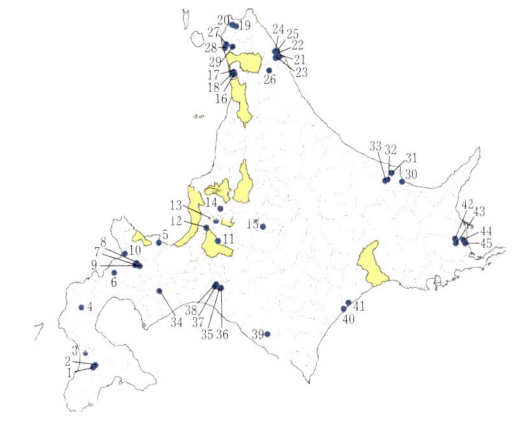

図8　酸性硫酸塩土壌の分布（石田ら，2011）

[引用・参考文献]
・北海道農政部監修：作土，土性，腐植を定義して下さい，土づくりQ&A，総括編，北海道農協「土づくり」運動推進本部，2002．
・石川昌男：農家の土壌学，農山漁村文化協会，1977．
・石田哲也ほか：寒地土木研究所月報 695，2011．
・熊澤喜久雄：豊かなる大地を求めて，養賢堂，1989．
・三木直倫：昭和59年干ばつ被害の実態と技術解析，北海道農業試験場・北海道地域農業試験研究推進会議，1984．
・日本土壌肥料学会：土と食糧，朝倉書店，1998．
・遅沢省子：土の世界，朝倉書店，1990．
・斎藤万之助：土壌調査法，博友社，1984．
・櫻井克年：土の世界，朝倉書店，1998．
・高井康雄・早瀬達郎・熊澤喜久雄：植物栄養土壌肥料人事典，養賢堂，1976．
・富岡悦郎（編）：北海道の土壌，北海道農業試験場，1985．
・山根一郎：土壌学の基礎と応用，農山漁村文化協会，1960．
・山根一郎：アーバンクボタ No.13，p 42，株式会社クボタ，1976．
・雪印種苗：ゆきたねネット・土壌，http://www.snowseed.co.jp

II-5 肥 料

西宗 昭

植物の生育のしくみ

植物は根で水，養分を吸収して生育する。葉は太陽エネルギーで水を"水素"と"酸素"に分解し，酸素を空気中に放出，水素と空気から取り込んだ炭酸ガスで糖・でん粉を生産する（図1）。葉は無公害可食エネルギー生産工場で，この世一番の働き手でもある。さらに，光合成した糖と根で吸収した窒素でアミノ酸，タンパク質を生産する。土壌が生む利子・植物は，動物その他の生命を支える。

植物が求める条件

植物の生育因子を表1に整理した。光，温度，空気，水は基本的には自然供給に依存する。施設園芸や植物工場では化石エネルギーにも依存する。養分は，土壌から得るが，人は多収を求めて肥として土壌に補給する。"有害因子のないこと"を軽視してはいけない。連作障害は産地を衰退させ，重金属汚染農産物も流通するといわれる。数十年前の土壌投入農薬が，最近の市場出荷野菜に検出された例もある。これからは，食べられない放射性核物質含有農産物などの問題が続く。特に放射性物質は，子孫に何十万年も害を及ぼす。

植物の必須元素

植物の求める因子には16の必須元素がある（表2）。多く要する元素を多量必須元素，多く要しない元素を微量必須元素という。また，植物生育を左右する窒素，リン酸，カリウムを三要素といい，多くは肥料により供給される。

表1 植物の生育因子

因子	働き	備考
光	植物の光合成エネルギー源	太陽（一部人工光）
温度	葉の光合成反応促進	太陽（施設では石油） 高温障害も顕在化
空気	葉への炭酸ガス供給 根への酸素供給，根粒への窒素供給	一部で炭酸ガス施肥 排水，カルチ，心土破砕 根粒菌接種
水	光合成の水素供給 養分移動，体温調節	雨水，灌漑
養分	N, P, K 生育促進（肥料）	表2 必須元素，を参照
有害因子のないこと	病害生物 有害重金属 強酸性・アルカリ資材 塩類過剰 有毒ガス 発がん性物質	連作，温暖化 公害，不法投棄廃棄物 酸性雨，石灰過剰過用 多肥，塩害 有害物質の化学反応 放射性核物質，農薬

（山根一郎，1990を基に加筆作表）

肥 料

熊澤喜久雄，豊かなる大地を求めて（1989）から概括する。肥料は明治以後の造語で，もとは土壌を肥沃にする「こやし・肥」とされた。今日も「土壌肥沃度を増進するために，主として土壌に施用される物量である」と定義される。堆厩肥，有機質肥料，無機質肥料，土壌改良材など，幅広い性質を持つ。これらが適正に組み合わされ，土壌肥沃度を高め，作物生産力を高める方向に物理性，化学性，生物性を改良することが施肥といえる。

［日常，化学肥料を"肥料"といい慣れている私達には唐突な話かもしれない。"化学肥料"も立派な肥料のひとつであることに違いはないのでご安心を！］

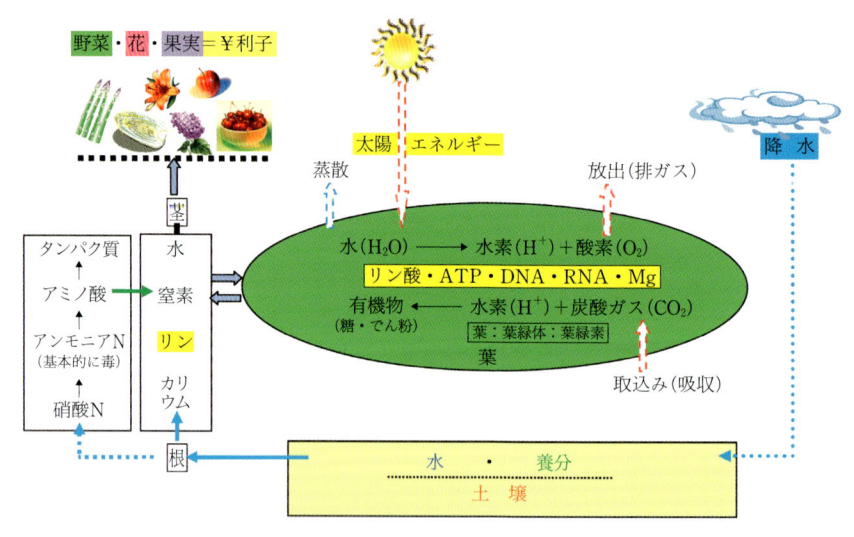

図1 植物の光合成モデル

表2 植物の必須元素

区分	元素	役割・効果
多量必須元素	水素	水として生理作用に関与,炭水化物を構成
	炭素	光合成で炭酸ガスより同化,炭水化物を構成
	酸素	光合成で炭水化物を構成,呼吸で放出
	窒素	タンパク質を構成,茎葉を繁茂する(命の源)
	リン	各代謝のエネルギー伝達,開花・結実を促進
	カリウム	養分の移動,細胞の浸透圧維持に関与
	カルシウム	有機酸などの体内中和,根の生育促進
	マグネシウム	光合成の主役,葉緑素の核
	硫黄	含硫アミノ酸,タンパク質を構成(タマネギの辛み)
微量必須元素	鉄	酸化・還元反応,葉緑素生成に関与
	マンガン	酸化還元酵素を活性化,葉緑素生成に関与
	ホウ素	水分,炭水化物,窒素代謝に関与
	亜鉛	酵素構成元素として酸化還元を触媒
	モリブデン	酸化還元酵素の構成元素
	銅	酸化還元に関与する銅酵素を構成
	塩素	光合成と関連,細胞液の緩衝作用

他に,ケイ素が農業的必須元素として位置づけられている。水稲の葉の表皮強度を増し,耐倒伏性,耐冷性を向上させ,登熟性,良食味米生産に寄与する。

化学的肥料区分

肥料の化学性から,無機・有機,合成・非合成,速効・緩効性に区分される(表3)。

表3 化学物質としての肥料区分

形態	製法	速・緩	肥料種類
無機質肥料	化学合成無機質肥料	速効性	普通肥料
	非化学合成無機質肥料	速・緩効性	
有機質肥料	化学合成有機質肥料	緩効性	
	動植物由来有機質肥料*	緩・遅効性	特殊肥料

(*魚かす粉末,骨粉類,なたね油かすなどは普通肥料)

肥料取締り法による肥料の種類

肥料は「肥料取締法」により品質が保証され,公正取引と安全施用のために,かなり厳密に定義,区分されている。また,化学成分,原料・形態により普通・特殊肥料,各成分肥料に細分されている(表4)。

有機質肥料

表4の特殊肥料の特性の一部を表5に紹介する。特性は肥効の速さで評価されているが,製品による保証成分含量の最大値と最低値の幅が大きいので,保証成分を確認して使用する必要がある。

施 肥

植物の求める養分を土壌が十分に供給できない場合,植物の求める時期に,求める量の養分補給が施肥の基本である。一般的に標準施肥より施肥量を増すと葉が良く繁茂して増収する。しかし,欲と2人連れの過剰施肥(過剰投資)では,増収率(収益率)が低下,減収(減

表4 肥料取締り法による肥料の種類

普通肥料	三要素系肥料	窒素質肥料	硫酸アンモニア,塩化アンモニア,尿素,石灰窒素
		リン酸質肥料	過リン酸石灰,熔成リン肥など
		カリ質肥料	塩化カリ,硫酸カリ
		有機質肥料	*魚かす粉末,骨粉類,なたね油かす
		複合肥料	化成肥料,配合肥料,家庭園芸肥料
	その他の肥料	石灰質肥料	生石灰,消石灰,炭酸カルシウム肥料
		ケイ酸質肥料	鉱さいケイ酸質肥料
		苦土肥料	硫酸苦土肥料,腐植酸苦土肥料
		マンガン質肥料	硫酸マンガン肥料,鉱さいマンガン肥料
		ホウ素質肥料	ホウ酸塩肥料
		微量要素複合肥料	熔成微量要素複合肥料など
	農薬が混入された肥料		混入が許されている農薬が決められている
	指定配合肥料		登録された肥料のみを配合した多様な特効的肥料,配合できない肥料の基準も複雑
特殊肥料	魚かす,蒸製骨,肉かすなどで粉末にしないもの
	米ぬか,発酵かす,家畜及び家禽のふんなど
	堆肥,汚泥肥料,家畜等のふんの処理物など

石灰質肥料や熔成リン肥のアルカリ性肥料とアンモニア態肥料を混ぜるとアンモニア態窒素が揮散する。肥料の配合には,組み合わせに注意を要する。

表5 有機質肥料の特性

種類	保証成分(全量%)			肥効特性(遅速)		
	N	P_2O_5	K_2O	N	P_2O_5	K_2O
	幾つかの資料の最小・最大の平均値			相対	過石対比	相対
魚かす	6.8	13.5	—	速	ほぼ同	—
蒸製骨粉	2.0	25.0	—	やや遅	やや遅	—
菜種かす	5.4	2.4	1.1	やや速	ほぼ同	やや速
大豆油かす	6.6	1.2	1.8	速	やや速	速
米糠油かす	2.3	5.0	1.7	やや遅	やや速	やや遅
乾燥菌体	8.5	0.3	1.0	やや速	やや速	遅
加工家禽糞(発酵鶏糞など)	4.3	3.3	2.3	やや速	ほぼ同	やや速

(北海道農政部,北海道施肥ガイド2010,2010の平均値から作表)

益)と品質低下(信用低下)を招く(図2)。肥料代をかけて収益を下げることになる(バブル崩壊)。この関係は,古くからの一般的な経済法則(報酬漸減の法則)で,多くの作物,多くの場面に当てはまる。一方,施肥量を減らすと減収し,収穫物の水分,硝酸含量も低下する。その結果,新鮮物の糖分,有機酸,ビタミン類,ミネラルの含量が高まる。また,繊維質で,歯ごたえが良くなり,日持ちが増す。無肥料や有機物依存栽培などでこうした結果がよく紹介される。しかし,乾物の成分含量に換算すると,標準施肥,過剰施肥の場合とそう大差ない含量になる。これは,速効性肥料を多量に

施用すると細胞が肥大，多汁化して成分含量が希釈され，無肥料や肥効の遅い有機物依存栽培などではこの逆になるだけである。有機物依存栽培の神話に埋没しないことも大事である。

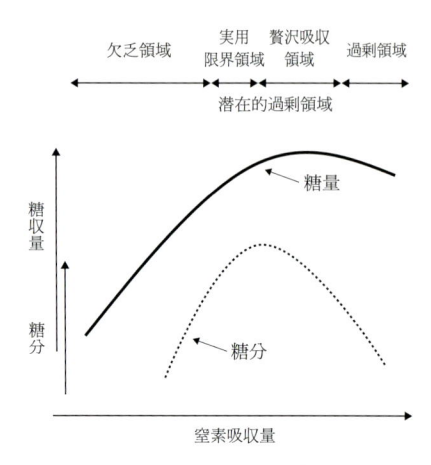

図2 窒素吸収と糖分と糖収量／てん菜の事例

過繁茂（過剰窒素施肥）

窒素を供給すると光合成の場である葉は拡大し，昼間は光を受けて糖を生産して土壌からの利子を稼ぐ。一方，過剰に繁茂すると葉が重なって光を受ける場が少なくなり，稼ぎが悪くなる。しかし，稼ぎの悪い葉も夜は生きるために呼吸をして，昼間に稼いだ糖を多く消費する。これを，過剰に吸収した窒素が糖・でん粉を消費する過繁茂という。稼ぎが悪いが，夜な夜な"すすきの通い"をするドラ息子をたくさん持つほど，経営が苦しくなる，といったイメージである。

施肥も腹八分がベストである。

施肥法

作物の生育に直接に栄養分になる化学肥料の施肥を想定して施肥法を表6に整理した。無機質肥料は"塩"なので，種や幼根が多量の肥料に接触すると，塩類濃度障害を受けて発芽しなかったり，苗が枯れたりする。従って，肥料は，種や苗から少し離したり，少肥・追肥などで分散施用される。例えば，野菜では苗を移植するので全面混層基肥と追肥の組み合わせが，畑作では直播されるので種の片側方あるいは両側方基肥が一般的で，緩効性や被覆肥料による分散も導入されている。しかし，追肥は一時的に体内濃度を積極的に高め，肥効発現が降雨・かん水に影響されるので，量，位置，方法，タイミングなどの配慮が重要である。大規模機械化畑作での片・両測方施肥は，元肥・地力に依存して体内濃度を高水準に維持する，利用効率の高い施肥法である。野菜栽培で一般的な全面混層施肥は，地力富化的な元肥と追肥に依存して体内濃度を高水準に維持する，利用効率の低い施肥法である。草地での肥料や厩肥は，作土に混層できずに全面表面施肥され，少肥・地力消耗的施肥法になる。この場合の利

用率は草地の管理条件に大きく影響される。以上の分散施肥を総合的に組み合わせて条件・状況に応じた施肥技術を構築することが重要である。

表6 分散施肥パターン

分散方式		特　徴
非分散	施肥溝に播種・移植	発芽，生育障害のない少肥水準
時期的分散	追肥	発芽，移植後の栄養成長促進 分げつ，花芽の確保，穂の成長，花芽確保，登熟，果実肥大促進
面・深さによる分散	片・両測方施肥 作条混層施肥 全面混層施肥 全面表層施肥	障害のない範囲で初期生育に有利 多肥による塩類濃度上昇軽減 野菜などでの非効率施肥 草地での施肥
質的分散	造粒肥料施肥 緩効性肥料施肥 肥覆肥料施肥 硝酸化成抑制剤肥料施肥	溶出の調節 無機化の調節 溶出速度調節 アンモニアの硝酸化抑制

土壌の窒素供給

窒素バンクである土壌は毎年硫安窒素で5～15 kgの窒素を作物に供給する。図3はてん菜の無窒素栽培で，株間の土壌のスペースの違いが土壌の窒素供給量の差である。

①乾性火山灰土壌で7.5 kg／10a，②湿性火山灰土壌で11 kg／10a，③沖積土壌で14 kg／10aの土壌窒素供給であった。④は乾性火山灰土壌で標準窒素施肥をしたてん菜の生育である。土壌の窒素バンクの大きさ，施肥の投資効果を認識できる。土壌の窒素供給に応じた窒素施肥が必要な所以である。

④＝①＋標準窒素施肥　　①乾性火山灰土壌
②湿性火山灰土壌　　　　③沖積土壌

図3 無窒素栽培でのてん菜の茎葉繁茂の違い

適正施肥

適正施肥は作物が必要とする養分量を供給することである。それには，①作物の必要とする施肥量，②土壌が供給できる養分量を知る必要がある。両者を把握できれば，以下の式で③適正施肥量を設定できる。

③適正施肥量＝①作物の養分必要量－②土壌の養分供給量

土壌診断

道内の土壌診断は「北海道施肥ガイド2010」(北海道農政部, 2010)にそって, ホクレンを中心に, JAや市町村の土壌分析・診断センターで実施している。有償で, 民間の農業コンサルタントでもサービスをしている。土壌の養分供給量, その対応も提示してくれる。中には海外へ土壌診断を依頼する農家もいる。

堆肥施用と施肥対応

「北海道施肥ガイド2010」では, 各作目での地力維持のための堆肥施用量, 有機物の種類と施用量にともなう施肥対応を設定している。その一部を紹介する。

地力維持のための堆肥施用量：各作目の地力維持のための堆肥施用量を表7に示した。

堆肥は肥料なので, 堆肥に含まれる養分量を評価して施肥量を減ずる必要がある。

表7 地力維持のための堆肥施用量

作　目	施用量(t/10a)
水稲	1
畑作物	1
園芸作物	
露地野菜・花き	2
施設野菜・花き	4
果樹	2
牧草・飼料作物	
牧草	2
飼料作物	1

(北海道農政部, 2010)

表8 堆肥の肥効率と減肥可能量

作目	堆肥	乾物率(%)	減肥可能量(kg/現物t) T-N / P_2O_5 / K_2O
畑作物園芸作物露地	牛糞麦稈堆肥 単年～連用4年まで / 連用5～9年 / 連用10年～	30	1.0 / 1.0 / 4.0 2.0 / 1.0 / 4.0 3.0 / 1.0 / 4.0
	バーク堆肥	40	0-0.5 / 1.0 / 3.0
	下水汚泥コンポスト 石灰系 / 高分子系	80 / 85	4.0 / 5.0 / 1.6 3.6 / 7.4 / 2.0
園芸作物施設	牛糞麦稈堆肥 単年～連用4年まで / 連用5年以上	30	2.0 / 1.0 / 4.0 3.0 / 1.0 / 4.0
	バーク堆肥	40	0-0.5 / 1.0 / 3.0

(北海道農政部, 2010を基に作表)

堆肥施用量と減肥：畑作物と園芸作物の堆肥施用にともなう減肥可能量を表8に示した。この場合の堆肥は牛糞麦稈堆肥を想定しており, 材料の種類や堆積法により成分含量は変動することを配慮されたい。なお, 畑作物と園芸作物・露地での堆肥施用による施肥対応は同じ水準に設定されている。別に, 畑作では液状厩肥の牛尿, 豚糞尿スラリー, でん粉廃液(デカンター)を対象に, 各々の施用上限を2～3, 4～5, 4～5t/10a・1回に制限し, 減肥可能量をNで2.5, 1.3, 1.2kg/現物t, K_2Oで8.0, 2.0, 5.0kg/現物tに設定している。

堆肥の種類と減肥：堆肥の分解・窒素放出は, 炭素と窒素の比率(C/N比)に規制されるが, 多様な堆肥の種類と減肥可能量を表9に示した。

表9 堆肥類の一般特性と減肥可能量

種類	混合副資材	水分(%)	上段：含有成分(現物%) 下段：減肥可能量(kg/t) 窒素(N) / リン酸(P_2O_5) / カリ(K_2O)
稲わら堆肥	窒素質肥料など	68	0.6 (1.0) / 0.4 (1.0) / 0.4 (4)
牛糞堆肥	敷料：麦稈, 稲わらなど	77	0.6 (1.0) / 0.4 (1.0) / 0.5 (5)
馬糞堆肥		70	0.5 (0.5) / 0.5 (1.0) / 1.3 (13)
豚糞堆肥		70	1.1 (2.0) / 1.5 (3.0) / 0.7 (7)
バーク堆肥	バークやおがくずを主体	58	0.5 (0～0.5) / 0.5 (1.0) / 0.3 (3)
籾殻堆肥	もみがらを主体	58	0.4 (0.0) / 0.2 (0.5) / 1.4 (14)
生ごみ堆肥	もみがら, おがくずなど	29	1.9 (3.0) / 1.4 (3.0) / 1.1 (11)
下水汚泥堆肥(石灰系)	下水汚泥および水分調節資材	20	1.6 (4.0) / 2.5 (5.0) / 0.2 (2)
下水汚泥堆肥(高分子系)		15	1.8 (3.6) / 3.7 (7.0) / 0.2 (2)

(北海道農政部, 2010を基に作表)

市販有機物

札幌でもホームセンターなどで, 〝牛ふん堆肥, 馬ふん堆肥, 発酵鶏ふん堆肥〟などのいろいろな有機物を購入できる。スペースの関係で詳細を紹介できないが, 市販有機物の各袋の裏側に施用法が書かれている。これまでの経験ではほぼ妥当な表記と思っているが, 中には若干過剰気味の施用量表記が見られる場合もあるので, 「北海道施肥ガイド2010」を参考に調節されたい。ただ, ホームセンターの担当者はかなり高度の専門知識・技術をマスターしており, 新規挑戦の方々はぜひご相談されるとよい。

[引用・参考文献]
・北海道農政部編：北海道施肥ガイド2010, 北海道農業改良普及協会, 2010.(http://www.agri.hro.or.jp/chuo/fukyu/sehiguide2010index.html)
・熊澤喜久雄：豊かなる大地を求めて, 養賢堂, 1989.
・山根一郎：土壌学の基礎と応用, 農山漁村文化協会, 1990.

II-6 土壌管理

西宗 昭

圃場診断
スケッチなどで圃場基本図を作成，できればデジカメ・航空・衛星写真を得る。
①その圃場の，雨天時の水の流れの観察が排水対策の基本である。
②適度な水分の圃場にスコップで穴を掘り，土壌の深さ，色，手触りを観察する。
③以上を整理しておくと，排水や堆肥施用などの対策を専門家と相談して助言を得るのに役立つ。

作付・管理履歴診断
作付履歴
栽培されてきた作物の種類を知る。同じ作物を同じ場所に毎年栽培すると連作障害がおきる。特にバレイショの長期連作はそうか病を多発させ，バーテシリウム病菌も増殖させる。後者だとバレイショは20〜30％減収するが茎葉異常が見られず，気づかれない。バレイショ連作跡に栽培した野菜が突然全滅するプロ農家圃場も見られ，悩ましい家庭菜園も散見する。

有機物施用実績
施用してきた有機物の量，種類を把握する。多過ぎるとゴミ捨て場であり，過繁茂になる。種類によっては窒素の施肥効率を下げる。例えば炭素含量が多い有機物は施肥窒素を固定し，アルカリ性の強い有機物ではアンモニア態窒素を揮散する。

石灰施用実績
硫安などのアンモニア態窒素を施用すると，アンモニア態窒素が硝酸になり，硫安に随伴する硫酸とともにカルシウムを溶脱して土壌を酸性化する。従って，圃場の石灰施用実績の把握は土壌診断対応や石灰施用の目安になる。

作付計画
連作障害を防ぐために，栽培したい作物に応じて圃場図上で区画し，作付計画を立てる。プランターやコンテナ栽培では数と配置を決める。また，作付前に栽培・施肥・土壌管理計画を立てる。

土づくり目標
多くの園芸書には良い土壌として次のような条件が記述されている。

①根が十分に張れる	②通気性・排水性が良い
③保水性・保肥力に優れる	④肥沃である
⑤適正酸度	⑥有機物を含む
⑦きれいな土	⑧異物が混入しない

しかし，そんな完璧な理想土壌はあり得ず，近づきたい努力目標と認識されたい。

耕起
依頼を受けて家庭菜園の相談に伺うと，「50 cmの深さにおこして堆肥を十分に施用して攪拌，フカフカの土壌にしてほしい。」と，張り切って希望されることがある。園芸書をよく勉強された方であろう。しかし，100馬力のトラクターでも50 cmの耕起は不可能である。多分，深さのすれ違いだと思う。皆さんが，耕起後の土壌のふくらみの頂部からの深さをイメージされている，と想定できる。深くおこしても雨が降れば土壌は沈化し，圃場の管理作業が加わってやがて緻密化することをご理解いただきたい。また，解説書を執筆する方，またそれを勉強される方に，"耕起する深さ"を具体的にイメージされることをお勧めしたい。

播種床造成
多くの園芸書では

スコップ耕起 / 30〜40 cm → 鍬耕起砕土 / 30〜40 cm
石灰・堆肥の混合 / 30〜40 cm → 全面施肥混合 → 播種

の行程が一般的である。中には耕起・砕土50 cmの例もある。面積によるが，40〜50 cmの耕起・砕土を手作業で3回も繰り返すと体がまいってしまう。耕耘機では不可能で，バックホー程度の登場となる。体力，燃料費の浪費で理想を超える。しかし，少しずつ毎年続けるなら，スコップ1杯の深さの耕起・砕土で「播種床や生育に良い土壌条件」をつくるのは可能である。例えば，深根性の根菜類の栽培では高畦づくりにすれば十分であり，排水改善にもなる。

石灰施用
一般的には土壌pHを測定して石灰の施用量を決定し，酸性を改善する。土壌に数段の石灰を施用してpHを測定する緩衝曲線法は，精度は高いが大変複雑である。また，pHと土性がわかればアレニウス表を用いて簡単に石灰施用量を求めることができるが，pHの測定が必要である。いずれにせよ面倒で，経費もかかるが，実施希望の方は「北海道施肥ガイド2010」を参照されたい。一方，いくつかの園芸書では次のような簡易石灰施用法を紹介している。
①ポットに土壌で石灰の施用量を変えてホウレンソウを栽培し，生育の良好な石灰量を把握する。
②pH 5以下では，酸性に弱い作物では0.2〜0.3 kg / m², 強い作物では0.1 kg / m²の石灰を施用する。

作物の好適pH範囲は表1を参照されたい。
③pHが不明だと0.15 kg/m²を施用する。特に芝生は、造成後に耕起されずに硫安や硫加などの施肥にともなう表層の酸性化で衰退していく。早めの石灰施用は表面に集積した刈残しの有機物分解を進め、草勢の回復・維持に有効である。

表1 作物の好適pH範囲

pH	普通作物	果菜類・豆類	葉根菜類	果樹
6.5〜7.0	オオムギ		ホウレンソウ	イチジク
6.0〜7.0	コムギ	エンドウ	ダイコン キャベツ アスパラガス	ブドウ アンズ
6.0〜6.5	サトイモ ダイズ	インゲン エダマメ カボチャ キュウリ スイートコーン スイカ ソラマメ ナス ピーマン メロン アズキ	ウド カリフラワー コマツナ シュンギク ショウガ セルリ チンゲンサイ ニラ ネギ ハクサイ ブロッコリー ミツバ レタス	ナシ カキ キウイフルーツ ユズ
5.5〜6.5	イネ エンバク ライムギ	イチゴ ラッカセイ	カブ ゴボウ タマネギ ニンジン	ウメ リンゴ
5.5〜6.0	サツマイモ ソバ ヤマノイモ 陸稲			モモ オウトウ ミカン
5.5〜6.5	ジャガイモ			
5.0〜5.5				クリ
4.5〜5.5				ブルーベリー

(小林ら，2006を基に作表)

石灰質肥料の種類

石灰は種類によって酸性中和力が異なる(表2)。
一般に石灰施用は〝炭酸石灰〟で表現される場合が多い。〝炭酸石灰100 kgの施用を要する〟との診断結果では、生石灰66 kg，消石灰88 kg，苦土石灰96 kgを施用すれば良い。過剰施用しない注意が必要である。

pHと土壌病害

pHにより土壌病害発生の危険性が異なる。バレイショのそうか病，てん菜のそう根病などは高pHで多発する。逆に，キャベツや白菜の根こぶ病，大根の萎黄病は高pHで発生率が低下する傾向にある。石灰の施用効果の作物による違いの認識が必要である。

排　水

土壌中に受けいれられた水は下層へ移動するが、受けいれられなかった水は表面を下方に移動する。いずれも下層の水の浸透が悪い凹地に水がたまる。そうした水の流れ，下層土壌の状況をよく観察し，水の流れを，溝をつけて圃場側溝や，圃場最下部に設置した簡易浸透桝に誘導したりすると有効な排水対策になる。高畦栽培も排水性改善に有効である。

練り返し

雨後、土壌が湿った状態で圃場に入ると足跡がハッキリつく。足跡の深さだけ土壌が圧縮されて土壌の隙間の空気が追い出され，その分だけ乾くと固くなる。山では獣道，公園では大トラの道になる。よく見る「芝生立ち入り禁止」の所以である。さらに性急な作業をすると，土壌が練り混ぜられて〝練り返し〟を招く。土壌の団粒構造が破壊され，難透水性層が形成され，排水性が低下する。この悪循環を助長すると，「深くおこすと良くなった」といった経験(燃料浪費)になる。可能な限り乾燥状態で管理作業をし，練り返しを防いで体力・燃料浪費を防ぐのが賢明である。晴耕雨読である。

土壌保全

道路ぞいの歩道の花壇から土が流れている。土を盛るだけでなく，流さない工夫も必要である。そのことで雨水も有効利用できる。流出した土壌はやがて都市排水系に入り，末端の浄化機能，環境に負荷をかける。花壇では土壌を買っており，大事にすれば花壇も道路も美しく保て，環境保全にも配慮できる。

[引用・参考文献]
・小林五郎・橋本智明：やさしい土づくり入門，実業之日本社，2006.

表2 石灰質肥料の種類と中和力

肥料名	アルカリ分(%)	中和施用比(%)
生石灰	80	66
消石灰	60	88
炭酸石灰	100	100
苦土石灰	53	96

II-7 堆肥づくり

山田岳志

植物栽培において，土の良し悪しで植物は生育が大きく変わる。良い土づくりに欠かせない要素として堆肥がある。

この稿では堆肥の役割，材料による相違，基本的な作り方などについて解説する。

堆肥とは

動植物の残渣をはじめとした有機物は，小動物や微生物の働きにより最終的に水，炭酸ガス，アンモニアなどに分解される。その分解を人為的に促進，安定化させたものを堆肥という。堆肥は養分の供給，物理性の改善，土壌生物の多様化など土壌を健全にする働きを持つ。堆肥化は自然条件下で行われる有機物の分解と原理は同じだが，より発酵の効率を高めているため，様々な利点が生まれる。

堆肥化の利点

植物が生育のために窒素，リン酸，カリウムなどの養分を必要とするならば，化学肥料による供給の方が，効果が高く効率的である。しかし，堆肥の多くは有機物の分解過程で高温の発酵期間があり，これにより養分供給以外の効果を高めている。堆肥化には以下のような利点がある。

①堆肥化の過程で有機物中のリグニン，ヘミセルロース，精油，タンニンなどの難分解な物質が自然条件下よりも速く分解される。
②新鮮有機物の分解にともなう有害ガスの発生がなくなり土壌施用時に植物の根への害を減らす。
③難分解な有機物が腐植として安定化し，土壌の地力（保肥力，保水性，排水性，物理性など）を高める。
④発酵による高温で，有害な生物や雑草などの種子を死滅させる。
⑤多種多様な微生物が働くことで，特定の病原菌の増殖を抑える。
⑥悪臭や汚物感が減り，扱いやすくなる。

腐植とは

有機物は微生物の分解過程において，ブドウ糖などが早期に分解され，木質や繊維質など難分解なものが残り，腐植として再構成される。

腐植は長期にわたり土壌に残り，分解される過程で養分を植物に供給する他，土壌中の砂や粘土を包み込み，土壌の物理性（通気，排水，保水など）が高まる団粒構造をつくりだす糊の働きをする。また，マイナスの電気を帯びているため，プラスに帯電している肥料成分（アンモニア，石灰，マグネシウム，カリウムなど）を吸着する性質を持ち，養分の保持などの役割を担う。堆肥化においてはこの腐植が生成される期間を二次発酵（腐熟期間）とよぶ。

素材による堆肥の違い

堆肥は微生物の活動による生産物であるため，材料，気温，水分，酸素濃度，切り返しのタイミングなど様々な要因によって品質が変わる。木などの組織の固いものは分解が遅いが，悪臭が発生しにくく，腐植の生成量も多い。畜糞や芝草など，窒素分と水分が多い材料は分解が速いが，悪臭を発生しやすく腐植生成量が少ないといった傾向にある。それぞれの特性を考慮して堆肥化を進めることで，より品質の安定した堆肥を製造することが可能である。以下に材料による堆肥の違いと，使用方法について解説する。

枝葉堆肥（剪定枝堆肥）

ハルニレやカシワなど，落葉広葉樹の枝葉を堆肥化すると，土壌の地力を高める腐植の量が多く，土壌改良に最適な堆肥になる。さらに新葉の部分も含めて堆肥化することで，窒素，カリウム，カルシウムの値が増え，肥料効果も得られる特徴がある。

樹木は細胞壁を構成する難分解のリグニン，ヘミセルロースの含量が多く分解されにくいが，春から初夏にかけて伸びた新梢部は柔らかく水分も多いため，細かく切ることで堆肥化に適した材料となる。堆肥化に適さない樹種としては針葉樹，クリ，サクラ，イチョウなどがあり，いずれも難分解で堆肥化に時間を要するため，枝葉堆肥をつくるときには分別しておいた方が良い。

落ち葉堆肥（腐葉土）

おもな材料に落葉広葉樹の落ち葉を使用した堆肥。落ち葉は微生物が増殖するために必要な養分が少ないため，分解されにくい材料である。分解に時間がかかるため，流通品の多くは微生物が働きやすいように，米糠を加えるなど工夫している。時間をかけて堆肥化が進むため腐植の量が多く土壌改良効果に優れる。水分調整や切り返しなどの手間が少ないため非常につくりやすく，完熟した堆肥は土壌と植物を選ばない万能な堆肥となる。

落ち葉堆肥には落葉広葉樹のケヤキやコナラなどが適するが，イチョウは分解が遅いため，他の樹種と混合して堆積する。カシワやプラタナスの葉などは，葉が大きく雨で濡れたものを堆積すると葉が張りつき分解されずにそのまま残ることがあるため，堆積時に十分にほぐしておくと良い。針葉樹の葉は堆肥化には適さないので，落ち葉堆肥には加えない。

落ち葉は腐熟期間が長いほうが，腐植の量が増え品質が良くなるため，なるべく2年以上堆積したものを使用する。

厩肥(牛糞堆肥，鶏糞堆肥，豚糞堆肥など)

家畜の排泄物とわらなどを混合して発酵させた堆肥。

材料が動物の腸内バクテリアによってある程度分解されているため堆肥化が速い。

肥料成分が豊富であるが，化学肥料よりも肥効が遅く，繊維の多い牛糞堆肥は土壌改良に向き豚糞・鶏糞堆肥は肥料的に使用する。

注意したいのが，動物により特性が異なることであり，牛糞は肥料成分が低く腐植量が多い。肥効も緩やかである。鶏糞は肥料成分が高く，窒素が植物への吸収が良い尿酸の形態であるため速効性の肥料として使用する。豚糞は窒素とリン酸の値が高く腐植量は牛と鶏の中間といった特徴を持つ。

厩肥は未熟なものを使用するとガス害の原因となるため，必ず完熟堆肥を使用する。

草堆肥

材料に雑草や枯れ茎，花がらなどを使用した場合，3か月程度で完成する速成堆肥となる。

草本類の多くは水分が多く，樹木と比較して繊維が柔らかいため分解が速く，養分，腐植ともに含有量は多くない。ただし，材料の確保が容易であり堆肥化が速いなどの理由により，ゴミの減量，環境負荷低減の意味からも有用な材料である。

草類の堆肥化で気をつけたいのは，悪臭の発生と，雑草種子，根茎の生存である。特に刈り芝は細かく水分が多いため，新鮮な状態では腐敗しやすく堆肥化がむずかしい。

草本類は分解が進むと空隙が埋まり通気が悪くなることから発酵熱が下がりやすい。発酵熱にさらされなかった生存種子が堆肥を施用した土地で繁殖することがあるため，堆積前の水分調整と強雑草の除外など種類の分別が重要である。

分解が速くムラができやすいことから，材料は1～2か月ごとに分けて堆積することが望ましい。

発酵に働く菌

好気性発酵と嫌気性発酵

有機物の分解(堆肥化)に働く菌は分解に酸素を利用する好気性菌と酸素がない，もしくは少ない条件で活発になる嫌気性菌に大きく分けられる。

好気性菌は酸素を利用するため分解力が高く，発酵温度が50～70℃と高くなる。堆肥化の大部分は好気性菌のこうじ菌や納豆菌の働きによって行われるため，堆肥化の多くの期間は，好気性菌が働きやすい環境にする。

好気性菌が易分解性物質を分解した後に，嫌気性菌や腐朽菌が働き，難分解な物質を分解，再構成していく。ただしこの流れは堆肥の中で常に一定ではなく，好気性菌が働いている部分もあれば嫌気性菌が活発な部分もあるなど，ふたつの発酵が同時進行で分解を進めていることが多い。

堆肥づくりの三要素

堆肥化は微生物による有機物の分解であるため，基本的に微生物が活動しやすい環境をつくることで自然と進む。以下に微生物が活動するための要素をあげる。

水分

堆肥化の分解速度と悪臭の発生に関係する要素。

材料の水分が多すぎる場合，一時的に微生物の活性は高まるが，堆積物の隙間が水で満たされるため，堆肥内が嫌気状態となり腐敗がおこりやすくなる。逆に乾燥状態が続くと微生物が活動しないため発酵が進まない。堆肥化に適切な水分は材料を手に握り，少ししっとりする程度が良い。

空気(酸素)

好気性菌は酸素を利用して有機物を分解し，自分の体として再合成・増殖する。酸素が少ない環境では好気性菌の活動が制限される。そのため堆肥の温度が下がり始めたら，切り返しをして，酸素の不足した内部に新鮮な空気を送り込む必要がある。

温度

発酵に働く微生物は，低温の環境ではその活動を極端に低下させる。一般に55～65℃の環境が発酵に働く微生物が最も活動しやすい温度といわれている。水と酸素が適切な環境では，微生物の発酵熱により堆肥の温度が高まるが，冬の寒風や急激な加湿状態などにより，温度が維持できない場合，堆肥化が一時的に停滞することもある。そのため，堆肥づくりにおいて温度の維持を常に心がける必要がある。

堆肥づくり

ここでは，植物を主とした堆肥づくりについて解説する。

表1 堆肥の成分表

	窒素 mg/100g	リン酸 mg/100g	カリウム mg/100g	炭素 mg/100g	炭素/窒素比 C/N比	マグネシウム mg/100g	カルシウム mg/100g	CEC
枝葉堆肥								
堆積90日経過	2.4	0.5	1.9	45.4	19.0	0.4	1.9	98.0
堆積200日経過	3.5	0.7	2.4	37.4	10.7	0.5	2.5	142.0
落ち葉堆肥								
堆積90日経過	0.8	0.2	0.8	20.0	34.0	0.4	2.6	50.3
堆積800日経過	0.7	0.1	0.4	13.3	19.9	0.1	2.3	68.5
厩肥各数値は平均値								
牛糞堆肥	2.1	2.1	2.2	33.3	16.5	1.0	2.3	75.2
豚糞堆肥	2.9	4.3	2.2	35.4	13.2	1.4	4.0	70.3
鶏糞堆肥	2.9	5.1	2.7	29.3	12.5	1.4	11.3	72.8
草堆肥								
堆積約240日春～夏堆積	0.6	0.4	1.1	7.7	12.5	0.3	1.3	27.5
堆積約210日夏～秋堆積	0.9	0.5	1.1	13.4	14.3	0.1	2.0	36.8

材料

草や針葉樹以外の剪定枝，落ち葉などの材料が集めやすく堆肥化も容易である。ただし，これらの材料は分解のしやすさの違いが大きいため，それぞれ分けて堆肥化した方が良い。木質，繊維質の多い材料はハサミなどで2～3cm程度に細断し，微生物が接する表面積を広げておくと分解が速くなる。

場所

微生物は温度，水分，酸素の影響を受けやすいため，雨風の影響が少ない場所が良く，地面は周辺よりも少し高くしておくと，水だまりによる悪臭の発生を抑えることができる。

時期

屋外では暖かくなる5月中旬～9月が適している。夏場は悪臭や虫が発生しやすいので，刈り芝や動物性の有機物のように窒素分が高く水分の多い材料は事前の水分調整が必要である。

量

堆積する量は2,000 lほどで安定的に堆肥化を進めることが可能だが，家庭での確保は困難である。そのため200 l (60 cm×60 cm×55 cm)ほど集めた材料を断熱材で囲う，雨よけを設けるなどの周辺の影響を減らす対策をとると良い。

堆肥づくりを行うときは分解のムラを減らすため，堆積量が少ないときは一度につくり，少量を小分けで投入しない方が良い。堆肥化が進むと堆積した材料は見かけ上も減少する。堆肥としてできあがる量は草類で1/4，落ち葉で1/3，枝葉で1/2程度まで目減りする。

水分調整

刈り芝や除草した草は水分が多いため，そのまま堆積すると草の水分が堆肥化中に隙間を埋め，嫌気性発酵(腐敗)による悪臭が発生しやすい。そのため，これらの材料を堆肥化する際には天気の良い日に薄く広げて乾燥させておくと悪臭の発生が減る。夏場であればアスファルトやコンクリートの上で半日，地面の上でも1日乾燥させておけば余分な水分が抜ける。この際，干し草のような状態にまで乾燥してしまうと堆肥化が遅くなるので，表面がやや乾燥する程度でよい。

材料の堆積

材料はほぐしながら小山状に積みあげる。その際，堆積量が100 l (50 cm×50 cm×40 cm)前後と少ない場合は，通気による乾燥や温度の低下が課題となる。そのため，材料を積みあげた後にしっかりと踏みしめる。その後雨水がはいらないようにシートをかける。シートは材料に直接触れると，過湿の原因となるため，箱をいれるなど材料とシートの間に隙間をつくると良い。

堆肥への添加物について

落ち葉などを堆肥化するとき，米ぬかや油かす，発酵菌などを添加する場合があるが，これらは発酵促進資材といわれるもので，落ち葉や籾殻など，単体では微生物が増殖できるほどの栄養がなく，分解に時間がかかる材料に対して有効である。草や枝葉には既にこれらの菌が多数存在しており，加えてもあまり差は見られない。

一次発酵

(1)切り返し(1回目)

材料を積みあげて数日すると，有機物中の分解しやすい成分を，こうじ菌などの好気性菌が利用して増殖していく。その後，温度の上昇とともに酸っぱい匂いがしてきたら材料の表面を少し堀り返し，堆肥に白い菌糸が広がっていれば，堆肥化が順調に進んでいるとみてよい。この白い菌糸は納豆菌という枯草菌の一種で，有機物の分解力が非常に強く，この菌が活発に働くと堆肥の温度が50～70℃程度まで上昇する。この発酵熱により他の病原菌や害虫の卵を死滅させる。分解が活発なため堆肥内の酸素を消費しやすく，分解ムラの原因となるため，堆肥を攪拌し新鮮な空気を中に鋤き込む切り返しを行う。切り返し時に堆肥から強いアンモニア臭がしていれば好気性発酵が進んでいる目安となる。逆にドブ臭い匂いがした場合，堆肥が過湿による嫌気状態であるため堆肥の水分を下げる必要がある。一度堆積した堆肥は天日による乾燥ではなかなか水分が減らないため，他の乾燥した干し草や細断した縄，pH調整済みのピートモスなどを水分調整資材として添加すると良い。切り返しを行った堆肥は再び山にしてシートをかける。

1回目の切り返し後，菌が安定するまで7～10日ほど養生する。

(2)切り返し(2回目以降)

1回目の切り返しから1週間ほど経過したら，堆肥の表面を少しめくり，再び白い菌糸が広がっているようであれば再度切り返しを行う。この間隔は堆肥化の進行度によって変わるがおよそ10日～2週間に1度の間隔で行う。

堆積量が多い場合，堆肥から蒸気が出るほどの熱(50～60℃)を発するが，堆積量が少ない場合は熱があまりあがらない(40～50℃)。黒ビニールなどで覆い，堆肥の温度をあげることも可能であるが，蒸れによる悪臭の発生もあるため，通気は確保しておくこと。

切り返しを5～6回ほど行うと，切り返しをしても温度があがらなくなり堆肥の色が暗褐色に変わってくる。この段階になると，堆肥内の易分解性有機物があらかた分解された状態となり，使用することも可能である。

速成堆肥の多くはこの状態で完成とするが，腐植の多い完熟堆肥とするには，ここからさらに二次発酵を進める必要がある。

二次発酵

二次発酵では難分解性のセルロースやリグニンを分

解する腐朽菌が働く。腐朽菌は生きている樹木にとっては大敵であるが、こと分解者としては、木材の分解を行える唯一の存在であるため、この二次発酵期間に堆肥からキノコが生えてくることはむしろ良いことである。腐朽菌は常温菌であるため、外気温よりも少し高い程度で分解が進み、時間をかけて難分解な物質を腐植へとつくり替えていく。二次発酵の期間は分解が緩やかで特に切り返しも必要としない。堆肥の温度が低く、雨水などによって加湿状態になりやすいので、雨があたらない環境に堆積するのが望ましい。

二次発酵は温度の変化が少ないため基本的に色と匂い、性状で判断する。堆肥の熟成が進むとキノコが減り、堆肥の色が暗褐色になっていく。熟成が進んだ堆肥の匂いを嗅ぐと独特の土臭い匂いがする。これは堆肥化の最終段階に働く放線菌が働いているからである。放線菌は抗生物質を出し、土壌の病原菌を抑制する働きがあり、豊かな土はこの匂いが特に強いといわれている。また、腐朽菌によって腐植酸がつくられ腐植が増加し、堆肥が団粒構造となる。このような状態となれば、完熟堆肥の完成である。この際枝葉の形状が残っていることがあるが、色が暗褐色であれば問題ない。ただ、落ち葉などは濡れた状態で堆積した場合、葉同士が張りつき、分解されずに褐色の状態で残っていることがある。こういった部分は一度取り出し、次回の堆肥づくりの材料とすれば良い。

二次発酵の期間は材料により大きく異なり、草類で1〜2か月、枝葉で6か月、落ち葉では2年ほど熟成を進めた方が良い堆肥になる。

堆肥の使用方法

できた堆肥は雨風のあたらない所に堆積し、古いものから使用すると良い。露地に使用するときには植物が生育する春先、もしくは秋口に土量に対して1〜2割ほど施し、塊にならないように土に鋤き込み、十分に土となじませる。

堆肥は土の中で時間をかけて分解される。そのため継続して毎年堆肥をいれる必要があり、続けることで、土壌への養分供給の量が増加する。堆肥は3年ほどで分解されるため、初年度にいれた堆肥の約半分の量を毎年施し、土壌改良を進めると良い。

堆肥の判定

堆肥化の熟度判定の指標としてC／N比とCEC(塩基置換容量)という項目があるが、一般家庭でこの数値を見ることは困難である。販売品などの判断指標として概要を説明しておく。

C／N比

C／N比とは有機物中の炭素量(C)を窒素量(N)で割った数値であり、分解の過程でこの数値が増減するため、堆肥化の進行の目安となる。

土壌に有機物を加える場合、木質など炭素率が高い材料は微生物が分解時に土壌中の窒素を使用するので、植物がつかえる窒素が不足する状態になることがある。逆に炭素率が低い場合は急激に分解が進み、分解性ガスの発生による根の呼吸障害が発生しやすくなる。

完熟堆肥のC／N比の値は材料により異なるが、C／N比10〜20ほどで安定するとされる。

CEC(塩基置換容量)

土壌中の陽イオン(カルシウム、マグネシウム、カリウム、ナトリウム、アンモニアなど)を吸着できる量を数値化したもの。この数値が高いと養分の保肥量が大きくなる。粘土質や腐植の多い土壌は高く、砂質のものは低い。堆肥においては腐植の量が増えるほどCECの値も高くなるため、堆肥の熟成度の指標として参考にされる。

一般家庭での腐熟度判定

一般家庭でC／N比とCECの数値による腐熟度判定は困難であることから、通常の判定は発酵温度、性状、匂い、色などから判断すると良い。

・温度：60℃以上の高温と切り返しによる温度低下を繰り返し、切り返し後も温度上昇がなく、外気温に近くなる。
・性状：手に取ると団粒構造を形成している。適度な水分で、払うと手にほとんど残らない。
・匂い：腐敗臭、アンモニア臭がなく、森林の土のようなカビ臭がある。
・色　：暗褐色で色にムラがない。

堆肥を使用しよう

堆肥は土壌への養分供給とともに土壌の物理性、化学性、生物性の改善に効果的な資材であるが、養分供給では化学肥料に劣り、病虫害予防では農薬を使用した方が確実である。しかし、堆肥を施用し続け地力の高い土で育った植物は十分に根を張り、抵抗性が高まるなど健康に育つため、結果的に肥料や薬剤に頼らない栽培が可能となる。

堆肥は良い土、良い植物づくりの基礎となるものである。単に植物廃材の減量化だけでなく、土を育てるために使用していただきたい。

［参考文献］
・農文協：環境保全型農業大辞典(1), 農山漁村文化協会, 2005.
・安田環・越野正義：環境保全と新しい施肥技術, 養賢堂, 2001.
・有機質資源化推進会議：有機廃棄物資源化大事典, 農山漁村文化協会, 1997.

II-8 害虫と天敵

奥田裕志

害　虫

植物を育て愛ずる庭は生命の小宇宙だが，その植物を生きる糧とする生き物はすべて病害虫・雑草と見なされる。確かに生産性を重視する農業では徹底的に駆除すべき対象で，効率的に防除する研究がさかんに行われている。しかし，庭を自然の一部として育てるためには植物以外の生き物も含めて考える必要があるのではないだろうか。対象となる動物類には昆虫，ダニから，ナメクジ・カタツムリ，線虫，鳥(スズメ，カラス，ハト，渡り鳥)，野ネズミ，大型動物(シカ，キツネ，ウサギ，アライグマ)などまで含まれるが，ここでは昆虫を中心に小型の害虫(以下，「虫」と記す)を紹介する。

庭の虫達

庭には植物の種類に応じていろいろな虫が生息し，また花粉や蜜に誘われて多くの虫がやって来る。私達がまず虫の存在に気づくのはその被害によってであるから，いくつかのパターンに分けて紹介する。

直接害
①葉や花，芽を食べる虫：チョウやガ，ハバチの幼虫，ハムシ・テントウムシの成虫・幼虫，コガネムシ・ゾウムシの成虫，ナメクジ・カタツムリなど。
②葉や枝で吸汁する虫：アブラムシ，カイガラムシ，カメムシ，キジラミ，コナジラミ，ウンカ，ヨコバイ，アワフキムシなど。
③葉をかすり状にする虫：グンバイムシ，アザミウマ(スリップス)，ハダニなど。
④葉を縮れさせたり，虫こぶをつくる虫：ガの幼虫(ハマキガ，メイガ類)，アブラムシ，タマバエ，ヒメハダニ，ホコリダニ，フシダニなど。
⑤葉や幹に穴をあけ潜る虫：キクイムシ，ゾウムシの成虫・幼虫，ハモグリガ，コスカシバ，ボクトウガなどガの幼虫，ハモグリバエの幼虫など。
⑥土の中にいて根や地際の茎を害する虫：ガやハエの幼虫，コガネムシの幼虫，ネダニ，センチュウなど。

間接害
①アブラムシやコナジラミ，ヨコバイは植物の病原菌を媒介する。
②アブラムシやコナジラミ，グンバイムシ，キジラミなどは吸汁しながら余分の液を排泄するが，その液には養分が含まれていて葉についた跡にカビが発生して汚れる(すす病)。
③アリは基本的に肉食性であるが，アブラムシの繁殖を助けたり，畑や芝生などに巣をつくったりするので厄介者である。
④ワラジムシ，ダンゴムシ，ゲジゲジ(ムカデ)，ヤスデも虫の死骸や枯葉を食べているので直接の被害はないが，不快害虫として嫌われている。
⑤カやアブ，スズメバチは人を刺す衛生害虫である。しかし，刺されると思い嫌われているミツバチ，マルハナバチ，小型のアブ(ヒラタアブ，ハナアブ)は花粉を媒介する益虫である。

経過習性

虫達も植物と同じく環境の変化にあわせて1年を過ごしている。虫の中には成虫が1年に1回だけ発生する虫(1化性)や何回も発生する虫(多化性)があり，駆除のタイミングに注意が必要である。

昆虫やダニ・線虫などは人の骨にあたる部分を外側の表皮が担っているため，成長過程では脱皮を繰り返して大きくなる。また成長にともなって生活環境を変える種類では変態(体の形やしくみが劇的に変わる)を行う。食べる植物を時期によって変える虫もある。植物が葉を固くしたり，まずくしたりして食べられないように防衛しているためである。以下に例を示す(⇒は変態)。

完全変態(チョウ，ガ，甲虫，ハエ，ハチ)
卵→　幼虫(3～6齢)⇒　蛹　⇒　成虫

不完全変態
(1)カイガラムシ
卵→　1齢→　2齢→　3齢　⇒　♀成虫
　　　　　　　　　　　↓
　　　　　　　前蛹　⇒　蛹　⇒　♂成虫

(2)アブラムシ
卵→　幼虫(1～4齢)　⇒産卵雌虫，雄虫(寄主移動)
　　　↑(繰り返し)↓
　(産仔)←胎生雌虫(有翅，無翅)

(3)コナジラミ
卵→　幼虫(1～3齢)⇒　蛹　⇒　成虫

(4)アザミウマ
卵→　1齢幼虫→　2齢幼虫→　1期蛹→　2期蛹　⇒　成虫

(5)昆虫以外
ネダニ
卵→　幼虫　⇒　第1若虫→　第2若虫(ヒポプス：耐久態)→　第3若虫　⇒　成虫

ハダニ
卵→　幼虫－(第1静止期)⇒　第1若虫－(第2静止期)→　第2若虫－(第3静止期)⇒　成虫

センチュウ
卵→　1期幼虫(卵内)→　2期幼虫(植物侵入)→　3期幼虫→　4期幼虫　⇒　成虫

虫達の越冬対策

越冬の場所，方法も虫によって様々である。北海道に生息する虫達にとって一番重要なことは冬越しである。昆虫などは成長のタイミングを調整するため一時的に「休眠」という態勢をとるが，必ずしも寒さ対策ではない。多くの場合，秋に日長が短くなると次の春になってから成長を再開できるように体のしくみを準備してそのまま動かなくなる。そして気温が十分高くなると一気に活動を始める。このため自然と越冬できるようになっている。この他にも夏をやり過ごす場合や，乾燥期を過ごす場合，雨期に水面下で過ごす場合など，いずれも食べ物がない厳しい時期を過ごすための適応と考えられている。以下におもな越冬場所を記す。

- アブラムシ ：卵(芽際)，幼虫(カサアブラ)，移住(雪虫)
- カイガラムシ ：卵囊(葉や枝)
- コナジラミ ：不休眠，幼虫
- キジラミ ：成虫(樹皮の間)
- アワフキムシ ：卵(芽際)
- カメムシ ：成虫(樹洞や家の隙間)，幼虫，卵
- グンバイムシ ：卵(芽際)
- アザミウマ ：不休眠，成虫
- チョウ・ガ ：卵(芽際など)，蛹(枝，壁など)，幼虫(落葉の下など)，成虫(樹洞，壁の隙間，建物の中など)
- コスカシバ ：幼虫(樹皮下)
- メイガ ：幼虫(茎の中)
- コガネムシ ：幼虫(土中)
- テントウムシ ：成虫(樹洞，壁の隙間，落葉の下)
- ハムシ ：成虫(草の枯葉の中)
- ゾウムシ ：成虫，幼虫(土中)
- ハバチ ：幼虫，蛹(土中)
- ハキリバチ ：幼虫(土中の巣)
- ハモグリバエ ：蛹(土中)
- タマバチ ：幼虫(茎の中)
- タマバエ ：幼虫(茎の中)
- ミツバチ，スズメバチ：♀成虫(樹洞)
- ハダニ ：♀成虫，卵(落葉の隙間など)
- ノシダニ ：♀成虫(落葉の隙間など)
- ホコリダニ ：♀成虫(落葉の隙間など)
- センチュウ ：各態(枯れた根や茎，土中)

虫の種類を調べる

毎日庭の植物をつぶさに見ている皆さんは虫の被害にすぐ気がつくことだろう。まずは，前述の被害タイプからどんな虫が発生したか推理してみる。穴があく，かすれる，模様が入る，糸が絡まる，変色する，べとべとになる，穴があいて糞のようなものが出ているなど。それによって駆除の仕方が違うので虫を特定することは重要である。最近は良い図鑑，写真集が出ているので自分で調べることができる。インターネットで画像検索すると大概の虫の写真が見つかるが，種名や生態についてのコメントは本州以南の情報や根拠のないものもあり注意が必要である。わからない場合は大学や試験場，農薬会社の研究所の専門家に見てもらうのが早道である。その場合の注意としてはとにかく現物を持っていくか写真を送ることである。写真の場合は虫そのものと被害のあった植物体をセットでいろいろな距離・角度から撮ったものがあると判断しやすくなる。また，いつごろからか，どの程度か(1株だけか何株もか，枯れてしまったか，萎れているかなど)，毎年か初めてかなど，被害の詳しい説明があると良い。

天敵と天敵による防除

天敵とはある生き物にとって致命的な害を及ぼす(繁殖を抑える)生き物のことをいい，肉食性昆虫，ダニ，クモ，線虫，鳥，病気(カビ，細菌，ウイルス)などあらゆる生き物がいる。虫にとっては人が最も恐ろしい天敵といえるが，そんな天敵に対しても生き延びる術を身につけているのが生き物で，決して絶滅してしまうことはない。絶滅してしまったら，天敵も生きていけない。天敵にも天敵がいて……と生き物同士は網目のように関係しあってバランスを保っていると考えられている。

ここでは当然虫を食べてくれる生き物は益虫だが，ほとんどは虫と同じ仲間である。

天敵には捕まえ食べる「捕食者」と体内に寄生して食べつくす「捕食寄生者」があり，食べられる方の生き物の生態にあわせて巧妙な方法で近寄る。寄生の場合，寄生場所によって「外部寄生」，「内部寄生」などに分けられる。天敵は餌となる生き物の卵から成虫までいろいろなステージに寄生，捕食する。致命的な病気も天敵と考えられ，ウイルス病(人のインフルエンザのようなもので多くは虫が媒介する)，細菌病(人の食中毒のようなもの)，カビ(冬虫夏草など。人では水虫くらいで少ない)などがある。以下に代表的な例を食べられる虫の種類別に示す。

アザミウマ類

アザミウマ類(捕食)，カゲロウ類(捕食)，カメムシ類(捕食)，アリツムン類(捕食)，ハエ類(捕食，寄生)，ダニ類(寄生)，スズメバチ類(捕食)，寄生蜂類，寄生菌類。

アブラムシ類

非常に多くの種類がかかわるが，繁殖力が盛大ですぐに増殖する。アブ類(捕食)，カゲロウ類(捕食)，オサムシ類(捕食)，カメムシ類(捕食)，ハネカクシ(捕食)，

ハサミムシ(捕食)，ジョウカイボン(捕食)，コメツキムシ成虫(捕食)，テントウムシ類(捕食)，ハエ類(寄生)，ヒラタアブ(捕食)，タマバエ(寄生)，ダニ類(寄生)，メイガ(捕食)，シジミチョウ(捕食)，寄生蜂類，アザミウマ(捕食)，ゴキブリ(捕食)，ムカデ(捕食)，クモ類(捕食)，ナメクジ(捕食)，鳥(捕食)，センチュウ(寄生)，寄生菌類。

ハダニ類

非常に多くの種類がかかわるが，繁殖力が盛大ですぐに増殖する。アザミウマ類(捕食)，カメムシ類(捕食)，カゲロウ類(捕食)，テントウムシ類(捕食)，ジョウカイボン(捕食)，ハネカクシ類(捕食)，ハエ類(捕食)，ダニ類(捕食)，クモ類(捕食)，ウイルス，寄生菌，原生動物。

コナガ

種類としては意外と少ないが，病気による死亡率は高い。クモ類(捕食)，ゴミムシ類(捕食)，カエル(捕食)，寄生蜂類，細菌類，ウイルス，カビ類。

このように天敵は虫を駆除する有力な手段に思える。農薬としての利用が研究され製品化されている種類も増えているが，ほとんどが温室やビニールハウスのような閉鎖空間用である。また，虫の主要な情報伝達手段である匂い物質(フェロモン)も野菜のコナガ，ヨトウガ，果樹のハマキガ類，サクラのコスカシバなどで実用化されているが使用時期や配置方法がむずかしく専門知識が必要だ。従って，一般家庭園芸ではつかえるものはほとんどない状況である。

ではどうするかといえば，私は植物を中心にした小宇宙を全体として管理するのが最も自然な方法ではないかと考える。

エコ：生態的調和＝植物も虫も多様にいて自然にバランスを保つ状態

そのためには，

①害虫ばかりが増えるような配置は避ける(単一配置，鬱閉など)。

②天敵が増えるような配置をつくる(雑草も含めて多様な植物を適度に混在させる)。

③一斉防除はしない(必要な所にだけ，必要な時期に，必要な量を)。普通の家庭ならハンドスプレーや刷毛でも十分(農業はコストを最小限にして収穫量を最大にするため，単一作付・一斉防除をする。農薬はそのための資材)。

④室内用は春，秋の移設時にいっせいに全体を薬剤処理する(茎葉から鉢土まで十分に)，室内ではこまめに取る，拭くなど。

おもな害虫

ここでは写真とともに，おもな害虫を紹介する。

葉や花を食べる虫

写真1 ツツジの子房を食べるベニモンアオリンガの幼虫。年2回ツツジ類に発生。2回目は花芽を食害して，翌年つぼみは枯れ，花がまったく咲かないこともある

写真2 キャベツを食べるオオモンシロチョウ幼虫。アブラナ科を食害する。成虫はモンシロチョウにそっくりだが，幼虫は毛むくじゃらで，卵は塊で産む。最近は本種のほうが目につく

写真3 バラの葉を食べるチュウレンジハバチの一種の幼虫。集団で並んで端から食べていく。イモムシ形やナメクジ形の種もいる

II-8 害虫と天敵

写真4 バラの葉の縁を食べるヒョウタンゾウムシ類の成虫。いろいろな植物の葉の縁を鋸歯状に食害する。幼虫は根を食害する。似た被害にキンケクチブトゾウムシによるものがある

吸汁する虫

写真5 イチイのイチイカタカイガラ。雌成虫が体内に多数の卵を宿したままミイラ状になって冬を越す。翌年6～8月にかけて少しずつ幼虫が孵化し新葉，新枝で吸汁を始める

写真6 ナシキジラミ若虫。ナシの新葉展開とともに成虫が産卵し，孵化した幼虫はかたまって吸汁する

写真7 すす病の発生したアオキの葉。カイガラムシ，アブラムシ，キジラミ，コナジラミなど吸汁害虫が排泄する液が葉に付着し，そこにすす病菌が発生したもの

葉をかすり状にする虫

写真8 インゲンのナミハダニ被害。あらゆる植物の葉をかすり状にする。ハダニは葉の葉緑素を吸い出して食べるため，色が抜けて白くなる。糸を張って渡り歩く

写真9 ネギアザミウマ幼虫とその被害。葉の表皮細胞の中身を吸って，白い斑点状の食害痕を残す

II　ガーデニングの基礎

葉を縮れさせたり，葉や幹に潜ったり，こぶをつくる虫

写真10　ウメの縮葉の中のウメコブアブラムシ。秋に新芽のわきに産みつけられた卵から春，新葉が展開するとともに孵化して，葉を巻きながら増殖する。初夏には別の植物に移動するが，縮葉はそのまま残る

写真11　オダマキのハモグリバエ類の被害。成虫は小バエ。幼虫が葉の中で表面を残して食べて成長するので，渦巻きや，雲形の模様ができる

写真12　ハマナスのコブタマバチの一種の被害。写真のこぶをゴール（虫こぶ）という。新芽に産まれた卵塊から孵化した幼虫が新枝の伸長とともにこぶをつくって成長する。夏には成虫が羽化し，芽際に産卵していく

土の中や表面にいる虫

写真13　イチイの生け垣の一部が一気に枯死。おもにナガチャコガネの幼虫が集中的に発生し，根を食い荒らした結果

写真14　ダイコンのキタネグサレセンチュウ被害。根菜類の害虫で，ニンジン，ゴボウでは根の表面が腐ったようになるが，ダイコンでは腐らずにぶつぶつと盛り上がる

越冬方法

写真15　エゾシロチョウの越冬巣。幼虫がリンゴの越冬枝に葉を数枚糸で括りつけ中に潜って越冬する

II-8 害虫と天敵

天敵類

写真 16 サクラの枝に産みつけたオビカレハの卵塊。このまま越冬して翌春孵化して新葉を食べる

写真 17 繭の中のイラガ老熟幼虫。鳥の卵のようで固い。春まではこの中で幼虫のまま過ごし，羽化直前に蛹化する

写真 18 ツトガのつと。芝生にはツトガ，テンスジツトガなど3，4種発生する。地中につと(わらなどを束ねてその中に食品を包んだもの。わらづと。絹張りの筒状巣)をつくって，芝の葉を引き込んで食べ，そのまま越冬する

写真 19 クサカゲロウの一種の成虫。幼虫も成虫もアブラムシなどを捕食する

写真 20 アブラムシを食べているヒラタアブの一種の幼虫。成虫は花粉を媒介するハチに似た小さいアブで，よく花のそばでホバリング(空中停止)している

写真 21 エゾシロチョウの蛹から出てきた寄生蜂コマユバチの繭。チョウが幼虫のときに体内に産み込まれた卵から孵化してチョウの幼虫を殺さないように内臓を食べて成長し，チョウが蛹になってから脱出してくる。モンシロチョウでは幼虫のうちに出てくる

[参考文献]
・北海道立総合研究機構林業試験場：森とみどりの図鑑，http://www.fri.hro.or.jp/zukanf.htm
・木野田君公：札幌の昆虫，北海道大学出版会，2006．
・森樊須：大敵農薬—チリカブリダニ　その生態と応用，社団法人日本植物防疫協会，1993．
・奥山七郎：北海道 花の病害虫診断，社団法人北海道植物防疫協会，2005．
・尾崎政春他：北海道病害虫防除提要，社団法人北海道植物防疫協会，2004．
・林業試験場北海道支場保護部：北海道樹木病害虫獣図鑑，北方林業会，1985．

II-9 植物の病気──その概念と対策──

齊藤　泉

🌿 植物の病気

　植物の病気とは植物の正常な生育と繁殖が生物的あるいは非生物的な因子によって阻害され，その結果，植物体にあらわれる異常な状態をいう。そして生物的な因子による病気(寄生病)は伝染し，非生物的な因子による病気(生理病)は伝染しない。歴史的記録から推定すれば人類の主要食糧である穀物の寄生病は古代から発生し，たびたび飢饉をもたらしていたらしいが，その原因は超自然的な力や異常気象によると考えられていた。現在知られているような植物の病気の原因が初めて解明されたのは19世紀後半であり，これに関する学問領域を植物病理学という。その端緒となったのが，1840年代のアイルランド大飢饉をもたらした馬鈴薯の疫病であり，この病気がフィトフソラ・インフェスタンス(*Phytophthrora infestans*)という卵菌の一種によっておこることを明らかにしたのがドイツのアントン・ド・バリーである。その後ド・バリーは黎明期の植物病理学の基礎を築いたことにより「植物病理学の父」といわれるようになった。

　わが国では，植物病理学は農学の一分野として明治以降外国から導入され，農業技術の進歩とともに発展して来た経緯がある。従って農作物の病気に関する用語には医学用語とは違って一般に馴染みの薄い言葉が多い。しかも個々の用語の持つ概念の定義があいまいなまま使われていることもある。まずおもな用語をあげて，その意味について簡単に述べておくことにする。

🌿 植物の病気に関するおもな用語とその意味

病　害
　人間や家畜と同様，健康でない状態を"病気"とよべるが，農業生産にかかわる被害(収穫量や品質の低下など)の意味を込めて"病害"とよぶようになった，と考える。

防　除
　病気から植物を守るために殺菌剤散布その他の手段によって病原体をなくす，あるいは減らすことを防除という。防除の意味には，人や家畜に対するように治療という考え方はない。植物病害に対してのみ使われる用語である。なお，防除に相当する英語はControl(制御)である。

植物病原体
　植物に病気を引きおこす生物的因子の総称。菌類，細菌，ファイトプラズマ，ウイルス，ウイロイドなど。

生活環
　伝染病原としての微生物が宿主植物とかかわりながら営む生活の始めから終わりまでの一周，つまり一生のサイクル(環)をいう。

連作障害
　同じ作物を同じ畑地に毎年栽培することを連作といい，その結果生ずる障害，おもに土壌病害の発生をいう。エンドウマメ，アマなど特に連作障害が出やすい作物がある。水田は連作障害がない(稲に障害が出ない)理想的な栽培形式である。

宿主範囲
　病原体が感染する植物を宿主植物といい，宿主の種類の範囲をいう。

多犯性菌
　宿主範囲の広い病原菌をいう。

病　徴
　その病気に罹った植物が示す特徴的な外観。例えば黄化，立枯れ，萎凋など。

標　徴
　感染し，発病した植物上に生じた菌類の胞子塊や菌液(細菌の場合)。

萎　凋
　植物の全身，または片側がしおれる症状または病徴を示す病気(萎凋病)。病原菌感染の結果，植物の維管束に水が通りにくくなることによっておこる。

病　斑
　病気に罹った葉や茎に生ずる斑点。ある病気のおもな病徴として病斑が目立つ場合，……の斑点病と名づけることが多い。

媒介者
　ウイルスやファイトプラズマなどのように，それ自体で伝搬する能力を持っていない病原体の場合，昆虫，ダニ，線虫などが媒介者の役割を果たす。

菌　糸
　菌類がその生活環の中で栄養をとりながら生育する基本的な糸状の形態で，病気に罹った葉や茎に「カビ」として肉眼でも見ることができる。

分生胞子
　菌類が移動，分散のために無性的につくる細胞器官で，病気の感染源となる。菌類は分生胞子以外にも子のう胞子，担子胞子など有性的につくられた胞子によっても分散する。

遊走子
　鞭毛を持って運動する菌類の胞子。

菌　核
　菌類が不利な環境条件下でも生存できるような耐久器官で，細胞壁が厚く，他の微生物の攻撃や乾湿の変化にも耐えることができる。

生物学的防除

生物防除ともいう。植物病原微生物を他の生きた生物の力(抗菌，拮抗，競合，抵抗性誘導など)を利用して制御し，病害を防ぐ防除法。

生物農薬

生物防除効果を有する生物を病害虫防除の目的で流通させるために製剤化し，農薬として登録したもの。

弱毒ウイルス

宿主植物に対する病原性が低下したウイルス株。

保　　毒

ウイルス媒介昆虫が体内にウイルスを保持している場合，保毒虫という。植物の場合は保毒植物という。

絶対寄生菌

宿主植物の生きた細胞がなければ生育できない病原菌をいう。例として，さび病菌，うどんこ病菌があり，植物細胞に吸器という器官を挿入して栄養を吸収する。

条件的寄生菌

必ずしも生きた植物細胞を必要とせず，容易に人工培養できる病原菌。自身が出す毒素や酵素で宿主の細胞を殺したり破壊し，その組織から栄養を摂取する。このような寄生行動を"殺生"という。通常は植物体上で生活するが，条件によっては腐生的生活もできる。

腐生菌

生物の遺体などの生きていない有機物を栄養源として生活している菌類。

条件的腐生菌

通常は腐生的生活をしているが，条件によっては植物に寄生する。

植物の病気の種類と原因

非生物的因子による病気(生理病)

植物に不適切な生育環境(物理的環境と化学的環境)を原因とする生育障害である。物理的環境としては過酷な気象(高温および低温障害，霜害)と土壌の排水不良や過乾燥がある。また化学的環境としては土壌のpH(適，不適)や養分の過不足がある。養分の過不足では窒素，リン酸，カリなどの多量要素からカルシウム，マグネシウムなど中量要素と鉄，マンガン，銅，亜鉛などの微量要素まであり，それぞれあらわれる症状が異なる。要素欠乏症には寄生病と見紛うものもある。一般の家庭園芸では肥料や水のやり過ぎによって生育不良になった植物を見受けることが多い。

生物的因子による病気(寄生病)

(1)菌類病

わが国で知られている栽培植物の病気は約3,000種あり(岸，1988)，その約80%が菌類の寄生によるものである。菌類は葉緑素を持たないので炭素を同化することができず，他の生物由来の有機炭水化物を利用する従属栄養生物である。菌類の中にはツボカビ(馬鈴薯癌腫病菌)，接合菌(こうがい毛かび病菌)，子のう菌(うどんこ病菌，菌核病菌など)，担子菌類(さび病菌，黒穂病菌など)がある。なお冒頭にあげた馬鈴薯疫病菌はキュウリべと病菌とともに現在は卵菌類に含まれ，厳密には菌類ではないが，ここでは広い意味での菌類として扱うことにした。菌類の大きさは生活環の中で異なり，生殖器官であるキノコは肉眼でも見ることができるが，胞子は5〜10 μm(1,000分の5〜10 mm程度)でしかなく，100〜400倍くらいの光学顕微鏡で観察する。

(2)細菌病

約100種の細菌が植物病原細菌として知られている。ほとんどの植物病原細菌は桿状細菌で鞭毛を持って運動性がある。大きさは1 μm前後で，1,000倍の光学顕微鏡か電子顕微鏡で観察する。

(3)ファイトプラズマ病

ファイトプラズマは細菌の仲間であるが細胞壁がないことで異なり，また培養がむずかしい。世界で約200種が知られており，吸汁性の昆虫(ウンカ，ヨコバイ類)によって媒介される。大きさは細菌より小さく，ウイルスより大きい。電子顕微鏡で観察する。

(4)ウイルス病

ウイルスはRNAかDNA遺伝子が外皮タンパクで覆われているだけの微小な物体で生物の概念からほど遠い存在だが，他の生物に感染することによって自己増殖できる。形態は球状，桿状，ひも状など多様である。世界で約700種が知られている。電子顕微鏡でないと見ることができない。

(5)ウイロイド病

ウイロイドは外皮タンパク質のない裸のRNA遺伝子だけからなる，ウイルスよりさらに簡単な構造の植物病原体で，植物に寄生することによって自己増殖できる。世界で約30種のウイロイドが知られている。大きさはウイルスよりも小さい。動物にはウイロイド病はない。電子顕微鏡でないと見ることができない。

植物の病気の伝染法

各種の病原体が植物に伝染する方法または伝染経路を知ることは確かな防除を行うために必要である。

空気伝染

乾湿の変化などの刺激によって空中に飛ばされた胞子が空気の流れに乗って植物体に到達し，感染する。胞子をつくって繁殖する病原菌の多くが空気伝染する。例として灰色かび病，菌核病，うどんこ病がある。

土壌伝染

土壌中に残る病原菌の菌核，厚膜胞子や死んだ植物の根の中で生存している菌糸が植物の地下部(おもに根)に感染する。土壌伝染する病気を総称して土壌病害といい，防除のむずかしい病気が多い。まず，種苗による病原菌の持ち込みを極力防ぐことが大切で，次に輪作や休耕を行い，土壌中の病原菌密度を下げる。

虫媒伝染

ウイロイド，多くのウイルス，ファイトプラズマは昆虫によって媒介される。媒介昆虫はアブラムシ，ウンカ，ヨコバイなどの吸汁性昆虫の他，アザミウマなど咀嚼性昆虫も媒介者となる。ウイルスには昆虫体内で増殖するものもあり，このような場合，保毒虫が死滅しない限りウイルスを媒介し続けることになる。これを永続型伝搬という。例として桑萎縮病，アスター萎縮病，馬鈴薯葉巻病，キュウリモザイク病などがある。キュウリモザイク病は宿主範囲が広く，ウイルスを保毒している雑草があるので菜園では除草に努める。

種子伝染

種子の表面に病原菌の胞子が付着したり，内部の組織に生存している菌糸が種子の発芽とともに活動を始めて宿主植物を発病させる。このうち表面に付着している場合を〝種子汚染〟ともいう。種子伝染は菌類だけでなくウイルスと細菌でも広く行われている。また馬鈴薯では種いもが伝染するそうか病(放線菌による)や葉巻病，Xウイルス病などがある。このような種子伝染を防ぐため健全な種子をとることだけを目的とした栽培を採種栽培といい無病種子を生産している。

水媒伝染

雨滴伝染：べと病菌，疫病菌の遊走子は鞭毛によって水中を泳いで移動し，分生胞子や病原細菌の多くはしぶきで飛び散る。雨水は葉面を濡らして胞子の定着と発芽管の侵入を助長する。

流水伝染：イネ黄化萎縮病菌(鞭毛菌類)，白葉枯病細菌は灌漑水で移動する。地表水は疫病菌，ピシュウム菌などの土壌生息鞭毛菌の移動を助ける。

接触伝染

発病した植物の葉が隣接した植物体に触れて病原体の感染がおこり，さらに二次感染，三次感染と感染・発病が拡大していく。

人による伝染と病原の移動・拡大

喫煙者によるトマトの脇芽取りの作業でタバコモザイクウイルスが伝染し，馬鈴薯の種いも切りの作業で黒脚病などの細菌病が伝染する。また人の遠距離移動にともなって，植物の苗木，果実，種子などと一緒に未発生の植物病原菌を持ち込むことがある。各国の空港や港で植物検疫が行われるのはこのためである。

病原体の植物侵入方法

様々な経路で植物に到達した細菌や菌類の胞子がさらに植物に感染するために，まず植物体に侵入する。そのための門戸として，植物の自然開口部(気孔，水孔)や傷口(昆虫の食害痕，強風による茎葉の擦過痕，剪定痕など)がある。この他，土壌病原菌では根毛感染したり，苗の根の断傷から侵入する。菌類には表皮組織を貫通して直接，植物体に侵入するものがあるが，付着器という特別な細胞器官を表皮上に形成し，クチクラ層を溶解する酵素を分泌する。また菌核病菌のように植物体侵入に先行して，葉上に落下した花弁や花粉などで腐生的に増殖して感染能力を高めるものもある。

植物が感染して発病するための3つの要因

植物が病気に罹るには病原体が存在するだけでは不十分で，植物がその病原体の宿主として感受性があり，かつ発病に好適な環境(温度，湿度)がなければ病気は成立しない。3つの要因，即ち主因(病原体)，素因(宿主としての感受性)，と誘因(好適な温度，湿度などの環境)が同時に揃って初めて病気が成立する(図1)。例えば，小麦うどんこ病に罹りやすい小麦の品種が連作された畑は病原菌密度が十分高い，つまり主因と素因が存在する。ここで，もし越冬後の気候が順調に経過し，小麦の生育が進むと茎葉が過繁茂となり，株内の空中湿度も高く好適な環境条件となる。即ちここで誘因が加わり，うどんこ病は多発生する。この場合に中期気象予報を勘案して追肥を控え，薬剤散布を行って主因としてのうどんこ病菌の増殖を抑制する，という対策がなされる。空気伝染する菌類病は空中湿度と温度が誘因となる。連作を避け，抵抗性品種を栽培することは農薬使用の前に実行すべきことである。

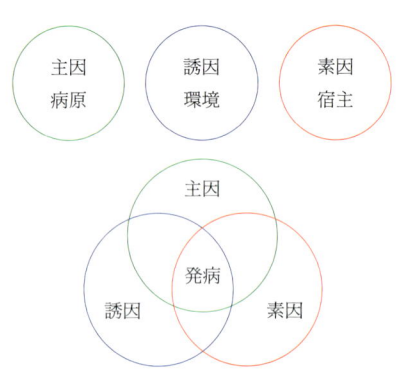

図1　病気が成立する3つの要因

植物の病気の診断

植物の病気を防除するためには病気を的確に診断することが望ましい。まず，病気に罹ったと思われる植物を観察して(できれば引き抜いて)，植物体にあらわれている病徴とその部位，葉に病斑があれば色，形，さらに立枯れ症状であれば根の状態，萎凋であれば茎を切断して維管束の褐変の有無などを記録しておく。次にできれば虫メガネを使って植物体表面を観察し，病原の存在を示す〝標徴〟，例えば胞子の塊や菌核の有無，細菌病であれば菌液の有無などを調べる。一方，生物的因子によらない生理的な障害にも一見すると寄生病に良く似た症状が見られることがある。例えば養分の過不足や過度の灌水による過湿も植物の生育不良や葉面に様々な症状をあらわし，また薬害による斑点(薬斑ともいう)も斑点性の病気と紛らわしいものがある。

ここでは病害診断の原則的な事柄しか述べられないが，作物別の典型的な病徴を示すカラー図版と菜園から取った標本とを見比べることができれば，およその見当をつけることはさほどむずかしいことではない。

如何にして病気を防ぐか

3つの要因が重ならないように(図2)するにはどうすれば良いか，いくつかの手段がある。

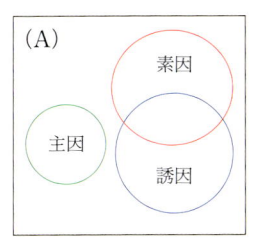

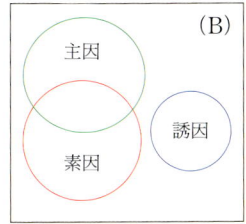

図2　3つの要因と発病の関係。AもBも発病しない

化学的防除

主因＝病原の量を減らすため，合成化合物を主成分とする殺菌剤による防除を化学的防除といい，大別して3つの実施場面がある。まず，殺菌剤の茎葉散布は植物の地上部が空気伝染によって病原菌に感染するのを防ぐために最も的確で有効な方法といえる。ただし治療的効果のある薬剤は少ないので，基本的には予防的に散布する。種子伝染あるいは種いも伝染する病害については，播きつけ前に種子や種いもを種子粉衣または希釈液に一定時間浸す処理をして発病を予防する。次に土壌病害に対する化学的防除は揮発性の化合物による土壌燻蒸や殺菌剤溶液の土壌灌注がある。土壌燻蒸は抑制的な土壌微生物も殺すので病原菌が種苗とともに再侵入すると被害が大きくなる傾向がある。

物理的防除

(1)太陽熱・石灰窒素法

夏季の太陽熱と石灰窒素による有機物(おもに稲わら)の堆肥化の際に発生する発酵熱で土壌を熱殺菌し，病害虫と雑草種子を殺す物理的防除である。処理の大要は，ハウス内で所定量の稲わらと石灰窒素を土中深く混和して十分灌水し，透明ビニールで表面を密閉して還元状態にし，20～30日間保つというものであるが，北海道の小規模の菜園でも実施可能か否かを検討してみる価値があろう。

(2)防虫ネットによるウイルス媒介昆虫の侵入遮断

ビニールハウスで発生する果菜類のウイルス病の多くは虫媒伝染するが，ハウスの開口部に目の細かなネットを張って昆虫の侵入を防ぐとウイルス病の発生をかなり減少させることができる。

(3)光線照射による病害抵抗性誘導

紫外光や緑色光の照射は植物の病害抵抗性にかかわるキチナーゼやグルカナーゼなどのPRタンパク質遺伝子の発現を誘導することが知られている。イチゴの植物体に対する特定波長の紫外線照射にはうどんこ病の防除効果が認められ実用化が可能である(山田ら，2008)。

耕種的防除

耕種的防除とは作物の栽培でつかわれてきた個々の技術を改善することによって病害による被害を低減することである。この被害低減という考え方は土壌伝染する菌類病や細菌病のような「難防除病害」の対策の基本でもある。実行可能な技術には，排水改善と有機物混入による「土地改良・土壌改良」，病原菌を持ち込まないための「健全種苗の使用」，病原菌密度を低下させるための「輪作」，被害を回避するための「作期・作型の改善」と「抵抗性品種」の作付などがある。

生物学的防除

微生物を利用して病原微生物を抑制し病気の発生を防ぐ方法で，効果が確認された微生物は製材化され，微生物殺菌剤として登録される。合成殺菌剤と比較して微生物殺菌剤には即効性が低いという短所があるが，①環境への負荷が少ない，②病原菌に対する特異性が高い，③耐性菌が出にくいなどの長所がある。現在登録されている微生物殺菌剤を，その作用機作別に分けると，およそ4つのタイプになる。

(1)場所取りと栄養競合

先に植物体上に定着した微生物が病原菌の増殖に必要な生息場所と栄養を奪って，感染を阻止する。例として，空気伝染する菌類病(うどんこ病など)の予防剤としてバチルス・ズブチリス(納豆菌)がある。

(2)場所取りと攻撃

先に定着した微生物が植物体表面で増殖し，抗菌物質生産や寄生あるいは溶菌作用によって病原菌を攻撃し，感染を阻止する。例としてイネの幼苗期病害の予防剤として，糸状菌のトリコデルマ・ビリデとタラロマイセス・ノラブスがある。

(3)抵抗性誘導

トマト根面に付着させた蛍光性シュードモナス細菌の特定系統は根内に侵入，定着して「内生細菌」となり，青枯れ病に対する抵抗性を誘導する。

(4)植物ワクチン(弱毒ウイルス)

宿主植物に対する病原性を失った弱毒ウイルスを苗に接種し，強毒型ウイルスによる発病を抑制する。例として，キュウリのズッキーニ黄斑モザイク病の予防のため，このウイルスの弱毒株が登録されている。

[引用・参考文献]
・岸国平：作物病害事典，全国農村教育協会，1988．
・山田真・石渡正紀・神頭武嗣・松浦克成ほか：減農薬栽培に向けた植物病害防除システム，松下電工技報56, 26-30, 2008．

II-10 農薬と安全

大坪 靖

農薬の目的

人間は長い進化の過程で，食料を自らの手で生産する「農耕」に辿り着き，食料生産の手段を得た。食料としての目的に合致した，作物の育種技術も，病害を多発させない耕種的防除（農薬を使わない）も評価されるべきだが，農耕は「非自然」である。畑や水田といった耕作地を労力をかけて耕し，単一の作物を栽培する。このこと自体が自然環境には反したことなのである。

しかし，そうして農業生産によって食物を得なければ，我々は生きていくことができないのだ。

農薬の歴史 1

わが国では 1670（寛文 10）年に水田に鯨油を撒き，その油膜の上にウンカ（イネの害虫）を叩き落としたのが，薬剤防除の始まりといえるだろう。ヨーロッパでは，ワインの原料であるブドウの病害防除にボルドー液（硫酸銅）がつかわれてから，まだ 150 年が経っていない。それ以前の農耕では病虫害や悪天候は，自然や神がもたらす不可抗力の被害であるとされていた。もっぱら祈ることしか方法がなかったのである。もっとも気象だけは未だ人間が対応する術がなく，これは今も祈るしかないのだが……。

農薬の歴史 2

最初に登場した化学合成農薬は，DDT や BHC 剤に代表される有機塩素系殺虫剤である（1940 年代）。次にパラチオン剤のような古典的有機リン剤が登場した（1950 年代）。しかし現在では DDT，BHC 剤は残留の懸念から，パラチオン剤は急性毒性の懸念からつかわれていない。

今では環境中での分解や，生産物を食べる消費者に対して安全が保障された農薬が使用されている。

なぜこうなったのだろうか？

科学技術の分野と進歩

DDT や BHC が登場したころは，有機合成化学という化合物をつくる技術の黎明期であった。化合物に生理活性（虫が死んだり，病気に効いたりすること）が認められると，比較的簡単に農薬にすることができた。パラチオン剤の毒性が問題になったころ，「毒性学」という分野は，うぶ声をあげたばかりであった。有機塩素系薬剤の残留が問題になったときも，環境科学や分解・代謝研究はまだなく，分析技術もまだ十分ではなかった。1980 年代から分析機器の検出感度が飛躍的にあがり，南極の氷から DDT が検出されたりしたが，「検出した」という事実のセンセーショナルに刺激され，人々はその単位を知ろうとはしなかった。

現代に至るまで

農薬の安全性に関する様々な周辺の科学が発展するにつれ，農薬には高い安全が求められた。

表1 農薬の開発経費（概算）

化合物合成	2,500,000 千円	新規成分 1 個を出すのに（50,000 化合物＝100 化合物／年×50 名×10 年）5,000 千円／人×50 名×10 年＝25 億
薬効・薬害試験	1,800 千円	1 作物×1 病害虫×1 濃度×1 試験場＝300 千円 有効例数 6 例必要のため最低 180 万円
毒性試験（原体） (製剤)	500,000 千円 4,800 千円	急性毒性試験，慢性毒性試験，発がん性試験，繁殖性試験，催奇形性試験，変異原性試験など
代謝試験	123,000 千円	動物体内運命試験，植物体内運命試験，土壌中運命試験，水中運命試験
魚毒性試験	6,300 千円	魚類急性，ミジンコ急性遊泳阻害・繁殖，藻類成長阻害
有用生物影響	2,800 千円	ミツバチ影響，蚕影響，天敵昆虫等影響，鳥類影響
原体の物化性	10,000 千円	有効成分の性状，安定性，分解等に関する試験
作物残留試験	3,000 千円	1 作物
土壌残留試験	5,400 千円	土壌残留試験（圃場，容器内），後作物残留試験
ダイオキシン分析	3,500 千円	ダイオキシンおよびダイオキシン以外の分析
合計	3,160,600 千円	化合物合成 25 億円＋農薬登録関連 6.6 億円＋α

表1は最近の農薬開発にかかる経費の概算である。

いちばん高額なのは，有望な化合物に行き着くまでの費用だが，各種毒性試験に 5 億円以上，有効成分の分解過程を調べる代謝研究に 1.2 億円以上の費用がかけられている。これは農薬の「安全性」を担保する上で欠かせないものだからである。

農薬を安全に使うために

安全性を保証したといっても，それは様々な生物に活性（影響）のある有効成分であるため，安全なつかい方が必ずラベルに示されている。

図1は，ラベルの適用欄の一例である。ある殺虫剤では対象害虫によって希釈倍数（効果）が違い，かける作物によって散布から収穫までの日数（作物残留性）が異なる。さらに細かくいえば，その薬剤の使用回数や，表以外の注意欄には薬害の注意が記されている。この

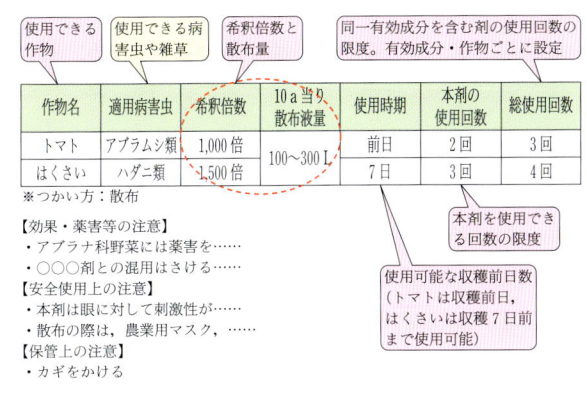

図1 農薬ラベルの見方

作物名	適用病害虫	希釈倍数	10a当り散布液量	使用時期	本剤の使用回数	総使用回数
トマト	アブラムシ類	1,000倍	100～300L	前日	2回	3回
はくさい	ハダニ類	1,500倍		7日	3回	4回

※つかい方：散布

【効果・薬害等の注意】
・アブラナ科野菜には薬害を……
・○○○剤との混用はさける……

【安全使用上の注意】
・本剤は眼に対して刺激性が……
・散布の際は、農業用マスク、……

【保管上の注意】
・カギをかける

ラベルに書かれたことを守って、初めてその農薬が安全に使用できるのである。

家庭園芸では

家庭園芸でつかえる農薬などの防除資材が販売されているが、家庭菜園で防除が必要になった場合には、これまでのことを参考に安全なつかい方をして欲しい。

ガーデニングで花をつくる場合は、育てた花が食用でなくても、やはり注意が必要である。

まず薬害に対する注意が欠かせない。家庭園芸用にも販売されているごく一般的な殺虫剤スミチオン乳剤は、「花き類・観葉植物」の適用があるようにたいていの花の害虫につかえるが、「宿根カスミソウ」のハモグリバエ類につかう場合には、「開花期には薬害を生じる恐れがあるので、使わないように──」との注意書きが適用表の外に書かれている。

家庭の芝の地下でチョウ目の幼虫やコガネムシの幼虫が悪さ（芝の根をかじる）をして、芝に生気がなく黄色を帯びてくることがある。その病害の部分を掘ってみて、ゴロンとしたイモムシが出てくればコガネムシの害である。これもスミチオン乳剤で防除できる。1000倍の希釈液を芝面1m²あたり3ℓをじょうろでしみ込ませれば、地下の害虫に薬液が届き退治できる。このような処理法を灌注という。

家庭での安全

作業者の安全

農薬を散布・つかう際には、必ず防除用の作業着を着用して欲しい。手袋、長袖、長ズボンの着用はもちろん、作業後は手や顔などを洗うことも大切である。

周囲を含めた安全

庭に何らかの農薬を散布したときは、濡れているうちは触らないことが肝心であるが、乾いてしまえば安全といえる。なぜかというと、農薬の有効成分はほとんどが水より油に溶けやすく、植物上で乾けば水に流れない「皮膜」になるからである。もし家に小さいお子さんがいて、これでも心配だという場合は、散布後翌日までは立ち入り禁止の目印をつけたり、紐で囲い

図2 薬剤を散布するときの注意事項

●散布前
ラベルや商品に入っている説明書をよく読んで、おつかいください。体調が悪いときや妊娠中の方、薬剤に敏感な方は使用しないでください。使用量にあわせ薬液を調整し、使いきってください。

●散布時
農業用マスク・ゴム手袋・長ズボン・長袖作業着などを着用し、肌の露出を少なくしてください。風上から風下に向かって散布してください。人家・洗濯物・ペット・自動車など散布目的物以外にかからないように注意してください。

●散布後
薬剤は直接日光のあたらない冷涼で乾燥した所に（火気を避けて）保管してください。小児の手の届かない場所に薬剤を保管してください。
（注）薬を吸い込んだり、直接触れないようにしましょう。

をつくっておくと良い。一度乾いてしまえば、翌朝の朝露でも流れ落ちることは少ない。

保管

基本的には万が一のお子さんのいたずらを考えて、カギのかかる場所に保管することが最良である。必ず手の届かない場所への保管を心がけて欲しい。

農業に理解を

ガーデニングなり家庭菜園なり、実際に土に触れて植物を育てることはとても大切なことである。病害や虫害以外にも、肥料を与えても生理障害がおこったりとなかなかうまくは行かないものである。

それでも植物の側に立ち、外敵から守りたくなることだろう。

それがご家庭の庭ならば、「手」で対処できる。育てることの大変さは、身を持って知るべきなのである。

しかし、もし見渡すかぎりの一面の広さでそんなことがおこったらどうすれば良いのだろう。それを支えるのが農薬なのである。

安全と安心

「農薬は安全なものだ」と大きな声で主張する気はない。現実に害虫や病気に効いたり、草を枯らしたりする。農薬は「安全なつかい方」があって、その安全性が各種の毒性試験や、残留分析などから担保されているのである。「安全なつかい方」がある点では、農薬に限らず医薬でも同じである。つかい方を誤れば生命の危機となる。暴論ではなく、食品も同じである。食塩やカフェインにも致死量はある。大事なのは食べ方（＝使い方）なのである。

スーパーの店頭で無農薬、あるいは減農薬、有機と書かれた野菜は普通にある。無意識にそれを選ぶ気持ちは否定できるものではない。

積極的に身を守るなら、「単位」に詳しくなるのも大切である。ppmは100万分の1、ppbは10億分の1、pptは1兆分の1である。

II-11 花の園芸史

荒川克郎

花の園芸史

花の園芸史とは，この植物はどのような歴史を経て，私の前で咲いているのかをあらわす植物と人とのかかわりの歴史で，植物観賞のための植物採集，移送，栽培，育種，植栽デザインについての歴史である。

ギリシア神話や古事記にも植物が述べられていて，神話の時代に既に植物観賞が日常的にあったことが想像される。

古代，中世日本での花の観賞

『古事記』(太安万侶編纂，712年)には，神武天皇が后，伊須気余理比賣を見初めた狭井川のほとりにササユリが咲いていたと述べられている。これにちなんで，奈良県率川神社の三枝祭りの際に巫女の手により三輪山から集められたササユリが奉納されている。

『万葉集』(大伴家持編集，783年)の約4,500首の歌の3首に1首，植物が歌われているといわれる。

『源氏物語』(紫式部，1008年)に登場する植物は，草本類が約50種，木竹類が約60種，合計約110種といわれ，最も出現回数が多いのはマツで約60回，モミジや紅葉も約60回，次はサクラの約50回，ウメ，フジ，ヤマブキ，ナデシコ，キク，ハス，オミナエシ，タチバナと続く。当時，多くの植物が庭を彩っていたことがわかる。また植物は十二単や襲などの色あいに取りいれられ，『源氏物語』に記述のある50色の約4分の3は植物に基づく色といわれている。

近世日本の花の育種

江戸時代には，枝変わり，変わり花，自然交雑，交配による花の変異，アサガオなどの変わり花の維持が行われていた。

『花壇綱目』(水野元勝，1681年)は日本最初の園芸書で，広範囲にわたった木草花の記載があり当時の園芸事情を知ることができる。

『花壇地錦抄』は江戸近郊，染井の植木屋，伊藤伊兵衛によって書かれ，1695年に開板された。全6巻5冊からなり，ボタン，シャクヤク，ツバキ，サザンカ，ツツジ，サツキ，ウメ，モモ，カイドウ，サクラなどの花木，草本ではキク，ナデシコ，ユリ(36種類)，ラン，アサガオなどの品種の特徴が記され，植え替え，培養土，肥料，草木の種類別の栽培ポイントが明らかにされている。

西洋人が見た近世日本の園芸状況

長崎出島に滞在していた西洋人の紀行に江戸時代後期の園芸の様子が述べられている。シーボルトはオランダ商館医として1823年に来日し，1826年にオランダ商館長の江戸参府に随行し，道中の自然や風景を，『江戸参府紀行』(1897年)に述べている。富士川のある庭園の様子を，「観葉植物も非常に豊富である。人に好かれているアンズ・サクラ・クサボケ・エゾノコリンゴ・カンアオイ-ラン科の植物は地面にきちんと並べて植えてあった。また近くにはツツジが群れをなし，遠くにはツバキやサザンカがあり，石を削ってつくった小さい池の周りにはコリンゴ，クチナシやシダが生えていて，色とりどりのコイがこれに生気を添えている。特に好かれる庭木や飾りになる植物は特別の床に植えてあった。すなわちボタン・サクラソウ・キク・センノウなどであり，たくさんの美しいカエデの種類やその変種はちょうど葉をひろげて，様々な明暗を示し，心地よい森となっていた。また温室もあり，その中でヤブコウジ・カンアオイや琉球産のものなどたくさんの植物が，初春の寒気から保護されていた」と述べている。

開国直後の日本を訪れたイギリスのプラントハンター，ロバート・フォーチュンは，『江戸と北京』(1863年)の中で，植木屋が軒を連ねる染井村の様子を述べている。「そこの村が多くの苗樹園で網羅され，それらを連絡する一直線の道が，1マイル(約1.6km)以上も続いている。私は世界のどこへ行っても，こんなに大規模に，売物の植物を栽培しているのを見たことがない」「サボテンやアロエのような南米の植物を注目した。それらはまだシナでは知られていないのに，日本へは来ていたのである。実際それは有利な見識による日本人の進取の気質を表している」。花を愛する国民性として，「郊外のこじんまりした住居や農家や小屋の傍らを通り過ぎると，家の前に日本人好みの草花を少しばかり植え込んだ小庭をつくっている。日本人の国民性の著しい特色は，下層階級でもみな生来の花好きであるということだ。気晴らしにしじゅう好きな植物を少し育てて，無上の楽しみにしている。もしも花を愛する国民性が，人間の文化生活の高さを証明するものとすれば，日本の低い層の人々は，イギリスの同じ階層の人たちに較べると，ずっと優って見える」と述べている。

近代の花の園芸史

観賞目的の植物採集，栽培，育種が体系的に発達するのは，日本においては経済が急成長した17世紀後半の元禄時代，ヨーロッパでは産業革命以降であった。

プラントハンター

植物学者はもちろん，職業としての植物採集家の他，宣教師や外交官によって植物標本の作成と種子や球根などの生体の採集が行われた。彼らはプラントハンターとよばれた。採集された植物のさく葉標本は大学や植物園の分類学者の元に送り届けられ新種発見者の栄誉が競われた。球根や種子などは収集依頼主の植物園や商社に送られた。

ウォーデアンケース

海を渡って生きた植物を輸送することが園芸の発展の鍵を握っていた。特に日本や中国からヨーロッパに植物を輸送するためには，1869年にスエズ運河が開通するまでは，船旅で赤道を2回通過しなければならなかった。1834年にナサニエル・ウォードによって，潮風や酷暑をかわし，日光を確保できるウォーデアンケースとよばれる小さな温室のような密閉式植物輸送用具が発明され，植物の海上輸送の可能性が革命的に広がった。観賞用植物ではないが，天然ゴムの原料となるパラゴムノキの種子はブラジルの禁輸品であったが，英国のキュー植物園で発芽した実生苗が，1876年にウォーデアンケースにいれられてスリランカとシンガポールに送られ，英国の植民地での栽培が始められた。マラリヤの特効薬であるキニーネの原料，キナノキを南アメリカの雲霧林からジャワ，インド，スリランカに送り届けたのもウォーデアンケースであった。

ロバート・フォーチュンは，日本で収集したアオキの雄株など大量の園芸植物をウォーデアンケースにいれてヨーロッパに持ち帰った（1860年）人物で，1851年に，短命なチャノキの種子を中国からインドへの航海中にウォーデアンケースの中で発芽させて，ダージリン高地への導入に成功している。

栽培・観賞

採集されて送り届けられた植物には，採集された場所の環境に似せた栽培環境と植栽デザインが用意された。保湿・保温が必要なシダ植物や熱帯・亜熱帯の植物には温室が用意され，滞水の苦手な高山植物，極地植物，地中海性植物にはロッケリーやロックガーデン，スクリーガーデン，ウォールガーデンなど石をつかったデザインが考案された。世界各地から収集された耐寒性のある草本植物には自然風の花壇が用意され，花期をアレンジした色彩デザインが開発された。

収集された植物の育種

収集された植物は十分魅力的な植物であるが，栽培しやすい個体や植物を選り出し，それらを交配してより強健で手間のかからない植物をつくり出したり，より豪華に，より印象深い好みの植物をつくり出すために，観賞用植物の育種が行われた。

図1 運送用に改良されたウォーデアンケース（wardian case, Wikipedia）

ユリの園芸史

ニワシロユリ（*Lilium candidum* マドンナリリー）はギリシア神話にも登場し，聖母マリアの受胎告知の聖画にも描かれ，ヨーロッパでは最もポピュラーなユリだが，このユリは紀元前の共和政ローマ軍がヨーロッパ遠征に際して，薬草として駐屯地で栽培し遠征先に広めたといわれている。中世においては，修道院の薬草園などで栽培されていた。

近世になり，日本や中国のユリがヨーロッパに導入されると，ユリの観賞価値が評価され始めた。日本では商社による球根輸出が始まり，中国奥地にはプラントハンターが送り込まれ，新しいユリの発見と導入が活発に行われるようになった。シーボルトが持ち帰ったカノコユリは1832年にヨーロッパで初めて開花して絶賛を浴び，球根は同じ重さの銀と交換されたといわれている。ニワシロユリは日本から輸入されたテッポウユリにホワイトリリーの名を譲り，イタリア語のマドンナリリー（聖母マリアのユリ）の呼称が提唱されるようになった。

ヤマユリ，カノコユリ，ササユリ，テッポウユリなどの野生ユリの山取り球根は，明治維新直後から外貨を得るための輸出品となり，第二次世界大戦まで輸出が続いた。

表1 横浜植木商会ユリ根輸出量（1891（明治23）年2～12月）

山百合	550,569球	笹百合	14,201球
鉄砲百合	136,463球	作百合	5,961球
赤鹿の子	78,544球	赤平戸	5,821球
白鹿の子	73,260球	その他	49,061球

（横浜植木株式会社，1993）

表2 横浜港のユリ根輸出量（1928（昭和3）年）

テッポウユリ	20,081,769球	サクユリ	48,815球
カノコユリ類	3,818,953球	スカシユリ類	41,835球
ヤマユリ	1,503,321球	コオニユリ	23,262球
オニユリ	144,890球	ササユリ	21,910球

（鈴木，1971を一部改変）

ユリ王国

日本には14種のユリが分布している。そのうち7種は日本固有のユリである。カサブランカなどのユリは，オリエンタルハイブリッドに区分される。オリエンタルハイブリッドの親となった野生のユリは，ヤマユリやシマカノコユリ，ササユリ，オトメユリ，ウケユリ，タモトユリで日本の固有のユリである。日本のユリには観賞価値の高いユリが多く，日本がユリ王国とよばれる所以である。

ユリのプラントハンター

英国のプラントハンター，アーネスト・ヘンリー・ウィルソンは英国のヴィーチ商会の依頼で訪れた長江の支流，四川省の岷渓谷で1903年にリーガルリリーを発見した。

写真1 リーガルリリー

1908年に再度渓谷を訪れ，リーガルリリーの球根を米国に送ったが輸送中に腐ってしまった。3度目の1910年に採取された球根は無事に米国のボストンに到着した。しかしウィルソンはこの採集旅行中にがけ崩れに遭遇し片足の自由を失い，チャイニーズウィルソンの愛称でよばれていたウィルソンはそれ以後中国を訪れることはなかった。

ウィルソンは日本の植物を欧米に紹介したことでも知られている。屋久島のヤクスギの切り株，ウィルソン株や日本のサクラ69品種を調査し欧米に紹介した。

ユリの育種

日本では，江戸時代から，エゾスカシユリやスカシユリなどの花色や花びらの変異を珍重し，さらに交雑などによって，スカシユリ(*Lilium* × *elegans*)という品種群をつくってきた。欧米に導入されたスカシユリは，ユリの品種改良にも利用された。ヤマユリやカノコユリの交雑は，江戸時代には行われていなかったが，花形や花色の異なるユリを，野生から見出し，園芸品種として珍重していた。

ユリ根輸出が本格化した明治以降，オセアニア，米国，ヨーロッパでは競うように，美しい日本のユリによる育種が進められた。オリエンタルハイブリッドの親となった野生のユリは，ウィルス病や球根の腐敗病に弱く，長く育てられないことが課題だった。花の華麗さや気品をそのままに，強健さや耐病性，ウィルス抵抗性の獲得が育種の鍵ともなった。

ユリの園芸品種の区分

ハイブリッドの区分でよく知られているのは，王立園芸協会が担っているユリの園芸品種登録での分類で，「ショウとカタログ掲載を目的とした登録のためのユリの園芸的分類に関する提案」では園芸的分類はウバユリ属を含め10に分けられている。従って，ユリは大きく9つに分けられている。

1類 アジアティックハイブリッド
オニユリ，マツバユリ，ダウィディ，スカシユリ，ホランディクム，コマユリ，イトハユリ，ヒメユリ，ブルビフェルムなどの種もしくはハイブリッドグループに由来するハイブリッド。

2類 マルタゴンハイブリッド
両親のいずれかがマルタゴンリリーかタケシマユリの品種であったマルタゴンタイプのハイブリッド。

3類 カンディデュムハイブリッド
ニワシロユリやカルケドニクムと，マルタゴンリリーを除くその他の近縁のヨーロッパの種からのハイブリッド。

4類 アメリカンハイブリッド
北アメリカに自生するユリのハイブリッド

5類 ロンギフロールムハイブリッド
テッポウユリとタカサゴユリに由来するハイブリッド。

6類 トランペットハイブリッド／オーレリアンハイブリッド
キカノコユリを含むアジアに自生する種に由来するトランペット形とオーレリアンハイブリッドに由来するハイブリッド。

7類 オリエンタルハイブリッド
ヤマユリ，カノコユリ，ササユリ，オトメユリなどの極東の原種およびキカノコユリとのハイブリッドを含むハイブリッド。

8類 その他のハイブリッド
上記7つの分類に属さないすべてのハイブリッド。遠縁種間交雑によって生まれたロンギフロールム アジアティックハイブリッドやロンギフロールム オリュンタルハイブリッド(L. O.)，オリエンペット

写真2 4類アメリカンハイブリッド レークタホ

ハイブリッド(O. T.)を含む
9類　原種およびその変種，品種
10類　ウバユリの種，変種，品種

アジアティックハイブリッドの育種

1949年に，米国のジャン・デ・グラフはミッドセンチュリーハイブリッドを作出し，エンチャントメントなど，現代のアジアティックハイブリッドの交配親となった名花が，輩出した。

カナダ農務省中央試験場の，イサベラ・プレストンは，1929年からユリの育種を始め，赤色や橙色の横向きや下向きの，一群のプレストンハイブリッドをつくり出した。サスカチュワン大学のパターソンは，1930年代に，冬の寒さが厳しいカナダのプレーリーで栽培できるユリをつくる目的で，ウィルモッティアエとマツバユリの組み合わせや，プレストンハイブリッドとの交配により，パターソンハイブリッドをつくったが，交配の親としてつかえる稔性を持っていたのは，ふたつの品種だけだったという。

ジャン・デ・グラフが率いるオレゴン・バルブ・ファームズは，1950年ごろにミッドセンチュリーハイブリッドとは別に，ハーレクィンハイブリッドをつくり出した。パターソンハイブリッドを交配して生まれたといわれている。アントシアン系色素を持つマツバユリを親にすることで，アジアティックハイブリッドは，白色や乳白色，黄色，橙色，桃色，赤色，紫色などのパステルカラーを含む，多様な花色を持てるようになった。

パステルカラーのハイブリッドは上向きのミッドセンチュリーハイブリッドのユリと交配され，1970年代中ごろには，上向きのパステルカラーの品種が発表された。

オリエンタルハイブリッド

パークマニーは，1869年に，米国のパークマンが，カノコユリとヤマユリとを交雑してつくった系統で，以後，同様の組み合わせによるハイブリッドを，総称する学名となった。パークマニーに属するおもなハイブリッドに，ジリアン・ウォーレス，ポトマックハイブリッド，メルフォードハイブリッドなどがある。農林省園芸試験場の阿部定夫と川田穣一らは，1908年に，(カノコユリ×サクユリ)×サクユリの組み合わせでパシフィックハイブリッドとよばれる品種群をつくった。

ジャン・デ・グラフは1953年以降にヤマユリやサクユリ，カノコユリ，ササユリ，オトメユリの交雑を繰り返し，インペリアルシリーズ，リトルラスカルズストレイン，ピンクグローリーストレインなどをつくり出している。

アカプルコ，マルコポーロ，ホワイト・スターゲイザー，シベリアなどは，レスリー・ウッドリフが1970年代に作出した，上向き咲きのオリエンタルハイブリッド，スターゲイザーやル・レーヴなどを親にしてつくられたユリで，モダーンオリエンタルハイブリッドとよばれている。

トランペットハイブリッド

フランスのオルレアン地方に住んでいたデブラがリリウム・サルゲンティアエ×キカノコユリの組み合わせによってつくったユリが，オーレリアンハイブリッドの最初のユリである。デブラは数年にわたり授粉作業を繰り返し，1925年に2粒の種子を得，1粒が1928年に開花した。

米国のオレゴン・バルブ・ファームズでは，キカノコユリやサルデンティアエ，スルフレウム，オーレリアネンセ，T. A. ハーヴメイヤーなどを交配して，オーレリアンストレインをつくりあげた。トランペット形から星形までの花形を揃え，花色も純白色からクリーム色，レモンイエロー，橙色に至るヴァリエーションがあったという。

その他のハイブリッド

ユリ；ロートホルン

1977年に北海道大学の明道博教授らが発案した「花柱切断授粉法」により，それまでハイブリッドをつくることがむずかしかった遠縁のユリの交雑が可能になった。浅野義人がテッポウユリと歌声の交配で1977年に作出したロートホルンは花柱切断授粉法と胚培養による遠縁種間交雑の先駆けとなった。

ロンギフローラム アジアティックハイブリッド

テッポウユリとアジアティックハイブリッドとの交雑はピンク色のテッポウユリやクリーム色のテッポウユリをつくるきっかけとなり，タカサゴユリの早熟性を利用してアジアティックハイブリッドのユリを短期間で生産できるようになった。

ロンギフローラム オリエンタルハイブリッド

乙女の姿やエレガントレディなどはロンギフロールムハイブリッドとオリエンタルハイブリッドとのハイブリッドである。

オリエンペット ハイブリッド

ゴールデン・スターゲイザー，シルクロード，シルクスクリーンなど，オリエンタルハイブリッドにはない花色や花形を持ったユリで，オリエンタルハイブリッドとトランペットハイブリッドとのハイブリッド。

[引用・参考文献]
- フォーチュン，R.(三宅肇訳)：江戸と北京―英国園芸学者の極東紀行，広川書店，1960.
- シーボルト(斎藤信訳)：江戸参府紀行，東洋文庫，1967.
- 鈴木一郎：日本ユリ根貿易の歴史，㈳日本球根協会，1971.
- 横浜植木株式会社100年史：横浜植木株式会社，1993.

II-12 ライラックの園芸史

庵原英郎

ライラックの特性

ライラックは，モクセイ科ハシドイ属の落葉性低高木で，花は円錐花序をなし，花冠は漏斗形で芳香がある。当年枝に花芽を形成し，低温に遭遇することで休眠が打破され翌年開花する。おもに石灰岩土壌に生育しアルカリ性で排水性の良い土壌を好む。多くの種類は耐寒性が強く耐暑性が弱いため，冷涼な気候下での栽培に適している。海外では庭園樹として古くから用いられている。わい性で鉢植え向きの種類もあり鉢花として流通している。また，切り花として古くから利用されている。

ライラック名前の由来

学名の Syringa は，ギリシャ語の Syrinx に由来し，枝の髄をくりぬいてパイプや笛をつくったことに由来する。

和名はハシドイで，「枝を火に投じるとパチパチとはぜることから」，「花が枝先に集まることから端集い」などが名前の由来といわれている。

また，花が羽根つきの羽に似ていることから金衝羽（きんつくばね）ともよばれている。

英名のライラック，仏名のリラは，青を意味するペルシャ語の lilak または lilaf から転じたといわれている。

ライラックの分布

ハシドイ属の原種は，南東ヨーロッパから，東アジアにかけて約30種が自生している。

南東のヨーロッパに自生しているライラックは，ムラサキハシドイ（S. vulgaris）およびハンガリーハシドイ（S. josikaea）の2種のみである。

ムラサキハシドイは，ユーゴスラビア，マケドニア，ルーマニアなどのバルカン半島に自生する。

ハンガリーハシドイは，ハンガリー，バルカン半島の山地などに自生する。

ヒマラヤハシドイ（S. emodi）は，ヒマラヤ西部，アフガニスタン，パキスタンなどの標高2,000〜3,000 mに自生している。

シセンハシドイ（S. komarowii ssp. reflexa）やチョウセンハシドイ（S. pubescens ssp. patula）など，その他の多くは，中国，朝鮮半島などの標高500〜2,000 m付近に自生している。

日本には，北海道から本州にかけて自生するハシドイ（S. reticulata ssp. reticulata）およびマンシュウハシドイ（S. reticulata ssp. amurensis）が分布している。

写真1　ムラサキハシドイ
写真2　ハンガリーハシドイ 
写真3　ヒマラヤハシドイ 
写真4　シセンハシドイ 
写真5　チョウセンハシドイ 
写真6　ハシドイ 

種間での特性の違い

樹高は，3〜5 m程度がライラックの中では多いが，ハシドイは，7〜10 mにもなる高木でジャパニーズ・ツリー・ライラックともよばれている。

また，メイヤーライラック（S. meyeri）やチャボハシドイ（S. pubescens ssp. microphylla）は1.5 m程度と小型の種もある。

開花期は種により異なり，早咲きのオニハシドイと

写真7　ハシドイ（中央）とメイヤーライラック（右下）

遅咲きのハシドイでは，1か月以上の開きがある（表1）。

表1 ライラック種別の開花期

種　名	5月	6月	7月
オニハシドイ			
トネリコバノハシドイ			
ムラサキハシドイ			
シナハシドイ			
ウォルフィライラック			
メイヤーライラック			
シュツワンライラック			
コマロフハシドイ			
ウスゲシナハシドイ			
ジュリアナライラック			
チョウセンハシドイ			
シセンハシドイ			
ユンナンハシドイ			
ヒマラヤハシドイ			
ハシドイ			

（川下公園 1997，1998 調査）

ライラックの園芸品種の国際的な登録機関である，カナダのオンタリオ州に位置するロイヤル・ボタニカル・ガーデンズでは，ライラックの花の色を7色に分類している。しかしながら，土壌の酸性度，その年の天候や花の咲き進みの程度により花の色が変化する。また，花色が混じっている種類もあり判断がむずかしいものもある。花の形は，一重と八重に分類されている。

①ホワイト系
②ヴァイオレット系
③ブルー系
④ライラック系
⑤パープル系
⑥マゼンタ系

ライラックは，枝分かれした花軸に小花を多数つける円錐花序である。小花は，花弁が通常4裂する。

ひとつの円錐花序に，ムラサキハシドイは多いもので300個，メイヤーライラックは20個の小花をつける。また，小花の直径も，0.7～3 cm と種類により，開きがある（写真8）。

ライラックの育種

ライラックは，16世紀ごろからヨーロッパで栽培されるようになった。ライラックの育種は，ヨーロッパで19世紀後半からさかんになり，その後，ロシアや米国，カナダに伝わり，多種多様な園芸品種が作出されている。カナダのオンタリオ州に位置するロイヤル・ボタニカル・ガーデンズは，ライラックの園芸品種の国際的な登録機関として台帳が整備されている。2012年現在で約2,000品種以上が登録されている。

フランス東部ロレーヌ地方ナンシーの園芸家のビクトール・ルモアン（1823～1911）は，ヒメリンゴやフク

写真8 ライラックの花の大きさの違い

シアなど数多くの植物の育種家として知られている。その中でもライラックは，親子3代で214品種も作出しており，その後のライラックの育種の礎を築いた。

ライラックの人工授粉による育種が，ルモアンによって1870年に初めて行われたといわれている。

ルモアンは，ブルーの花色で小輪八重咲のムラサキハシドイ'アズレア・プレナ'（写真9）とムラサキハシドイの園芸品種との交雑により，多くのブルー系のライラックを作出した。

この交雑により作出された系統は，「フレンチハイブリッド」，「フレンチライラック」とよばれている。

ルモアンは，40歳代後半には，視力が低下し，手先も不安定だったため，交雑の作業は，おもに妻や息子のエミルが行ったといわれている。

ロシアの園芸家のレオニード・A・コレスニコフは，寒冷地でのライラックの独自の栽培技術を確立した。

ライラックの育種では，おもにルモアンの作出した園芸品種を使用し，剣弁で八重咲の'クラサヴィトゥサ・モスクヴィ'（1947年作出／写真10）など，独特の色あいで非常に卓越した品種を作出している。

世界最大の切り花市場のあるオランダのアールスメールでは，ディック・エヴェリーンズ・マース（1881～1975）が，ライラックの切り花の促成栽培を行っていた。また，促成栽培に適したライラックの育種も行っていた。

ライラックの促成栽培では，高温をあてて芽吹きを促す。その際に突然変異がおこりやすい。マースは，この枝を挿し木や接ぎ木により繁殖して，新しい園芸品種を作出した。

紫に白い縁取りの入る'センセーション'（1938年作出／写真11），淡いクリーム色の'プリムローズ'（1949年作出／写真12）は，現在でも人気が高く市場に流通している。

イザベラ・プレストンは，カナダの農務省中央試験農場の園芸試験場で中国原産のウスゲシナハシドイとシセンハシドイの交雑により，遅咲きで花つきが良く耐寒性の強い品種群を作出した。この系統は，プレス

トンライラックと名づけられた。
　米国のジョン・L・フィアラ神父は，いくつもの原種を使用した多重交雑品種やコルチヒンの使用による倍数体の品種など，多くの園芸品種を作出した。

🌿 ライラックの園芸品種

フレンチライラック（S. vulgaris）
　ムラサキハシドイの園芸品種で世界的に最も普及している。フレンチハイブリッドともよばれる。

写真9　'アズレア・プレナ'　　写真10　'クラサヴィトゥサ・モスクヴィ'

写真11　'センセーション'　　写真12　'プリムローズ'

ヒアシンシフローラライラック（S.×hyacinthiflora）
　ムラサキハシドイとオニハシドイの交雑種。早咲きで花つきが良い。秋に紅葉する品種もある。

写真13　'スイートハート'　　写真14　'ポカホンタス'

プレストンライラック（S.×prestoniae）
　ウスゲシナハシドイとシセンハシドイの交雑種。遅咲きで耐寒性が強く。小輪で花つきが良い。

写真15　'ゴプラナ'　　写真16　'ダニューシア'

その他の園芸品種
　3つ以上の種の掛けあわせによって作出された園芸品種'メヌエット'（写真17）は，ウスゲシナハシドイ，シセンハシドイ，ハンガリーハシドイの3種が親になっている。

写真17　'メヌエット'　　写真18　'プレイリア'

写真19　'アグネス・スミス'　　写真20　'ジェームス・マクファーレン'

わい性の園芸品種
　近年の海外の育種では，チャボハシドイやメイヤーライラック，チョウセンハシドイなどを交雑親に用いたわい性種の作出が流行のひとつとなっている。これらの品種は，花つきも良く鉢植えでの栽培に適している。

写真21　メイヤーライラック'パリビン'　　写真22　チョウセンハイドイ'ミス・キム'

写真23　'ミス・カナダ'

🌿 北海道でのライラックの歴史
　ライラックは，高温多湿の環境では育ちにくい種類

が多く，本州では導入されても育たなかったと考えられる。北海道への導入は明治にはいってからといわれており，札幌市周辺に古木が多く見られる。

ライラックは，札幌市内では，同一種の個体が数多く見受けられるが，ひこばえを掘り取り繁殖させることが容易にできるため，これにより札幌市周辺に普及していったものと考えられる。

現存する最古のライラックとしては，当時の函館駐在英領事のリチャード・ユースデン夫妻が1879年の函館公園の開園記念に植樹するために，母国の英国から西洋グルミとともに取り寄せたライラックが知られている。原木は，1954年の洞爺丸台風で枯れてしまった。1932年に故三島義堅氏が，函館公園内にあった当時の市立函館図書館に植栽されていたライラックのひこばえをもらい受け，自宅の庭で育てていた株が生存していた。その株を，故三島義堅氏の義理の息子の故三島清吉氏が1987年に北海道工業センター(函館市桔梗町)へ植栽した。そのひこばえから繁殖されたライラックが，2008年に函館公園に植栽された。

また，札幌では，現北星学園の創設者のサラ・クララ・スミス女史が1890年に一時帰国した際に故郷の米国のエルマイラから携えてきたとされている。北星学園のライラックは，戦時中に敵国の木という理由で切られたとされているが，同時期に北海道大学植物園にも植栽されており宮部金吾記念館前に現存する。当初この株は，同園の温室付近に植栽されていたが，現在の場所に移植する際に運搬に使ったソリが植え穴から引き出せず，そのまま埋められたと伝えられている。

に植栽されている。

札幌市では，1960年に人口が50万人を突破したこと，また，米国のポートランド市との姉妹提携を記念して実施された市民投票により，カッコウ(鳥)とスズラン(花)とともにライラックが市の木として選ばれた。

ライラックが札幌市の木に指定された前年の1959年から，「ライラックの花が咲き揃う季節に文化の香り高い行事を行う」という道内の文化人のよびかけによりライラックまつりが大通公園で開催され(写真25)，第51回(2008年)から川下公園も会場として加わった。

写真25 ライラックまつりの様子

札幌市の公園では，大通公園に約400株が植栽されているが，名前のはっきりしたライラックのコレクションとしては，川下公園の「ライラックの森」に，約200種類1700株，百合が原公園の「ライラックコレクション」に，50種類50株，2006年にオープンした創成川公園に，30種類200株が植栽されている。

写真24 北海道大学植物園のライラック

ウィリアム・スミス・クラークが，北海道大学の前身の札幌農学校教頭として赴任した際に，採取したハシドイの種子を1876年に米国のハーバード大学アーノルド樹木園に送った。この種子から育てられたハシドイが現在も同樹木園で栽培されている。挿し木苗が，1998年に121年ぶりに里帰りし，植物園と川下公園

写真26 川下公園ライラックの森

写真27 百合が原公園ライラックコレクション

上左：ゲラニウム，上右：ユリ，下左：インパチェンス，下右：ライラック

第III章
ガーデニング植物の栽培・管理

バラ花壇(大通公園)

バラボランティア

III-1　草花の栽培

生方雅男

種から始めますか，それとも苗から始めますか？

農業の世界では苗半作といい，良い苗ができれば作物作りの半分は終わったといわれている。

まずは種子か苗から始めるかを選ぶ。種子の場合は直接畑に播くのと，苗をつくってから植えるかを選ぶ。一般にマメ科やケシ科は移植を嫌うので，直接畑に種子を播いた方が良い。

一番簡単なのは苗を購入することである。早く花壇をつくることができる。注意しなければならないのは，ハウス栽培の苗が早くから店頭に並ぶため，早く植えすぎて霜にあててしまうことである。耐寒性の弱い品目では注意が必要になる。

種子を直接畑に播く場合は，適した時期に播くのが肝要である。早すぎると霜の影響や，遅すぎると開花せずに終わってしまうこともあるからである。

種子から苗をつくるのは手間と時間がかかるが，花を咲かせたときの喜びはひとしおだろう。また好みに応じた多くの品目，品種を選ぶことができるのも魅力のひとつである。

一年草，宿根草とは

一年草，宿根草とは園芸的なよび方で，学術用語ではない。一年草とは毎年種を播いて栽培する品目で，それに対して宿根草とは多年草の中から球根，ラン，多肉植物，笹類などを除いたものである。

一年草の品目の選び方

一年草には春播きと秋播きがある。春播きの品目(マリーゴールド，ヒマワリなど)は寒さに弱く，比較的高温を好むものが多い。秋播きの品目(パンジー，ビオラなど)は比較的低温にあたる必要があるものが多い。

寒さの厳しい北海道では秋播き一年草だと越冬できない場合があるので，春に播いてもかまわない。なぜなら北海道では春の気温が低いため，秋播きの品目でも春の低温に遭遇して開花する場合が多いからである。しかしそのためには，早く種を播いて苗をつくる必要がある。

これらの特徴を理解して品目を選ぼう。

多年草の品目の選び方

多年草は一般的には開花の期間が短いものが多いが，一度植えると長期間楽しむことができる。常緑(クリスマスローズ，ツボサンゴなど)のものや落葉するものがある。

選ぶ上での注意点を述べると，ひとつは越冬性である。北海道で越冬が困難なものもあるので，植物ごとの耐寒性を良く調べて品目を選ぶことが重要である。インターネットで「日本ハーディネス・ゾーンマップ」で検索すると，PDFデータで閲覧することができる。

表1は最低月気温の平均値に基づいて作成され，特別な防寒をしなくても越冬できる目安となる。元々は米国農務省が作成した地図を国内向けに作成し直したため，温度が華氏から摂氏(℃)に変換されており数値に小数点がある。国内の書籍や海外の種苗カタログにはこのゾーン表記が記載されているものがある。

次は入手時期についてだが，宿根草は霜が降りなくなったら早く植えた方が生育が良好になる。これは1年目に生育期間を長く取り，株を大きくさせるためである。あまり遅い植え込みになると，越冬しない危険性もある。また宿根草は低温にあたらないと花芽ができないものが多いため，植え込んだ年に咲かないこともある。しかし北海道は春先の温度が低いので花芽ができるのに良い条件となっている。

球根類には春植え球根と秋植え球根がある。春植え球根は耐寒性のないもの，秋植え球根は耐寒性に優れ

表1　日本のハーディネス・ゾーン

ゾーン	気温	地名
11 b	>7.2℃	那覇，石垣島
11 a	>4.4℃	名護，名瀬
10 b	>1.7℃	沖永良部
10 a	>−1.1℃	種子島
9 b	>−3.9℃	枕崎，石廊崎
9 a	>−6.7℃	東京，大阪
8 b	>−9.4℃	富山，仙台
8 a	>−12.2℃	江差，松前
7 b	>−15.0℃	森，様似
7 a	>−17.8℃	函館，苫小牧
6 b	>−20.6℃	札幌，留萌
6 a	>−23.3℃	釧路，網走
5	>−28.9℃	旭川，帯広
4	>−34.4℃	名寄，占冠
3	>−40.0℃	

表2　ゾーン別多年草の例

ゾーン	植物名
10	ニチニチソウ，ロベリア，サルビア・スプレンデンス
9	ケイトウ，センニチコウ，ラナンキュラス，フレンチマリーゴールド
8	カーネーション，カンナ，アネモネ，スイセン
7	ミヤコワスレ
6	シュウメイギク，ホタルブクロ
5	アスチルベ，リンドウ，ラベンダー(イングリッシュタイプ)
4	ルドベキア，スカビオサ，ベロニカ，ムスカリ
3	オダマキ，クリスマスローズ

たものが多い。

表3　春植え，秋植え球根と植え込む深さ
| 春植え | ダリア(3 cm)，グラジオラス(5 cm)，カラー(5 cm) |
| 秋植え | チューリップ(10 cm)，ユリ(15 cm)，スイセン(10 cm)，クロッカス(5 cm) |

種子播き

種子と種子播き用の土と温度を確保できる場所を用意する。直接播く場合は畑の準備をしておく。

種子の入手は早めに，また信頼のおける所から新しい種子を購入するのが良い。古い種子は発芽率が低くなるものが多いので注意が必要である。購入して播くまでに時間があるときは湿度の低い冷暗所で保管しておく。

種子播き用土は水はけが良く，保水性にも優れたものを選ぶ。直接畑に播く場合は，事前に有機物や肥料を撒き，土を良く混ぜて1～2週間寝かせておくと良い。

箱やポット，セルトレイ(小さいくさび形のポットが連結して並んでいる育苗パネル)に播く場合は，種子の大きさや播種する深さに応じた用土の選択も必要である。種子が小さい場合は目の細かい用土を選ぶ。または播種用土の表面だけに細かい用土を敷き詰める。発芽に光の必要ないものは上から同じ用土をかける。播種する深さは1 cm程度が目安である。

種子播き後は速やかに水を撒く。種子の上に撒いた用土や種子が流れないように細かい目のジョウロでゆっくり散水する。箱やポット，セルトレイに播く場合は用土の底面部分を水に浸漬させる方法もある。この場合は発芽が確認されたら，底面からの給水は打ち切り，上からの水やりに変更する。

発芽までの温度管理は，一般に15～25℃のものが多い。また催芽という，播種後に発芽適温に管理し，発芽率を高める方法もある。また一部の宿根草や樹木の種子では播種後，5℃以下の低温で管理したり，秋に播いて翌春発芽してくるものもある。また発芽までに1月以上の時間を要するものもある。発芽の遅いものでは間違えて処分しないよう様子を見る必要がある。

播種後は用土が乾かないように水管理を行う。春早い時期の畑への直播きでは，地面に不織布などで被覆をした方が早く発芽する。

育　苗

発芽した後，発芽本数が多くなり芽が込んでいるようであれば間引きを行う。ピンセットなどで残った苗を傷つけないように丁寧に行う。

箱播きの場合，発芽し本葉が出てきたら，ポットに鉢上げをする。根を傷つけないように播種用土から取り出し，6～9 cm程度のポリポットに定植する。セル

表4　発芽適温と覆土，発芽までの日数
品目名	発芽温度(℃) 15 20 25 30	覆土	発芽までの日数 7 14 21
アゲラタム	○ (25)	無	○ (7)
アリッサム	○ (25)	無	○ (7)
フレンチマリーゴールド	○ (20)	薄く	○ (7)
ケイトウ	○ (25)	必要	○ (7)
コスモス	○ (20)	必要	○ (7)
シクラメン	○ (15)	必要	○ (21)
ダリア	○ (20)	必要	○ (7)
ナデシコ	○ (20)	薄く	○ (7)
ヒマワリ	○ (20)	必要	○ (7)
インパチエンス	○ (25)	薄く	○ (14)
ロベリア	○ (20)	無	○ (14)
キンレンカ	○ (15)	必要	○ (14)
パンジー	○ (20)	薄く	○ (14)
ペチュニア	○ (20)	無	○ (7)
サルビア	○ (20)	無	○ (7)
キンギョソウ	○ (20)	無	○ (7)
バーベナ	○ (20)	薄く	○ (14)
ヒャクニチソウ	○ (20)	必要	○ (7)

トレイに播いた場合は根が回りすぎないうちにポットに定植する。ときどき根の状況を見ておくと良い。

用土は播種用ではなくポット用のものを選ぶ。通常ポット用の用土には播種用土に比べ肥料が多めに含まれている。

鉢上げ後はポットの土が乾かないような水管理を行う。水やりのポイントは，まきムラのないように十分に水を与えることである。水撒き後はポットの底から水が出ているかを確認する。特に外側の苗は内側に比べ乾きやすいので注意が必要で，場所により散水の量を変える必要がある。

ポットの中の根が回ってきて，土が崩れなくなるころが定植に適した時期である。根が回りすぎると適期を過ぎるため，毎日の観察が重要となる。

移　植

移植前には植える場所の準備をしておく。堆肥，ピートモスなどの有機物，酸度矯正のための石灰散布などは早めに行い，十分に土になじませておく。中性を好む花では，ピートモスを多く撒いた場合には石灰を撒き酸度を矯正する。できれば肥料は定植直前に撒き，これも十分に土と混ぜる。プランターの場合も同様に準備しておく。

初期生育の遅い品目ではゆっくり効いてくる肥料(有機質系肥料)，早い品目ではすぐに効く即効性の肥料(化成肥料)を選ぶと良い。いずれにしても肥料のやり過ぎには注意が必要である。

畑の水はけが悪いようであれば周りに溝を掘り，余分な水が流れるようにすると良い。また植える所だけ土を高く盛っておく方法もある。

庭の中には，樹木があり日あたりが良くない所や，午前中は日があたるが，午後には日陰になるところな

表5　花きの好適酸度

酸性	中性	アルカリ
アジサイ（青系）	アサガオ	アジサイ（赤系）
アスチルベ	インパチェンス	スイートピー
グラジオラス	キンギョソウ	ラベンダー
コリウス	シクラメン	ローズマリー
サツキ	ダッチアイリス	
スイレン	チューリップ	
リンドウ	プリムラ	
	マーガレット	
	ラナンキュラス	

ど，様々な条件がある。日陰を好むものや日照を好む植物があるので，場所を考えて植える必要がある。

表6　日向を好む花，日陰を好む花

日向←			→日陰
アゲラタム	アスチルベ	インパチェンス	レックスベゴニア
アネモネ	コリウス	ギボウシ	
カラー	スズラン	フッキソウ	
コスモス	ミヤコワスレ		
クレマチス	フロックス		
シクラメン			
パンジー			

植物の中には，昼夜の長さによって開花するもの，しないものがある。街灯などに照らされる場所にキクに代表されるような短日性（昼の時間が短くなると花をつける性質を持つ植物）の植物を植えると，開花しない可能性が大きい。また日あたりを好む花については，塀や樹木，建物の日陰にならない所を選んで植える。

表7　昼夜の長さで開花しやすさが変わる花

昼の時間が夜より長いと開花しやすい	カーネーション，キンセンカ，カスミソウ，ペチュニア
昼の時間が夜より短いと開花しやすい	キク，ポインセチア，アサガオ，コスモス，サルビア，マリーゴールド
昼夜の時間で変わらない	バラ，シクラメン，ゼラニウム，パンジー，チューリップ

植え方は開花したときの株の大きさを考えて，株の間隔をとる。たくさんの種類の花を植えるときには株の間隔だけでなく草丈も考え，後ろに植えた花が見えるよう気をつける。さらに咲く時期，咲いている期間も考えて配置を考える。

移植前には苗に十分に水を与えておく。移植ごてなどで植える穴を掘っておく。植える深さは通常，苗の土の表面と同じくらいにする。根を傷つけないようにポットから取り，周りの土で植え穴と隙間のできないよう植える。植えたら早めに水やりをし，土を落ち着かせる。土にくぼみができるようであれば周りの土で平らにする。

球根類の植え込み時には深さにも配慮する（表3）。通常は球根の高さの2～3倍の深さが目安となる。球根には球根上部から出る上根で養分を吸収するものがあり，このような球根（ユリなど）は深く植える。ただし，鉢やプランターに植える場合は浅植えでも差し支えないが，球根の消耗が大きくなる。

除草をできるだけ避けるため，植床や通路に防草シートやバーク，わらなどをマルチングする方法もある。これらは防草だけでなく，土壌の乾燥防止や高温時の地温の上昇も防ぐ。また寒い時期に黒や透明のマルチシートをつかえば，地温の確保によりその後の生育促進にも役立つ。

追　肥

一年草で生育期間の長い品目，宿根草の定植2年目以降は追肥を行う。一年草の場合はできれば水やり時に液体肥料を薄めて撒くのが効果的である。液体肥料は薄めるときに倍率を間違えないよう注意する。

宿根草の場合は春に株の周りに追肥を行う。根を傷つけないように浅い部分の土と混和すればさらに良い。

水分管理

水やりは良い花をつくる上で大切な作業である。撒きすぎ，乾かしすぎに注意する。

水やりのタイミングは地表面が乾いたときを目標にすると良い。時間は午前中に行い，夕方までには植物が乾いているようにする。量は十分に根まで水が行き届くように撒く。プランターなどではプランターから水が出るくらい撒くと良い。

狭い面積であればジョウロで十分であり，できれば目の細かいものを使うようにする。水滴の大きさが小さいほど，土の表面を固めずにすむからである。特に粘土質の土の場合は，一度にたくさんの散水をすると浸透しないで流れてしまい，乾いた後，地表面を固めてしまうので注意が必要である。

支　柱

草丈の伸びる品目では支柱，もしくは支柱とネットを用意する。樹木の場合でも定植からしばらくは支柱で支える。地上部が繁茂しないうちに用意すると良い。支柱だけの場合はヒモなどで固定する。ネットの場合は，生育に応じて徐々に上げていく。タイミングが遅れると花が曲がってしまうので注意が必要である。

摘　心

摘心は成長点部分の芽を摘み取り，脇芽を伸ばすために行う。脇芽が多く発生することによりボリュームのある花になるとともに，花が揃って咲く。摘み取り方は，成長点部分が柔らかい草花では手で行い，木など堅いものでは良く消毒したハサミを使って，病原菌が侵入しないように行う。摘み取る位置は分枝の出やすい品目では低い位置で，出にくいものではやや高い

位置とする。

除　草

　除草は早めに行うことが肝要である。小さいうちであれば草削りなどで地表面を軽く削るだけで労力もかからない。ただし宿根性の雑草は地中深くまで根が張っている場合が多いので、できる限り根こそぎ取るようにする。除草用道具にはいろいろな種類があるので、自分にあったつかいやすいものを選ぶと良い。

　除草剤を使う場合、種類により効き方が違うので選んでつかう必要がある。ひとつは根まで枯らすタイプで、薬液が植物の一部にでもついたらすべて枯れてしまう。風のある日に撒くときには特に注意が必要である。効き方はやや遅めである。もうひとつのタイプは地上部だけを枯らすタイプで、のり面や傾斜のある場所などで土が崩れる心配のある所につかう。効き方は早く、数日で黄化していく。いずれも撒いた直後に雨が降ると効果が劣る。また除草剤を薄めて使う場合は希釈率を間違えないように注意が必要である。

下葉欠き

　病気などになりやすい古い葉を取り除き、風通しを良くするために行う。作業は丁寧に行い、茎を傷つけないように行う。

凋花処理*

　花が終わったら早めに取り去る。病気の予防や次の花のために必要な作業である。作業は丁寧に行い、次の蕾を傷つけないように行う。

病害虫対策

　病虫害は早期発見が基本である。

　葉や花の状況を良く観察し、見つけたら大型の虫であれば早めに手やピンセットで取り去るか、小型の虫であれば農薬を撒く。虫の種類によって撒く薬の種類、濃度が異なるので、ラベルを良く読む。

　病気は立ち枯れ病など土壌中にある病原菌によるものと、うどんこ病など空気中を飛散する病原菌によるものとがある。

　立ち枯れ病がおきるような所では、なるべくつくらない方が良いが、土の水はけや風通しを良くすることで改善できる。発生した株は根も含めてすべて取り去り処分し、周りに広がらないようにする。

　カビやうどんこ病は胞子が空気中を飛散して感染が広がる。湿度を上げすぎたり、下げすぎてもいけない。花の植えてある場所の環境を整えるとともに、軟弱に育ったものは病害にも弱いので注意が必要である。また枯れた葉や花がらは早めに取り去り、病害虫の発生

---
*凋花処理（ちょうかしょり）　花がら摘みのこと。

源にならないようにする。やむを得ず農薬を散布する場合は、病気の種類によって撒く薬の種類、濃度が異なるので、ラベルを良く見てから撒くようにする。

採　種

　花が終わった後、種子を取れば翌年、これを元に花をつくることができる。ただし F_1 といわれる一代雑種のものは採種しても同じ花が咲かない。また八重咲きのものも種がつきにくく採種が困難である。

　種子を取るタイミングは花が咲き終わった後1〜2か月程度で、種子が充実してくるときである。播いたときの種子の色、大きさを覚えておくと良い。通常は種子がはじけて見えている場合が多い。場合によっては株を引き抜いて屋根のある所で乾燥させる。そのため北海道では9月以降に咲く花などでは種子を取るのは困難である。また野鳥などに種子を取られないように対策も必要である。

　取った種子は日陰で乾燥し、選別してごみなどを取り除き、低温で乾燥した所に保管しておく。

　取り播きといい、取った種子をすぐに播くものもある。これは種子が乾燥に弱い場合で、樹木や球根に多い。

多年草秋の管理

　宿根草は秋に地上部の養分が地下部に移動するので、病害で枯れた葉を取り除く程度にして、なるべくそのままにしておく。

　株分けもこの時期(10〜11月)に行う。株分けは3年前後を目安とし、隣りの株と接近しすぎたり、芽が多くできすぎて茎が細くなったと感じたときに行う。

　株分けの方法は、株が大きくなるタイプでは、分けた株に芽が複数残るように分ける。あまり小さく分けないようにする。地下茎やランナーで広がっていくタイプでは十分発根している子株と親株の間で株分けする。

　球根などもあまり寒くならないうちに、地上部が枯れたのを確認してから掘り上げる。ただしスイセンやムスカリなどは数年以上そのままでもかまわない。分球した小さな球根も掘り上げておく。球根は軽く乾燥させて土を落としてから、選別する。春植えの球根は乾きすぎないようにして、凍結しない所で保管する。ダリアは5〜7℃、グラジオラスは5℃、カラーは10℃を目安とする。秋植えのものは、再度植え込みを行う。

後片付け

　一年生のものはあまり寒くならないうちに花の終わったものから片付ける。株は根も残さず処分する。栽培跡地は軽くおこしておいた方が土が硬くならない。

　スギナなど宿根性の雑草が多かった所では、あまり寒くならないうち(9〜10月前半)に除草剤を撒くと春に撒くより効果がある。

III-2 芝生の種類と管理

中嶋 博

芝生の基礎知識

芝生利用の歴史は中国の漢の時代(紀元前100年ごろ)皇帝の広大な庭や，インド・ムガール帝国のアクバル大帝(1600年ごろ)のスポーツ場，13世紀のイギリス庭園などの記述がある。日本では万葉集や日本書紀の和歌に「シバ」の記述が見られ，自生する野芝であるとされている。また牧とよばれる野草地もあった。平安時代の庭園技法について書かれた日本最古の造園書『作庭記』に寝殿造りの庭にシバの利用が記述されている。また江戸時代の1700年代の初めに，民家の茅葺の屋根に切芝の形で使われた「シバ」の記述がある。その後，江戸末期から明治にかけて異人館や西洋館の庭に芝生がつくられている。1855年にシバが *Zoysia japonica* として発表された。これは日本芝である。日本初のゴルフ場は1901年に神戸の六甲山につくられている。2010年の日本ゴルフ場事業協会に登録されているゴルフ場は2400あまりである。

今日では，緑地としての公園やサッカー場などのスポーツ施設，校庭などでの利用が進められている。北海道でおもに使われているケンタッキーブルーグラスは明治初年に米国から牧草として導入されたものである。これらは西洋芝ともいわれている。

芝生造成の目的
①景観，美的環境形成：公園や庭園など
②運動やレクリエーション：競技場，ゴルフ場
③生活環境保全：大気浄化，微気象調節
④環境保全：地表面保護，土砂流出防止，防塵
などの目的で造成される。目的はひとつとは限らず複合的である。また面積規模はゴルフ場の数十haから家の庭の数十m^2まである。

芝生の種類と特性

芝生はイネ科植物を主として，その他の草丈の低い植物で，ある程度の広がりの地表面を被覆し，その土地空間を含む植生あるいは場をいう。一方，芝草は芝生を構成する植物種で，おもに草丈の低いイネ科植物で便宜上寒地型イネ科芝草と暖地型イネ科芝草に分ける。

寒地型イネ科芝草と暖地型イネ科芝草

分類上寒地型イネ科芝草はウシノケグサ亜科(イチゴツナギ亜科)が主で，暖地型イネ科芝草はスズメガヤ亜科(ヒゲシバ亜科)とキビ亜科の植物が多い。寒地型イネ科芝草は5℃前後から成長を始め，生育の適温は15～25℃で，35℃で生育は停止する。したがって，春から初夏の間，および秋に良く生育するが，盛夏には生育は衰え，ときには枯死する。冬季間は休眠状態で越冬する。耐寒性は強い。種によって耐寒性や越冬性は異なる。北海道や以南の高冷地ではこの寒地型イネ科芝草が適応する。一方，暖地型イネ科芝草は10℃以下の温度では生育を停止する。生育適温は25～35℃で夏の生育が旺盛である。耐寒性に乏しく，寒冷地での越冬はむずかしい。またウシノケグサ亜科の植物はカルビン回路の光合成C3植物に属し，スズメガヤ亜科とキビ亜科の植物のそれはC4植物でそれぞれの生育環境に適応している。

耐寒性

低温下で生き残ることのできる性質。耐凍性に近い。耐雪性や耐霜性などを含む。

越冬性

冬を越せる性質で，耐寒性や耐雪性，耐霜性，耐病性などの複合的な性質による。

冬枯れ

極端な低温による，越冬中の害。種々の原因が考えられる。低温障害や，凍害，凍上害，窒息害，氷害，雪腐病など。

夏枯れ

高温条件下での光合成の衰退と呼吸の増加による飢餓のみならず，乾燥や梅雨期の過湿，病虫害などにより，寒地型イネ科芝草の成長が阻害され，ときには枯れること。

芝草の進化

芝草は草原に自生する植物を順化・改良したもので，被覆植物として目的にあったものが選抜された。多くはイネ科植物である。元々，草原に生息する動物の餌となる牧草から芝草が選抜された。従ってイネ科牧草とイネ科芝草は植物分類上同種の植物である。牧草は早く生育し茎葉の収量が多く，餌としての品質の良いものが選抜されたが，芝草としては生育が遅く，葉が密で，柔らかい材質感のものが選抜された。

芝草と牧草，イネ科作物との栽培上の特徴

同じイネ科植物であっても，生育習性や利用部位，栽培の精度はそれぞれ異なる。表1に対比して示した。

イネ科作物はイネ，ムギ，トウモロコシをイメージして考えてみる。芝草と牧草は永年生として一度播種すると数年ないし十数年利用する。他方，作物は一年生として農耕期間に毎年新たに播種して栽培する。また芝草は収穫を目標としないが，牧草と作物は収穫物の量や品質が重要な目標である。さらに牧草は茎葉を収穫するのに対して，作物では特定の部位，穀物では穀実を収穫する。栽培の精度は芝草では利用形態により，集約的なもの(ゴルフ場のグリーン)から粗放のもの

(道路の地表面保護など)までいろいろある。牧草は概して大面積に栽培し粗放栽培である。作物は毎年新たに耕起，播種などの栽培作業をし，集約的である。

永年生と一年生

芝草はオーバーシード(暖地で寒さに強い寒地型芝草を播き，冬季間も緑を維持する技術)を目的にする以外は，一度播種すると数年はそのままである。つまり当該植物が生育している場所での環境要因に大きく影響される。北海道では温度条件として冬の寒さから，夏の暑さまで，また水分条件としては春先や夏の乾燥，冬の積雪下の条件に耐えなければならない。水分条件は灌水することである程度対応することができるが，温度条件は広い面積なので，容易に対応できない。それで当該地域でどの草種が適応するかは，その地域の温量指数を計算してある程度推定できる。

温量指数

ある植物の種が正常な成長を続けるためには，種に固有の温度環境が必要である。これは積算温度という指数である。このアイデアと経験から得た5℃を閾値とし，月平均気温の積算値を温量指数(各月の平均気温の5℃以上の温度の合計)とした。この値により，日本各地に適応する芝生の草種や品種が，雪印種苗やタキイ種苗から提案されている。一般に温量指数で65以下では寒地型芝生，100以上では暖地型芝生が適し，85～100は移行帯とされる。表2に札幌と東京，鹿児島の気温の月別平年値と温量指数を示した。

平年値は10年ごとに30年間の平均で示される。平年値でもある程度推定できるが，温量指数の方が大きな値なので差異がより強調される。参考のために1931～2010年の平年の年平均気温と温量指数を算出した。一般にいわれている通り温暖化傾向にあり，暖地ではその傾向が顕著である。

札幌でも1931～1960年の年平年気温は7.6℃で，温量指数で66.4，1981～2010年のそれらは8.9℃と73.9であり，その間1.3℃と7.5上昇している。

北海道に適する芝生造り

ここでは家庭や小公園に芝生をつくる際に焦点をあてて述べる。元々，草原に生育する植物は周りに大きな樹木がない，日あたりの良い場所に生育していたもので，陽生植物である。従って日あたりの良い場所を選んで植える。草原は少し乾燥している土地なので，水はけの良いところがよい。また良い芝生を望むのであれば，植物の性質上，こまめに刈り取りや灌水をし，雑草を取り，茎の発生を促がし，茎葉を密にするような手いれをするのがよい。これらのことより，空地があるので「芝生でも」ということで芝草を播種しても良い芝生は期待できない。雑草畑になる可能性が大きい。

芝生つくりの実際的な方法は，すくすくみどりNo.14，雪印種苗やタキイ種苗のホームページなどを参照されたい。

北海道向けの芝草は環境に適応し，あまり労力をかけず，品質も良い寒地型イネ科芝草はケンタッキーブルーグラスとペレニアルライグラス，トールフェスクなどである。最近の温暖化傾向で暖地型イネ科芝草のシバも注目されてきている。以下にこれらの芝草の概要を述べる。

ケンタッキーブルーグラス
(*Poa pratensis* 和名 ナガハグサ)

ウシノケグサ亜科に属する多年生の寒地型イネ科芝草である。広範な環境に適し，世界の温帯・寒帯で広く栽培されている。冷涼な気候を好み，耐寒性が強く，耐暑性はあまり強くない。耐陰性は弱い。牧草としては草丈が短く収量は少ない。芝生としては好適である。単為生殖で種子をつくる。種子が小さいため，初期生育が悪く，定着まで時間がかかる。その後，地下茎により密な良い芝生をつくる。

ペレニアルライグラス(*Lolium perene* ホソムギ)

ウシノケグサ亜科に属する。冷涼で季節的な気温変化の少ない地域で，極めて良く適応する。すなわち極端な夏季の高温や冬季の低温の地域には向かない。寒地型イネ科牧草としては再生力も強く，家畜の嗜好性や栄養価も高く極めて優良な牧草であり，多くの品種がある草種である。芝草向きのいろいろな品種ができている。他殖性で，種子が大きく，初期生育も良く，定着も容易である。暖地では冬季に暖地型イネ科芝草のオーバーシードとしても用いられる。この目的では，同じライグラス類で短年性のイタリアンライグラスも用いられる。

フェスク類(*Festuca* spp. ウシノケグサ類)

ウシノケグサ亜科に属する。寒地型イネ科芝草で多

表1 芝草，牧草，イネ科作物の特徴

芝草	牧草	作物(イネ，ムギなど)
永年生	永年生	一年生
再生利用する	再生利用する	再生利用しない
収穫しない	茎葉を収穫する	子実を収穫する
混播・混作	混播・混作	単播・単作
集約/粗放栽培	粗放栽培	集約栽培
〈用途〉		
緑化，公園	採草・放牧	食料や濃厚飼料
競技場・ゴルフ場	家畜の粗飼料	

表2 気温の平年値の平均値(℃)と温量指数

年	札幌 年平均	札幌 指数	東京 年平均	東京 指数	鹿児島 年平均	鹿児島 指数
1931～1960	7.6	66.4	14.7	115.8	16.8	142.0
1941～1970	7.8	67.8	15.0	119.7	17.0	144.3
1951～1980	8.0	68.1	15.3	124.1	17.3	148.2
1961～1990	8.2	69.4	15.6	127.3	17.6	150.9
1971～2000	8.5	71.5	15.9	131.3	18.3	159.0
1981～2010	8.9	73.9	16.3	135.1	18.6	162.9

写真1　芝生の種類（雪印種苗㈱提供）。（　）は品種

- ケンタッキーブルーグラス（アワード）
- トールフェスク（アリッド3）
- ペレニアルライグラス（アメージング）
- クリーピングベントグラス（CY-2）
- ノシバ
- コウライシバ

写真2　山口緑地東パークゴルフ場（札幌、田中智氏提供）。フェアウェイはケンタッキーブルーグラス、ラフはフェスク類主体

くの種があり、冷涼な気候を好むが、かなり高温にも強く、耐干性もあり、広域適応性があり、暖地でも用いられる。茎葉はやや粗剛である。シープフェスクやハードフェスク、レッドフェスクは細葉で、草丈も低く芝生用である。トールフェスクやメドウフェスクは広葉で、牧草としておもに用いられていたが、芝草用品種が育成されている。

ベントグラス類（*Agrostis* spp. コヌカグサ）

ウシノケグサ亜科に属する。寒地型イネ科芝草でありクリーピングベントグラスが代表的。茎葉は柔らかく低い刈り込みに耐え、ゴルフ場のグリーンに多く用いられる。病害虫にやや弱く管理に手間がかかる。

シバ類（*Zoysia* spp.）

スズメガヤ亜科に属する。ノシバとよばれ、北海道南部から日本全土に短草型のシバ草原として自生している代表的な芝草で、多くの生態型が見られる。日本の環境条件に良く適応し、また刈り込みや踏圧にも強い、葉は粗剛で、ほふく茎を出して広がる。暖地型イネ科芝草で10℃以下の温度で地上部は枯死する。そのため冬季間の緑化が問題である。その他、コウライシバやコウシュンシバもある。

芝生の造成

芝生の造成は作物の栽培と植物を育てることでは共通点が多いが、特殊な点もある。先に栽培上の特徴について述べたが、ここではもう少し詳細に述べる。芝草は永年生で一度播種すると数年利用する。また根系が浅いため干害や、過湿による害を受けやすい。

種物の準備

種子の得やすいものでは、種子を用いる。しかし暖地型イネ科芝草は採種が困難なことが多く栄養繁殖した苗を用いることが多い。または、早く造成するためには張り芝（ソッド）を用いることも多い。

床土の準備

耕起、均平、施肥、土質改善など

播種、植つけ

播種機、噴きつけ、苗の植つけ、張り芝。以上の作業で芝生の造成（定着）を進める。

芝生の管理

定着後は管理作業となる。目的により作業の集約度は異なる。便宜上、育成管理と保護管理、補修管理、利用管理の4つに分ける。また、表3に札幌を中心としたおもな管理ごよみを示した。

育成管理

刈り込み、施肥、灌水、目土、転圧、通気（施肥と灌水以外は芝生管理に特有のものである）がある。

刈り込みはモア（芝刈り機）で行い、芝生面の高さを目的にあった高さに揃える。芝草の分げつを促し、茎数を増やし、密な芝生にする。刈り込み時に出る茎葉の残渣をサッチといってこの始末が必要である。

施肥は緑色を保つのに必要である。植物体に必要な栄養を与え、健全な植物にする。根が浅いのでしばしば施与するか、緩効性のものが良い。

灌水は芝草が水を多く必要とするのと、根が浅いのでいつも注意する必要がある。水が多すぎると湿害を起こし、根の働きが悪くなるので注意。

目土は芝生の管理に独特な作業で、上から土をかける。芝生の表面の凹凸をなくし、これによって均一な高さに刈込むことができる。また地下茎や地上茎の浮き上がりを防止し、芝生の更新に役立つ。

転圧はローラをかけ、ほふく茎の浮き上がりをおさえ、荒れた表面を平らにする。

通気は土壌固結、サッチの堆積、排水不良などを通気することで改善する。芝生に穿孔をあけて通気することで、根の呼吸障害やサッチの分解、肥料効果を改善する。

保護管理

生育診断、病害虫防除、雑草防除（一般作物と同様の管理）がある。

作物の場合は、収穫量や品質に大きな影響を与える。

表3　寒地型芝生の札幌を中心とした管理ごよみ

季節(月) 管理	冬 1月 2月	春 3月 4月 5月	夏 6月 7月 8月	秋 9月 10月 11月	冬 12月
生育サイクル	----休眠期----		成長期間 (ただし25℃以上は停止)	→←--休眠期--	
草刈り			月(3〜4回) (2〜3回) (3〜4回)(2回)		
肥料やり		芝生用化成肥料 (20〜30 g/m^2)	芝生用化成肥料 (20 g/m^2)	P・K分多い化成肥料 (30 g/m^2)	
目土入れ エアレーション		春の施肥時に1回目 目土入れの前に春か秋に1回		秋の施肥時に2回目	
除　草 病害虫防除		←──越冬宿根雑草防除────	──適宜抜き取り── 多発期，適宜防除	──→ 越冬病害予防→	

(財札幌市公園緑化協会，2001を一部改変)

芝生の場合は，永続性や茎葉の品質，特に枯れあがりや葉色を左右する。よく観察をして病徴や食痕を見つけたらそれが非伝染性病害か伝染性病害か，また食害する動物の特定などの診断が重要である。作物は，これまでの長い栽培経験，すなわち保護管理技術の蓄積がある。一方，芝生の保護管理は新しい技術で経験に乏しい。さらに異なる点は，作物は栽培中におもに作業をする人と接触するが，芝生は目的によっては，不特定の多くの人との直接の接触があることである。これらのことから，農薬の施与は十分に安全性を確保しなければならない。またゴルフ場のような大規模の芝生地での施与は，空気，水などの環境への影響が大きいので，注意が必要である。特に芝生地での雑草防除は畑地での農機具による物理的な除草は困難である。家庭での小規模な芝生地では人手での保護作業が望まれる。

補修管理

芝生での特殊な管理作業である。頻繁な刈り込みや使用によって，表面土壌の固結，根茎の退化，透水性や通気性の不良などの状態になる。それで表面を著しく破壊することなく，修復するのが補修管理である。全面を一度に作業をすることは経済的，労力的，機械的やその間利用できないので，ある程度計画性を持って順次作業をする必要がある。この他，年間を通して芝生を緑色に保つ場合はオーバーシーディングという方法がある。これは寒地型芝草では暑すぎ，暖地型芝草では寒すぎる地域で，冷涼な時期に寒地型芝草を播種，生育させることで行う。逆に寒地型芝草を主にしている芝生地に夏場に暖地型芝草の播種も理論的には考えられるが，暖地型芝草は採種がむずかしく，適用は制限されている。

利用管理

芝生地は種々の目的でつくられ，多くの用途がある。公園の緑地もいろいろあり，札幌の大通公園のように年中各種の行事に利用されている芝生地は厳しい条件下にあり，北大植物園の芝生地はそれほどの損傷はない。このことから芝生をできるだけ長く，快適な状態で利用に供するために，利用強度に対する許容限度を明らかにして芝生に維持のための方法を講ずる必要がある。立入りや，利用用途を制限する措置をとることも必要であろう。肥培管理や刈り込み高などでの対応もある。

家庭の芝生では通路や物干しにいつも同じ場所がつかわれないように，ときどき移動させることで対応できる。

今後の課題と展望

生活が安定してくると，食料生産からアメニティに関心が向くようになってくる。温暖化の影響で，大きな建物の屋上緑化や芝生の校庭，パークゴルフ場の高級化に向かうようになる。2016年のリオデジャネイロのオリンピックからゴルフやラグビーなどが競技種目となるので，それらの種目の競技人口が増加し，芝生のニーズが増える。

技術的な課題としては，草種・品種の改良(生育の遅い芝草)，省力管理(緩効性肥料)や栽培法の開発，アレロパシー(ある植物が産生する化学物質の環境への流出によって，周りの生物に何らかの作用を与える現象。他感作用)やグラスエンドファイト(イネ科植物の内生菌。感染した植物がアルカロイドを産生し，耐虫性や耐病性，耐乾性などの形質を付与する)，菌根菌(植物の根と菌類との共生。植物は菌にエネルギーや炭素源を供給し，菌は宿主となる植物に栄養塩や水などの無機資源を供給する)など生物間相互作用の活用などが考えられる。

[引用・参考文献]
- アメリカ植物病理学会(田中明美訳)：芝草病害概説(改訂第二版)，ソフトサイエンス社，1995．
- 浅野義人・青木孝一編：芝草と品種，ソフトサイエンス社，1998
- 北海道芝草研究会：北海道芝草研究会報．
- 北村文雄ほか編著：芝草・芝地ハンドブック，博友社，1997．
- 小林裕志・福山正隆：緑地環境学，文永堂出版，2002．
- 日本芝草学会：新訂　芝生と緑化，ソフトサイエン社，1988．
- (財札幌市公園緑化協会：芝生大好き，すくすくみどり No.14，2001　http://www.sapporo-park.or.jp/kikin/?pageic
- タキイ種苗株式会社　http://www.takii.co.jp/
- 雪印種苗株式会社　http://www.snowseed.co.jp/

III-3　グラウンドカバープランツ（地被植物）

笠　康三郎

　グラウンドカバープランツをそのまま訳せば地被植物。地面を低く覆う植物を指している。もちろん，真っ先に芝生のことを思い浮かべるが，芝生以外にもたくさんのグラウンドカバープランツ(以下GCPと省略)がある。

　これらの中には芝生の欠点を補うような，例えば，半陰地でも旺盛な生育をするもの，石の間や斜面などにも植えられるもの，手いれの必要があまりないものなど，様々な特質を持った植物がある。また，これらの植物は様々な葉色を持っているものや，美しい花を咲かせる種類を多く含んでいるため，芝生とは違った変化に富んだグラウンドカバーをつくることができる。

グラウンドカバーの効果

　GCPを使って地面を覆うことにより，どのような利点があるだろうか。

土壌の浸蝕防止

　傾斜地や法面は，裸のままでは雨が降るたびに土が流れてしまう恐れがある。雑草を生やしたままでは見た目も悪く，害虫が発生したり，草刈も大変である。GCPは地面を覆って雨のあたりを和らげ，一面に根を張って土をしっかりつかむので，土が流れるのを防ぐ効果が高い。

写真1　シバザクラによる法面のカバー

土壌条件の悪化防止

　地面を裸のままにしておくと，日光，空気，雨などの影響を受けてどんどん風化され，土の粒子が微細になったり，酸性化していく傾向がある。また，落葉などの有機物も土壌に蓄積されないので，いつまでも土がやせたままになってしまう。GCPはこれらの影響から土壌を守り，わずかずつであるが土性を改良していく効果が期待できる。

微気象の緩和

　日差しの強い夏には，照り返しによって部屋の中まで熱を持ち込まれたり，熱せられた空気によって暑さが増してしまう。少しでも裸地をGCPで覆うと，照り返しを弱めるだけでなく，植物体から水分を蒸発させて，空気中から気化熱を奪う効果があり，室内を涼しくしてくれる。

　またユリの仲間のように，地熱が上昇するのを嫌う植物では，株元をGCPで覆ってやると機嫌良く育ってくれる。

雑草の抑制

　庭の雑草取りは，園芸作業の中で最も大変なものであるが，GCPを植えることで，雑草種子の発芽を抑えたり，生育を抑制する効果が期待できる。いったんカバーされると，少々雑草が入り込んでも抜き取るのはずいぶんと楽になる。

写真2　ツルマサキの二種の斑いり品種による修景

美的効果

　緑一色の芝生は，他の植物や庭石，建造物などをひきたてるものであるが，GCPの中には葉の色が銀白色や赤銅色をしているものがあり，花の色にいたっては赤，ピンク，白，青，紫など非常に変化に富むものが多い。これらを単独で，あるいは組み合わせることによって，芝生とは違った色彩効果をあげることができるのも特徴のひとつである。

立体的植栽

　芝生は，刈り込み作業の制約から，できるだけ平面的な植栽しかできないが，多くのGCPは斜面，凹凸地，壁面などに植えることができ，様々な効果を演出できる。

グラウンドカバープランツの条件

　GCPにふさわしい植物には，次のような特性が求められる。

わい性であること

　開花時にやや高くなっても，基本的にはわい性(20

cm以下程度)であることが望ましい。木本性植物の中には，クサツゲのように刈り込み仕立てにしてグラウンドカバーに使うものもある他，ツル性植物でも密に覆うことによってグラウンドカバーになるものが多い。

地面を密に覆うこと
できるだけ密に地面を覆うことも大切である。これは単に美観の意味だけでなく，雑草種子の発芽を抑える面からも大切な特性である。

成長が早いこと
植栽する場合，初めから密生させて植えるとたくさんの苗が必要になり，費用が莫大にかかってしまう。かといって倹約しすぎると，いつまでも被覆が完成しないため，土壌の流亡を招いたり，雑草の侵入を許すことになりやすい。このため，できるだけ少なく植えるとともに，速やかに成長して被覆を完成させることが求められる。

葉が常緑性であること
葉が常緑であることも，大切な条件のひとつである。本道は，冬期間雪で閉ざされるので，必ずしも常緑でなくてもよいが，できるだけ長い期間被覆させるためには，常緑であることが有利であるのは当然である。

写真3　常緑性のコトネアスターによる密なカバー

増殖が容易なこと
草本類では，株が古くなると弱ってくるので，何年かおきには更新したほうが良い。植え替え時に簡単に株分けなどができ，容易に新しい株をつくれることもグラウンドカバープランツに必要な特性である。

🌱 北国に適したグラウンドカバープランツ
具体的にどんな植物が，北国のグラウンドカバーにふさわしいか？　東京を中心とした園芸・造園書などにあげられているものは，その多くが暖地産の植物で，本道の気候に適合できないものが多く含まれている。積雪寒冷地である気候特性をふまえ，実際に様々な場所での使用実績があるもの，あるいは市場での流通があり，入手が容易であることも条件のひとつになる。

ただ家庭内のように，狭い面積を覆いたい場合には，グラウンドカバープランツとして専用に生産されたものだけではなく，花壇用植物などの中にも十分条件を満たすことができるものがある。夏が比較的冷涼で乾燥している本道では，暑さや過湿による蒸れに弱い宿根草の類が容易に夏越しし，この中からグラウンドカバーに好適なものを選定することもできる。

これらの植物を利用するときには，その性質を十分に把握し，ふさわしい種類を選定する必要がある。このため，次のような環境特性を基に，それぞれの場所にふさわしい植物を選定しなければならない。

乾燥地に向くもの
一般的に，高山や海浜地に自生する植物には，地覆状に生育するものが多く，グラウンドカバーに好適なものがたくさんある。これらの植物は，よく日光があたる乾燥した砂レキ地を好み，必ずしも肥沃で適湿である必要はないものが多い。このためアプローチなどの敷石の間や，犬走りなど，やや過酷ともいえる場所に植栽することができるものがある。

アラビス，アルメリア，アリッサム，ツルハナガタ，セラスチウム，セダム類，オーブレイチア，ハリナデシコなど，葉色や花の美しいものがある。

写真4　本来海浜植物であるアルメリア

写真5　乾燥に強いタイム・ロンギカウリス

湿気のある所を好むもの
これに対して，土が多少とも湿り気を帯びているような所を好むものがある。ムラサキサギゴケやユキノ

シタ，クリンソウの仲間などであるが，やや乾燥地から湿地にも生育できるもののうち，ギボウシ類，リシマキア，カキドオシ，ヒメシャガなどは，湿り気の多い土地のほうが良い生育を示す。

写真6 やや日陰で湿った場所を好むギボウシ類

耐陰性が強いもの

建物や庭木の陰になり，芝生や好陽性のGCPの生育の芳しくない所でも，放っておくとやはり雑草が生えてきて見苦しくなる。このような所には耐陰性の強いフッキソウ，カキドオシ，ヒメシャガ，シャガ，ギボウシ類，アジュガ，ドクダミなどが好適である。

写真7 耐陰性の強いフッキソウ

葉色の変化

GCPの中には，花とともに葉色の美しいものがたくさん含まれている。
(1) 銀白色〜灰白色のもの
　アサギリソウ，シロタエギク，セラスチウム，アラビス，オーブレイチア，アルメリア，ラミウム，シレネ，セダムの一部，ナデシコ類の一部など。
(2) 銅葉といわれる赤褐色に近いもの
　アジュガ，紫フキ，ユキノシタ，ドクダミ，黒葉クローバーなど。
(3) 斑いり葉
　カキドオシ，ギボウシ，ビンカ・ミノール，ビンカ・マヨール，ツルマサキなどでは，葉に美しい斑が入るものがよく利用される。

写真8 半陰地を明るくしてくれる斑いりのビンカ・マヨール

写真9 鮮やかな銀色の葉が美しいラミウム

増殖・造成・管理

増殖法

GCPは比較的容易に入手することができるようになったが，同じものをまとめて購入すれば結構な出費になるので，自分で増殖することを考えたい。増殖の方法には，タネを播いて苗をつくる種子繁殖方法と，挿し木や挿し芽，株分けなどによって増殖する栄養繁殖方法とがある。

タネが入手できるものでは，一般の春播き一年草と同じく5月の中，下旬にかけて箱播きし，本葉が4〜5枚になったころポットに移植して，秋までに養成すれば苗をつくることができる。小さな苗をいきなり定植しても，旺盛な生育を示す夏型雑草に負けてしまうので，できるだけポットで苗を養成した方が良い。

しかし，GCPに使用される植物には比較的容易に栄養繁殖できるものが多いことや，タネからの育苗によって形質にばらつきがでることは避けたいので，挿し木や挿し芽，株分けなどの栄養繁殖によって増殖することが望ましい。

木本性，ツル性，草本性の一部では，挿し木が比較的容易に行える。時期は6〜7月にかけて，今年伸びた枝が固まったころが良い。微塵を抜いた火山礫，バーミキュライト，鹿沼土などをプラスチックバットやポリトロ箱などにいれ，5cmくらいに調整した挿し穂を挿すが，切り口を傷めないよう，必ず割り箸などで案内穴をあけてから挿し穂をいれるようにする。

用土は軽くかぶせるだけで良く，そっと灌水することにより，用土がしっかり落ちついてくれる。

　発根の容易なものでは，建物や庭木の影に置いて，乾燥にだけ注意しておけば，1か月くらいで発根してくる。葉が柔らかいものでは，クリーニングの袋のような大きめのビニールをかけ，あちこちに穴をあけておけば安心かもしれない。

　株分けもほとんどの種類で行える。春先芽の動く前か，花後直ちに行うと良い。

　株立状になるもの(ダイアンサス類，プリムラ類，ヒメシャガなど)では，株元を持って引きちぎるように分ける。ツル状のもの(ツルマサキ，リシマキア，ビンカ類など)や，ほふく枝を出すもの(アジュガ，ツルハナガタ，ユキノシタなど)では，ツルやほふく枝を切り分けてやる。

写真 10　ツルを切って簡単に増やすことができるリシマキア

植えつけ

　苗を定植するには，まず植え床を良く耕して，スギナ，ヒメスイバ，キレハノイヌガラシ，タンポポ類などのやっかいな宿根性雑草を，できるだけ取り除くことが大切である。苗を育成する期間がある場合には，ラウンドアップのような吸収移行型の除草剤によって，根までしっかり枯らしておくのもひとつの方法である。これらの雑草の場合，いくらていねいに抜き取っても必ず再生してしまい，GCPの間からいくらでも発生してしまうからである。

　特に石灰分を要求するもの(ロックローズ，アリッサム類，ツルハナガタなど)では，炭カルなどの石灰分を少しすき込んでおくと良い。

　植えつけの時期は，盛夏を除けばそれほど選ばず，しっかり根が出たのを確認してから植えつける。

　植えつけの間隔は，種類によって多少違いがあるが，あまり少ないとカバーに時間がかかって雑草の侵入を許すので，苗の数に余裕のない場合には，全体に薄くしないで，確実にカバーできる部分に集中的に植えた方が良い。よく使われるGCPでは，25〜16ポット/m²程度が適当である。成長の早いツル性やほふく性の種類では，春に植栽すればその年にはカバーが完成する。

維持管理

　GCPは，一度植えつければ管理の手をあまり必要としないのを特徴とするが，まったく放任していると株が弱ったり，雑草に負けてしまうことがある。GCPを長く美しく保つためには，最低限の維持管理は必要である。

雑草とり

　GCPが旺盛な育成をしていれば，雑草(特に一年生雑草)はほとんど侵入できない。しかし油断してGCPのすき間に侵入した雑草をはびこらせると，好陽性GCPなどは急速に生育が衰える。このような雑草は早期発見に努め，早くしっかりとしたカバーを形成できるようにしたい。

花がら摘みなど

　花茎を伸ばして花を咲かせるものでは花後結実し，枯れたような花茎を残して見苦しいものがある。シバザクラのようなわい性の草でも，花後は軽く刈り取ってやると茎の分岐が促されて，より密なカバーになる。ビンカ・ミノールのようなツル性のGCPでは，ツルが何層にも覆い被さってくると，下になった部分は枯れてくるので，ツルをつまみ上げるようにして刈り取り，それを挿し芽用に使用することもできる。

　ビンカやツルマサキの斑いり薬品種では，斑が抜けた青葉の枝が出やすい。これを放置するとこちらのほうが旺盛に成長するので，斑いりの枝が衰退してくる。斑の抜けた枝は，見つけ次第切り取ってやらなければならない。

競合の防止

　近接して違う種類のGCPを植えると，丈の高いもの，生育速度の速いものは丈の短いもの，生育速度の遅いものを圧倒してしまう。どちらの種類もうまく調和させながら育てていくためには，勢力の強いものをときどき刈り取ってやる必要もある。

カバーの更新

　長い年月を経てくると株が弱ってきたり，宿根性雑草がはびこってきて傷みが目立ってくる。そうなったら思い切って全部掘り上げ，前述の要領で株を植え直してやると，再び美しいグラウンドカバーを楽しむことができる。

III-4 コンテナで育てる野菜

梅木あゆみ

コンテナ栽培

野菜は畑がなければできないと思い込んでいる人もいるようだが，実際はほとんどのものがコンテナで栽培することができる。

コンテナ栽培には，
- 土がない所でもできる
- 移動できる
- 連作の心配がない
- 水の調整ができる
- 防虫対策が露地よりも簡単にできる
- 住宅に近い所に置けるので利用しやすい

などの良い点がある。一方，
- 大きさに制限があるため，土の量が限られる
- 水やりが必須である
- 集合住宅のベランダではルールがある

など，露地植えとは違う注意事項などがある。

それらを考慮の上，コツを押さえて栽培することが満足いくコンテナ野菜栽培につながる。

コンテナ野菜栽培の基本

容器の選択

容器の選択は重要である。根のサイズにあう容器を選ぶというのが基本だ。植物全般にいえることだが，高さが出てくるものは根が深くなり，ほふく性のあるものは根が広がる。また，根菜，イモ類は地上部50～60cmだが，土中にできる野菜なので，当然深い容器が必要となる。

写真1 容器
一般には深さを必要とする野菜が多いので，深めのプランターが向いている。葉野菜など深さを必要としないものは，浅い鉢やプランターがよい

土と肥料

露地栽培の場合は土の選択の余地がなく，元々ある土をどのように土壌改良していくかが重要だが，コンテナ栽培の場合は選択した土をどのようにつかい分けるのか，何を足すのかということが大事なポイントになる。基本の土は一般的な培養土で十分だが，栽培する野菜により，肥料の要求量やバランスが違ってくるので，購入した土に基肥がどのくらい入っているか知ることが必要である。基肥が混入されていない培養土では肥料のコントロールが容易になる。

例えば，窒素分の多い土に，トマト，ナス，ピーマンなど実を食べる苗ものや豆類などを植えると，「ツルボケ」といって，枝葉ばかりが大きくなり，実がつかない，実が小さい，少ししかできないなどという現象がおきる。一方，アブラナ科など葉を食べる野菜には窒素分が多めの方が有効となる。

このように野菜のコンテナ栽培の土とその肥料分は，目的によりさじ加減をあわせるということが大切となる。

株　間

草花を植えるときと決定的に違うのは，株間の取り方の差にある。草花は見栄えを重視するので株間を狭くとるが，野菜は成長が速い上に，食べる部分をいかに大きく健康に育てるかということが目的になる。そのため，一苗一鉢で育てるものも多く出てくる。

設置場所

野菜のほとんどは日あたりを好むため，その設置場所の確保は重要となる。畑のように日の出から日没まで太陽があたるのが理想だが，コンテナ栽培の場合は建物に影響される場所に設置することが多いので，そのようにはいかない。中にはミツバやミョウガのように日陰を好むものもあり，またレタス，カラシナなどの葉野菜の中のいくつかは半日陰の方が柔らかく育つものもある。

また光の影響も考慮しなくてはならない。キク科の野菜であるレタスやシュンギクなどは光の影響を受けやすい。キク科の植物は，長時間光があたり，温度があがってきたときに花芽をつけるという性質がある。窓の光が漏れる住宅窓近くや，街燈の影響を受ける場所では早々と花芽がつく状態，つまり野菜の「トウ立ち」がおこり，葉が固く，その後は食用としては向かなくなってしまうことになる。

写真2 レタスとカラシナのコンテナ

写真3　キャベツとブロッコリーのコンテナ

写真4　レタスとエディブルフラワーのバスケット

写真5　ラディッシュの植木鉢づくり

品種選び

　最近は各野菜の品種が増え，特にコンテナ向きのものが多く出回るようになってきた。比較的コンパクトに育つものを選ぶのが重要なポイントともいえる。品種選びさえ間違わなければ，レタス，ホウレンソウ，コマツナなどの葉野菜，キャベツ，ブロッコリーなどキャベツの仲間，トマト，ナス，ピーマンなどの果菜，キュウリ，ズッキーニなどウリ科の野菜，インゲン，エダマメ，エンドウなどの豆野菜，ダイコン，ニンジン，ジャガイモなどの根菜など，たいていの野菜を栽培することができる。

　また，コンパニオンプランツは野菜がうまく育つように相性の良い植物のことをいうが，それにはハーブも多くつかわれている。例えば，トマトにはチャイブやバジル，ダイコン，ニンジン，カブにはマリーゴールド，スイカやメロンにはネギなど。これらを一緒に植えると害虫，病気予防になるとされている。

葉物野菜

　葉物野菜には熱を加えて食べるものと，生食するものに分かれるが，一般的に熱を加えて食べるものでも，ベビーリーフ，サラダリーフとよばれる葉がまだ小さい段階で生食に向くものもある。

　栽培法も，ポット苗を植えて育てる場合と，コンテナに直接タネを播き間引きしながら一本立ちにしていく方法，またベビーリーフ，サラダリーフなどのように食べごろになった葉を下から順に摘んで，食べながら育てる方法がある。

　これら葉物野菜を育てる土は一般的な培養土に堆肥を混ぜると良く育つ。培養土2に対して完熟堆肥1が基本だが，培養土によっては1：1の割合でも良い。

　容器は一般的な横長プランター，コンテナなどがつかえ，深さは比較的浅めの15〜20 cmほどあれば良い。

写真6　葉物野菜の寄せ植え

ホウレンソウ，コマツナ

　タネを1 cm間隔で直播きし，間引きしながら育てる。小型の品種を選ぶと比較的小さな容器でも育てることができる。寒さにも強く，霜にあたったものは肉厚になり甘みが増す。ホウレンソウは日が長くなると花が咲くとう立ちがおきる。住宅窓や街灯からの光の影響も受けやすいので，置き場所には気をつける。

レタス

　レタスには結球する玉レタスと，結球しないタイプがある。いずれも培養土2に対し完熟堆肥1を混ぜておく。

　玉レタスは苗から植えるのが良い。30 cmの株間で植えつける。普通サイズ横長プランターで3株植える。

　結球しないレタスはミックスタネで販売されていることが多い。タネを直接播いて間引きしながら育てる，苗から植える，の2通りの方法がある。

シュンギク，ミズナ，カラシナ

　シュンギクは苗から少ない数を育てるより，プラン

ターにタネをバラ播きし、間引きしながら育てた方が、早く収穫できる。

ミズナ、カラシナは苗からでも、タネからでも良いが、最後は一本立ちになるように育てる。

苗から育てる夏野菜

トマト、ナス、ピーマン類は苗から育てる野菜の代表で、夏野菜の王者だ。これらナス科の植物は特に連作を嫌うので、コンテナ栽培はむしろ適しているともいえる。

トマト

大玉、中玉、ミニ、料理用と、大きく分けるとこの4タイプがある。トマトは乾燥気味に育てると良く、水やりのコントロールができるコンテナでの栽培は露地より条件は悪くない。いずれも直径30cm、深さも30cmある深い丸型の鉢をつかう。

使用する培養土にもよるが、堆肥をいれすぎると木ばかり大きくなるツルボケをおこすので、少しやせ気味の方がより実がつく。実つきを良くするため、バットグアノなどのリン酸分の多い有機肥料を混ぜる。トマトは基肥控えめ、追肥しながら育てる方が良く育つ。追肥は定期的というより、葉の色、育ち方などを見て行う。コンパクトに育てたい場合は水やりを控えめにする。控えめな水やりは甘いトマトをつくりやすい。

トマトは仕立て方により、管理、収量はもちろん、見た目がまるで違ってくる。以下はミニトマトの3つの異なった仕立て方になる。容器はすべての仕立て方で直径30cm深さ30cmの尺鉢をつかう。

(1) 一本仕立て

鉢の中心に苗を植え、1本支柱をする。腋芽も常に取り除き、4段目の花房の上で摘心し大きさを制御する。一房からできる実は4玉までとし、それ以外は摘み取る。この仕立ては見た目がスッキリ、コンパクトにまとまる。中玉、料理用トマトでも同じ方法でできる。

(2) 放任栽培

鉢に3～4本支柱をして、上でまとめる。この中に納まるように栽培し、腋芽かきも摘心もしない。邪魔になった所だけ自由に取り除く。ただし、一段目の花房の下から出てくる腋芽だけはかき取る。枝葉はかなりのボリュームになる。この方法はミニトマトだからできる仕立てといえる。

(3) アンドン仕立て

アサガオの支柱として売られている上部が広がっているアンドン支柱を使い、枝をぐるぐると巻きあげてツル野菜のように仕立てていく。トマトは同じ方向に花芽をつけるので、必ず外側に花芽を向けて植える。アンドン仕立ての場合、鉢の端に斜め植えすると良い。土に埋まったところからは根が出て、真直ぐに植えるよりしっかりと根づく。最初の腋芽を生かしその後の腋芽はすべて取り除く2本仕立てにする。主枝と側枝が伸びてきたら誘引するが、水分が多いと折れやすいので水やり前の乾いたときに行う。大玉、中玉トマトもこの仕立てができるが、一房からつくるトマトは4玉までとし、後は摘み取る。

ナス

寒さが苦手なので、6月に入って十分気温地温があがってから植えるのが良い。5月中に植えるときは根元をビニールマルチ、風よけなどで寒さや寒風から守る。

ナスは最も連作を嫌う野菜なので、露地植えの場合は病気に強い接木苗が安全だが、コンテナ栽培は連作の心配がないので実生苗でも病気になりにくい。

容器は7号鉢以上の深型で1株植えとする。プランターに複数植えても良いが、ある程度の大きさと深さが必要になる。最近はコンパクトな品種も出てきているので、その品種により鉢サイズを選択する。ナスに無駄花はないといわれるほど、花がつき受粉が成功すると実は確実につくが、栄養や水が不足すると花が落ちて実がつかないことがある。

用いる培養土には完熟堆肥を混ぜておくが、基肥は控えめにして、葉の色を見ながら追肥を行う。バットグアノなどのリン酸分の多い有機肥料を足すと実つきが良くなる。

乾くとハダニがつきやすく、ナス自体も水を好むので、水を切らさず、ときには葉裏に水をかけるとハダニの予防にもなる。

仕立ては一般的には、主枝と一番花のすぐ下の2本の側枝を残す3本仕立てだが、一番花から下の腋芽をすべて取って、一番花の上に伸びる主枝と反対側に伸びる枝を残す2本仕立てでも良い。いずれにしても一番花の下の不要な腋芽は取り去ることにより、実つきが良くなる。最初にできた実も早めに収穫すると、その先の実つきが格段に良くなる。

ナスの収穫適時は大きさとツヤで判断する。ツヤがなくなると中でタネができていて、味は落ちる。

ピーマン、トウガラシ

各国でよび方が違うが、日本では辛いものをトウガラシ、緑の普通種をピーマン、カラーピーマンをパプリカとよぶ。ちなみに米国では辛いタイプをホットペッパー、辛くならないタイプのものをスィートペッパー、スィートペッパーの中でもピーマンの形をしたものをベルペッパーといって区別する。

ナスと同様、暑さには強いが寒さは苦手なので、5月に植えつける場合はマルチをする、風よけをするなど寒さ対策を十分施す。

用いる培養土には堆肥をいれた方が良いが、ナス、トマトと同様に基肥を控えめに、追肥を行いながら育てる。基肥にバットグアノを加えると実つきが良くなる。

容器はトマト、ナスほど大きくなくとも良く、幅50～60cm、深さ30cmの横長のプランターで2株が

目安となるが，大きくなる品種はトマトやナスと同様の大きな容器で育てる。

仕立てはナス同様，3本仕立てか2本仕立てにし，一番花の下の腋芽はすべてかき取る。実は早めに収穫（若採り）すると，後々まで長く楽しむことができる。

ウリ科の野菜

ウリ科にはキュウリ，カボチャ，スイカ，メロン，ズッキーニなどがある。いずれも大きく育ちコンテナ栽培は向いていないように思えるかもしれないが，品種の選定と仕立て方次第では十分育てることができる。また，ウリ科は寒さに弱いので無理をせず，6月に入ってから植えるのが良い。

キュウリ

露地で育てる場合は親づる，子づる，孫づるに実をつけさせるが，コンテナ栽培の場合は親づるに実をつける「節なり性親づる型」という品種を選ぶ。

容器は直径30 cm，深さ30 cmの深型に1株。支柱はアサガオに使うアンドン型がつかい良い。用土には堆肥を足しておく。苗は容器の真ん中に植えるのではなく端に植え，誘引しやすいようにする。真直ぐ伸ばすとすぐに上部に達するので，支柱の周囲をグルグルと回すように誘引する。親づる型は摘心はしないで，どこまでも伸ばす。一番果は早めに収穫すると，後の育ちが良くなる。

ズッキーニ

ズッキーニはツルは伸びず，節々に実をつける。容器や用土などはキュウリと同じ。普通通り，寝かせたままの栽培だとあまり伸びないが，支柱に紐で誘引し，立てて仕立てると背丈ほどになり，おもしろいように実がつく。受粉しない実は先端がしぼみ，ちゃんとした実にならないので，虫や風の力を借りられないときは，晴天の午前中に授粉すると良い。実はあっという間に大きくなるので，花が終わるくらいの未熟果を収穫して食べる方が味は良い。

根　菜

根菜も工夫しだいでは十分栽培できる。

ニンジン

ニンジンはまず下に根が伸びてそれから太るという育ち方になる。長く大きくなる品種ではなく，5寸ニンジンを選び3寸くらいで収穫する。

容器は深さ30 cm以上のプランター。用土は培養土に少しの腐葉土を足しておく。

ニンジンは発芽したら成功といわれるほど，露地では発芽がむずかしい。光好性種子の上，乾燥を嫌うので，十分湿らせた用土に薄く覆土し乾かさないように発芽を待つ。一般的に1 cm深の播き溝をつくり筋まき播きするが，全体にパラパラとバラ播きしても良い。

発芽後は数回の間引きを行い，最終的に収穫する。密にすると細く，間をあけると太いニンジンができる。間引いた葉もおいしく食べられる。

カ　ブ

タネ播きから収穫まで時間がかからないので，周年栽培できる。容器は20 cm程度の深さがあればどの容器でも良いが，面積の広い方がたくさん収穫できる。

筋播き，バラ播き，どちらでも良いが，厚播きにすると間引きがめんどうなのでできるだけ等間隔に播く方が良い。間引きしながら収穫する。

ジャガイモ

幅30 cm以上の容器，または20～30 l 入る培養土や肥料の袋，プラスチック製のしっかりした買い物袋や保冷バックなどを利用しての栽培が可能。用土を十分いれてタネイモを植える。芽が出てきたら露地では土寄せをするが，コンテナでは上に土を足す増し土をする。芽が多く出ているときは大きなイモを収穫するためにも2芽残し他は取り除く。露地では支柱はしないが，地上部が倒れるようであれば支柱をする。芽が出るまでは水やりはせず，その後の水やりも萎れない程度の水やりにし，乾燥気味に育てる。花が終わり，上部が枯れてきたら収穫時。収穫が近くなったら水やりはしない。

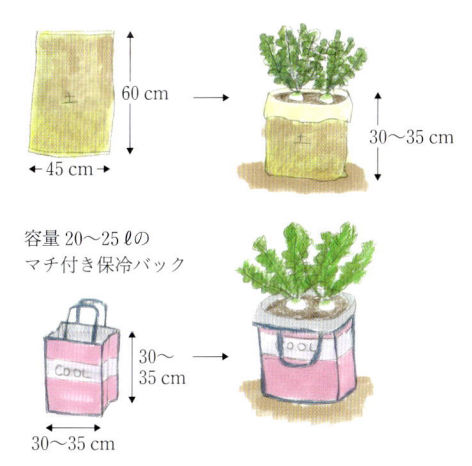

図1　袋栽培

土の袋，保冷バッグを利用

- なるべく光を通さない袋にする
- 根が長くなるもの，根菜，高さのある野菜が向いている（ダイコン，ジャガイモ，トマトなど）
- 下，横に水抜き穴を空ける
- 袋を直置きせず，浮かせた状態にすると水はけが良くなる
- 保冷バッグはマチ付きを利用すると良い
- 保冷バッグは内側の保冷用アルミがアブラムシを寄せ付けない効果がある

保冷バッグのアイディアは「趣味の園芸やさいの時間（2012年9月号）」を参照。

III-5 果樹の栽培

渡辺久昭

果樹の種類の選び方

寒冷地である札幌で果樹を栽培する場合、まず考慮にいれなければならないのは、気象条件に適合するかどうかである。庭植えの場合は、広い果樹園などに比べ、建物などの関係で気温や風あたりが緩和されるものの、樹種や園芸品種(以下、品種)を選ぶ際には、十分考慮しなければならない。

耐寒性を重視して札幌で栽培できる果樹を難易度で大まかにグループ分けすれば、次の通りである。
① つくりやすい樹種：リンゴ、西洋ナシ、中国ナシ(身不知)、ブドウ、豊後梅、スモモ、ハスカップ、グーズベリー、カーランツ、ラズベリー、グミ、ユスラウメ、ニワウメ
② 比較的つくりやすい樹種：オウトウ、クリ、日本ナシ、アンズ、ブルーベリー(ハイブッシュ種)
③ 冬の風を防ぐとつくれる樹種：モモ

写真1 リンゴ、オウトウ、ブルーベリー(左から)

果樹品種の選び方

樹種を選ぶ際には、品種を同時に選ぶのが普通であり、その注意点は次の通りである。
① 札幌の冬の寒さに耐えること。
② 札幌の気候(生育期間)で果実が成熟すること。
③ 病気や虫の害を受けにくいこと。
④ 結実性(交配関係)を考えて品種を組み合わせる。

果樹の結実性

① 原則として自家結実性の樹種：1品種(1樹)だけで結実する。ブドウ、モモ、ブンゴウメ(豊後梅)、ブルーベリー、グーズベリー、カーランツ、ラズベリー、ユスラウメ、ハスカップ(低率)
② 原則として自家不和合性の樹種：2品種以上植える必要がある。リンゴ、ナシ、オウトウ、クリ、スモモ、ウメ、アンズ
③ 交雑不和合性がある樹種：オウトウ、リンゴ(一部)

苗木の選び方

一口でいえば、強健に育ち病害虫に侵されていないものが良い苗木である。購入するときには外見で判断されることが多いが、一般的な注意点をあげれば次の通りである(図1)。
① 地上部が良く伸び、しかも締まった生育をしている。適当に太く、節間がつまり、充実した芽がついている。ブドウでは、直線的でなく、ジグザグに伸びたものが良い。
② 根の発達が良い。太根だけでなく細根が多い。
③ 病害虫に侵されていない。特に根にこぶやカビがついていない。
④ 店先での管理が良い。枝や根が乾いたり、芽がもやしのように伸びたものは避ける。

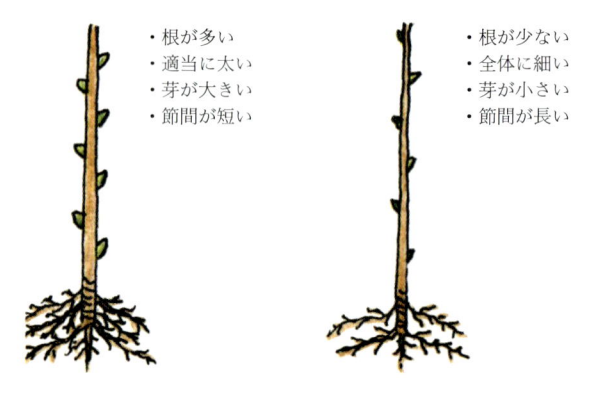

・根が多い ・適当に太い ・芽が大きい ・節間が短い

・根が少ない ・全体に細い ・芽が小さい ・節間が長い

図1 良い苗木と悪い苗木

苗木の植えつけ

苗木は、植えつけ前に2〜3時間根を水につけ、吸水させておく。また、植えつけ作業中は、苗木が乾燥しないよう注意する。

ガーデニングでは、大がかりな土壌改良は困難なため、植穴内の改良で済ますのが一般的である。図2に示すように、直径約50 cm、深さ約30 cmの植穴を掘り、掘り上げた土壌に石灰・堆肥などの改良資材を混合して苗木を植える。深植えにすると植えつけ後の生育が悪くなるので、植えつけ後の根の位置が苗木の時と同じ程度の深さとする。特に固い土壌では、深植

混合 { 堆肥 スコップ山盛り1杯 / 石灰 スコップさっと1杯 (酸性を好む樹種には不要) / 掘り上げた土の半分 }

後で沈むので、地面より少し盛り上げる

深さ約30 cm
直径 約50 cm

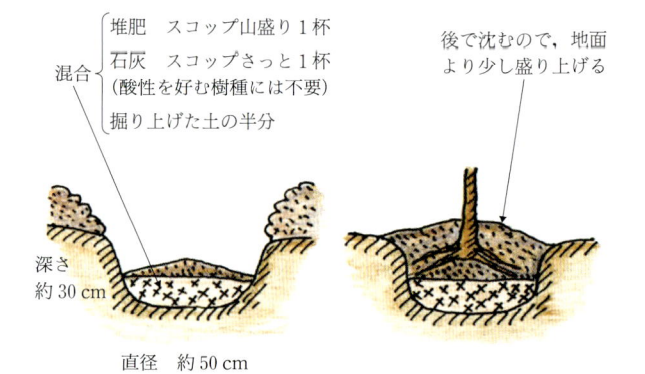

図2 苗木の植え方

えにすると植穴に水が溜まり，枯死の原因にもなるので注意しなければならない。

植えつけ後の養生

植えつけた後，苗木がぐらつくと活着とその後の生育に影響が出るため，支柱をそえて苗木を結わえる。また，生育を促すため樹齢や苗木の状態に応じて剪定する。土壌の乾燥防止と雑草抑制の目的で，根周りにバーク堆肥あるいはピートモスを敷くのが有効である。これは，有機物を補給することになり，土壌改良に役立つ。

植えつけ当年は，果樹の根の張りが不十分なため雑草の影響を受けやすいので，株周りの除草を適宜行う。必要に応じて病害虫の防除を行う。ブドウなど樹種によっては，伸び出した新梢の誘引を行わなければならない。

病害虫の防除

一般に，庭には果樹類に限らず多くの樹種が植えられていることが多いため，病害虫の発生も多岐にわたる。病害虫には，限られた種類の植物を侵すものと多種類の植物を侵すものがある。

庭では，農薬の使用はできるだけ避けたいので，手で取ることができる虫や病葉はこまめに取るようにしたい。リンゴ・ナシ・モモなどのシンクイムシのように，果実の中に食入する害虫を防ぐには，袋かけが良い方法である。ただその場合，袋をかけるタイミングが遅れないように注意する。

農薬を使用する場合には，必ず防除対象となる樹種および病害虫に登録のある薬剤を使用し，容器の注意書きを良く読み使用方法を守らなければならない。庭に多種類の果樹が植えられているときには，薬害に注意し共通して使用できる薬剤を使うようにする。

土壌管理と施肥

果樹の周囲を踏み固めないようにするため，決まった通路を歩くようにしたい。できれば，前述のようにバーク堆肥またはピートモスを株周りにマルチすることが，踏み固めを軽減し土壌乾燥を防ぐとともに土壌を肥やすために有効である。

踏み固めを防ぎながら裸地の状態を維持するためには，除草を兼ねときどき中耕する必要がある。しかし，これを続けると土壌が痩せるので，堆肥など有機物をときどき補給する必要がある。

ガーデニングで果樹を植える場合，肥料のやりすぎに注意したい。樹間のスペースが十分ではなかったり，見た目や作業の便のため強剪定となりがちなので，肥料は少なめにすべきである。場合によっては無肥料でも良い。

公園など広い園地では化学肥料中心の施肥にならざるを得ないが，家庭の庭では，地力の維持をはかるため有機質を主体にする方が良い。肥料は雪解け後できるだけ早く施し，軽く耕うんする。

結果習性と整枝・剪定

花芽着生，開花および結実の過程や状態は樹種により異なり，その一連の特性を結果習性という。身近な果樹の結果習性を図示すれば，図3の通りである。

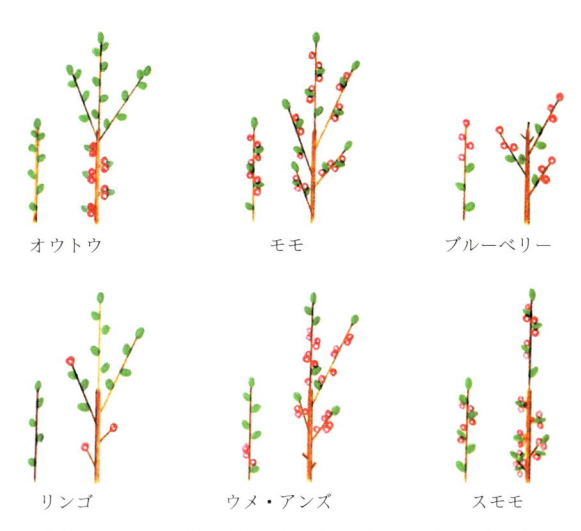

図3 おもな果樹の結果習性(左：1年目，右：2年目)。
　○ 花芽　● 葉芽

果樹の整枝・剪定にあたっては，樹形を形づくることも重要であるが，良い果実をたくさんならすためには結果習性を良くふまえて切る必要がある。個々の樹種については，以下の項で触れることとする。

主要な果樹の栽培

リンゴ

寒冷地に適した樹種であるが，品種により果実の熟期が異なり，晩生種では完熟しない場合がある。耐病性も品種により差が見られるので，庭植えの場合には品種を選ぶ際の大きなポイントとなる。これらのことを考慮すれば，つくりやすい品種として「つがる」，「さんさ」，「あかね」などがあげられる。

リンゴの樹は本来高木性であるが，わい性台木に接ぐことにより樹高を抑えることができる。最近は，わい性台木に接がれた苗木が販売されており，苗木を選ぶとき，選択肢のひとつとなる。

リンゴを侵す病害は多いが，主要なものとしては黒星病，腐らん病，モニリア病，すす斑病，紫紋羽病などがあげられる。害虫では，モモシンクイガ，ハダニ類，ハマキムシ類の被害が多く，年によりキンモンホソガ，ギンモンハモグリガが多発する。

花芽は普通短枝の先端につく。すなわち前年伸長した枝の腋芽が僅かに伸び，その先端の芽が花芽となり，翌年開花・結実する(図3)。

剪定は，この結果習性をふまえて行う必要がある。むやみに枝に切り戻しを加えたり，強い剪定を行うと，新梢が強く伸び出し花芽をつける短枝が少なくなる。

リンゴは，比較的深根性のため，雑草や他樹種との競合には強い方であるが，株周りはときどき除草するかマルチングをした方が良い。施肥については，肥料不足となることはあまりないので，むしろやりすぎに注意し，回数も多くの場合春先1回で十分である。

ナシ

北海道では，農家における栽培は，現在西洋ナシに重点が置かれている。古くからつくられてきた「身不知」(通称「千両」)という中国ナシは，食味に難点があるため栽培を減らしたが，庭植えのものは多く見られる。耐寒性に難のある日本ナシは，今ではつくられることが非常に少なくなった。

西洋ナシは，収穫後に追熟が必要なため，家庭果樹として植えられている例はまだ少ないが，栽培および追熟が比較的容易な「バートレット」などは，庭植えに適していると思われる。「身不知」も強健でつくりやすいため，庭植えには向いている。日本ナシでは，「北新」がつくりやすく，食味も良いが，苗木の入手に難点がある。

ナシを侵す病害としては，胴枯病，赤星病，黒星病があり，害虫では，シンクイムシ類，アブラムシ類，ナシキジラミが一般的なものである。年により，果実に黒点病や灰星病が発生する。

西洋ナシの花芽のつき方はリンゴと同様のため，剪定の仕方もリンゴに準じて行えば良い。日本ナシは，短果枝をつくりやすいので，枝の切り返しを多用するとともに，樹齢を重ねた樹では，花芽の間引きが必要になる。中国ナシの「身不知」は，日本ナシと同様に扱って差し支えない。

土壌管理および施肥については，リンゴに準じて行う。

オウトウ(サクランボ)

多くの果実類で季節感が希薄になってきた中で，サクランボは，北海道の初夏を強く感じさせる果実である。果実がおいしく，しかも摘んでそのまま頬張ることができるため，庭植え果樹としても人気が高い。

道内では，古くから「北光」という品種が広く栽培されてきた。この品種は，道内で偶発実生から育成されたもので，「水門」という通称でよばれるのが一般的である。耐寒性が高く，降雨による裂果が少ないため，栽培しやすく庭植えに適している。食味が優れる「佐藤錦」は耐寒性の点で問題があり，大粒で食味の良い「南陽」も魅力的であるが，結実しづらい上に着色が悪い欠点があり，両品種とも「北光」に比べるとつくりづらい。

病害としては，収穫を皆無にすることもある灰星病と幼果菌核病，樹を枯らすこともある胴枯病が問題となる。害虫では，果実に食入するオウトウハマダラミバエとオウトウショウジョウバエの防除が重要で，樹幹に食入して樹を枯らすこともあるコスカシバも油断はできない。

花芽は普通短枝の葉腋につく。すなわち前年伸長した枝の腋芽がごく僅か伸びた短果枝に花芽を密生する(花束状短果枝)。花芽になるのは腋芽で，頂芽は葉芽になる(図3)。花芽は開花結実すると新たな成長をすることはなく，葉芽のみが伸びて翌年の結実部位をつくる。これを毎年繰り返すため，結実部位は枝先に移動を続け，基部ははげあがることとなる。

オウトウの剪定では，切り返しを多用しない方が良いが，樹齢が進んで樹の広がりを抑制するためには，枝の切り戻しが必要となる。

オウトウは，リンゴと同様比較的深根性なので，土壌管理や施肥はリンゴに準じて行って差し支えない。オウトウは，初夏に収穫され，その後の生育が翌年の結実に影響するので，病害虫防除とともに土壌管理もおろそかにできない。

ブドウ

ブドウは，庭植えで古くから親しまれている果樹である。品種により耐寒性，熟期，果実品質などが異なるため，品種選択の幅が広い。札幌の気象条件では，耐寒性が高く，熟期の比較的早いものが適している。従来は，寒さに強い「キャンベル・アーリー」，「ナイヤガラ」が多く植えられてきたが，最近は，熟期が早く，果実の酸味が少ない「ポートランド」が好まれる。最近苗木が多く出回っている大粒系品種は，耐寒性が低かったり，熟期の遅いものが多いので，特性を良く知った上で選ばなければならない。

庭植えのブドウでは，無防除でつくられる例も多いが，決して病害虫が少ないわけではなく，他の果樹と共通する病害虫が少ないために，あまり問題にされないということも考えられる。よく見られる病害としては，灰色かび病，晩腐病，褐斑病，黒痘病がある。害虫では，ブドウスカシバ，ブドウスカシクロバ，コガネムシ類，カイガラムシ類がよく発生する。また，果実の成熟期にはスズメバチ類が飛来するので，果実の被害以上に人的被害を避けるための注意が必要である。

ブドウは，その年伸びた新梢の葉腋に花芽をつけ，翌年それぞれの腋芽から伸び出した新梢の基部のほうに花房がつき，開花・結実する。1新梢につく花房の数は，品種や樹の栄養状態により異なる。

ツル性の果樹のため，形にとらわれないで仕立てることができるが，反面樹形を乱してその収拾に苦労することもある。仕立て方としては，棚に這わす方法と垣根(トレリス)に誘引する方法がある。水平，垂直の違いはあるが，どちらも平面的に枝の配置をすれば良いので，光線の透入を第一に考え，枝が込みすぎない

よう注意して剪定する。

ブドウは、浅根性のため雑草との競合に弱いので、株の周囲だけでなく樹冠の下には雑草を繁茂させないようにする。ブドウは、ツルがよく伸びるため剪定量が多くなり、結果的に毎年強剪定を繰り返すことになるので、施肥は控えめのほうが良い。普通、春先1回の施肥で良い。

ブルーベリー

ブルーベリーは、果実が利用されるだけでなく、春の花、秋の紅葉も美しいことから、ガーデニング植物としても人気が高い。ブルーベリーにはいくつかグループがあるが、道内で一般に栽培されている種類は、耐寒性が比較的高く果実品質も優れるハイブッシュ種である。多数の品種があり、それぞれ耐寒性や熟期、果実の大きさ・品質が異なるが、苗木に品種名がつけられずに販売されることも多い。家庭で植える場合は、生果の利用を考慮して、できれば大粒種を植えることが望ましい。また、耐寒性が低いラビットアイ種の苗木が販売されているのもよく見られるので、購入する際には注意したい。

ツツジ科に分類されるブルーベリーは、これまで述べた果樹と異なり、酸性のしかも気相の多い軟らかい土壌を好む。そのため、植穴には石灰などの土壌改良資材をいれず、掘り上げた土に酸度無調整のピートモスを同量程度混ぜて植えつける。他の果樹以上に深植えは禁物である。

病害では、キャンカー類（枝枯病など）が最も問題である。枝の芽の部分から枯死部が広がり、はじめは枝を枯らし、ついには株を枯らしてしまう。罹病した苗木が感染源となり、しかも治療法がないので、防除対策としては、株を抜いて廃棄（焼却）するしかない。その他開花時期に不順な天候が続くと、灰色かび病によりつぼみや花が腐ってしまうことがある。害虫としては、春先に新梢の先を食害するハマキムシ類の他、年により夏季に毛虫類やコガネムシ類が多発することがある。

ブルーベリーは、その年に伸びた枝の頂芽とその下に続くいくつかの腋芽が花芽となり、さらにその下の腋芽はすべて葉芽となる（図3）。ただ強く伸びた枝では、花芽の着生が少なく大部分が葉芽となることもある。花芽は、翌年房状に花をつけ結実する。

仕立てる樹形は、地面から主軸枝を数本立てる株仕立て（そう状形仕立て）とする。結実部位が老化すると果実が小さくなるので、主軸枝は4～5年で更新する。更新がスムーズにできるよう、地面から出た枝（吸枝）を毎年2～3本残し、主軸枝の候補として育てていく。

ブルーベリーは、浅根性で乾燥にも弱いので土壌管理が大切である。おがくず、バークまたはピートモスなど有機資材のマルチングが良い方法である。施肥量は控えめが良く、石灰などの酸度矯正資材の施用は禁物である。

ハスカップ

ハスカップは道内の原野や山地に自生する低木で、古くから果実が利用されてきた。耐寒性が高く、土壌をあまり選ばないので、庭植えにも採りいれやすい樹種である。

栽培の初期には、山取り株や実生苗が多く利用されたが、最近は品種改良も進んでいる。しかし、品種名がつけられて苗木が販売されることは、まだほとんどないようである。

ハスカップは、浅根性ということもあり乾燥にやや弱い反面、滞水するような湿潤状態も嫌う。植えつけにあたっては、深植えとならないように注意しなければならない。

病害虫では、ニンジンアブラムシ、ミズキカタカイガラムシ、ナガチャコガネ、ハマキムシ類など害虫の加害が問題となる。ニンジンアブラムシは、新梢の先を枯らしてしまうため、当年だけでなく、翌年の結実や果実品質に大きな影響を及ぼす。ミズキカタカイガラムシは古枝に多く寄生し、ナガチャコガネは根を食害して、ときに株を枯死させる。ハマキムシ類は種類が多いが、周囲の樹木と共通する種類が発生する。一方、病害で問題になるものは少なく、開花期前後に湿潤な天候が続いたときに灰色かび病が多発することがある。年により、夏季にうどんこ病が目立つこともある。

ハスカップは、その年伸びた新梢の葉腋についた芽が、ほとんど花芽となる。翌年、腋芽から伸び出した新梢の基部2～3節に開花し、結実する。

仕立てる樹形は、ブルーベリーと同様な株仕立てとする。ハスカップも、枝が老化すると果実が小さくなるので、数本立てた主軸枝は数年で更新する。古い主軸枝を切ることは、カイガラムシの防除にも役立つ。更新のため吸枝（地際から出た枝）をあらかじめ育てておくことは、ブルーベリーと同様である。

土壌管理の面では、雑草との競合を避け、乾燥を防ぐため、バーク堆肥など有機質資材のマルチが有効である。肥料は控えめで良い。

[参考文献]
・農文協編：大判図解最新果樹の剪定―成らせながら樹形をつくる、農山漁業文化協会、2005.
・野原敏男・丸岡孔一・山口作英・岩谷祥造：北の果樹園芸、北海道新聞社、1995.

III-6　公共花壇におけるバラの種類と管理

工藤敏博

多種多様なバラ

バラは有史以前から栽培されていたこと，また容易に種間交雑し，枝変わりも発生しやすいことなどから自然状態でも多くの変異が出現する。これに人為的な選抜，交雑が加わって，多くの系統，園芸品種(以下，品種)がつくられてきた。

バラは多様である。多くの中からそれぞれの栽培場所，様々な目的にあったバラをいかに的確に選ぶことができるか，それがバラを利用する場面の成否につながる。

バラの系統

数多くあるバラの品種は，その血統からいくつかのグループ(系統)に区分される。開花性や樹形，耐寒性，耐病性などは，おおむねその系統ごとに共通するので，花色や花型以前に，まずは各系統の特徴を知ることが重要である。

しかし，前述したようにバラは自然交雑種も多く，さらに複雑な品種改良により，その系統分類の解釈は学者や各団体により大きく異なっている。

より育種が進む近年は，イングリッシュローズ(イギリスの David Austin が名づけた園芸品種群の総称，系統ではシュラブローズにあたる)に代表される，オールドローズとモダンローズの交雑など，系統間にまたがる品種も多く出てきており，従来の血統による系統分けがむずかしくなっている品種も多く作出されている。

実際に利用する上では，血統別ではなく樹形別で分類する方が実用的である。

「シュラブ」と「ブッシュ」はどちらも「低木，灌木」の意味だが，バラの場合は，シュラブローズとは伸びた枝が湾曲して弓形になるような種類，半ツル性とよばれるようなものを指し，ブッシュローズとはよりコンパクトで直線的に枝を伸ばすようなものを指している。

品種選定をする場合は，まず植栽場面に適する樹形の系統を選択し，次に目的とする開花性と栽培地に適合する耐寒性を考慮し，さらに管理を含む栽培環境に耐え得る耐病性を加味して絞り込むことが順当である。

公共的な場面に適した系統

個人の庭や，高い管理能力を有するバラ園などとは異なり，一般公共緑地や公園などでバラを利用する場合は，限定される管理下で最大限の効果が期待できる系統が選択されるべきであろう。バラは花だけでなくその樹形や葉も魅力的で，その意味から一季咲きの種類の利用価値も高い。それらは一季咲きの他の花木と同様，最低限の管理で容易に育ち，多くは耐寒性にも優れる。

しかし，バラは北国の屋外で越冬できる耐寒性を持ち，かつ繰り返し咲き性があることが他の花木にはない有利性である。その目的でバラが選択される場合も多い。その中から公共的な場面に適う系統としては，四季咲き(連続開花)性のシュラブローズが最も適すると考えられる。

シュラブローズ(Shrub Rose 略号：S)は前述したように，複数の系統間をまたがる交雑種で，そのため樹形や開花性も品種によって異なり，目的にあった品種を選ぶことができる。多くは四季咲き性と強健性を持ち，耐寒性の高い品種も多い。ただ，強香品種が少なく，一般的にイメージされるバラ然とした趣きのある花型の品種も少ない。今後，これらを備える品種の出現が期待される。

シュラブローズと同様に耐寒性，耐病性に優れ，より連続開花性が強いのはポリアンサローズである。

ポリアンサローズ(Polyantha Rose 略号：Pol)は，ノイバラ(*Rosa multiflora*)と，コウシンバラ(*R. chinensis*)のわい性種ヒメバラ(*R. chinensis var. minima*)の交雑による系統で，ノイバラの強健性とヒメバラの四季咲き性を受け継ぐ。小輪，房咲きで，間断なく秋遅くまで咲き続け，小型の照葉も良く茂る。枝が伸びる品種も多いが，わい性で，高さを求める場面には適さない。またシュラブローズ同様芳香種が少なく，花数は多いが一輪一輪の豪華さには欠ける。

前述の 2 系統よりは耐寒性，耐病性に劣る品種が多

表1　バラの系統

1. シュラブローズ	2. ブッシュローズ	3. つるバラ
a. シュラブ樹形の原種，原種交雑種	a. ハイブリッドティー	a. ランブラーローズ
b. シュラブ樹形のオールドローズ	b. フロリバンダ	b. 大輪つるバラ(ラージフラワードクライマー)
c. シュラブ樹形のシュラブローズ*	c. グランディフローラ	c. ブッシュローズの枝変わりからのつるバラ
	d. ポリアンサ	
	e. ミニチュア	
	f. ブッシュ樹形のオールドローズ	d. ツル性の原種，原種交雑種
	g. ブッシュ樹形のシュラブローズ*	e. ツル性のシュラブローズ*

*現在シュラブローズとして扱われている品種

写真1 シュラブローズ（シャンプラン，Champlain）
写真2 ポリアンサローズ（マージョリー・フェアー，Marjorie Fair）

いものの，それらの花容の乏しさを補うのはフロリバンダローズであろう。

フロリバンダローズ（Floribunda Rose 略号：Fl）は，最も大輪で整形花が多いハイブリッドティーローズ（Hybrid Tea Rose 略号：HT）とポリアンサローズの交配から生まれた系統で，ハイブリッドティーローズとともにモダンローズの両翼を担う系統である。ハイブリッドティーローズに比べて耐寒性，耐病性に優れる品種も多く，樹高は低めで，房咲きの花が絶え間なく開花するため，花壇植えに適する品種が多数ある。しかし，前述の2系統よりは管理に手間を要し，生育を維持するためには環境整備も必要になる。

写真3 フロリバンダローズ（エルザ・ポールセン，Else Poulsen）

植え場所の選定

バラは移植も行えるが，移植により生育の減退をともなう場合が多く，できれば同じ場所で長く育てたい。そのため，最初に植えつける場所を慎重に選ぶことが重要になる。

原種や一季咲きの品種は多少日陰になっても育つものもあるが，繰り返し咲くものはできるだけ日あたりを確保することが望ましい。昼間数時間日陰になるよ

り，日中を通して直射日光があたる方が圧倒的に有利である。病害の発生や新梢（シュート）の発生にも影響する。

風通しも重要で，ほど良い風は葉の厚みを増し，光沢を良くし，病害や夏の高温回避にもつながる。日あたりの確保からも建物や樹木で囲まれた所は避ける。また，密植を避け，株の間隔を広くとることも必要である。

植え床づくり

長く植えておくことを考えれば，最初の植え床づくりは重要である。排水の良い土壌環境をつくり，地力に富んだやや重い土をつかって植え込むことが望ましい。

植え穴は最低でも縦横40 cm，できれば50〜60 cmを確保したい。穴底の固く締まった土層は粉砕し，排水が不安な場合は，暗渠や砕石などでの10 cm程度の排水層を設けるのも効果的である。

あまりに排水が悪く，土壌が悪い場合は，盛り土にして高床にする。そのことにより排水が確保され，土壌改良も容易である。あわせて，作業性の向上や病害の回避がはかられる。

古くからバラの土壌改良には牛糞堆肥が勧められ，十分な基肥の混入が必要といわれてきたが，バラ園などのように大輪を咲かせることを目的とする以外は，寒冷地では肥効よりも地力の向上に重きを置きたい。肥料成分を多く含む堆肥類や過度の基肥の混入は，耐寒性の低下を招くので注意が必要である。植え穴の土の総量の2〜3割程度の動物性と植物性の完熟した堆肥を，バランス良く混合することが望ましい。

剪　定

剪定の目的は，古枝の更新をはかることと，不必要な枝を除いて養分の無駄づかいを防ぐこと，それにより通風を良くして病虫害の発生を防止することにある。

本州暖地では，梅雨と真夏の高温により夏に一時生育を停止するため，秋の開花に向けて夏剪定を行うが，北国では真夏も比較的弱ることなく生育が続くので，本州のような夏剪定は必要としない。本格的な剪定は，北国では春の1回だけになり，その仕方によって，その年の樹形や生育が左右される。

茶色で皺が生じた古枝は，枯れはしなくとも開花枝とならない細い脇枝しか出さず，病害も受けやすい。そのため，緑で張りのある太い若枝が複数ある場合は，老化した古枝を基部から切り去る。若枝の数が少ない場合は，古枝の太い芽のある部分まで切り戻し，新梢が出現して若枝が増えるまでの予備として残す。

なお，原種やオールドガーデンローズなどの一季咲きのものは比較的古い枝でも開花枝を出しやすく，繰り返し咲き性が強いものほど枝の更新を頻繁に行う必

株の中央部に埋もれたり，上部の枝の陰になる弱小枝(細枝)は開花枝を出さず，病害の原因にもなるので取り去る。また凍害により枯れた枝も，そのままでは病害を誘発するので生存している箇所まで切り戻す。

切り位置(株の高さ)は，それぞれの品種の特性と目的によるが，一般には低い位置まで切る強剪定は太く長い脇枝が伸び，逆に低い位置まで切らない弱剪定では脇枝は細くあまり伸びない。

また，太く充実した芽を残すようにするが，バラは頂芽優勢であるので，切ったすぐ下の芽が芽の方向に伸びて開花枝になる。そのため芽から伸びる枝の方向をイメージして，伸びる各枝が重ならないように意識して切る。

手間を省くためにどうしても長く伸びた枝を切り詰めることになりがちだが，切り戻しよりも枝抜き(更新)を重視したい。特に個性のあるシュラブローズなどは，極端な切り戻しにより，以前よりさらに枝が暴れることも多いので注意が必要である。また，株全体を均一に行うのではなく，陰(裏)になる方は思い切って透かすなど，見せる方向を意識して行う。

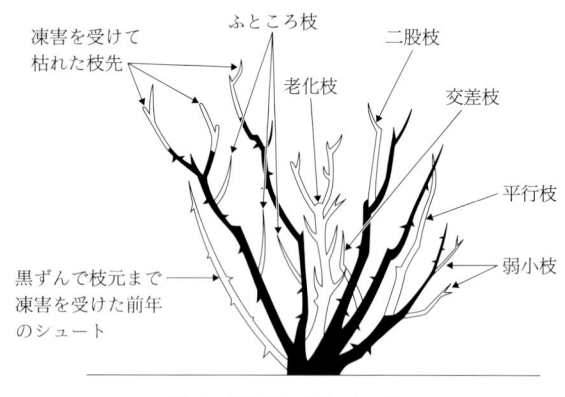

図1　剪定時に切り去る枝

花がら摘み

開花が過ぎた花切りは，当然繰り返し咲きが強いほど頻繁に行う必要がある。一季咲きや返り咲きのものは，そのまま放置しても生育に影響はなく，むしろヒップ(実)を観賞するためには花がらは切り去らない。

繰り返し咲くバラは，花をそのまま放っておいても下部の芽が自然に伸びてきて再び花をつける。しかしそれでは開花までに日数を要し，開花回数が減り，最後の秋花が開花しないことになる。生育期間の短い北国では，早めに花がら摘みを行うように心がけたい。

切り位置は，上から2段目の5枚葉の上が基本になるが，品種の特性や各枝の生育状態，全体のバランスなどを考慮して切る。剪定と同様に，深く切れば次の開花まで日数を要し，浅く切れば比較的早く次の開花に至る。生育期間，秋の早さを考えれば，北国ではできるだけ浅めに切った方が得策といえる。

小輪のシュラブローズやポリアンサローズなどは，開花後そのままでも次の花が咲きやすいが，観賞上や病害を回避する意味からも花がらは切り去った方が良い。ハサミをつかわずに，傷んだ花を手で摘み去るだけでも良い。

施　肥

バラは肥料喰いの植物といわれることが多く，他の植物より多くの肥料を与えなければならないとのイメージがある。確かに繰り返し咲きのものは，花後に新たな枝を伸ばして再度花を咲かせるので，それなりの養分は必要になる。ただ，一季咲きや返り咲きのものは他の花木と同様の施肥で構わないし，繰り返し咲きのものも花の大きさや花数には影響するものの，咲かせるだけなら春の施肥だけで十分である。

特に厳しい冬を乗り越えなければならない北国では，窒素過多は耐寒性の低下を招く危険性があり，注意を払わなければならないのは他の花木類と同様である。

そのことから，自ずと速効性の化成肥料が主体になり，それを的確に吸収させるためには腐植に富んだ土壌環境が前提となる。少ない肥料を効果的に吸収させる土壌づくり，施肥よりも土壌環境の整備が優先する

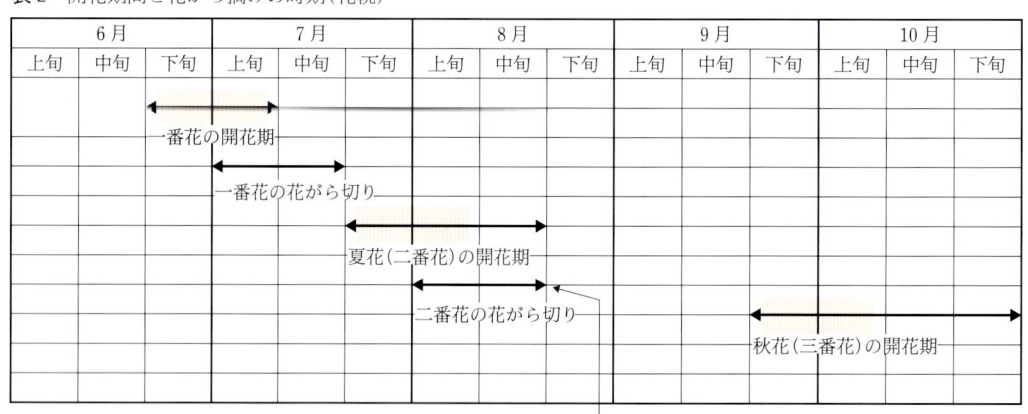

表2　開花期間と花がら摘みの時期(札幌)

8月中旬以降まで咲かせると三番花が寒さで咲かない場合が多い
そのため8月中旬までに見極めて花を切り，蕾の状態でも切った方が良い

といえる。

病害虫対策

　他の多くの植物と比較すれば，バラは病虫害に侵されやすい植物といえる。花の魅力を優先するバラ園などでは頻繁な薬剤散布は欠かせない。

　ただ，自然界で育つ原種や，強健性の向上を目的に育種されたシュラブローズなどは，薬剤散布することなく無農薬で健全に育つものも多い。特に病害においては品種による耐性の違いが大きく，同じ環境下でも罹病の度合いは大きく異なる。耐病性に優れる品種を選択することが最も重要である。

　バラの病気で最も影響が大きいのはうどんこ病と黒星病である。どちらも被害が進むことにより落葉を招き，その結果生育が低下し，シュートの発生が減少する。そのことで枝の更新がされず，結局はさらに耐病性が低下し悪循環となる。

　害虫はアブラムシの被害が最も大きく，花蕾や新梢の先端に集中する。こまめにチェックして，捕殺で個体数を制限し，あまりに被害が拡大した場合は集中している部分に薬剤をスポット散布する。

　いずれも薬剤散布は速効的ではあるが，他の植物同様に薬剤に対する抵抗性をつけないことが肝要で，農薬散布する場合は各農薬に表示されている散布回数を守り，連続散布する場合は異なる農薬を使用する。天然物から抽出された非化学農薬も効果が実証されている。それを利用する場合は定期散布を心がけ，予防的に利用する。

越冬対策

　寒冷地でバラを栽培する上で，その生育を左右する最大の要因は，枝の凍害をどれだけ回避できるかどうかにある。

　枝の著しい凍害は，特に年数を経ていない若枝に集中する。若枝が越冬しなければ，当然，枝の更新が行われず，その結果，翌年のシュートの発生，開花数，耐病性が減少し，生育低下につながる。逆に一冬，無事に越冬した枝はより充実し，次の冬の越冬は容易になる。このことから，特に植えつけ当初の数年が重要になる。

　バラは系統，品種間により枝の耐凍性が異なるため，その栽培地で容易に越冬できる種類を選ぶことが最も重要である。

　さらに，施肥や剪定などの管理により株の充実度合いが大きく影響を受けるため，寒冷地では生育期を通して「軟弱に育てない，固くつくる」を心がけ，常に冬を意識して管理を行うことも重要になる。特に夏以降の施肥は注意したい。高温期を過ぎた9〜10月はバラの生育適温条件となり，養分吸収が活発になるが，枝の充実が遅れると凍害の危険性が高くなる。

　越冬前に枝を切る，切らない，の議論は現在でも多くなされる。それはその種類（枝）の耐凍性と充実度による。その栽培地で容易に越冬できる種類であれば，芽数の確保と樹形の維持から，あえて越冬前に枝を切る必要はない。耐凍性と充実度に不安があれば，積雪地では雪の中に枝が納まるように枝先を切り，少雪地ではコモを巻いたり，土盛りをしたりして枝を保護する。

　積雪による枝折れ回避のための冬囲いは，他の低木類と同様に考えれば良い。ただし，病気の越冬を回避するため，囲う前には枝についた葉をすべて取り去りたい。葉の大きいフロリバンダローズは容易に行えるが，葉が密につくシュラブローズやポリアンサローズなどは大変な作業になるが，植え床上に落ちた葉だけを取り去り，雪融け後の春に再度残りの葉を取り去っても良い。

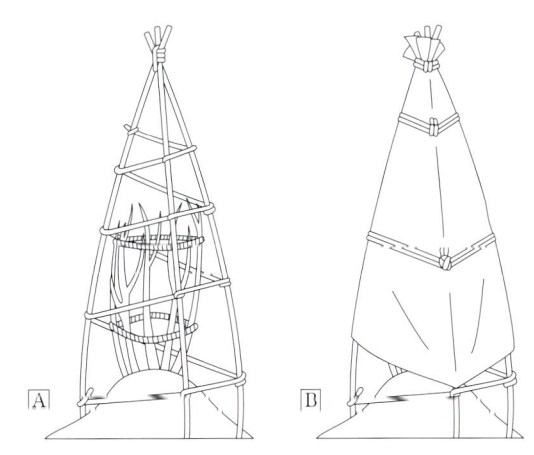

図2　積雪の違いによる冬囲いの方法。A：積雪地の一般的な冬囲い。積雪が遅い，あるいは積雪が少ない冬が予想される場合は，枝を結束してから，株元に敷いていたマルチング資材や他から運んだ土などを株元に盛る。B．積雪が少ない所での冬囲い。枝を結束してから，株元に敷いていたマルチング資材や他から運んだ土などを株元に盛り，さらにムシロや防風ネット，不織布などを株全体に巻く

III-7 花の育種

天野正之

花の遺伝

生物の進化

(1) 生命の誕生

今から135億年前，ビッグバンによって宇宙が誕生し今も膨張（インフレーション）を続けている。46億年前に地球は生まれ，それからおよそ10億年たった35億年前に，原始の海に生命が誕生した。

(2) 真核細胞生物

最初の生物は単細胞で，現存する細菌類や藍藻類のようであった。これらの細胞は細胞質と核とのはっきりした境を持たず，原核細胞生物とよばれ，増殖も細胞分裂によって無性的に行うことが多い。

さらに20億年がたって，今から15億年ほど前に核膜を持った真核細胞生物が出現した。原始の大気は今とまったく異なっていて，炭酸ガス91％，窒素6.4％，硫化水素2％からなり，酸素は地球上にあらわれた緑色植物（クロロフィールを含有）である海藻の光合成によってつくられた。

(3) 遺伝と変異

生命は35億年前に海で生まれ，真核細胞生物が15億年前に出現し，シダ植物が初めて4億年前に陸にあがった。3億年前に種子を持つ植物であるソテツ類などの裸子植物が出現し，1億年ほど前になって，やっと最も高等な植物である被子植物へと進化し，モクレン目などが出現した。ちなみに人類の誕生は700万年前とされ，現在のホモサピエンスは2万年前に誕生したとされる。

ダーウィンは，150年前に『種の起源』(1859)を出版し，生物は適者生存などによる自然淘汰によって進化してきたという進化論を発表した。ダーウィンの進化論ではキリンの首やゾウの鼻を十分に説明できなかったが，現在ではDNAが遺伝子であることが発見され，その遺伝子が突然変異をおこし，生存競争に有利な変異個体が増えていくと考えられている。

このように生命の基礎となっている遺伝子が遺伝（親と子が同じ形質をあらわす）と変異（親と子が異なる形質をあらわす）という一見相反する能力を働かせて生物の進化をとげてきた。移動能力を持たない植物が，複雑な環境の変化に適応して生き残るためには，この遺伝的適応能力が特に重要であった。

(4) 種の分化と分類

生物は，遺伝と変異，生存と淘汰を繰り返しながら進化をとげ，多くの種類を分化した。他と形質が異なり区別できる基本単位を種と規定している。現在，地球上には動物，植物，細菌類など全部で約175万種の生物が存在している。その8割は動物でその半数は昆虫である。それらの分類と命名には250年ほど前にスウェーデンの博物学者リンネ(Linne)によって体系化された分類法が用いられている。

(5) 命 名 法

植物分類学による分類は，国際植物命名規約によって規定されており，界(植物，動物)―門(裸子植物，被子植物)―綱(単子葉植物，双子葉植物)―目―科―属―節―種の順に階級が分けられている。各階級は分類上必要があれば，亜を冠して中間の階級を用いる。種が基本的な単位とされ，属と科の階級が重用されている。

通常，学名は属名と種名(種小名)のふたつを列記する二名法で表記され，世界共通語となっている。現在流通する花き類はおよそ400科，1,500属，5,000種を超えるといわれている。さらに園芸では，利用上有用なものとして栽培品種(Cultivar 略してcv. 単に品種とよぶ)が多数選抜，育成されており，種名に続けて‘ ’書きで表示される。現在，流通する花きの品種数は5万を超すといわれる。

学名の表記は，例えば，チューリップの品種ピンク・ダイアモンドの場合なら図1のように記述する。

　　　　　　属　　　種　　　　　品種名
　学名： *Tulipa gesneriana* 'Pink Diamond'

図1　学名の記述例（チューリップ品種ピンク・ダイアモンド）

染色体とゲノム

(1) 染 色 体

細胞が増殖するときの細胞中の核の有糸分裂時に，塩基性色素(鉄酢酸カーミンなど)に濃く染まる棒状の構造体があらわれる。これを染色体といい，その形や数は生物の種によって定まっている。減数分裂の際，普通の二倍体では両親の配偶子に由来する相同染色体（対立遺伝子が同一順序で配列している染色体）が対立して二価染色体を形成する。染色体数の最も少ない生物は馬の回虫で2本($2n=2$)，最も多いものはオコツクヤドカリの254本($2n=254$)とされる。花粉や卵(未受精卵)のような性細胞の染色体数は，通常は，体細胞の染色体数($2n$)の半数(n)であるが，植物の中にはまれに体細胞にn染色体しか持たないものがあり，半数体とよばれる。また，ときとして$3n$(3倍体)，$4n$(4倍体)，$5n$(5倍体)，$6n$(6倍体)のような高次倍数体もある。

核の中に存在するこれら染色体上には，遺伝子であるDNAの塩基配列(A, G, T, C：アデニン，グアニン，チミン，シトシン)が二重螺旋構造で存在し，遺伝情報を支配している。核外の細胞質にもミトコンドリアなど

に一部のDNAが存在し，この遺伝情報は種子親(雌性)からのみ受け継がれるので母系遺伝をする。染色体のような核内遺伝子に対し，核外遺伝子または細胞質遺伝子とよばれる。

(2)ゲノム

生物が生活するために必要かつ最小限度の染色体の1組のことをゲノムという。染色体上のDNAの位置とその塩基配列を明らかにすることをゲノム解析といい，人間のヒトゲノムや稲のイネゲノムなどの研究では100％の解読が完了している。

遺伝の法則

(1)メンデルの法則

オーストリアのメンデルがエンドウマメを用いた実験から遺伝の法則を解明し1865年に発表した。当初は評価されなかったが1900年に再発見され，植物だけでなく動物にも共通する遺伝法則の基礎として知られるようになった。

①優性の法則

細胞中には，ある形質に対する遺伝子があり，それが他の遺伝子を抑えて自分の形質を外部に表現するようになる。そのような形質または遺伝子を優性形質または優性遺伝子とよぶ。抑えられ，従って自分自身を外部に表現できない形質または遺伝子を劣性形質または劣性遺伝子とよぶ。劣性遺伝子は，細胞中に存在していても優性遺伝子が存在するかぎり自身を表現することはできず，外部にあらわれることはできない。しかし優性遺伝子がなければ自身を表現することができる。

例えば，エンドウの場合は高生が優性形質であり，矮生が劣性形質であるため，高生の親(TT)と矮生の親(tt)を掛けあわせると，その雑種第1代(F_1)では，すべての子が遺伝子型Ttを持った子となる。優性の遺伝子Tが存在するため，わい生である劣性の遺伝子tの発現は抑えられて隠れてしまうので，すべての子に優性の遺伝子Tの形質が表現され，すべての子が高生となる(表現型)。これを優性の法則という。このような1対のお互いの形質または遺伝子を対立形質または対立遺伝子という。接合体の遺伝子型がTTやttのように対立遺伝子が同一の場合をホモ，Ttのように対立遺伝子が同一でない場合をヘテロという。

②分離の法則

エンドウの例で，高生の親(TT)とわい生の親(tt)との交配でできた子であるF_1(Tt)同士で，さらに交雑を行うと(自家授精)，F_1の生殖細胞ができるとき対立遺伝子TtがTとtに1個ずつ分かれて配偶子に入る。ひとつの配偶子に対立遺伝子同士が一緒に入ることはできない。このように生殖細胞ができるときに(染色体が減数分裂するときに)，対立遺伝子が分離してはいることを分離の法則という。

従ってF_1(Tt)同士の子であるF_2の配偶子は母親(卵)も父親(花粉)もTとtに分かれ，これらが均等の機会で受精が行われるので，その接合体はTTとTtとttが1：2：1の割合で生まれる。Tはtに対して優性であるからTTとTtはともに高生となり，劣性ホモのttのみがわい生となる。外観上は高生と矮生が3：1の割合で出現することになる。

③独立の法則

2対以上の対立遺伝子が存在するときでも，生殖細胞ができるとき，各対の遺伝子の分離と結合は独立かつ自由に行われる。このようにある形質の分離や結合は，他の形質の分離や結合に影響されないことを独立の法則という。

例えば，エンドウの種子の色には黄と緑があり，黄(Y)は優性で緑(y)は劣性である。また種子の粒形には丸と皺があり，丸(R)は皺(r)に対し優性である。種子の色が黄で形が丸の品種(遺伝子型がYYRRのホモ)と種子の色が緑で形が皺の品種(遺伝子型がyyrrのホモ)とを交雑するとそのF_1はすべてが黄で丸の品種(遺伝子型はYyRr)となる。黄と緑の対立遺伝子間でおきる分離や結合は，丸と皺の対立遺伝子間でおきる分離や結合には関係せず，影響されずに独立して行われる。

このF_1(YyRr)同士の交雑では，卵も花粉もそれぞれYR, yR, Yr, yrの4種類の配偶子ができて受精するので，F_2の遺伝子型を碁盤目法で分析すると図2のように接合体は16通りの組み合わせができることになる。遺伝子型の種類は9通り，その表現型は，黄丸(YR)，黄皺(Yr)，緑丸(yR)，緑皺(yr)の4通りでその比は9：3：3：1である。ホモ接合体が各表現型について1個ずつあり，両優性遺伝子あるいは両劣性遺伝子をホモに有する接合体(YYRRとyyrr)は，各々全体の1/16である。

♂\♀	YR	Yr	yR	yr
YR	YYRR 黄丸	YYRr 黄丸	YyRR 黄丸	YyRr 黄丸
Yr	YYRr 黄丸	YYrr 黄皺	YyRr 黄丸	Yyrr 黄皺
yR	YyRR 黄丸	YyRr 黄丸	yyRR 緑丸	yyRr 緑丸
yr	YyRr 黄丸	Yyrr 黄皺	yyRr 緑丸	yyrr 緑皺

図2 エンドウの種子の色と形の遺伝

(2)遺伝子の相互作用
①優性の法則の例外
オシロイバナの白花と赤花を交配すると，その子F_1の花色はすべてピンク(桃色)になる。F_1同士(自家授粉させる)の子F_2は白とピンクと赤が1：2：1の割合で分離する。白と赤の優劣関係が不完全であるためにF_1やF_2で中間色のピンクのものができるので，不完全優性という。
②メンデルの法則の例外的に見える遺伝
表現型の上に効果を及ぼす場合，互いに働きあって何らかの影響を及ぼしあうため，メンデルのエンドウの実験と同じ表現型にならないことがある。これには，補足遺伝子，抑制遺伝子，同義遺伝子(重複遺伝子)，致死遺伝子，複対立遺伝子などがある。
③ポリジーン
花や葉の色，形などの質的形質は，メジャージーン(主要遺伝子，主働遺伝子)があるかないかで決まる。一方，大きさ，長さ，重さ，開花期などの連続的な量的形質は，ひとつの遺伝子の効果は微小だが遺伝子が多数集まってその総和として効果があらわれるので，ポリジーン(多数遺伝子，微働遺伝子)とよばれる。

花の育種
交雑による育種法
(1)種内交雑
品種間交雑育種法，集団育種法，系統選抜育種法，戻し交雑法など，同一種内の比較的近縁な仲間同士の交雑によって，優良品種を育成する。
(2)遠縁間交雑
種間交雑法，属間交雑法など遠縁な親同士の間で交配し，新しい品種を作出する。新規性(目新しいもの，珍しいもの)が重視される花きにおいては，このような遠縁間交雑育種により育成された品種が非常に多い。縁が遠い親同士の組み合わせでは，普通の交配作業だけでは成熟した種子が得られない場合も多く，胚培養や胚珠培養で未熟種子を取り出し，組織培養で育てて植物体に完成させる必要がある。

遠縁間交雑でできた雑種は，種子を結ぶことができず不稔になることが多い。しかし，栄養繁殖性花き(栄養系品種)では，1個体でも優れた個体が作出できれば，あとは挿し木，接ぎ木，株分け，分球などの栄養繁殖で多数の同じ個体をつくることができるので品種改良に利用できる。栄養繁殖法として今日では組織培養による大量増殖の技術が進歩し利用されている。

花きの主要な種類は，キク，カーネーションのような宿根草，ユリ，チューリップ，スイセンのような球根類，バラ，ツバキ，ウメ，サクラのような花木類など栄養繁殖性のものが多い。ちなみに野菜では種子繁殖性の種類が主流で，栄養繁殖によるものはイチゴやニンニク，イモ類などの根菜類に限られている。一方，果樹ではほとんどすべてが栄養繁殖性である。

(3)F_1雑種
トルコギキョウ，キンギョソウ，パンジー，サルビア，マリーゴールドなどの種子繁殖性花き(種子系品種)では，異なる純系品種(遺伝子型がホモ)の親の組み合わせで雑種第1代品種を育成する。組み合わせによっては両親以上に著しく優れた特性を示すことがあり，ヘテローシス(雑種強勢)という。野菜や花きの品種やトウモロコシなどではほとんどがこのF_1品種になっている。F_1品種は遺伝子型がヘテロになっているので，F_1同士で採種してもF_2世代では分離してしまうので，育種者の権利が保護される利点もある。

しかし，その採種には，自殖(自家受粉)や他の予定しない花粉の受粉を避けるために，除雄(葯が裂開して花粉が飛び出る前に葯を除去する)や袋かけなどの多大な労力を要する。採種の省力化・効率化のためには自家不和合性や雄性不稔性を利用する。

写真1 トルコギキョウの育種(F_1品種の選抜風景)

(4)倍数性育種
体細胞の染色体数は，通常二倍体であるが，それを三倍体，四倍体，……と増加させることによって大型化，大輪化などの形質に改良した品種を育成する。同質倍数性と異質倍数性とがあり，染色体数が基本数(n)の整数倍となっていない異数性の倍数体もある。キクの品種の多くは，染色体数が54本の六倍体で高次倍数体になっているが，53本とか52本などの異数体品種もあり，十倍体の品種もある。

突然変異による育種法
(1)自然突然変異
自然に降り注ぐ放射線や自然の物理・化学的環境などによって誘発された突然変異個体(枝変り)を見つけ，元の品種と区別して新品種とする。花色，花弁の数，花形，斑いりなどの変異によって観賞価値の優れた個体が見つけられ，多数の新品種がつくられている。自然での突然変異は，100万分の1くらいの頻度でおきているとされる。

(2) 人為突然変異

人為的にガンマー(γ)線，X線などの放射線やイオンビーム，中性子ビームなどの量子ビームを照射して，突然変異を効率的に誘発し新品種を作出する。

花きでは，キク，バラ，カーネーション，ユリ，チューリップなどのように栄養繁殖性(栄養系品種)の種類が多く，1個体でも優良個体が得られれば品種になり得るので，有用な育種法となっている。放射線以外にも変異誘発化学物質や培養による変異も起きる。

バイオテクノロジーによる育種法

(1) 遺伝子組換え

異なる生物などから単離した遺伝子(DNA)をゲノムに組みいれて新しい機能や特性を備えた新品種を作成する。交雑育種や突然変異育種では不可能だった画期的改良が可能になるが，今日まで地球上に存在しなかった新植物になるので安全性や生態系への影響などについて検定し認可を受けることが必要となっている。

花きでは，食品と異なり安全・安心の面で一般の理解(パブリック・アクセプタンス)が得られやすく，組換え植物に対する抵抗が少ないので，既に青いカーネーション，青いバラなどの画期的品種がわが国で作出され普及し始めている。

(2) その他のバイテク育種

培養技術の進歩により，細胞融合，細胞選抜，小胞子(葯)培養，子房培養，DNAマーカー選抜などを利用した品種あるいは育種素材の開発が行われるようになってきた。主要な花きは栄養系品種が多く，後代で種子が採れなくても品種になりうる点や，新規性を求めて遠縁間交雑育種がさかんな点で，バイテク育種の有効性に期待が広がっている。

花の育種デザイン

(1) 育種計画

実際に育種を行うには，かなり綿密な計画を立てることが重要となる。というのも育種には少なからず年月を要するので計画に致命的なミスがあると途中で大切な時間をロスすることになり，計画が頓挫し失敗に終わりかねないからである。

まず最初に育種目標を設定することが必要である。どんな植物のどんな種類を用いてどんな品種をつくりたいのかを設定する作業であり，夢がふくらむ作業でもある。営利用の育種では，その品種の経済効果や育種年限さらにはコストなどの厳しい制限要因を計算にいれなければならない。しかし趣味と実益を兼ねる程度の非営利用の育種ならば，かなり自由に育種目標を設定することも可能である。

次に必要な育種素材の検討が必要になる。育種目標を達成するためには，交雑育種，突然変異育種，バイテク育種あるいはそれらの組み合わせのどの育種法を選択するのか，そしてそのときに利用し得る育種素材としてはどのような植物が存在するかを検索しなければならない。さらに，その必要な育種素材の獲得のためには，種苗業者などから購入が可能か，植物園や公的機関などの遺伝資源センターから入手可能か，または自生地を探索してプラントハントしなければならないか，などを検索しなければならない。

育種素材が揃えば，次の段階へ進み，交雑育種では交配作業を実施する。栽培，開花，除雄，授粉，袋かけなどによって目的とする組み合わせの親同士の交雑種子を採種する。種子は播種，育苗，栽培，選抜，開花，交配，採種などの作業を繰り返し，目標とする形質について固定をはかり，F_1育種であれば組み合わせ能力の検定を行い新品種を育成する。突然変異育種やバイテク育種においても，育種目標と育種技術に応じて育種素材を準備することになる。

写真2 チューリップの育種で6年目に初開花の様子（辻俊明氏提供）

(2) 育成者の権利

植物の新品種の育成者は，品種保護制度によって保護されている。わが国では1978年の種苗法の制定により本格的な品種保護制度が導入され，今日の新種苗法では，特許法，商標権と並ぶ知的財産権のひとつとなっている。育成者は，種苗法に基づく品種登録に出願し登録することによって，その品種の増殖，生産，販売にかかわる権利を独占することができる。これを育成者権という。育成者権を持たない者が生産や販売を行うにあたっては，育成者権者の許諾を得なければならない。毎年1,300件を超える出願があり，累積ではおよそ30,000件の出願があり，その7割が登録件数となっている。そのうち草花類と観賞樹が3/4を占めており，花きの育種に対する関心がいかに高いかを示している。

国際的にも品種保護を定めたUPOV条約に多くの国が加盟しており，品種登録制度により育成者の権利が相互に保護されて種苗の適正な国際流通が確保されている。不正に生産された登録品種は，関税定率法により逆輸入を水際で防ぐことも可能になっている。

III　ガーデニング植物の栽培・管理

(3) 遺伝資源の収集〈トルコギキョウの実際例〉
①育種目標
　小輪多花性で花房にボリュームがあり，高温耐性が強くロゼット性が少ないため切り花の周年生産に適し，かつ豊富な花色を揃えた消費者ニーズの高いトルコギキョウの F_1 品種シリーズを作出する。
②育種素材
　目標達成のためには，従来の育種素材には存在しない新たな未利用の遺伝資源を探索し，その遺伝子を導入することが必須の条件となる。トルコギキョウの自生地(原生地)は米国南端部からメキシコにかけての地域であり，原種としては，*Eustoma grandiflorum* と *E. exaltatum* の2種が知られている。後者はメキシコに分布し，小輪多花性や耐暑性にかかわる形質の導入に期待が持てる。近縁種として，かつては同属に分類されていた *Lisianthus* 属の数種も同地域に分布している。

写真4　トルコギキョウ野生種の自生状況

ク市立植物園やメキシコ大学などのハーバリウム(植物標本館)で標本の採種記録を調べなければならない。最近の標本では緯度，経度が記載されているものもあり，この場合は GPS で比較的容易に現場近辺にまで到達できる。

図3　トルコギキョウ野生種の分布地域

③遺伝資源の探索
　目的とする遺伝資源(育種素材)をハンティングするためには，自生地の地理，場所，季節，天候，交通手段，安全性などの情報について詳細な調査と準備が必要である。自生地の場所を推察するには，ニューヨー

写真5　トルコギキョウ野生種の収集

④採種・植物検疫
　目的とする植物が発見できれば，良好な個体を選んで採種し保存する。日本の国内に持ち込むときには植物防疫所の検疫を受けて入国する。

写真3　ハーバリウムの標本を調べて情報を得る

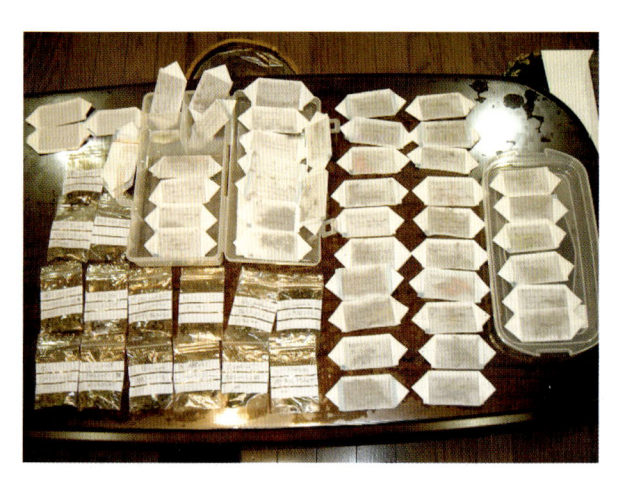

写真6　採種した種子は乾燥・調整し，入国時に検疫を受ける

コラム　ユリの交配作業

荒川克郎

雄しべ，雌しべが大きく，作業が容易なユリを例に授粉作業を追ってみよう。

除　雄
蕾の色づきが進み花びらのほぐれが見られたら，花びらをほどき，雄しべの先の葯を取り除く(図1)。花びらが開かないうちは葯も閉じている。自家の花粉が雌しべの先の柱頭に付着して生産される自家受粉の種子を，目的の交配種子に紛れ込ませないための処置である。

柱頭の保護
雌しべは通常，花びらの内側に収まっているので，輪ゴムなどで花筒を閉じておき，雌しべの成熟を待つ。花弁の先が反り返るのを成熟の目安として良い(図2)。

花粉の採取
開花初日，あるいは雨天には葯を閉じるユリがある。開花2日目の花粉が収集に適している。ピンセットなどで葯をつまみ取り，薬包紙かトレーシングペーパーの袋にいれる。ユリの花粉は油分が多いので，表面処理された紙で包む。採取した花粉は乾燥状態で冷蔵庫で保存する。3か月以上保存する場合は冷凍する。

交　配
ユリの場合，時刻による受粉効率の違いはないが，送粉者の活動が鈍い早朝に授粉した方が良い。

雌しべの成熟を確認し(図2)，柱頭を露出させる。用意した花粉，または葯を柱頭に擦りつけ，花粉を柱頭に付着させる(図3)。5 cm×3 cmほどのアルミ箔を巻いて筒状のキャップをつくり，これを柱頭にかぶせて，柱頭を保護する(図4, 5)。チョウなどが不要な花粉を届けるのを防ぐためである。

子房親，花粉親，交配日，交配目標，交配番号などのデータを野帳に記録し，授粉した花には荷札かビニールテープで交配番号を残す。

受　粉
授粉後2週間ほどで，子房がふくらむのを確認できる。下向きのユリであれば，子房が上を向く(図6)。

シロシタヨトウの食害を防ぐため子房に目の細かい網の袋をかぶせる場合もある。

子房の成熟
種によって異なるが，授粉から80～120日で子房が肥大した果実(蒴果)が成熟し，種子の採取ができる。蒴果が黄色くなり，皮が柔らかくなったときが目安(図7)。

種子の選別
採取した蒴果は，交配番号別に紙袋にいれ，交配番号，採取日などを表記して乾燥させる。蒴果が割れて，乾いた種子が袋の中にこぼれたら蒴果から種子を取り出す。種子は風選，またはふるい分けによって，ごみやしいなを取り除く。ユリの種子は風選による。

種子の保存
「絶滅危惧植物種子の収集・保存に関するマニュアル」(環境省2009年2月)にそって種子の保存を紹介する。種子の寿命は乾燥の度合いにより大きく変わる。普通種子の場合，含水率5%が最も寿命が長い。風通しが良く，気温10～25℃，相対湿度10～15%の条件下で1～2週間乾燥させる。

広口のガラスびんを用意し，種子の含水率を安定させるため，種子と同重量のシリカゲルを紙袋に詰めていれる。色つきのシリカゲルを用いて，びんの中の湿度変化をシリカゲルの色変化でモニターし，必要に応じてシリカゲルを取り換える。植物名，交配番号，採種年月日を記載した種子袋に種子を詰め，種子袋を詰めたガラスびんは確実に密閉し，冷凍庫(−18℃以下)にいれて種子を冷凍保存する。ポリ袋で湿度を安定させることはむずかしく，作業は早い時期に実施されるのが望ましい。

この方法は，あまった野菜種子の保存に応用できる。

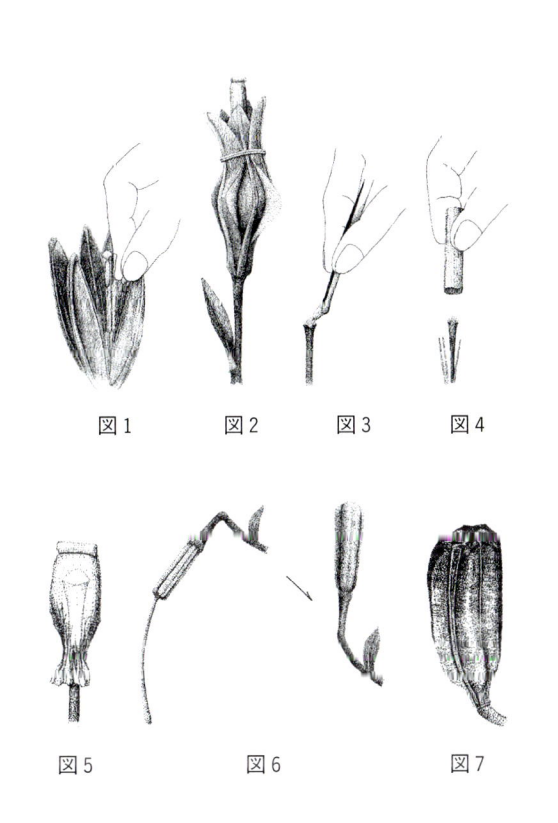

図1　図2　図3　図4

図5　図6　図7

III-8 植物の栄養繁殖

庵原英郎

植物の繁殖

　植物の繁殖は、種子繁殖(有性繁殖)と栄養繁殖(無性繁殖)に大別することができる。
　種子繁殖は種播きによる実生繁殖で、親とは異なった遺伝子型を持つ。栄養繁殖は、枝や葉などの栄養器官を用いて行う繁殖方法で、親と同じ形質が受け継がれるいわゆるクローンである。
　繁殖方法や植物の種類により、適期や活着率に違いがある。また、繁殖の効率やその後の生育に差が出る(写真1)ことから、繁殖の目的や必要とする数、期間などを考慮して、繁殖方法を決定することが望ましい。
　鋭利な刃物を使用し、細菌やウイルスの感染を防止するために、滅菌して使用する。

写真1　ライラックの繁殖後2年目の生育の違い(左から実生、挿し木、接ぎ木)

挿し木

　枝や葉、根などを親から切断し不定根を発根させる繁殖方法で、用いるその器官により挿し木、葉挿し、根挿しなどとよばれる。親から切断した際の刺激により、細胞内に存在する根原基(根の基)や新たに形成された根原基が、切断面から不定根を発根させる。
　挿し木は、接ぎ木、取り木に比べて、技術的に簡単で作業時間が少なく大量の繁殖に向くが、発根がむずかしい種類がある。また、発根までの期間は、1週間から半年程度と種類により開きがある。
　落葉樹では、夏挿し(緑挿し)、冬挿し(休眠挿し)に分けられる。一般的に夏挿しは、新梢が生育を停止する6月中旬～7月下旬ごろ、休眠挿しは、萌芽する前の4月ごろが適期である。
　老化が進んだ枝は発根が悪いため、当年に伸びた枝(冬挿しは前年枝)を使用する。
　挿し木をする枝を穂木といい、葉の量が多いほど発根やその後の生育に有利であるが、水の吸い上げ量より蒸散量が多いと萎れてしまう。植物の種類や枝の成熟度により水揚げの程度に差があるため、穂木の長さや葉の量を調整する。
　穂木の切断面に癒合組織(カルス)が形成されるまでは、カビや細菌により穂木が腐敗しやすいため、堆肥などが混入していない清潔な用土を使用する。
　灌水は毎日行い、1週間程度で癒合組織(カルス)が形成され水揚げが良くなるので、その後は、穂木の状態を見ながら減らし表土が乾く前に行う。
　置き場所は、直射日光のあたらない明るい日陰で、直接風があたらず、湿度の高い場所とする。
　枝の先端を挿すものを天挿し、先端を除いたものを管挿しという。天挿しは、枝が若いため発根が良いが、枝が軟弱で穂木が腐敗しやすく、水枯れをおこしやすい。
　営利栽培では、ミスト装置により空中湿度を保ち、活着率を向上させている。一般的には容器などで密閉(写真2)して、湿度を保持することもひとつの方法であるが、柔らかい枝や加湿を嫌う植物では腐敗することがある。

写真2　簡易的な密閉挿し

取り木

　繁殖する器官を親から切断せずに、形成層の剥ぎ取りや枝に切れ込みをいれて発根させ、発根後に切り離し独立させる繁殖方法。
　発根の生理は挿し木と同じであるが、親と導管がつながっており水分や養分が供給されるため、挿木に比べて成功率が高い。取り木は、挿し木が困難な植物や老化した枝でも発根するため、大きい苗の生産が可能であるが、発根までに期間を要することと、方法によっては作業手間がかかり大量繁殖には向かない。
　上部の枝を取り木する高取り法、下部の枝や幹を土に埋める伏せ木法や盛り土法などがある。

年間を通して可能であるが，屋外での越冬を考えると春に行うのが良い。

高取り法は，枝の道管を残し幅3cm程度の環状剝皮(写真3)を行い，湿らせたミズゴケなどを巻きつけビニールで固定する。環状剝皮をした部分が折れやすいため，必要に応じてそえ木をする。ミズゴケが乾燥しないよう定期的に確認し注水する。発根後に親から切り離し独立させる。

伏せ木法は，幹や枝を横にして土をかけて発根させる方法である。横に倒すことで頂芽優勢が崩れ，側枝が伸長するため多くの苗が得られる。

盛り土法は，株元に土を盛り発根させる方法である。株を地際付近で剪定すると枝数が増えて，多くの苗が得られる。

写真3　環状剝皮による取り木

接ぎ木

他の植物体をつなぎあわせてひとつの植物にする繁殖方法。接合部で形成される双方の癒傷組織(カルス)が癒合，連絡形成層の発生，維管束の分化，結合によりひとつの個体となる。

挿し木が困難な植物，開花結実期間の短縮，耐寒暑性や耐病性の向上，わい性樹形の育成などを目的として行われる。

接ぎ木は，穂木と台木の用意が必要で，相応の技術と1本あたりの作業時間を要するため繁殖効率は悪い。接合部が弱く，寿命が短いなどの短所があるが，成長が早く開花結実までの期間が短いため，バラなどの花木類や果樹で多く行われている。

接ぎ木する部位により，芽接ぎ，枝接ぎ，根接ぎなどがある。

繁殖する植物を穂木，根の部分を台木という。これらの形成層同士を接合しひとつの植物をつくる。穂木と台木の組み合わせは，何でも良いわけではなく相性があり，それを親和性という。同じ種で親和性が最も高く，近縁種の同じ科，同じ属内でも親和性があるものがあり，遠縁では親和性がほとんどない。ライラックでは同じモクセイ科のイボタ，低木のボタンは同じボタン属で宿根草のシャクヤクが台木として使用されている。

接ぎ木後，台木の芽が吹いてくることがあり，穂木の成長が悪くなるのですぐにかきとる。

写真4　台木のイボタから芽が出ている

株分け

宿根草や樹木の根がついている地下茎の芽やひこばえを，分けて独立させる繁殖法。根がついているため活着率が高く，その後の生育も早い。ただし，最大でも芽の数しか繁殖できない。また，株が込んでくると花芽数の減少など生育が悪くなるため，繁殖目的ではなく，株分けを行うことがある。

株を無理に分けると，根や芽が傷みその後の生育も悪くなることがある。根を水洗いして土を落とし，株を両手で持ち芽と根の基部を前後にねじると分かれる(写真5)。根の絡みがひどい株は，時間をかけてねじる動作を繰り返し行う。

細かく分けすぎるとその後の生育が悪くなり，開花までに時間を要することがあるので注意が必要である。一般的に休眠期が適期であるが，ハナショウブなどでは花後に行われる。

写真5　ギボウシの株分けの様子

III-9　効果的な除草

山田岳志

　緑地管理およびガーデンニングにおいて，雑草管理は避けて通れない作業である。

　最も理想的な雑草管理は，雑草の種子や根の侵入していない土壌で栽培することである。しかし，鉢やプランターでならともかく，屋外の環境では造成直後から年々雑草は侵入してくるものであり，花壇管理は徐々に雑草管理の比率が大きくなってくる。

　近年では環境への負荷の少ない除草剤も数多く流通しており，雑草防除に有効である。とはいえ，野菜の栽培や多種類の植物を植えている花壇，不特定多数の人々が利用する場所など，使用がむずかしい環境もあるであろう。また，昆虫の保護など生物多様性への影響などを考え，使用できない場合もある。

　農地以外では，多くの場合，本当に除草の必要な面積は数〜数十m^2ほどであり，これくらいの面積であれば人力での防除は十分可能である。ここでは除草剤に頼らない雑草管理について解説し，より植栽管理に力を注げるようにしていきたい。

雑草とは？

　すべての生物に共通する目的は「自己の分身を殖やす」ことである。植物も様々な環境の中での生存競争に勝つために進化してきた。私達が雑草とよぶ植物はイネ科，キク科植物に多く，変化がめまぐるしい環境下での成長，増殖力が強い。

　真新しい花壇は，新しい土壌で競争相手もなく，植栽された植物はまさに温床の中で育つことができる。しかし，年を重ねると土壌は養分の偏りや土壌の硬化などいろいろな面で疲労しその成長に陰りが出てくる。

　そうなると劣悪な環境でも成長することができるいくつかの植物が台頭し，植栽植物を押しのけて，その環境の覇権を争うこととなる。人間から見たら「招いてもいないのに，せっかく育てている野菜や花の邪魔をする図々しい草だ」といった気持ちになり，その台頭者達を，私達は雑草とよぶことになる。

除草の基本

　除草の基本は雑草が成長，繁殖する前に取り除くことである。

　植物が増殖する方法は種子による拡散と地下茎やほふく茎の先に地上部を形成する方法が主であり，それぞれに有効な対応が異なる。

　おもな雑草と，その繁殖形態は以下の通りである（＊は一年草）。

種子：イヌホウズキ＊，スズメノカタビラ＊，スベリヒユ＊，ハコベ＊，ヒメジョオン＊，ブタクサ＊，カラスムギ＊

種子・根：ギシギシ，スカシタゴボウ＊，セイヨウタンポポ，ブタナ

種子・ほふく茎：カタバミ，シロツメクサ

種子・地下茎：イワミツバ，セイタカアワダチソウ，オオバコ，オオハンゴンソウ，オオヨモギ，ヒメスイバ

胞子・根茎：スギナ

種子の対処

　草本類の種子は大量かつ広範囲に拡散するものが多く，絶滅の回避や環境の変化に強いメリットがある。しかし，遠くへ飛ぶことができる小さく軽い種子ほど発芽・成長率は低く寿命が短いため，その欠点を大量の種子で補っている。

　種子は発芽に僅かな光と適度な水分，温度が必要である。着地した環境が悪ければ成長，繁殖が困難であり，発芽〜幼苗期が防除適期となる。

　有効な方法は遮光で，一年草花壇では春と秋に複数回耕耘する。宿根草の花壇では堆肥やチップ材を5cmの厚さでマルチングするなどの方法が効果的である。この他に芝生や，ある程度株の大きくなった宿根草花壇では，春先の生育期に即効性の肥料を与えることで，芝や植栽植物の成長を促し，これらの成長した葉によって日陰をつくり雑草が侵入する環境を減らすことで，雑草の繁殖を抑制することができる。

地下茎，ほふく茎，多年草の対処

　冬の寒さを地中でしのぎ，春に再び地上部を伸ばすタイプや，地上や地下に張り巡らした根や茎の先に地上部を形成し拡大していくタイプは，種子と比較して拡散範囲が狭く，水系や道路などで拡大が寸断されるデメリットがあるが，生命力が強く防除が困難である。

　防除は侵入初期に根から抜き取ることが理想であるが，雑草は成長し他植物に影響が出始めたときに，ようやく除草することが多く，そのときにはセイヨウタンポポやギシギシなどは地中に数十cmの深さで根を伸ばし，スギナは数mの範囲で地下茎を伸ばすなど完全な防除が極めて困難となる。またセイダカアワダチソウやセイヨウタンポポなどは，根から他の植物の発芽や成長を抑制する物質（アレロパシー）を分泌する念のいれようであり，地中に根が僅かでも残っていればそこから再生するため，地表面を15cm程度耕耘しただけでは，かえって拡散を広げることになってしまう。

　このタイプの防除方法であるが，直根性の根の場合はタンポポ抜き（写真1）などを使い，できる限り深く根を取り除き，地表付近を地下茎で広がるタイプは地下茎をたぐり，なるべく多くの植物体を取り除く。

　また，春から夏の成長期に絶えず地上部を鎌などで

刈り取り(写真2)，光合成を行う間を与えないことで植物体のエネルギーを増殖に廻させない方法も有効である。

写真1　タンポポ抜き

写真2　草刈り鎌

管理レベルの設定

整然とした花壇は見ていて気持ちの良いものである。ただし「雑草は1本残らず排除する！」といった気負いで管理していては「除草が終わったときには花の見ごろを過ぎていた」となりかねない。それではせっかくのガーデニングも楽しさが半減してしまう。除草は場面ごとに管理のレベルをあらかじめ設定しておき，その質を保つようにメリハリをつけた作業を行っていくと効率的である。

以下は管理レベルと管理方法の例であるが，これ以外でも個人やグループで雑草管理のレベルを設定し，意識を共有することで「草を見て花壇を見ていない」といった事態を避けるようにしておきたい。

管理レベルと除草方法の例

レベルA──小規模花壇，プランターなど

植栽植物以外の雑草をすべて除草する管理を行う。雑草は根から抜き，その後は，雑草を見つけしだいにピンセットや手で抜き取っていく。除草のタイミングは早いほど良く，双葉が展開した時点で抜き取ると労力もかからない。また，雨あがり後の土が柔らかいときに行うと根もきれいにとれる。

注意点として，植栽植物の根を傷めたり，埋土種子の発芽を避けるため，土壌の表面を攪乱しないようにする。植栽植物が大きくなり，地表面を覆ってしまえば雑草が侵入する率が減少するため，春～夏に作業を集中する。

レベルB──露地花壇など

ギシギシ，ヒルガオ，シバムギ，セイタカアワダチソウなど，強健で生育が早く，植栽植物に絡んだり，高い草丈で日光を遮るなど，生育を妨げる種類を特定し，集中的に抜き取る。その他の雑草は1～2週間に一度程度，ねじり鎌(写真3)や窓ホー(写真4)で地上部を除去することが望ましい。しかし，これら強雑草の多くは土壌中に広く深く根を張るため，除去が非常に困難であり，地表付近に広がる植栽植物の根系まで傷めてしまう可能性が高いため，できる範囲で除去するにとどめる。

芝生などは雑草をスコップやタンポポ抜きなどの道具を使用して除去し，剝げた芝生を戻し地表を露出しないようにする。

写真3　ねじり鎌

写真4　窓ホー

レベルC──林地，広域花壇，ハーブ園など

上記強健種を抜き取るまでは同じだが，植栽植物よりも草丈が低く成長を阻害しない雑草は，下草として残し，繁茂が目立つときは草刈り鎌で草丈を落とす程度にとどめる。このレベルでは，下草を含めた環境に高さが生まれるため，そこに昆虫などが生息し生物多様性に優れるメリットが生まれる。すべての環境でうまくいくわけではないが，天敵が存在することによる，害虫被害の減少が確認された事例もある。

レベルD

基本的に除草は行わない。植栽植物が強健で成長が早く，雑草による被圧や病害虫の心配が少ない場合はそのままにしておく。ただし，ミント類などは植栽植物そのものが雑草となることもあるため，種子拡散や根茎の広がりを含めた栽培管理に注意する必要がある。

［引用・参考文献］
・沼田真・吉沢長人：新版 日本原色雑草図鑑，全国農村教育協会，1975.

III-10　樹木の剪定

鮫島宗俊

　樹木は剪定をせずにそのままにしていると，枝が込みあって樹冠の中まで光が入らず，風通しも悪くなり，病虫害も発生しやすくなる。

　剪定は樹形を整え，内部の枝まで日光をあてることにより樹木に活力を与える。また，様々な病虫害から樹木を守るなど，健全な生育のためには欠くことができない大切な作業で，目的や時期および剪定方法などを理解して行うことが大切である。

樹木の剪定

剪定の目的
　剪定の目的には以下のものがあげられる。
①生育の調節と成長の促進・抑制を行う。
②老木の更新・若返りをはかる。
③樹勢の回復・強化を行う。
④移植の際の活着を高める。
⑤病虫害の発生を阻止する(風通し・日照)。
⑥庭づくりの意図を明確にして，他の植物との調和をはかり，庭の風情，顔を整える。
⑦果樹類では，摘果などの管理作業の手間を軽減し，品質の良い果実を毎年収穫する。

樹木生育の基本
　樹木は大きく分けると常緑樹と落葉樹があり，両方とも，枝に頂芽と側芽がついており頂芽の方が勢い良く成長する。これを頂芽優勢といい，頂芽を切り取ると側芽が良く成育するようになる。

剪定の作業手順
　樹冠を一周して見渡し，バランスや込み具合を見て，切り除く枝を見極める。下で見た状態と木に登って見た状態が違うので注意する。

剪定の時期
　一般に，落葉広葉樹や果樹は落葉してから新芽がふくらむ前まで(10月中旬ごろ〜3月下旬ごろ)に剪定する。ただし，ブドウ，モミジ，シラカンバなどは休眠期間が短く，2月早々には樹液の流動を開始する。この時期に剪定してしまうと枝の切り口から樹液を吹き出し，切り口が腐りやすくなってしまうため，落葉後の晩秋(11月中旬〜12月中旬)に行う。フジもこの時期に基部から3〜4芽残して枝を切り落とす。

　春に開花するツツジ・ライラック・シャクナゲ・ユキヤナギ・レンギョウ・ウツギや，初夏に咲くアジサイなどは花後すぐに行う。花期の長いサツキ類は少々花が残っていても剪定した方が良い。また，花がら摘みも行う。

　マツ類のミドリ(マツの新芽)摘みは，6月上旬ごろまでの新芽が手で折れるまでの間に行い，剪定は8月中旬から9月中旬までに行う。

　夏季の大枝降ろし(次頁(5)参照)や強度の剪定は，光合成を抑えて根の発達が阻害されるので注意が必要だが，新梢が多いときや樹勢が強い徒長枝の発生が多い場合はある程度整理する。

　樹種ごとの解説はIII-11『樹種ごとの剪定』を参照。

剪定の基本と方法
　ここからは図を用いながら，いくつかの剪定方法について説明する。

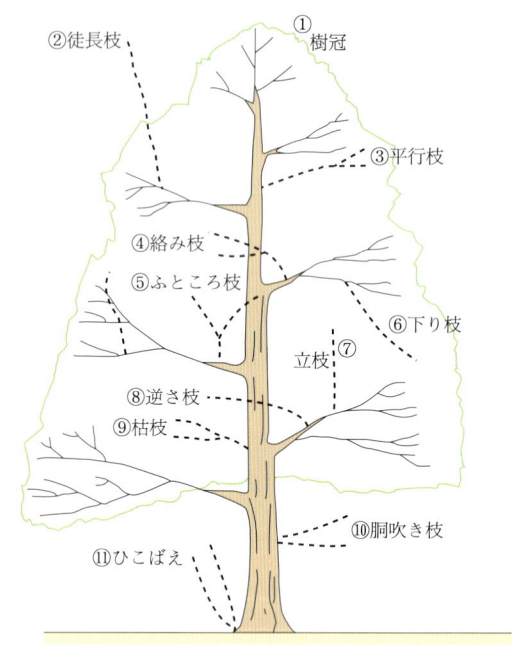

図1　不要枝

　不要枝はすべて剪定するというわけではなく，2〜3年後の木姿を考えながら，今年は残しておいて来年剪定しようというように，全体のバランスを見ながら剪定を行っていくようにすると良い。

(1)基本的な剪定方法

　基本的に切り口は，芽の3〜5mmのあたりで芽の方向に切るのが良い。
①樹冠：木の形をおりなす枝葉を含めた大きさをいう。
②徒長枝：樹冠からはみ出している枝。
③平行枝：同じ方向に上下に出る枝。
④絡み枝：不規則に伸び，樹形を乱す枝。
⑤ふところ枝：主枝の内側にあり比較的弱い枝。
⑥下り枝：地上に向け下がった枝。
⑦立枝：幹と同じように上に向かって伸びる枝。
⑧逆さ枝：幹のほうに向かって伸びる枝。
⑨枯枝：枯れている枝。
⑩胴吹き枝：幹の途中から出る弱い枝。
⑪ひこばえ：根元から無数に出る枝。

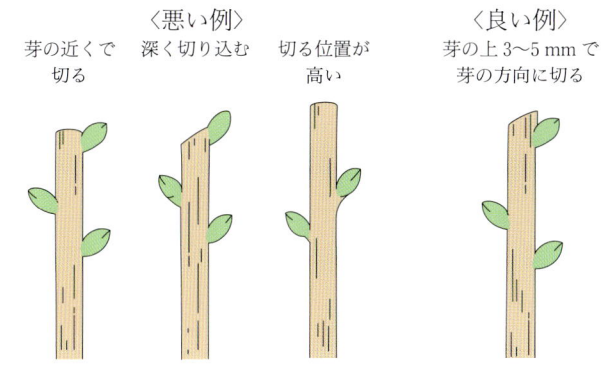

〈悪い例〉　　　　　　　　　〈良い例〉
芽の近くで　深く切り込む　切る位置が　芽の上3〜5mmで
切る　　　　　　　　　　高い　　　　芽の方向に切る

図2　切り口の良い例と悪い例

(2) 切り戻し剪定(切り返し剪定)

　毎年手いれをし，樹木の大きさを一定にするための基本的な剪定方法である。

　樹冠の大きさを縮小するとき，見苦しくなった枝を新しい枝に切り替え，更新するために行う。

　長い枝の途中から分岐した短い枝を残し，その枝の付根から切り取る。このとき，残す枝と平行に切り口角度を取ると良い。

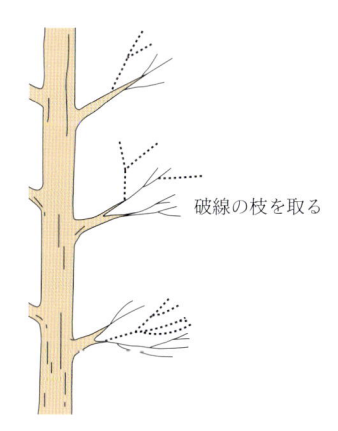

破線の枝を取る

図3　切り戻し剪定(切り返し剪定)

(3) 切り詰め剪定

　枝の途中で切り，枝を短く切り詰める剪定方法である。この場合，適切な位置と角度で切り詰めないと，切り口から枯れ込むことが多くなる。切り詰め剪定の場合，切り口から不定枝が多く発生しやすいので，翌

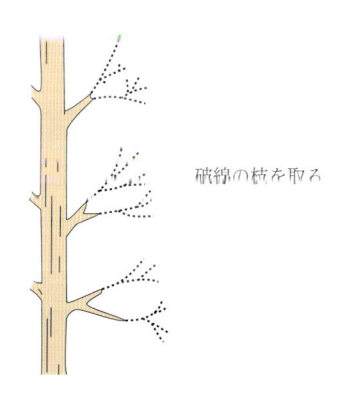

破線の枝を取る

図4　切り詰め剪定

年枝数を減らし整理する必要がある。また大枝で切った場合の切り口は，必ず防腐処理をする必要がある。

(4) 枝抜き剪定(間引き剪定)

　込みすぎている枝を間引く剪定方法である。この場合，まずは枯れ枝などの不要な枝を取り除き，次に下の枝に光をあてるため，上に重なっている枝を抜く。ただし，樹形によっては下の枝を切る場合も出てくるので，切除するときに注意する。

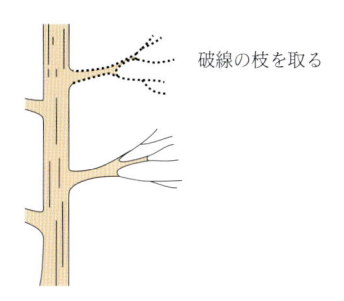

破線の枝を取る

図5　枝抜き剪定(間引き剪定)

(5) 枝降ろし剪定

　大枝や不要な枝を，主幹との付け根から切り取る剪定方法である。このとき，正しい切り方をしないと病虫害や腐朽菌の侵入の原因となり，樹勢の衰えや倒伏が多くなる。

　大枝を切る場合は必ず2段切りとする。一度に切ろうとすると，重みで樹皮を剥がしてしまう恐れがある。また，切断位置は枝組織と幹組織が混ざり合うブランチカラー(枝下のふくらみ)を残して切断し，フラッシュカット(幹ぎりぎりでの切断)は避ける。ブランチカラーを残して切断することにより，治癒組織であるカルスが切り口を覆い，腐朽の被害を抑えるのである。

　切り口処理として，癒合剤やチオファネートメチル剤などを塗布すると良い。

ブランチカラーを残して切除した切り口

カルス

フラッシュカットして切除した切り口

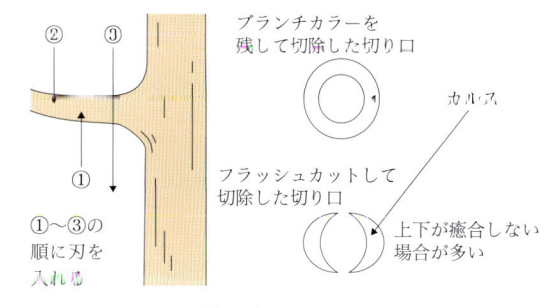

上下が癒合しない場合が多い

①〜③の順に刃を入れる

図6　枝降ろし剪定

　以上から，(2)〜(4)の組み合わせにより樹形を整えるようにし，(5)は最後の手段と考えるのが良い。

III ガーデニング植物の栽培・管理

良い例　　　　　悪い例

写真1　大枝を切るときの剪定位置

剪定の際のポイント

剪定の際には，1年サイクルでは考えずに，2〜3年かけて仕立てることも必要であり，2年後・3年後の枝の出方を想定しながら剪定する。弱剪定を心がけ，強剪定は避ける。

樹木は頂芽優勢で頂部の成長が旺盛であり，樹木の落ちつきを出すためには，図7のように樹形をイメージして枝葉を残すと良い。また下枝をなるべく残すことは，上に伸びる力を抑制することにもなる。枝は短めに切ると勢いの強い太い枝が出やすく，長めに切ると勢いの弱い枝が出やすい。

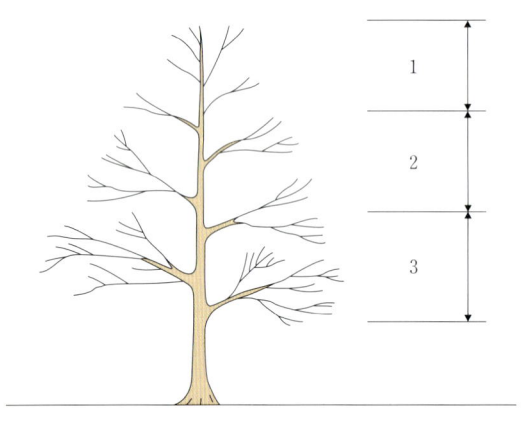

図7　枝葉のバランス。樹冠を上部・中部・下部に分け，枝葉の割合を1：2：3とする

🌿 その他の樹木の管理

支柱

支柱は風などによる倒木を防いだり，植えつけ後，根と土の活着をより早めるために行う。木の大きさにあった方法での支柱が必要となる。

一般的には竹や丸太を支柱とし，シュロ縄で結束すると良い。

このとき樹木には必ず杉テープなどの当て物で幹を保護して結束する。

3本支柱

結束する場所に
杉皮などの幹巻あて材をつける

シュロ縄で結束する

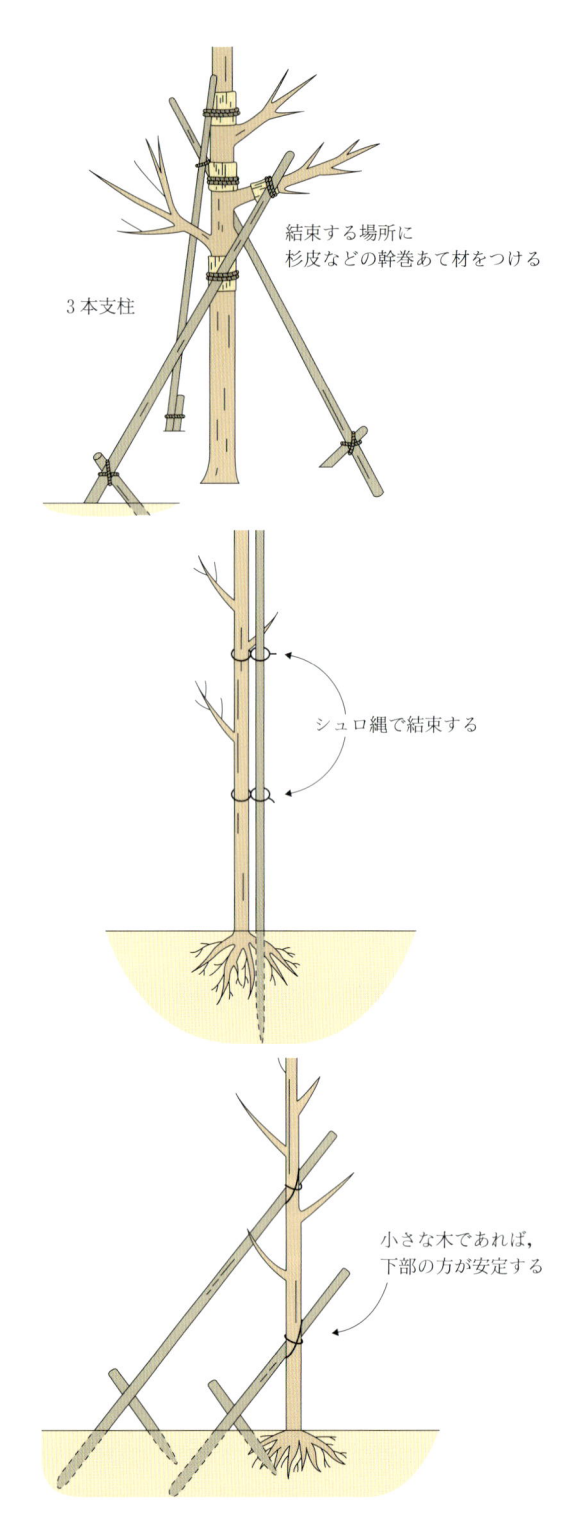

小さな木であれば，
下部の方が安定する

図8　支柱形態

樹木の冬囲い

冬囲いの目的には以下のものがある。

・雪や氷などによる幹折れや，枝折れを防ぐ
・今年移植した木や，本州などから移設した木を凍害から守る
・寒風からの乾燥を防ぐとともに，寒風が木に直接あたらないように保護する
・冬の風物詩としてとらえ，白一色の雪の中の景観として楽しむ

ここでは冬囲いの時期と，低木・高木ごとの冬囲い

のポイントについて説明する。

(1) 冬囲いの時期

樹木などは，寒さにあうほどに耐寒性がついてくる（本州から移設したものや，その年に移植したものなどは除く）。

冬季の寒さに耐える状況ができてくるのは，およそ11月下旬から12月上旬ごろ（ただし，その年の気象状況によって変わってくるので注意する）で，それまでは自然寒気にあてておき，それから冬囲い作業を行うようにする。

その年により，10月下旬ごろに大雪に見舞われることもあり，この場合は湿雪であることが多いため，葉がついた状態で枝が折れる恐れがある。そのときは早めに雪を払ってやることも必要である。

むしろ掛け・寒冷紗・防風ネット掛けをする場合は，気象状況を良く確認した上で行う。日中の気温が，10～15℃くらいまであがると，日あたりの良い場所では葉が「蒸れ」てくる場合がある。取り外す場合も取り外しが遅れると「蒸れ」が生じる。逆に，寒気が去り，暖気がきた後に寒風が吹く場合もあり，この春の寒風によって枝枯れしてしまう場合もあるため，この時期は特に注意が必要である。

テレビなどで，時期が早いのに冬囲いが放映されることがあるが，これを目安にすることはないので，あくまでも自分が住んでいる地域の気象状況により判断するのが良い。

(2) 冬囲いのポイント

① 低　木

使用材料は，根曲竹，晒竹，女竹，玉縄（2分：6mm，2分半：7.5mm），こも，むしろ，防風ネット，寒冷紗などを使用する。結束材料は，ビニールひもなどではなく玉縄をお勧めしたい。

落雪の恐れのある場所，吹きだまりのできる場所，除雪などで雪を押しつけるような場所では，堅固な冬囲いをする必要がある。

鉢物などについては，穴を掘り，「むろ」をつくって，その中で越冬させることもできるが，この場合，完全に密閉してしまうと「蒸れる」恐れがあるので，換気口をつくってやると良い。また，「むろ」にいれる場合には春先の水不足への注意も必要である。

バラや苗木などは囲う他に，掘りおこして伏せて越冬させることもできる。

低木，灌木類は縄縛りだけでも良い。

雪害は新雪時より，春先の湿雪が凍結融解するときにおこりやすいので，こまめな雪降ろしが必要となってくる。

② 高　木

使用材料は，丸太，真竹，晒竹，玉縄（2分半：7.5mm，3分：9mm），こも，むしろ，防風ネット，寒冷紗などを使用する。結束材料は，ビニールひもなどではなく玉縄をお勧めしたい。

高木・仕立物については，幹吊り・雪吊りが必要になる。落葉樹についてはあまり必要がないと思われるが，常緑樹のクロマツ・アカマツ・ゴヨウマツ・イチイなどは雪吊りをしたほうが良い。特に仕立物は，幹折れや枝折れが生じやすいので必要である。

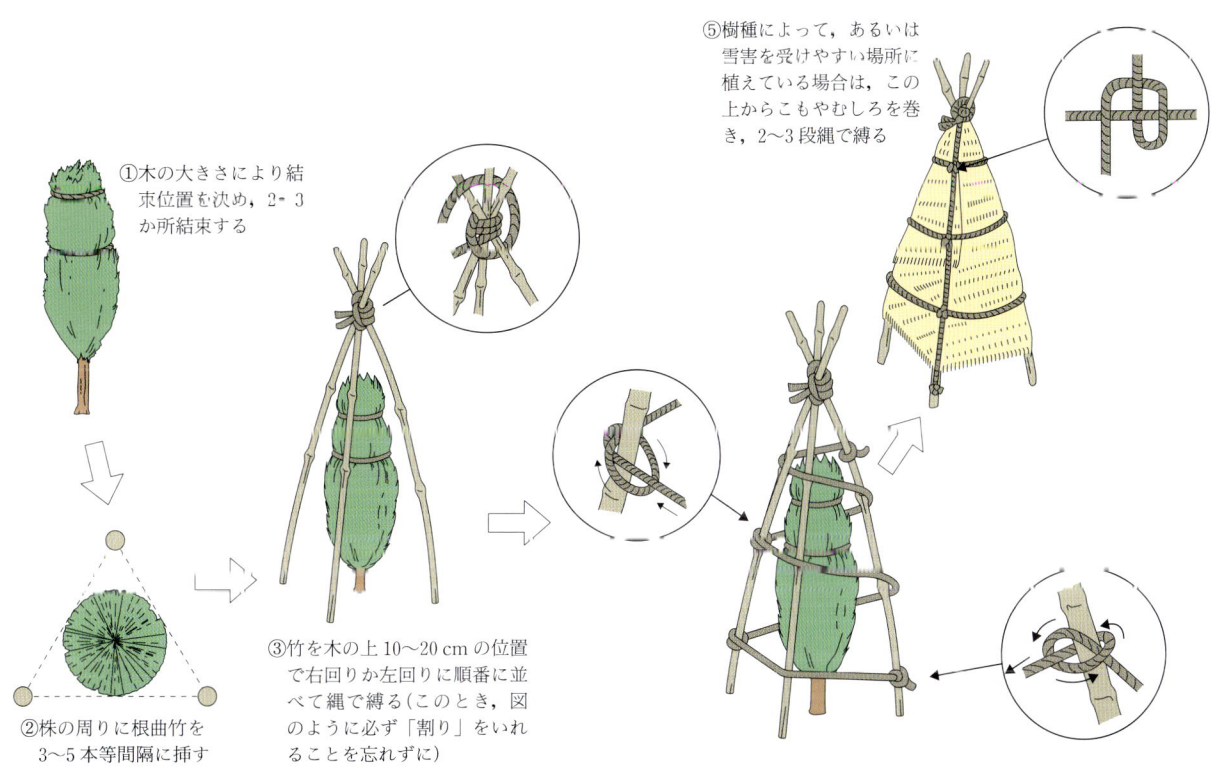

図9　冬囲いの方法

III-11　樹種ごとの剪定

鮫島宗俊

マツ類

マツの管理作業には，「ミドリ摘み」，「剪定」，「葉むしり（葉もみ）」と3つの主要な作業が必要となる。

ミドリ摘み（マツの新芽摘み）

マツの新芽を折り取る作業で，小枝を出させ枝と枝の間隔を狭くし，枝葉を密にさせる。ただし，枝を伸ばしたいときは中心の芽を残し，枝分かれを早くさせたいときは全部残す。北海道では，5月上旬〜6月上旬が適期で，6月下旬くらいまで作業は可能であるが，その年の気象状況を確認して作業する。

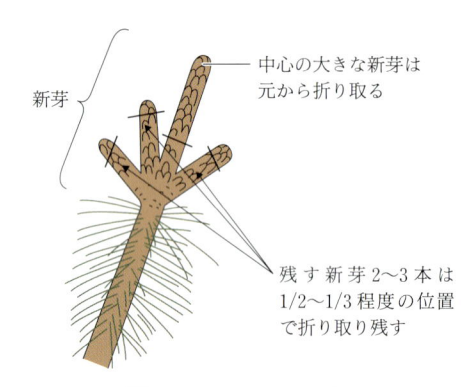

図1　マツ類のミドリ摘み

剪　定

マツは不定枝を出さないため，剪定の時期，剪定する場所に十分な注意が必要である。

北海道の場合，8月いっぱい，新芽は充実した枝になっていないので，古い枝はまだ活躍している。

図2のBの位置で切っても良いが，9月上旬ごろまでには新芽が充実してきて，勢力がBからAに移るため，Aで切り取った方が無難である。

北海道では，8月中旬〜9月中旬ごろに切るのが良い。

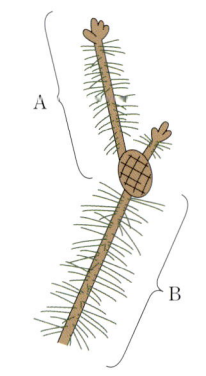

図2　マツ類の剪定

葉むしり（葉もみ）

葉が多すぎると日照，風通しが悪くなり，病虫害が発生しやすく，日あたりが悪くなると萌芽力が弱くなる。

北海道では秋口（9月下旬〜10月上旬）に先端部の葉を多めに残すように葉むしり（葉もみ）をするが，毎年する必要はない。また，春先の葉むしりは樹皮を傷めることがあるので注意する。葉は環状に残し，葉量は1/2〜1/3くらい残す。

クロマツは葉を押さえて，しごくように両手でむしり，アカマツは，葉を下のほうに引っ張るようにしてむしると作業がしやすい。

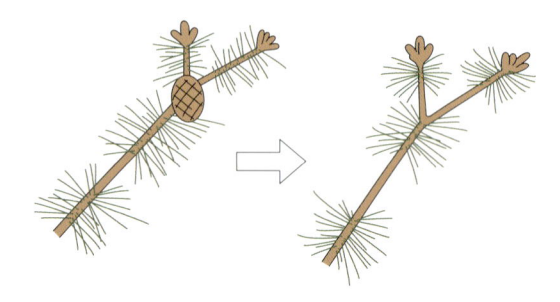

図3　マツ類の葉むしり（葉もみ）

その他のポイント

樹形が崩れている場合は，大枝を切るなど急激な剪定をしないで2〜3年かけて樹形を整える。

上下同じ方向に出ている枝は，上の枝を切り取り日光がまんべんなくあたるようにするが，枝によっては下の枝を切る場合もあるので枝振りに注意する。

モミジ・カエデ類

枝葉は対生で規則正しく枝分かれするが，自然に任せておくと葉が繁りすぎて，ふところの枝が枯れ込んでくる。

剪定時期は8月中旬以降で，太い枝を切る場合，また強剪定をする場合には落葉してから行う。ただし，落葉してからも地温が高いと水揚げしている場合があるので，強剪定する際には注意が必要である。モミジ・カエデ類は水揚げが早く，2月ごろまでには水が頂芽まで来ているので，春先の剪定は好ましくない。

枝の途中で切り落とすと，次の枝や芽の所まで枯れ込んでくるので，小枝または芽のすぐ上で切るようにする。

切り戻し，枝抜き剪定を行い，樹形を見ながら対生する枝を交互に間引き，枯枝・逆さ枝などを切り，夏に出た徒長枝は元から切るか切り詰める。春先に剪定したり，不定期に強剪定をすると枯れ込んできたり，

胴吹き枝や不定枝が出やすいので注意する。

芽は側芽を残すようにして、枝がなるべく横に広がるように剪定する。

枝のつくり方によっては、上芽を残す場合もあるため、枝方向を見ながら剪定する。

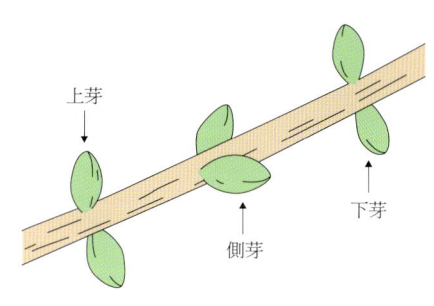

図4　芽のつき方

花木類

花が咲かない

自宅の庭で、花木なのに花が咲かないということはないだろうか。そういったときに確認して欲しいいくつかの項目を列記するので、ぜひ参考にして欲しい。

(1) 剪定方法・剪定時期が間違っていないか

剪定は花が終了したらすぐに行うが、ほとんどの花木は約1～1か月半の間に来年の花芽を形成するので(これを花芽分化という)、それまでには剪定を終わらせたい。また、一部の樹種を除き花がいっせいに散ることはあまりないので、多少花が残っていても思い切って剪定作業をすることも必要となってくる。夏以降の剪定は枝抜き剪定(135頁"枝抜き剪定"参照)を主体として、刈り込みは行わないようにする。

(2) 植栽地で風が抜けていないか、風が強くあたっていないか

建物と建物の間・道路や川にそったような所では、風が吹き抜ける、風が巻く、風が強くあたるといったことがある。こういった場所では樹体が衰弱する可能性があり、花つきが悪くなる場合もある。特に、寒冷害や乾燥害の恐れが出てくるので、注意が必要である。

(3) 水位が高く、根の発育が悪くないか

水はけの悪い土質・場所では排水設備が必要となる。その土地の土質(粘土性・礫混り土・火山灰土・砂土・泥炭土など)や埋立地などへの搬入土によっても変わってくるため、土質を把握しておく必要がある。

ほとんどの樹木の場合、深植えは根が酸欠状態になるため避けろべきであり、根張りが表面に出るような植えつけを行う。

(4) 健全な葉がたくさんついているか

樹木が成長していくためには、自身で光・水・二酸化炭素・その他の要素を体内に取り入れ蓄積する必要がある。このためには、健全な葉が多い方が有利である。病虫害や不適期における強度の剪定などで葉が失われると、植物生理が狂ってくるので注意が必要である。

(5) 太陽の光が葉・幹に十分降り注いでいるか

健全な葉がたくさんついていても、十分な太陽光線があたらないと光合成が行えず、栄養分を十分につくることができなくなる。このとき、樹冠内部まで太陽光線が入らないと、病虫害の発生が生じる恐れがある。また、樹冠内部まで太陽光線が入ると、枯枝が減少し、胴吹き芽が発生しやすくなる。

(6) 樹自体に花芽をつける力があるか

樹木もある期間、樹体がしっかり整うまでは美しい健全な花はつけられない。花をつける大きさに達するまでの期間が必要なのである。もちろん花をつけるまでの期間も、樹体を健康に保つための枝の剪定などは必要となってくる。

鉢物などで、樹体が未熟なのに花が多くついていることがあるのは、それ相当の肥培管理がなされているからである。

(7) 窒素過多になっていないか

苗木から成木になるに従い樹体の窒素の割合が少なくなり、開花結実が始まる。そのため窒素を与えすぎると樹勢が強くなり、老木でも若返り現象がおき、花芽がつきづらくなる。よって施肥する場合は、窒素・リン酸・カリウムのバランスを考えて、状況に応じた施肥量が必要となってくる。

樹種ごとの手いれ

(1) ツツジ類

花が終わるとすぐに新梢を伸ばし始め、成長の止まった枝の頂点に花芽をつけるため、花が終了したらすぐに剪定を行う。

ツツジ類は、3～7本くらいの新梢が車枝状(同じ場所から同年枝が複数出ること)に伸びるので、1～3本くらい枝抜きを行う。2年生枝を切り戻しても、切り口から2～3本の不定枝を出すので、枝数を増やしたいときは、利用したい。

夏後半になってから短く切り詰めると、花芽も一緒に切り取ってしまい、貧弱な枝となる。翌年の花芽もつかず、徒長枝になってしまうので注意する。

枯枝・ひこばえ・胴吹き枝は切り取り、内側からのからみ枝などを切り、風通しが良くなるように透かしてやれば、太くて元気の良い枝に育ち、これらを残して古い枝との更新に利用することができる。

(2) シャクナゲ

同じツツジ類の仲間でも、枝分かれが少なく、どこから切っても萌芽するというものではない。花が終わったら、早めに花がらを切り取り新梢の発生を促すようにする。

枝を切り詰めたいときは、芽のついた小枝や、腋芽(葉の付け根にできる芽、側芽)の上で切り戻す。

枝数を増やしたいときは、芽が出てきたときに芯になる大きな芽を摘み取ると、腋から出ている2～5芽

が成長して伸びてくる。芽がついていない古枝の中間部で切ると、新芽の発生は見られず、切除した所から枝が枯れ込んでくることが多い。しかし、一部の品種では萌芽力が強く、切り詰めに耐える種類もある。

　苗木のうちから開花させるよりは、樹体をしっかりつくってから開花させた方が良い結果が出るようである。また、冬場の緑の葉を観賞するために、わざと花芽を摘み取ることも行われている。

(3) サクラ

　病虫害に弱く剪定を嫌う。昔から「サクラ切る馬鹿、ウメ切らぬ馬鹿」というくらい、切り口の巻き込みが遅く、病原菌・害虫が侵入しやすい。

　枝を切り詰める場合は最小限にし、落葉してから行う。枝を切る場合は、枝の付け根からきれいに切り取り、切り口に癒合剤、チオファネートメチル剤などを塗布する。

　枯枝、ひこばえ、立枝、逆さ枝などを主体に剪定し、なるべく自然な形に育てるようにする。

　近年、コブ病・テングス病などが多く見受けられるようになったが、早めに患部を切除して焼却処分とする。

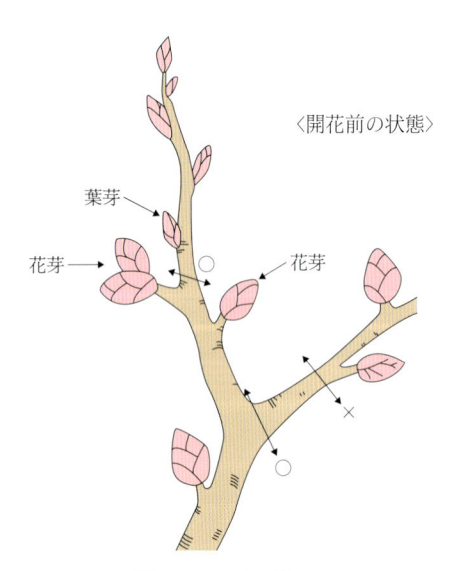

図5　サクラの剪定

(4) ライラック

　前年枝の先から2～3芽が花芽となり、花芽分化は6月いっぱいである。このころに枝葉が伸びていると、勢力がそれらに取られてしまい、花つきが悪くなる。そのため、花が終わったらすぐに剪定や枝抜きを行う。花芽がつくのは太く充実した枝なので、このころまでに枝葉の成長が終了していなければならない。

　枝を切る際は、枝の根元から切り取り、花がらは早めに花がらの基部から切り取る。枝は対生に出るので、小枝が交互に出るように互い違いに切り、基部から3～4芽残して切ると柔らかい感じになる。

　樹形を小さくしたい場合は、側芽を残し立ち枝を切り戻す。また古枝を更新したい場合は、胴吹き枝やひこばえを残す。

　枝数を増やしたい場合は少し強めに切り戻すが、小枝や芽のない所で切ると不定芽が発生しやすく、そこに栄養が取られ枯れ枝になりやすい。樹勢が弱いときには、花芽を取って花数を減らすことも必要である。

　ライラックは通常イボタノキに接ぎ木したものが多く、ひこばえなどに台木のイボタノキが出てくる場合があり、手いれをおこたると先祖返りすることがある。

(5) ウメ

　ウメは萌芽力が強いため、自由に剪定できる樹種のひとつである。

　花が終わった後、各枝の新芽がいっせいに伸長し始める。しかし、そのまま伸ばしておくと、その枝の基部とそれに近い芽は動かず、側芽がすぐ伸び始めるので、この枝を来年花を咲かせる枝とする。密生した徒長枝は、元から切るか30cmくらいに切り詰める。特に、1m以上の徒長枝にはほとんど花芽はつかない。さらに、花の咲いた枝で弱々しい枝は、10～20cmくらいに切り詰めて更生させる。

　花芽は8月ごろに分化し、12月すぎには花芽と葉芽を見分けることができるようになる。このとき、花芽分化が終わると、葉がいくらか内側に反った感じになる。

　剪定は枝が下垂しないよう、上芽または側芽でやや斜め上方を向いている芽を残して切るようにし、下枝が日陰になるような枝は取り除く。ウメは日陰に弱く短果枝（実のつく短い枝）などが枯れやすいので、主幹部まで太陽光線が入るように枝を透かす。果実は5～15cmくらいの短い枝につくので、短果枝・中果枝をたくさん出させるようにする。

　夏の強剪定は、葉を少なくする原因となり樹勢を低下させることがある。また時期によらず強剪定は根を衰退させる場合もあるため、注意が必要である。

(6) アジサイ

　開花期は7～8月で、花芽分化は9月ごろである。花がらは雪が降るころまでついているので、花がらは花が終了後すぐに上から2～3節の所で切除し、秋から冬にかけて花芽を確認しながら切り戻す。花は2年枝につくので、剪定をするときは注意が必要である。北海道では花が終わるころには花芽がついているため、8月ごろの花が終わった後に強剪定すると、花芽を切ってしまい来年の花は望めない。強剪定をするときは、3～4分咲きのころに切り詰めて切り花にするか、その年の春先に切り詰めて次の年の花に期待するのが良い。

　古い3～4年生の枝は、地際から切るようにする。花を楽しみながら株を小さくしたい場合は、1/3～1/2を思い切って根元から切り、次の年に残りを地際から切り詰める。この場合、来春、新梢を出させる

ために秋〜根雪前に行う。刈り込みよりも，間引き剪定で古枝や葉芽だけの細い枝を切り取るようにすると良い。

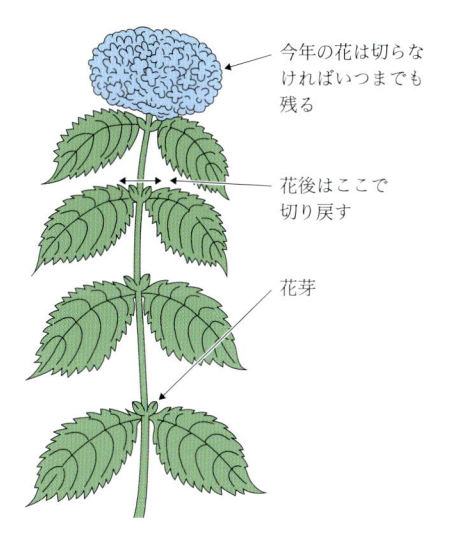

図6　アジサイの剪定
- 今年の花は切らなければいつまでも残る
- 花後はここで切り戻す
- 花芽

その他のポイント

花木だけではないが，数年に1回は花を我慢して樹形を整えるための剪定を行うことも必要である。木の形を整え不要な枝を取り除くことは，木の寿命を延ばし，良い花も期待できる。

また，花木も実のなる木も，例年になく多くの花がついたり，多くの実がついたりしたときは逆に注意が必要で，樹体が衰弱している場合が多い。このような状態が発現したら専門の機関に相談することを勧める。

果樹類

リンゴ

剪定は2〜3月に行う。このころになると花芽と葉芽を区別しやすくなる。

剪定方法は，枝の分岐点で切る切り戻し剪定と，伸びている枝の途中で切る切り詰め剪定，また，枝の間引き剪定を主体とし，根元まで日光があたるようにする。

実のつく短果枝・中果枝が多くできるようにするために，急激な剪定は避けて主要枝や側枝は間引き剪定を主とした方が良い。

太い側枝を更新するときは，基部側の小枝を2〜3年かけて小さくしてから切る。1回で切ってしまうと徒長枝が出やすくなる。

ブルーベリー

剪定は雪が解けたころに行う。若木のうち(2〜3年)は剪定は必要ないが，成木になったら古株や込みすぎた枝は間引くようにして新旧交代していく。

前年伸長した枝に果実がつき，また，強い枝には大きな果実がつくので，太いしっかりした枝を残し貧弱な枝は切り取る。長さ15〜30 cm くらいで花芽が3〜5個ついた枝が良い結果枝といえる。

生垣

生垣をつくる場合，どこまで大きくするかを決め，毎年の管理を行うようにする。樹種により刈り込み回数は異なるが，年に2〜3回は必要である。刈り込みの回数が多いと，それだけ枝の分岐も多くなり，早く生垣をつくることができる。

刈り込み時にデコボコがないように，上部は水平に，側面は垂直に刈り込み，刈り込み面や角がきれいな面・線が出るように刈り込んでいく。図7のように刈り込み面の側面部を少し中くぼみにすると角をつくりやすい。

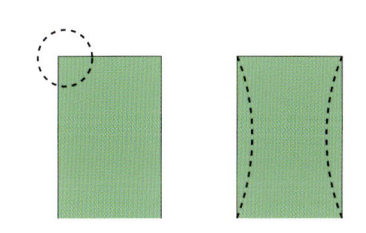

図7　生垣の角のつくり方

高さを低くしたい場合は，図8のように低くしたい高さの近くの小枝を残し，主幹はさらに1段下まで切り下げるようにする。

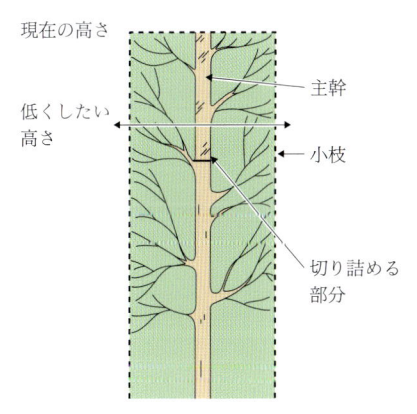

図8　生垣の高さを低くする
- 現在の高さ
- 主幹
- 低くしたい高さ
- 小枝
- 切り詰める部分

枝抜きは3年に1回くらい必要で，枯枝・からみ枝などを主体に取り除く。このことにより光を奥まで通し，風通しも良くなる。

枝が害害や枯損で穴があいた場合，近くの枝または隣の枝を誘引してやると，早めに修復できる。その他，隣家にはみ出したり，公道の通行に支障が出たり，徒長枝が目立つようなときは，樹種にもよるが，春先の樹液流動期に右・左に押し曲げて幹や竹垣に結び止めると生垣の幅を小さくできることもある。

3〜5年に1回は根切り作業を行い，徒長根を切断し，密生根をほぐし，新根の発生を促進させる。ただし樹勢や地力により差異があるため，作業する前に樹体の状況確認が必要である。

III-12　公園の樹木管理

荒川克郎

樹林管理計画

ここでは単植や並木を含めおもに高木で構成される公園の樹林管理を考えてみよう。

高　木

樹木は高さや幹の形状により区分される。高木とは，1本の主要な幹（主幹）を持つ高さ8m以上の樹木。亜高木は主幹を持つ高さ3mから8mの樹木。はっきりした主幹がなく地際または地下部から数本の幹を生じる，高さ0.3〜3m程度の樹木は低木に分けられる。

樹林管理

公園では，高木は大きく枝を伸ばし訪れる人達に緑陰を提供し，気持ちを和らげ，都市の中に調和のとれた自然をつくり出し，景観的価値を高めたり，風や騒音を和らげる。

工作物と異なり，年を経るごとに樹木は幹を太らせ枝を広げ穏やかな雰囲気をつくり出して，樹林の景観的価値を増大させる。年を経るごとに樹林の価値が増大することを，預金になぞらえて「太陽が利子を生む」ともいわれている。成長に応じ目的や機能に照らしあわせて適正な育成管理を施すと，樹齢100年，200年という価値ある樹林を未来に贈ることができる。

公園樹林の形態

樹木の最上層に位置する葉群層は林冠とよばれる。林冠が開いた樹林は疎林とよばれ，閉じた樹林は閉鎖林とよばれる。植栽から10年程度は樹林地の地面に光があたり芝生などに覆われている。樹木の根が定着すると急速に枝が重なり樹高を増し，樹林の雰囲気ができてくる。公園では通直な木材の生産を目的としていないので，樹木の多くは，樹木の下枝の生育に支障がない程度に樹林内に光が差し込む疎林の形成・維持を目指していると考えられる。

近隣の樹木の枝が生い茂り，林冠が閉鎖されると樹木は光を求めて樹高を競い，樹林内は暗くなり下枝の枯れあがりが進む。生育差や光のあたり具合に応じて枯死する樹木やいびつな樹形が形成され，強風や湿雪にももろくなる。樹林は，放置されたり管理が行き届かないと疎林から閉鎖林に向かう。利用者の安全からも閉鎖林への移行は避ける。

樹林の利用目的，機能と種類

公園の樹林には様々な目的，機能が複合的に付与されている。自然観察ツアー，自然植生保全，歴史的植生の保全，見本園，緑陰の提供などの利用目的，並木などの遠近法，開放空間での樹形を見せる単植，園路やカナールなどを景観的に強調する樹林帯，公園の外の音や騒音，人の目，風を遮断する緩衝林や防風林などの機能を持つ。

樹林の管理は利用目的や機能を効果的に発揮させるための計画の下に行われる。利用者や行政，識者，指定管理者などによる十分な議論を基にして練られる。

樹林管理技術

樹林管理の基礎的技術として，樹林の樹木密度の調整と樹形の管理を考えてみよう。

樹木密度

樹種やサイズ，樹齢によって樹木と樹木との間隔は異なるが，公園には一定の林地に特定期間に同じサイズの同じ種類の樹木が植えられている一斉林が多い。植栽から10年をすぎると，生育の優勢な樹木に被陰される樹木が見られるようになる。同一樹種の一斉林では，健康で樹形や樹勢に優れ，将来にわたって樹林景観を形成する樹木（残す樹木）を適正な間隔で選び出し，近隣の劣勢木，競合する樹木，罹病木などを年月をかけて取り除いていく計画を立てる。

樹種選択

異なる樹種によって形成される樹林では，残す樹種の選択が必要である。林冠をつくる樹種は樹林の年齢とともに変化する。シラカンバやヤマナラシなどはいち早く伐採跡地などの陽地に侵入し早く成長して純林をつくったりするが，寿命が短く先駆性樹種とよばれる。自然林では先駆性樹種の衰退にともない，シナノキやイタヤカエデ，ミズナラなど耐陰性があって寿命の長い遷移後期性樹種に置き換わる。従って，樹林の年齢とそれぞれの樹種の生態に応じた樹種の選択育成と除伐が必要となる。

樹形管理

一斉林をつくるシラカンバは，梢折れや幹曲り，幹折れ，根返りなどの湿雪被害を受けやすい。札幌市南区に甚大な樹木被害をもたらした2010年10月27日の湿雪では形状比75程度の樹高12mのシラカンバに幹曲り被害が出ていた。

形状比とは，胸高直径と樹高との比で，形状比＝樹高／胸高直径で求められ，70以上では風や雪の災害を受けやすいとされる。除伐などで高木の間隔を広げて，樹高競争を緩和させ主幹の肥大を促し，湿雪被害を抑制する必要がある。

双　幹

土壌や光条件などの生育環境には人工を加えるが樹木には手を加えないで成長させた樹形は育成形とよばれ，激烈な生存競争を経てつくられる天然の樹形とは異なる。ハルニレは，公園では主幹が2本になりやす

そうすることによって，元の姿，作業経過の履歴を誰にでも伝えることができるようになる。

「手いれのhow to」で私がまず初めての方にお話しするのは「林は壊れない」ということ。「切ることは悪いことだ」という思い込みのせいか，あるいは殺生のように考えて良心がブレーキをかけるのか，効果的な抜き切りにたどりつかないことが多いのだ。思い切って切る。これは，前に述べた森づくりセンターに相談して「密度曲線」をつかった検定をしてもらい，ちょっと科学的なアプローチもしておくと良いだろう。そうこうして少しずつ，美しく手いれして，かつ，林を壊さないという自信をつけていくのだ。

このように理論的なアプローチを自主研修のような形で学びながら，やはりその林固有のマニュアルを求めることになるのだが，私の選木基準はやがて「枝先の枯れ具合」に求めるようになった。ミズナラやコナラをはじめフィールドのほとんどの樹木は，込んで枝先が触れるようになると枝から枯れ始め，やがては太枝全体が枯れ落ちる。枝先が触れるストレスは，これ以上繁茂しても意味がないという諦めのシグナルを出して，樹木はその枝を見捨てる。どうもそんなシャイなところが，本州のシイやカシなどの常緑広葉樹と北海道の広葉樹ではまったく違うのだ。だから，林で上空を見あげて，枝の関係がどう錯綜しているか，どちらを抜き切りすればいいのか，というのは自ずと見えてくるのである。

チェンソーワークなどは，比較的身近な森づくりNPOなどにアクセスすれば必ず教えてくれるイベントやつながりができるものである。実践と座学を繰り返し，実力をつける。ケガをしないで抜き切りし，ひとまず薪づくりをゴールにすれば，人力という1馬力でどれほど材を生産できるか，全身全霊で実感ができるものである。

手いれの醍醐味

ここまで，身近な広葉樹林をどう手いれするかを個人的な経験を基にして簡単にあらすじを書いてみた。正確にいえば，私のようなサラリーマンが，週末だけ山仕事の真似ごとをするという素人の手引きである。ブルドーザーや集材機を駆使する林業とは一線を画した，人力主体の森づくりだ。贅沢なことに，現在はナラを主体とした雑木林だけを対象にしているが，そんな環境の下で四季を通じた年間ほぼ50週近く，チェンソーとブッシュカッターを夏冬交互に持ち替えてする作業は，醍醐味とよぶべき媚薬を備えている。

それはまず，心地良い環境が確実に生まれるという達成感。2番目には，そこがフリーアクセスが許された場所なら，確実に人々に広まり，人々が集まってくるという事実も，作業する者には大きな励みである。3番目には，風土とのつながり感覚。これはとても大事な手ごたえとしてあげなければならない。人は，理屈や知識を脇におき手を動かす単純な仕事，いわば手仕事をすることによって，現代人特有の考えすぎる性癖から束の間解放される。危険もともなうチェンソーをつかった仕事や刈り払い機の無心の運転のさなか，しばしば人は無心になって瞑想状態に到達する。これは予定外の効用といえるだろう。

薪でつながるコミュニティと持続可能性

身近な林の手いれは，いろいろなやることがあり，老若男女多くの人がかかわりを持つことができるということで画期的なことである。荒れた景観にしている込みすぎた樹木，傾斜木，風倒木，ツルに絡まれて呻いている木を整理しただけで，何十軒分もの冬の暖房用薪が誕生する。ということは，私達市民でも身近な放置林を手いれすることが，やりようによっては可能なのだ。そのためには安全で確実な作業ができるという安心感の持てる約束を土地所有者とするのがスタートなので，ある意味，ハードとソフトの両面をレベルアップするのは不可欠になる。が，この応用問題に時間をかけて積み重ねること，そのものが喜びになるはずだ。また，こうして進めていく個人やグループの地域貢献活動は，「風景の改善」という点に集約されて目に見えてくる。また，薪をゴールにすると，石油にばかり頼らないで，地域に捨てられて腐らせてきた樹木を燃料として拾いあげることによってエネルギー循環の輪に入ったという喜びもついてくる。

環境と身の回りの整理整頓は，公共など誰かにやってもらう時代は終わった。と同時に，身の回りの「他人の林」も，これからは，地域みんなで工夫をしてケアしていく時代になったといえる。

薪づくりをゴールとした林の手いれで初めて気がついたことは，薪に思いがけない求心力があるということだった。薪のためにコミュニティができ，あるいはコミュニティが参加するという現象もおきる。身近な放置林がみんなの共有財産になり持続できる，これが新時代のチャレンジャブルなテーマといえる。

写真2　薪づくり　　写真3　薪の前で集合写真

III-14 野生草花群落の再生と管理

近藤哲也

北海道の自然は豊か

北海道にはまだ豊かな自然が残されているといわれるが，たしかに190万人の人口を抱える北海道最大の都市である札幌市周辺にも，円山，藻岩山，野幌森林公園などの自然が残っており，北海道第二の都市である人口35万人の旭川市では一層豊富な自然に恵まれている。また，北海道内には自然公園として6つの国立公園，5つの国定公園，そして12の道立自然公園があり(図1)，それらの地域では，自然公園法や北海道自然公園条例によって自然が守られ，またそれを楽しむことができる(写真1, 2)。

図1 北海道の自然公園

写真1 利尻礼文サロベツ国立公園，利尻島のリシリヒナゲシ。北海道レッドデータブック(絶滅危急種)，環境省レッドデータブック(準絶滅危惧)

都市の中や周辺にも美しい野生の草花が残されている

北海道では都市の中や周辺の公園・緑地にさえも，キバナノアマナ，ニリンソウ，フクジュソウ，エゾエンゴサク，カタクリ，ミズバショウ，スズラン，オオバナノエンレイソウなど，北方地域特有の野生草花の群落を見ることができる。かつてその場所に生育していた自然の植物が残されており，しかもそれらの植物が大変美しいというような場所は，東京や大阪などの大都市ではまず見あたらない。札幌市の中心にある北

写真2 利尻礼文サロベツ国立公園，礼文島のレブンアツモリソウ。北海道レッドデータブック(絶滅危機種)，環境省レッドデータブック(絶滅危惧IB類)

海道大学の構内にもニリンソウ(写真3)やオオバナノエンレイソウ(写真4)の大きな群落(植物の種類や組み合わせの単位)がある。

写真3 北海道大学構内のニリンソウの大群落

写真4 北海道大学構内のオオバナノエンレイソウの大群落

スプリング・エフェメラルの生活史

これらの植物は，落葉樹林の下(林床)や適湿な草地に生育していることが多い。特に，キバナノアマナ，カタクリ，ニリンソウ，エゾエンゴサク，フクジュソウなどは，早春まだ樹林の葉が展開しないうちに，地下の球根から出葉して光合成を行い，花を咲かせ，夏前後に展開してきた樹林の葉で光が遮られるころに種

子を生産し，その後は地上部が枯れて，球根の状態で秋から冬を過ごす。このような生活史を持つ植物は，春植物または Spring Ephemeral (春のはかなきもの) とよばれている (図2)。

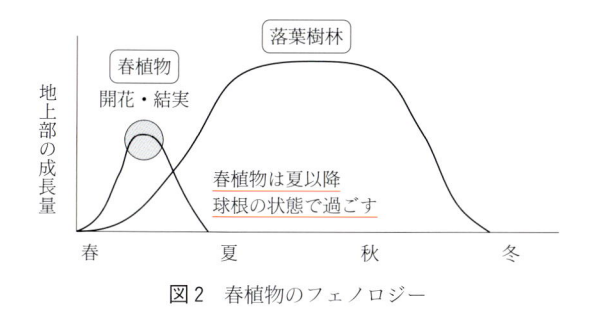

図2　春植物のフェノロジー

春植物のお花畑を維持，再生するためには？

北海道では，春になると各地で美しく，しかも大規模な春植物のお花畑を見ることができる。このようなお花畑は，どのようにすれば維持できるのだろうか？また再生したり新しく創造することは可能なのだろうか？

ササやススキなどの競合植物のない場所では，これらの春植物の群落は大きく環境が変わらないかぎり，人間の手助けがなくとも長い間その状態で維持されると考えられる。

しかし，自然の状態は永遠に同じではない。人間による開発だけでなく，気候の変動，地震，山火事，土砂崩れなどによって，あるいは，植物自身が生活することによって，日あたり，土壌中の栄養分，水分などの環境が変化する。また他の植物の種子がその植物の生育地に進出し定着することもある。その結果，新たな環境に適した群落 (同一場所で一緒に生活している植物群) に徐々に変化してゆく。この過程を遷移という。

例えば，美しいエゾエンゴサクの大群落があったとしても長い年月の間には，遷移によってやがてススキやササが優占する群落に移り変わってゆくであろう。このような場合，現在の状態を可能なかぎり維持しようとするならば，自然の遷移を止めるための人による管理が必要となる。

あるいは，開発によってかつての植物が失われてしまった場所に，植物群落を再生したり，新たに創造する場合にもまた人による介入が必要となる。

群落の維持，拡大のための植生管理

その場所にある植物群落を維持したり拡大したり，あるいは目標とする植生に誘導するための管理 (植生管理) 方法は，大きく3つある (表1)。

火 い れ

短時間で大面積を管理できるが，火の管理がむずかしい。また，人の生活圏では煙が問題となる。

放　　牧

家畜そのものが景観的な要素となるが，家畜の管理がむずかしい。

刈り取り

刈り取りの頻度や高さを変えたり選択的に植物を刈り取ったり刈り残したりできるので，目標とする植生に誘導しやすい。一方，労力がかかり，騒音が問題になることもある。

都市の中や周辺に生育している植物を管理するとすれば，刈り取り管理がもっとも現実的であろう。

刈り取りによって，目標とする植物群落を維持・拡大しようとする場合の原則は，以下の2点となる。

①目標植物と競合植物両方のフェノロジー (出葉，開花，結実，枯死の時期などの季節による推移) や生育型 (直立型，ほふく型，叢生型，ロゼット型などの地上部の生育の形) (沼

表1　群落の維持，拡大のための植生管理のタイプと特徴

管理タイプ	長　所	短　所	適用できる場所
火いれ	・短時間で大面積を管理できる ・木本植物を選択的に除去できる ・範囲を限定することで，その地域の動物の分布を変えることができる ・種子の播種床を提供できる	・大気汚染への懸念 ・隣接地に燃え広がらないよう十分な注意が必要 ・火の管理には危険がともなう ・被覆がなくなるほどの火いれは斜面の土壌流亡を引きおこす ・土壌が貧栄養になって，競争に強くて強健な種が優先する ・泥炭地では土壌へのダメージが大きい ・時期を選ばないと鳥類や昆虫類にも害を及ぼす	・広い面積の土地 ・人間の生活圏から離れている土地
放牧	・田園地域の魅力的な要素となり得る ・肉や乳製品を収入源として利用できる可能性がある ・刈り取りが困難な険しい場所でも利用できる ・家畜の密度，放牧時期によって異なった効果を生むことができる	・家畜の管理に熟練した人材，柵，機械が必要となる ・家畜が死ぬ可能性がある (妊娠時や犬の害で) ・ぬかるみ，臭い，ハエなどの原因となる ・家畜の種類によって効果や管理の労力が異なる	・水があり柵を設置できる場所 ・人の生活との軋轢を生じない場所 ・犬の問題がない場所
刈り取り	・刈り取りの頻度や時期を変えて管理できるので，多様な植生を誘導できる可能性がある ・選択的に植物を刈り取ったり刈り残したりできるので，望む植生に誘導しやすい ・糞，臭い，ハエの心配がない ・火事の心配がない	・人手，機械の購入，維持，修理に費用がかかる ・場所によっては騒音が問題になる ・過度に実施すると均一でおもしろみのない景観となるが，レクリエーションにとっては好ましい ・険しい斜面では使用できない	・火いれや放牧による管理ができない場所 ・丁寧に管理されなければならない場所 ・小面積の場所

(近藤，2007から一部改変)

田，1978)を知る。
②目標植物にはダメージが少なく，競合植物にはダメージが大きくなる時期に刈り取りを行う。

図3にカタクリとスズランの個体群を優占させるための管理例を示した。

しかし，目標植物と競合植物のフェノロジーや生育型が類似している場合，刈り取り管理だけでは，群落の維持・拡大がうまくいかないこともある。

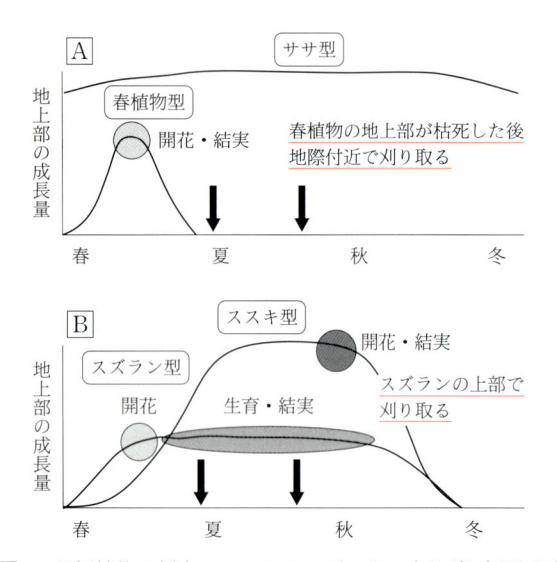

図3 目標植物を優占させるための刈り取り方法(概念図)(近藤，2007より改変)。A：目標植物がカタクリなどの春植物で，競合植物がササの例。この管理を数年間継続するとササが衰退してカタクリが優占してくる。B：目標植物がスズランで，競合植物がススキの例。この方法ではススキを衰退させる効果が弱く，刈り取り管理をやめるとススキが再び勢力を取り戻す

個体群の再生，創造のための播種または苗の導入とその後の管理

開発によってかつての群落が失われてしまった場所に群落を再生したり，新しい土地に群落を創造したいような場合，土壌条件や光条件が改変されてしまっていることが多い。そのような場合にはまず環境条件を整えることが必要である。一度改変された環境を元に戻すことはむずかしいが，もし競合雑草の除去，土壌改良，樹林の立木密度の調整などによって，環境条件を整えることができれば，種子や苗の移植で群落を再生できる可能性はある(図4)。

環境条件が適していても周囲に種子の供給源がないために，群落が成立していないような場所であれば，種子の播種や苗の移植によって群落を再生できる可能性はさらに高くなる。

種子の播種や苗の導入によって群落を再生し，創造するためには，環境条件とともに種子数の確保や発芽条件，育苗方法，そして生活史(発芽，生育，開花，結実，枯死までの過程)にかかわる情報も必要である。

小面積の場合は，種子の確保は容易であるが，大面積になればなるほど種子を調達することはむずかしく

なる。またその地域の植物特有の遺伝的構成を攪乱しないために，遠く離れた個体群からの種子の採取は控えるべきである。

もし，やむを得ず他の地域から種子を採取することになっても，できるだけ近くの個体群から採取することとし，種子の採取場所，採取年月日，採取者などを記録し，それを公的機関や信頼できる機関に半永久的に残しておく必要がある。

播種するよりもある程度の大きさに育った苗を移植する方が植物の定着率は高く，種子の数も節約できる。

播種あるいは苗の移植のいずれの方法を採用するにしても，野生草花の発芽に関する情報を蓄積しておくことが重要となる。

導入初期には植物体が小さいので一定の大きさになるまでは手取り除草などの労力を必要とする。そして，その後は先に述べた競合植物を抑制するための植生管理を施して群落を維持する。

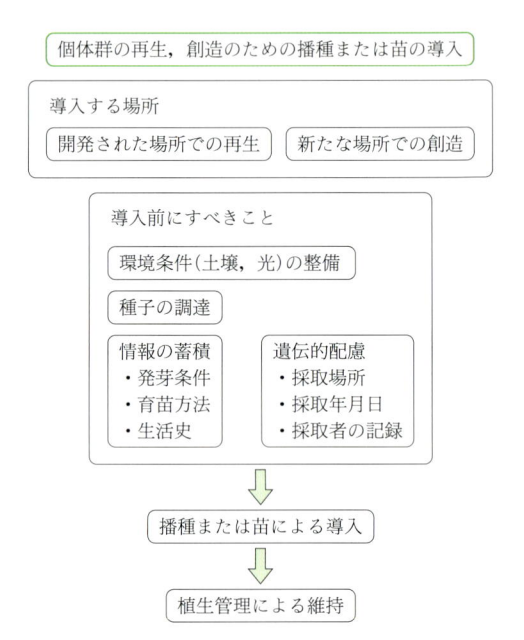

図4 個体群の再生，創造のための手順

種子の基本構造と休眠

先にも述べたように，種子の発芽に関する情報は，個体群の再生や創造のために重要である。

種子は，基本的に胚，胚乳，種皮によって形成されている(図5)。胚は，やがて，子葉と根に発達し，胚乳は胚が発達するための栄養分となる。

しかし，カキやモモなどのように種子が果肉に包まれていたり，オオバナノエンレイソウ(Kondo et al., 2011)のように，種子の中の胚が未発達であったり，ダイズのように胚乳がなくて代わりに子葉が大きく発達していたり，カエデのように風で散布される翼が発達したものなどと実に様々な形態がある。

カタクリ，エゾエンゴサク，キバナノアマナ，オオバナノエンレイソウなど北方地域の春植物では，エラ

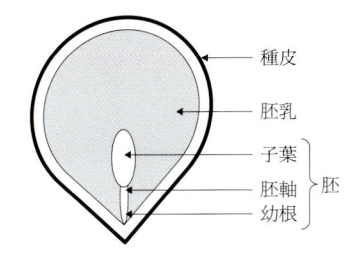

図5　種子の基本構造

写真5　エゾエンゴサクの種子とエライオソーム
（1目盛は1mmを示す）

表2　種子休眠の種類

生理的休眠	・形態的に完全に発達した胚を持ち，発芽に際して胚は成長しない ・発芽のためには低温または高温処理を必要とする
形態的休眠	・形態的に未発達の胚を持ち，発芽のためには胚が成長する必要がある ・特別な温度処理を行わなくても1か月程度で発芽する
形態生理的休眠	・形態的に未発達の胚を持ち，発芽のためには胚が成長する必要がある ・発芽のためには低温または高温処理，あるいはそれらを組み合わせた温度処理を必要とし，発芽までに数か月以上を要する
物理的休眠	・種皮が不透水性であるために発芽しない

（近藤，2012を基に改変）

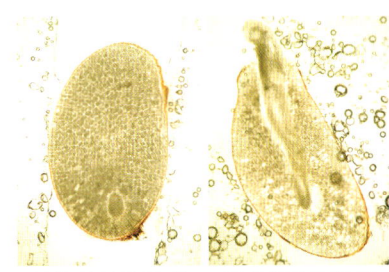

2002年7月25日　2003年9月25日　2004年5月10日

写真6　形態的生理的休眠を持つオオバナノエンレイソウの胚の発達と発根，子葉の出現の過程。2002年7月25日に種子が散布されたときには胚は未発達であり，1回目の冬を経た2003年9月5日に発根した。しかし，地上に子葉が出現するのは，さらに2回目の冬を経た4～5月となる

イオソームとよばれる糖や脂質を含む付属物を持つものが多く，アリがこれを餌として運ぶことで種子が散布される（写真5）。

園芸種や作物の種子は，人間が管理する畑での栽培に都合の良いように長い時間をかけて選抜されてきたため，種子を播種するとまもなく発芽する。しかし，野生草花の場合は，すぐに発芽せずに，発芽のために特別な条件を必要とするものがある。例えば，キバナノアマナやカタクリは，春に種子が散布されても子葉が地上に出現するのは，翌年の春であり，オオバナノエンレイソウ，オオウバユリ，スズランなどは，それぞれ夏や秋に種子が散布されても，2回目の冬を経た後の春にならないと子葉が地上部に出てこない。

生きている種子が，様々な水分，酸素，温度，光などの環境条件を与えられても長期間発芽しない状態を「休眠」という。休眠は，実生（種子から生じた苗）の生育にとって不都合な時期に発芽することを避けるため，あるいは徐々に発芽することで急激な環境の変化によって実生が全滅しないためのしくみとされている。

休眠には大きく分けて，生理的休眠，形態的休眠，形態生理的休眠，物理的休眠の4つのタイプがあり，それぞれの休眠が破れるためには，それぞれの条件を与えなくてはならない（表2）。

例えば，北海道で見られるキバナノアマナやカタクリ，オオバナノエンレイソウ，オオウバユリ，スズランはすべて，種子が散布されたときには未発達の小さな胚を持ち，未発達の胚が発達して発芽するためにはその種に特有の様々な温度を与えなくてはならない形態生理的休眠である。キバナノアマナやカタクリでは，高温→低温→高温で子葉が地上に出現し，オオバナノエンレイソウやスズランでは，低温→高温→低温→高温を与えることで子葉が地上に出現する（Kondo et al.,

2011）。このような理由によって，これらの植物は，野外では，種子が散布されてから子葉が出現するまでに1～2年を必要とするのである（写真6）。

また，ニセアカシア，ネムノキ，ハマエンドウなどのマメ科植物，ハマヒルガオなどのヒルガオ科には物理的休眠を持つ種子が多い。これらの種子は種皮の細胞が緻密であるとか種皮がワックスのような物質で覆われているために，吸水できず，従って発芽もできないのである。これらの種子は土中で埋土種子を形成することが多く，長い間に種皮が腐食されるか工事などの土壌の攪乱によって種皮が傷つけられることで発芽する。人為的に発芽させる場合には，針で種皮を突く，紙ヤスリで種皮に傷をつける，あるいは濃硫酸に適切な時間浸漬することで比較的容易に発芽させることができる。

[引用・参考文献]
・近藤哲也：生態系の再生と管理；草地，最新環境緑化工学（森本幸裕・小林達明編著），朝倉書店，2007
・近藤哲也：種子と発芽，園芸学の基礎（鈴木正彦編著），農文協，16-26，2012.
・Kondo, T., Mikubo, M., Yamada, K., Walck, J. L., Hidayati, S. N.: Seed dormancy in Trillium camschatcense (MELANTHIACEAE) and the possible roles of light and temperature requirements for seed germination in forests. *American Journal of Botany* 98, 215-226, 2011.
・沼田真：植物生態の観察と研究，東海大学出版会，1978.

III-15 環境林・里山の管理

孫田　敏

環境林・里山

　環境林や里山，近年，耳にすることが多い言葉だが，必ずしも定義は明確ではないし，時代とともに言葉の解釈も変わっている。

　環境林という言葉は，1970年代後半から使われるようになったと考えられる。既存の森林だけではなく，大規模開発にともなって造成されるようになった大規模人工樹林地もその範囲に含み，環境保全機能に着目されるようになった(千葉，1989)。東(1975)は，環境林とは「人間が人間のために必要な空間を，半永久的に維持するための樹林」とし，さしずめ現代の鎮守の森であるという。現在は，木材生産機能ではなく様々な環境保全機能に着目した，都市内や都市周辺の森林や樹林を指している場合が多い。

　一方，里山は環境林よりも古くからつかわれている言葉である。とはいっても，第二次世界大戦後のことで，京都大学教授であった四手井綱英がそれまで農用林といっていた農地の裏山の森林を里山と名づけたことが始まりといわれている(武内ら，2001)。環境省では里山とセットになった農耕地を含め「里地里山」とよび，「都市域と原生的自然との中間に位置し，様々な人間の働きかけを通じて環境が形成されてきた地域であり，集落をとりまく二次林と，それらと混在する農地，ため池，草原等で構成される地域概念」と定義している(環境省，2001)。北海道では開拓からの時間が短く必ずしも継続的に働きかけて形成されてきた二次林は多くないこと，また札幌近郊では都市域と森林との間に農地が存在せず農用地とセットになった森林はほとんどないことから，本州のような里山景観はないといっても良い。都市に隣接する，あるいは都市に近い森林は「都市近郊林」ということになるのだが，ここでは人間が生活する場に近い森林は里山とよんでも差し支えないであろう。

里山の果たした役割

　里山はかつて農用林とよばれたように，農業や生活のために利用されてきた。そのおもな役割は，薪や炭の供給や堆肥の原料としての落葉落枝の供給，そしてキノコ類などの食料の供給である。薪や炭の材料は輪伐といって一定期間(20〜30年程度)据え置いて萌芽幹を伐採する方法をとり，林床では落葉落枝を除去するために，林内は比較的明るい環境が保たれて，結果としてカタクリなどのスプリングエフェメラルとよばれる植物の群落が維持されてきた(石井ら，1993)。

里山のイメージ

　札幌近郊では広葉樹二次林やカラマツ林となっている所が多い。

　写真1(A)はコナラ属(ミズナラ・コナラ)を中心とした広葉樹二次林で，伐採後50数年を経ている。写真のように複数の幹を持つ樹木が多いことが特徴である。これらは種子から発芽生育したものではなく，伐採したときの切り株から再び芽が出て幹として伸びたものである。写真1(B)はカラマツ人工林である。トドマツなどの常緑針葉樹の人工林に比べて林内が明るいために，林床では落葉広葉樹が天然更新することが多い。ただしササ類(クマイザサやチシマザサなど)が優占し，落葉広葉樹の更新が阻害されている場合もある。

写真1　里山のイメージ(札幌)。(A)落葉広葉樹二次林，(B)カラマツ人工林

里山の管理

　かつて農地と一体化して利用された時代には「落ち葉かき」や「もやかき」が行われてきた。「落ち葉かき」は堆肥の材料にするために落葉をかき集めて林外に搬出する作業である。コナラ属などの落葉広葉樹は伐採すると根元から複数の萌芽が発生する。場合によっては十数本の萌芽が発生するために，これらを2〜3本程度に整理して育てる。この作業を「もやかき」という。図1に模式的にこの作業内容を示す。

　これらの作業は里山を管理するという視点ではなく，

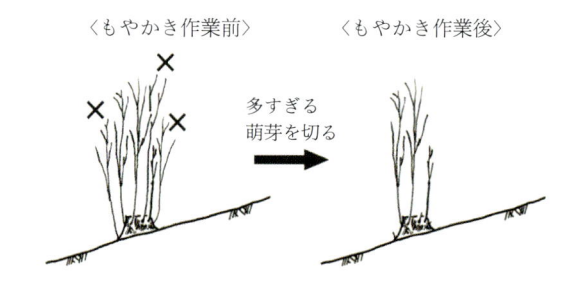

図1　もやかきの模式図

生活のための資材を得るために行われていたことであるが，継続的な資源活用がはかれるよう利用する住民達の手で，オーバーユースにならないルールの下で行われてきた。

現在は里山から生活資源を求めるわけではない。里山の管理は，生活空間に隣接する森林はより快適さを維持したい，あるいはササ類を除去して林床植物を繁茂させたいという動機からなされている。

具体的な里山の手いれ方法

ここでは実際に市民が参加可能な里山の手いれ方法を述べる。

込みすぎた広葉樹林では，間引き。ほど良い立木密度で明るい林内を維持する。ツル類も繁茂しすぎると樹木の成長を阻害する。後述するように，ツル類は森の遊び道具にもなるので潔癖に排除する必要はないが，適度に根元を切断する。人工林では除伐や間伐も行う。除伐とは植栽した樹木以外を伐採すること，間伐とは植栽した樹木の競争を抑制するために同一樹種を伐採することである。

ササ類を刈って林床植物の増殖をはかることも手いれのひとつである。何年かにわたりササ類を刈ることによって，ササ類が衰退する。技術的にはⅢ-14『野生草花群落の再生と管理』を参照のこと。

基本的にはチェンソーや刈り払機などの動力つきの機械をつかわない範囲で作業をした方が良い。

写真2　間引き(A)とツル切り(B)

森の中の素材を有効につかうことによって，里山は「遊び」の空間にもなる。太いツル類は子ども達にとってターザンロープになるし，刈ったササ類も子ども達の「秘密基地」としてもつかえるだろう。

森の素材をつかってリースづくりやクラフトづくりも可能である。森の手いれで生じた枝・ツルなどは決してゴミではない。いろいろ試してみるのも，手いれに対するインセンティブを高めることにつながる。

森の表現

北海道では里山を繰り返し使ってきた歴史がなく，

写真3　森の遊び。(A)ツル類で遊ぶ，(B)ササでティピー(移動式住居小屋)をつくる

本州以南のような「里山モデル」を提示しにくい。里山の手いれを始める前に森林の様子を調査し，その上で何をすべきか，を議論していくことが重要である。

一般には林内に，ある大きさの正方形の調査区を設定して，その中に出現する全樹木の樹種，高さ，太さなどを計測し，調査結果を側面図や樹幹投影図として描き，現在の様子を表現する。

里山の管理を始める前に

市民が里山の管理にかかわる場所は公有林であることが多い。従って将来その場をどのような森林にしていくかについて十分な議論をした後に実際の作業を始めていく必要がある。それがないと，市民が望む管理作業内容と所有者が望む将来像とに食い違いが生じ，長期的にかかわることがむずかしくなる。また，比較的広い面積にわたって管理することになるため，個人ではなくグループでの作業となる。思い立ったからすぐにできることではなく，場所を確保することや管理に携わるためのルールをつくっていくことなどから始めなければならない。

既に活動している市民団体などに連絡をとり，種々のアドバイスを受けるなどしながら活動を始めていくのが良い。

[引用・参考文献]
- 千葉喬：環境林造成の課題とこれからの技術，日本緑化工学会誌15(1)，17-20，1989．
- 東三郎：環境林をつくる，205，(社)北方林業会，1975．
- 石井実・植田邦彦・重松敏則：里山の自然を守る，築地書館，1993．
- 環境省：日本の里地里山の調査・分析について(中間報告)，2001．
- 近藤哲也：都市近郊林の管理と保全，北のランドスケープ保全と創造(淺川昭一郎編著)，197-212，環境コミュニケーションズ，2007．
- 武内和彦・鷲谷いづみ・恒川篤史：里山の環境学，東京大学出版会，2001．

III-16　ビオトープの造成と管理

矢部和夫

ビオトープ

ビオトープ(独：Biotop，英：biotope)は，ドイツで生まれた造語(bio(命)＋topos(場所))であり，本来の意味は"生物のすむ場所"である。従って，原生の自然(生物群集，生態系)ばかりではなく，雑木林，草地，屋敷林などの人手が加わった自然や，公共の事業でつくられた公園の人工池沼や河川や環境教育を目的とする学校ビオトープなどの造成されたビオトープも含まれる。

ビオトープ事業

ビオトープ事業とは生物の生息空間を保護・保全・復元・創出することであるが，最近は造成することばかりをイメージすることが多くなっている。近年都市域から身近な自然が急速に消失していることから各地にビオトープ事業が導入されている。

園芸店などでは，ビオトープセットと称して単なる水草栽培を意味する場合もあり，必ずしも生物多様性の保全を意図しないものも見られる。

住宅地の山野草

私達の周りには野山に生えるたくさんの草花(山野草)が見られる。そのような山野草は，花を大きくしたり，色を鮮やかにしたような品種改良でつくられたものではない。このため山野草は園芸種とは違ったその素朴な美しさから多くの愛好者がいる。

山野草は，生育地の土壌，光，湿度など物質・エネルギー的な環境の影響や森林伐採や土地造成などによる攪乱を受けながら，それらに対する適応進化を遂げて生活している。さらに，他の植物と競争したり，毛虫に食われたり(捕食)，訪花昆虫に送受粉を助けてもらうなど他の生物と密接な関係(生物間相互作用)を保ちながら生活している。

人為的攪乱

攪乱というのはその種の死亡率を急激に高めることで，もちろん他の生物による捕食も含まれる。非生物的な攪乱としては，波浪，洪水やがけ崩れによる破壊や野火などが含まれる。これに対して，人の活動によっておこる攪乱を人為的攪乱という。

野生の草本の分類

私達の周りに生える野生の草本の多くは，様々な人為的攪乱を受けながら生活をしている。この中で山野草とはどのようなものか知るために，野生の草本について生育地の環境や攪乱との関係から分類を試みる。

人為的攪乱のない所で生活する在来種(A)

日本は海に囲まれた島なので，基本的にどこも雨が多く乾燥の心配がない。このような多雨な条件では，基本的に森林が発達する。従って，日本で見られる草原のほとんどは森林破壊後に生えてきた半自然草原であり，いずれは森林に変化してしまう。

一方，強風，水浸し，塩害などの気象や土地的なストレスで森林ができない場所には自然草原が永続的に生育する。このような草原は人為的攪乱を受けていない。

(1) 春 植 物

カタクリ，フクジュソウ，ニリンソウ，エゾエンゴサク，キバナノアマナなどがこれにあたる。落葉広葉樹林の地表面(林床)で生活する森林草本でありながら直射日光を好み，美しい花をつける陽生草本である。早春の雪解けから広葉樹の開葉前までの明るい光を受けて生活し，しばしば大群落を形成する。生育期間の短い草本で，樹木の葉が開き林内が暗くなると，さっさと休眠してしまう。

(2) 夏〜秋の花・林床草本

ミズヒキ，エゾトリカブト，サンカヨウ，ヤマシャクヤク，サラシナショウマ，トチバニンジンなどは，初夏から秋の林床で花が咲く。夏から秋までの林内の光量は外の3％にも満たないが，このような暗い環境に適応した植物を陰生植物という。林床草本は，このような少ない光を利用するため成長が遅く，種子が発芽して花が咲くまで5年以上の長い時間がかかる。

(3) ギャップ種

ギャップとは林で木が倒れることで形成される林冠(葉で覆われた最上層)の穴である。それまで真っ暗だった林床が急に明るくなると発芽や成長が促進されるような，ギャップの環境に適応した種をギャップ種という。従ってギャップ種は明るい場所に適応した陽生植物であり，コンロンソウ，オオハナウド，ササ類などの草本や，稚樹がギャップ下で良く成長するヤチダモ，ハリギリ，オニグルミ，キハダなどの樹木がある。

(4) 自然草原の草本

強風と低温にさらされている高山草原のウラジロタデ，一年中水につかっている湿原のムジナスゲ，塩分の多い海風にさらされている海岸草原のホタルサイコ，石灰岩上のヒメフウロ，マグネシウムの多い蛇紋岩上のカトウハコベなどが自然草原の草本である。自然草原は気象や土地的なストレスによって樹木が繁茂できないために，日陰を免れて生育している。従ってこれらの草本はいずれも陽生植物である。

弱い人為的攪乱の下で生活する在来種(B)

採草地，放牧地や薪炭林など生活の中で利用されるため，周期的または不定期に弱い人為的攪乱を受けて成立した里地里山の野草である。陽生植物が多く，それらは美しい花が咲く秋の七草であるハギ，オバナ(ススキ)，クズ，オミナエシ，フジバカマ，キキョウ，ナデシコによって代表される。厳しい気象条件や特殊な土地条件以外では森林が発達する日本の生態系で，有史以前にはこのような場所はほとんどなかったであろう。これらの野草の起源はギャップ種であるといわれているが，私見では湿原の周辺の高茎湿生草原，河原や海岸草原の草本も起源と考えている。これらの野草の多くは養分の乏しい(貧栄養な)土地で生活する。

近年日本のあちこちで里地里山の利用がなくなり，人為的攪乱がなくなった。このため野草地が森林に変わり，野草の多くが急速に減少した。

強い人為的攪乱の下で生活する植物(C)

(1) 耕地の雑草

春の七草(野の菜)であるセリ，ナズナ，ゴギョウ(ハハコグサ)，ハコベラ(ハコベ)，ホトケノザ(コオニタビラコ)，スズナ(カブ)，スズシロ(ダイコン)に代表される，肥料を与えられて肥沃になった耕作地やその放棄地に生える雑草である。これらの雑草の発芽，結実などの生活史は作物の栽培スケジュールにあわせるように適応している。在来種ばかりでなく様々な時代に侵入した外来種も多い。中でもイヌタデ，イヌビュ，ザクロソウ，キクモなど，日本の有史以前の古い時代に穀類の種子に紛れて人が運んできた史前帰化植物も多い。

(2) 空地の雑草

オオアワダチソウ，オオハンゴンソウなど，市街地の路傍や空地のような在来種がほとんど絶滅したような強い攪乱の中で生活する陽生植物。おもに外来種が優占する。都市域にあるため生育地は肥沃な場合が多い。

山野草の定義とその生育地の特徴

山野草は山草(森林の草本)と野草(草原の草本)であり，いずれも在来種の草本である。これに含まれる草本は，Aグループの人為的攪乱のない自然林や自然草原の草本と，Bグループの弱い攪乱を受けている里地里山の野草である。集落地，路傍や田畑のあぜ道に生えるカゼクサ，チカラシバやオオバコのような植物を人里植物とよぶが，このような人里植物はBグループとCグループの両方にまたがる草本であり，外来種も含まれる。

山野草ビオトープの創出

山野草ビオトープをつくるにあたっての配慮事項は，山野草は貧栄養な環境に適応していることが多いので，養分の少ない土にすることである。農地のような施肥をした所では，表土を剥いだり，火山礫や川砂などの養分の少ない土をつかうことが必要となる。

次に日あたりも重要である。庭程度の大きさの狭いビオトープの場合は，樹木や建造物の影などを利用して，樹冠の中心部→樹冠の辺縁部→樹冠外の三段階くらいに明るさを分けるといい。林では林冠を20%くらい開けてギャップをつくったり，林床にササが密生する場合は刈り取ることも山野草の育成にとって有効である場合が多い。水分については乾生のビオトープであれば，基本的には何もしなくても良いが，水はけの良い場所と悪い場所は耐乾性を考慮して植物を植え分けた方が良い。湿生ビオトープをつくる場合には，溶存する養分やミネラル，水位や水の動き(停滞か流動か)が重要な要因となる。

土壌の酸性度についてはカルシウムが好きな好石灰性植物や高濃度のマグネシウムに耐える蛇紋岩植物など特殊な植物群のビオトープをつくるのでなければ，特に気にする必要はない。

ビオトープ創出の事例(平岡公園人工湿地)
事業の目的

札幌市平岡公園の湿地造成計画は，かつて市内に存在した原景観のひとつである湿原を公園内に創出し，その景観を利用者に楽しんでもらうことを目的としている(自然環境研究センター，2004)。北海道のような寒冷地の湿原では，植物遺体が未分解のまま堆積した泥炭地が形成される。このような泥炭地の湿原にはスゲ類が優占するフェンとミズゴケ類が優占するボッグという2タイプの群落が生育する。フェンは河川や湖沼の周りで養分やミネラルが多く中性の水質で生育する群落であり，ボッグは養分やミネラルが少なく酸性の水質に生育する群落である。人工湿地の当初の計画は，石狩で優占していたボッグをつくることであった。このような試みは，都市緑地の景観を向上させるばかりでなく，都市の生物多様性も向上できる。

人工湿地の基盤

湿地造成区域の基盤工事は2000年2月に完了した。人工湿地は，小川の末端につくった人工池に隣接しており，人工池は水位が一定に保たれるように流入部と流出部に堰が設けられた(写真1)。湿地の基盤は，底にベントナイト遮水シート(パラシールSTD，Paramount T. P. INC. USA)を張り，その上に厚さ30cmの火山砂利(樽前a火山礫)を水平に敷き詰めた。また湿地表面は厚さ2cmのココナッツ繊維の浸食防止マット(BonTerra CJ2 USA)で覆った。その後数年で浸食防止マットは分解・消失し，織り込まれていたプラスチックメッシュだけが残り，植物の伸長の障害となってしまったので，使用すべきではなかった。

写真1　平岡公園の人工湿地，池と上流湿地の位置。札幌市2009年の写真より桑原禎知氏原図作成（矢部，2012）

水位調節

人工湿地の水位は，人工池から下流に向かう排水溝の流れが悪くなり，当初の計画より10 cm高くなってしまった。排水溝の簡単な浚渫（水底を掘り，水深を深くし通水を良くすること）をした結果，今度は流れが良すぎて，人工湿地の水位が維持されなくなってしまった。そこで2002年7月，人工湿地と池の境界に土嚢で堤防をつくり，水位の回復をはかったが，今度は浸食された部分では水深が深くなりすぎたので，火山礫を補充して地表面高をあげた。2005年以降は排水溝の浚渫をしなかったため，水が流れにくくなってしまった。このために人工池の水位が常に高い状態になってしまい，人工湿地から池への排水ができなくなってしまった。これを打開するために，2010年に重機で本格的に排水溝を浚渫し，池からの排水を確保した結果，池の水位調節が可能となった。

人工湿地の管理方針（順応的管理と受動的再生）

人工湿地のビオトープは順応的管理という原則に基づいてつくられてきた。長期にわたるビオトープづくりでは，生き物たちの予測不可能な変化や事業を取り巻く様々な社会状況の変化がおこる。順応的管理とはこのような未来予測の不確実性を認識し，継続的なモニタリング評価と検証によって，そのつど計画の見直しと修正を行いながら管理する手法である。人工湿地の生物と水質環境のモニタリングは2001，2005，2011年に行われた。

実際のビオトープの創出には，できるかぎり人為的介入を減らし，自然自身が自律的に回復するようにする受動的再生を基本とした。

市民参加の公園づくり

人工湿地とその周辺一帯の新用地取得地の造成は1998〜2002年に行われた。造成に先立ち，住民説明会で札幌市は梅園用の駐車場にするという計画を伝えた。これに対して住民から次の2点の要望が出された。①予定地の豊かな自然環境を保全し，自然観察できる場とする。②計画，造成，その後の管理について利用者の意見を取りいれる。

②を受けた新用地取得地の管理に関する会議として1998年に「はらっぱ会議」が発足した。「はらっぱ会議」は札幌市（みどりの推進部造園担当課），公園管理者（札幌市公園緑化協会），市民活動グループ（現在の平岡どんぐりの森他）と研究者からなり，新用地取得地の利用と管理について話しあう場として毎年開かれている。また，人工湿地に侵入したヤナギ除伐や優勢な外来種の除草や湿原植物の導入など，湿地の実際の管理も市民活動グループ，研究者と公園管理者の協働で行われてきた。

写真2　人工湿地群落の景観変化

除　草

湿地の除草は公園管理者，市民グループと研究者の協働で6月を中心に年1，2回行われてきた。対象植物を根絶するというような除草はせず，各回1〜2時間程度かけて地上部を刈り取り，草の勢いを抑制するという程度にとどめた。草刈では，対象は小形の湿生植物を被陰するような丈の長いガマとクサヨシであった。またヤナギ類も湿原の植物ではないため除伐した。造成後1〜2年はイヌビエや外来種のアメリカセンダングサが優勢だったので除草したが，その後自然に衰退した。人工湿地の群落は上流湿地のヨシ群落とは異なる群落を目標にして育成してきたので，最近人工池から侵入してきたヨシは除草した。しかしヨシはフェンにもまばらに生育するので，今後も除草対象とするかどうかは，今後検討したい。

湿生植物の導入

人工湿地の管理方針である受動的再生とは，手を加えないで植生の回復を待つことを基本とする。種子や地下茎などは，水の流れや風で運ばれてきて発芽・定着する。また，それまで地中に貯蔵されていた種子（埋土種子）は，土の攪拌や植生の除去のために光，空気や大きな温度変化にさらされることで発芽する。

人工湿地は元々水田だったので，ハリコウガイゼキショウやミズアオイなど何種かは埋土種子から発生した。また上流湿地からもハンノキ，アキノウナギツカミ，ミゾソバ，エゾイヌゴマ，ホソバノヨツバムグラ，ヤノネグサ，ヤマアワなどが移入してきた。しかしながら，市街地に取り囲まれた現在の平岡公園では，既にフェンやボッグが周辺になくなっており，周辺からの植物の移入に頼る受動的再生を待っていては目標群落をつくることはできなかった。湿原の植物がまだまったく生育していなかった2001年に，オオミズゴケ，ワタスゲ，サギスゲ，ヤチスゲ，モウセンゴケ，ミツガシワ，ヤナギトラノオ，エゾノヒツジグサ，エゾミソハギ，コウホネを業者から購入して，生育状況を調べるための試験という位置づけで導入した（矢部ら, 2003）。これらのうち典型的なボッグ種であるワタスゲは絶滅したが，他種は人工湿地に定着した。その後近隣の湿地から採取した種子や植物体を人工湿地に播種したが，他からの湿生植物の導入にあたって，「はらっぱ会議」では一定の規則を制定した。

平岡公園湿地の植栽ガイドライン

①植物体については，採集地の自然を破壊することのないよう，特別な理由がないかぎりは，自生地からの導入を行わない。
②植物の導入にあたっては，その産地を明確にする。
③産地はできるかぎり石狩低湿地から近い所とする。
④開発などで採集地の環境が損なわれる恐れがある場合は，別途検討する。
⑤種子および植物体の採集については，採集先の管理者の許可および自然を損なわないように専門家の意見を得てから，導入することとする。

2005年2回目のモニタリングの結果，人工湿地の群落がフェンの群落に近づいていることがわかったのでこのガイドラインに従って，苫小牧のウトナイ湖から湿生植物を導入した（Yabe & Nakamura, 2010）。この際，採集地は鳥獣保護区であるため，環境省苫小牧地方事務所スタッフの許可を得た。

群落モニタリング

人工湿地の群落は2年目の2001年はタマガヤツリ群落だったが，6年目の2005年にはアキノウナギツカミ群落とタニソバ群落に変化し，12年目の2011年にはイヌイ群落とヤナギトラノオ群落に変化した。このような変化の中で，一年草は20種（2001年）から9種（2011年）に減少し，外来種も18種から7種に減少した。造成直後の裸地環境に適応した人里植物である一年草や外来種が減少したことから，人工湿地造成時の攪乱の影響が低下してきたことが示される。

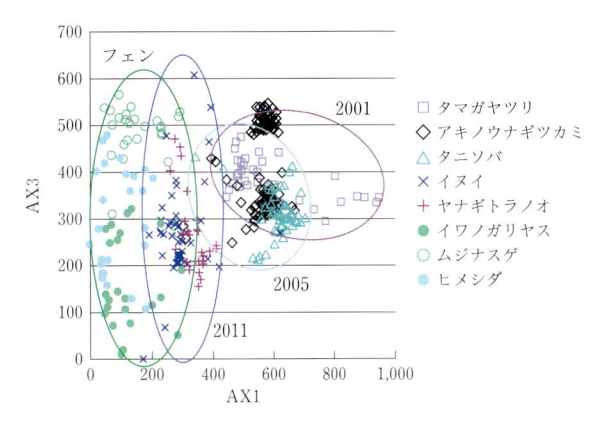

図1　対応分析（DCA）で示された2001～2011年に見られた人工湿地群落と勇払湿原（苫小牧市とその周辺）のフェンの類似関係（構成植物の種類が似ている群落ほど，近い位置にある）

群落の類似関係を見るとタマガヤツリ群落（2001年）→アキノウナギツカミ群落とタニソバ群落（2005年）→ヤナギトラノオ群落とイヌイ群落（2011年）→フェンの順に配列されている。フェンの植物であるホソバノヨツバムグラ，イヌスギナ，サギスゲ，ヤチスゲ，ミズオトギリ，オオミズゴケとクサレダマは2011年の人工湿地の群落で優占してきており，この群落配列は人工湿地群落の種組成が年々フェンの種組成に近づいていることを示している。

人工湿地では辺縁部でボッグ種のオオミズゴケが優占している。2001～2011年にかけて人工湿地表層水のpHとECが安定し低下してきた。これらのことは人工湿地の表層水が酸性化しミネラルの濃度が低下してきており，これらの水質変化と並行してボッグが少しずつ拡大していることを示している。

このように人工湿地の生態系は群落と水質の両方で湿原に向かって確実に変化している。

［引用・参考文献］
・自然環境研究センター：札幌市平岡公園における人工湿地創出, 平成15年自然生態系配慮型事業の効果評価技術調査報告書（環境省請負）, 119-146, 2004.
・矢部和夫：平岡公園人工湿地・池・植物生育等環境調査研究 2011年度財団法人札幌市公園緑化協会委託研究報告書, 2012.
・矢部和夫・関沢さくら・北原陽介：札幌市平岡公園における人工湿地の緑化, ランドスケープ研究66, 603-606, 2003.
・Yabe, K. and Nakamura, T.: Assessment of flora, plant communities and hydrochemical conditions for adaptive management of a small artificial wetland made in a park of a cool-temperate city. *Landscape and Ecological Engineering* 6, 201-210, 2010.

上左：ラミウム，上右：アジサイ，下左：バラ，下右：エゾムラサキツツジ

第IV章
ガーデニングとデザイン

札幌市役所前コンテナガーデン

さっぽろタウンガーデナー

IV-1　ガーデニングと花壇デザイン

田淵美也子

ガーデニングとは

　日本では，従来，花や草木を愛で，より美しい花を咲かせたり，じっくりと盆栽をつくり込むなどといった園芸は江戸時代より行われていたが，鉢植えや花づくりといった園芸がさかんで，近年まで，庭などの空間全体は，石庭やつくり込んだ庭木などを配した日本庭園風のものが主流で，造成から管理まで，造園業者などに託すことが通常であった。

　1990年の大阪花博の後，数種類の花を組み合わせた花壇や寄せ植えなど，花のつかい方に変化が見られるようになった。その後，1992年に創刊された雑誌「私の部屋ビズ」で，特に英国庭園の紹介記事が反響をよび，イングリッシュガーデンが一種のあこがれとなり，ガーデニングブームの火つけ役となったとされている。

　1997年にはガーデニングという言葉が流行語大賞になり，ブームは加速した。2000年を過ぎたころから落ち着いてきたが，個人レベルはかなり底上げされてきている。

　現在，日本でのガーデニングは，広義には室内での観葉植物栽培など，植物の栽培そのものもとらえられているが，庭や公園，街の一角，ベランダなどの空間を植物や園芸グッズなどで美しくデザインするという意味あいが強い。

北国らしいガーデニング

　昨今のガーデニングブームで，書店などには多くのガーデニング関連書があふれているが，これらの書籍はほとんどが東京・大阪などの本州向きで，私達の住む北海道ではあまり参考にならない場合が多い。

　北海道の気候は広い道内でも違いはあるが，本州（東京や大阪など）との違いは次のようなことがあげられる。

- 春が来るのは遅く，期間は短い
- 夏は涼しく，夜温は特に下がる
- 梅雨がない
- 秋の期間が短い
- 冬は寒く，積雪が多い

　冬の寒さや積雪は，植物を育てるのに不利なイメージがあるが，ガーデニングのメインである春から秋の間，夏の気温が本州に比べ涼しく，特に夜温が下がること，梅雨がないことは，多くの植物を育てるのにとても有利な条件である。

　このような環境は暑さによる植物の傷みが少なく，花や葉の色が美しく保たれる。北海道では春の始まりは遅く，秋の寒さは早いが，その間とぎれることなく花を楽しめ，多様な植物を同時期に育てることができる。

　札幌地方では，おおむね次のような期間に花壇を楽しむことができる。

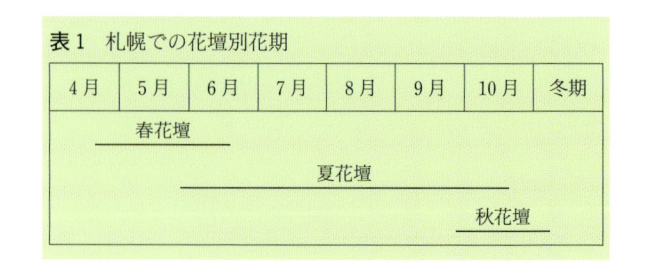

表1　札幌での花壇別花期

4月	5月	6月	7月	8月	9月	10月	冬期
春花壇							
		夏花壇					
					秋花壇		

- 春花壇：パンジーやチューリップなどを中心とした寒さに強い種類で構成。
- 夏花壇：最もポピュラーな一年草類や多くの宿根草の開花が楽しめる。
- 秋花壇：特別に仕立てることは少ないが，葉ボタンやキク類，秋咲き宿根草など。

　春から秋まで美しい花がとぎれることなく楽しめる北海道では，人に見せる，もてなすというガーデニングが適しており，個人の庭だけでなく，街並みや景観づくりにも花は大きな要素となる。これらのことから，北国に向いたガーデニングのポイントとして，次のような点があげられる。

- 花木や草花を中心にしたヨーロッパ風ガーデン
- 人為的な造作よりも，自然形を主体にした植物つくり
- 発色の利を活かした色づかい手法
- 道行く人が楽しめる開放的なガーデニング

公共空間のガーデニング

　以前より，公園，商店街，学校花壇など，公共の空間でプランターや花壇づくりは行われていたが，管理主体はその場所の管理者である場合がほとんどであった。大阪の花博以降は，花を取りいれる緑化空間も増加したと思われる。1995年の阪神・淡路大震災の後，傷ついた街や人々の心を花や緑で癒そうというボランティア活動もさかんに行われるようになった。

　マンション生活で，自分の庭はないが土いじりや花づくりをしたい，自分の住む街を美しくしたいなど，個人の庭づくりだけではなく，まちづくりや公園管理などにも，市民ボランティアなどによる，ガーデニングがさかんになってきている。

公共と個人の違い

　ガーデニングを行う公共空間は，公園の花壇，街路

写真1 公共空間での植栽風景

マス，学校花壇，病院の庭，公共施設の周辺，駅前，商店街，観光地などがあげられる。

公共空間と個人の庭では，様々な条件が異なり，それをよくふまえた上で取りかからないとなかなかうまくいかない。

表2 ガーデニングにおける公共空間と個人庭園の違い

	公共空間	個人庭園
目的	観光，市民活動，景観づくり，リハビリ，教育，癒し，憩いなど	趣味，癒し，収穫など
面積	ある程度広い	広くない
立入	制限できないことが多い	制限できる
立地	選択できないことが多い	限られた範囲で自分で選べる
費用	まとまった金額がかかる	個人の趣味範囲
維持管理	こまめに行えない　設備がない場合もある	こまめに行える
時期	条件つき	自由
規則	あり	なし（自由）

公共の空間でガーデニングを市民活動のボランティアで行う場合，複数人数による設計・管理となり，何かしらの決めごとが発生する（例：活動日，活動内容，禁止行為など）。

また，空間の持ち主やスポンサーなどの要望や事情によって，面積が広ければ造成，土壌改良，植物購入などの費用もかかるが予算は少ない，日あたりや水施設の場所などの立地や管理の条件が悪い，また観賞の時期を決められた時期にあわせるなど，様々な制約がある場合も少なくない。

しかし，公共空間は面積もあり，より多くの人々の目に入り，特に花などに興味のない人でも立ち止まって楽しんでもらえるなど，その醍醐味も魅力的である。

また，目的によっては空間を美しく飾ることだけではない。人との交流が目的であれば植物のデザインより人の集まるスペースや，参加者全員が作業できるメニューづくりなどが必要であり，教育目的であればその対象者のレベルにあわせたデザイン（例えば小学生に

Ⅳ-1　ガーデニングと花壇デザイン

わかりやすくするとか，高齢者に見やすくするなど）が必要となる。

花壇の計画

ガーデニングを行う空間は，様々な形態があり，露地花壇，街路マス花壇，コンテナ，壁面などがあげられるが，ここでは露地の花壇についておもに解説する。

公共，個人を問わず，露地植えの花壇づくりをする場合，花壇計画が必要であるが，実際にはまったく架空の計画を立てるわけではなく，場所が決まっていたり，テーマや植栽する植物が決まっていたりしており，その現実の部分に即して計画を肉づけする。

例えば，場所が決まっている場合，その場所の条件（日照，排水，土壌，面積など）によって植物の種類などを選択し，観賞方向や時期などの条件によりデザインを決定してゆく。

逆に，例えば街の花であるヒマワリをメインに植えるなどという場合や，個人庭園の場合でぜひ植えたい花があるといった場合は，植物の生育条件にあわせ，日あたりの良い所とか，人目につく所などと，適所を決定する。デザインのイメージや見本がある場合は，それに即した植物を選び，成育に適した場所を選定する。

場所，植物，デザインは相互に関連し，すべての条件がクリアできるように計画するのが望ましい。ただ，ガーデニングの主役である植物は生き物であるので，絵に描いたようにはならないのが現実である。植物の選択やデザインにはある程度の幅をもたせ，臨機応変に対応できるようにしておくことも大切である。

これらが決定すれば，造成や土壌改良，使用植物の数量，肥料や道具など，必要なものを割り出し費用などを計算する。このとき，初期費用だけでなくメンテナンス費用も概算計算しておく。

ここで，費用がまったく足りないなどの問題が抽出されれば，フィードバックして，デザインや植物の選択，ガーデニング場所の面積などの見直しをし，何回か繰り返して計画の手直しをする。

花壇づくりの流れ

植物については，ビッグイベントなどで，特別な品種においてイメージする規格を使用したいなどといった場合には，数年前から育苗計画を行う必要がある。

通常の場合は2年以上前から計画することが好ましいが，当年に計画する場合もまれではなく，その場合は植物の手配の段階で予定通りにいかないこともしばしばであるので，植物の変更やデザインの変更などは柔軟に対応できるようにしておくことが必要である。

維持管理についても，短期，中期，長期について，おおまかな計画を立てておくことが望ましい。つくったはいいが翌年にはもう荒れてしまうなどではいけな

Ⅳ　ガーデニングとデザイン

い。管理する人のライフスタイルにあわせた無理のない維持管理計画が必要である。

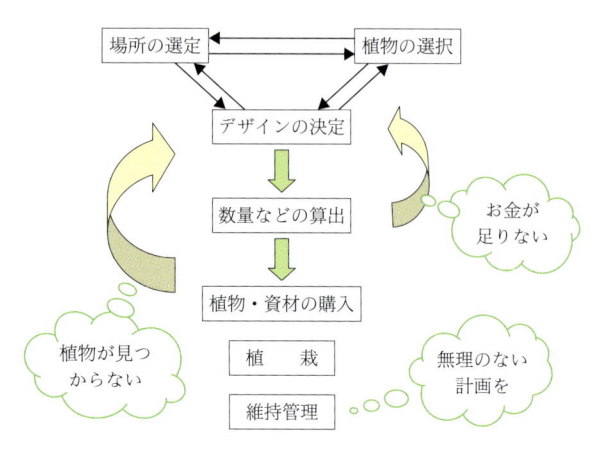

図1　花壇づくりの流れ

🌿 花壇のデザインの条件

花壇のデザインは花壇そのものだけではなく，その周辺エリアの空間もあわせてデザインを考えなくてはならない。従って場所選びから，既にデザインの一部なのである。

例えば和風の建造物の前庭などに，洋風のイングリッシュガーデンや派手な一年草花壇はあまり似つかわしくないだろう。少しトーンを抑えた色あいで，建造物の壁の色や風あいを損なわないような工夫が必要である。借景に自然豊かな山岳や林などがある場所では，派手な園芸植物の多用は控えるべきで，都会のビル街に挟まれた空間などでは，オアシス的な緑と洗練されたモダンなガーデンが望まれるなど，周辺の雰囲気といかに調和するかも重要な要素となる。

花壇予定地の空間をできれば時間，季節など変えてよく観察し，次のような項目を考慮しながらデザインの方針を決めてゆく。

・花壇とその周辺エリアの観賞対象
・花壇とその周辺エリアの観賞時期
・花壇の観賞方向，観賞スピード

観賞する主対象が建物や街並みであれば，前述のような主対象をより美しく見せる配慮をしつつ，花壇だけでも十分に観賞できる内容にすることが好ましい。

観賞時期は春から初夏なのか，夏がメインか，また春から秋までを通してが対象になるのかなどを，良く把握する。

花壇の観賞方向は360°周囲からの観賞か，片側からの観賞なのか，また車両からの観賞が主なのか，自転車，歩行者がメインなのか，滞在型か通過型なのかなど，種々の条件でデザインは変えなくてはならない。

🌿 植物のデザイン

花壇を構成する主役は植物である。周辺エリアの観賞対象のメインが建物であっても，花壇そのものの主役は植物であり，北国の場合は特に草本類の花が有効な要素である。

ガーデニングではしばしば，彫像や水(池，流れなど)，モニュメント，フィギュア，ベンチ，ガゼボなどがつかわれるが，特別な場合を除いて，それらがメインではない。植物をいかに組み合わせ，空間を美しく演出するかがガーデニングの基本である。

一年草花壇，宿根草花壇など，花を主体にした花壇は植物の色彩，質感，形状などに注意を払い，メリハリのあるデザインが望ましい。もちろん植物の花は主役ではあるが，実や葉，茎の色・大きさ・形など，植物のすべての部分が観賞の対象になる。

色　彩

色彩は最もその花壇のイメージやできを左右する要素である。しかし，華やかにしたいからといってあまり多くの色があるとお互いを打ち消してしまい効果的ではない。

色は図2の色相環で見るように，赤，青，黄の3原色とそれぞれ2色を混合した紫，緑，橙を基調として，明暗や純度(鮮やかさ)などのバリエーションがある。

一般に，赤・橙・黄は暖色系，青・紫・緑は寒色系といわれ，暖色系は太陽を連想させ気分を明るくし，寒色系は心を慰め，気分を落ちつかせる。

図2　色相環

(1) 同系色でまとめる

テーマカラーを決め，色相環の隣同士など類似の色でまとめる(例：ピンク＋青＋薄紫，橙＋黄＋クリーム)。

初心者向きで，失敗が少なくきれいに仕上がる。

(2) 反対色を2色用いる

黄色＋紫，橙＋青など色相環の反対色の組み合わせ

写真2　同系色の花壇。A：赤系，B：青系

は印象が強く，よく目立ちインパクトのあるデザインに良いが，やや疲れるので，対立する位置から少しずらした色を選んだり，片方を少なめにしたり，淡い色にすると少し落ちつく。

(3) 純度の近い色を3色以上ミックスする

原色同士，パステルカラーだけなどで組み合わせる。色の配合は色相環でなるべく均一になるようにすると良い。

いずれの場合も，白い花や葉を上手に利用することによって，雰囲気が柔らかくなったり，引き締まったりする。

質　感

植物の見かけの感触で，花や葉の大きさや切れ込み方，表面の光沢の有無，ざらついている，ふわふわとしたものや，花や葉が細かい・大振りなどといったもので，花壇にメリハリをつけるのに，重要な要素になる。

一年草主体の花壇は特に単調になりがちで，隣や前後にまったく質感の違う植物を配置することで，アクセントをつけると良い。

図3　質　感

形　状

直線的，水平，球状，放射状などの言葉であらわされるもので，植物そのものの姿と，成長した場合の花壇全体の個々の植物の組み合わせの形状などを考慮する。

直線的や放射状になる大型の植物はポイントとして配置，横に這う植物は前方や足元に配置し，全体として収まりが良く，維持管理上にも無理のないデザインが好ましい。

ポット苗のときの姿ではなく，植物の成長後の形状がどのようになるのかをよく把握しておく必要がある。

変化と動き

植物は生き物である。そのため成長して形を変えていく。苗から1m以上の草丈になるような長期的な変化から，蕾が翌日開花する短期的な変化，風雨でしなだれたり倒れたりする突発的な変化など，絵画や写

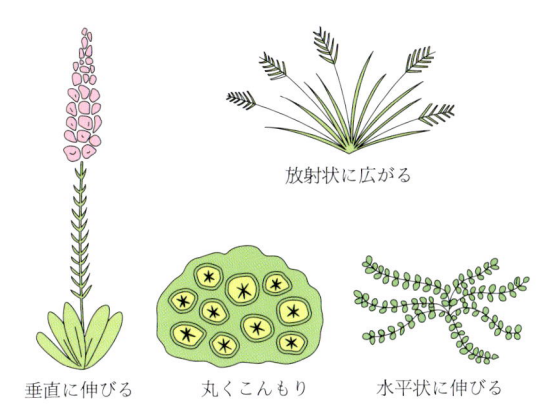

図4　形状（札幌商工会議所，2012）

真とは違う二度と同じ風景にあえないのがガーデンの魅力である。そして日々維持管理をする楽しみを与えてくれるのも生き物ならではなのである。

一年草はポット苗などで購入しても，その年の秋までは十分に楽しめるが，宿根草は苗で植えた場合，2〜3年後が最も見ごろで，植えた年はまだ見栄えしないことが多い。デザイン計画の際は，ピークの時期とそれまでの期間のこと（年ごとの変化など）を配慮しなければならない。

生き物である植物の躍動感をいかに引き出してやるかも大きな要素である。例えば風の強い場所であれば，無理に支柱が必要な植物を多用せず，ススキのようなグラス類を用いて風になびく様子を楽しみ，また逆に固い多肉植物のような動きの少ない植物をいれ，周りの植物の成長を際立たせるなどといった工夫もある。

葉物の使用

花をいっぱい植えていても周りがブロック塀やアスファルトなど無機質な空間ではせっかくの花も引き立たない。また，花も種類によっては一期咲きであったり，一度休んだりと，葉だけの期間も結構多いもので

写真3　A：植え込み後すぐ，B：植え込み後数か月

ある。景観的に美しい花壇づくりをするためには，花を引き立てる周辺のグリーンや花と花の間にある葉っぱなどが重要なポイントとなる。北国では葉色の発色も美しく，葉を観賞するタイプの植物を花壇に取りいれると効果的である(49頁"カラーリーフプランツ"参照)。

樹木の使用

花壇のアクセントやフォーカルポイント(注目を集める点)として，また花を引き立てるバックグリーンなどとして，しばしば樹木も利用するが，樹木は一度植えるとたびたび植え替えはできないのでよく吟味する。1 m内外の低木は草花のような扱いができるので，比較的手軽に花壇に取りいれることができ，コンテナ栽培にしておくと，越冬がむずかしい樹種も使用することができる。

管理スペースの確保

この他，重要なことは維持管理のためのスペースを設けることである。面として観賞する広さのある花壇では足を踏みいれずに管理できるのはせいぜい60 cm程度であるので，1.2 mくらいおきに足の踏みいれができる程度の管理園路をデザインに組み込んでおくと良い。少し広めに植物を植え込んだり，モニュメントなどを配置したり，いかにも管理用に見えないようにデザインすると良い。

写真4　管理スペースのある花壇

北国の花壇の特徴とデザイン

北国では，前述のようにその気候条件から4月下旬～6月中旬がおもに観賞期間となる春花壇と，6～10月の長期にわたって継続的に観賞できる夏花壇が見られる。これらの花壇の特徴とデザインのポイントなどを述べる。

春花壇

北国の春花壇を飾る草花の種類は，パンジーやビオラ，デイジー，クリサンセマム類，ネモフィラなど寒さに強いものが主体になる。

チューリップやヒヤシンス，ムスカリなどの春咲き球根類は春の花として人目を引き，春の花壇に取りいれるとより華やかになる。特に青紫のムスカリと色とりどりのチューリップの花壇は，開花時期をあわせられ，ヨーロッパのような美しい花壇を楽しむことができる。

しかし，これらの球根植物はパンジーなどの一年草と扱いが異なる。

例えばチューリップの場合，球根の植え込みは前年の秋になり，開花期間は5月上旬～下旬ごろの1週間くらいと短く，球根の再生のためには葉が黄ばむまで堀り取りや葉を除去することはできない。このため，短い開花期間以外は非常に花壇が寂しくなる。春の球根植物専用の花壇を設置できるならそれにこしたことはないが，一般家庭のガーデンでは空間の余裕がなく，公共の場所や街並みなどでも春だけというのは実用的ではない。そのため，春花壇は球根類とパンジーなどの一年草扱いの草花を組み合わせて植える手法が実用的である。この場合，パンジーなどをチューリップの間に植栽すると，チューリップが終わった後も比較的長く楽しめる。

写真5　チューリップとパンジーの花壇

チューリップの間にパンジーなどを植え込む場合は，前年の10月中旬ごろ，植え床を整地し，チューリップの球根を通常よりやや広めの間隔(20 cm)で植えつけ，春の雪解け後，発芽しているチューリップの芽を見ながらその間に苗を植えつける。あまり遅れるとチューリップの葉が大きくなり植えにくくなる。

チューリップの花期が終わったら，花弁を散らさないよう花だけもぎ取り，花茎は葉の付け根付近まで切り戻し，パンジーを楽しみ，6月中～下旬に夏花壇に移行する際，パンジーとチューリップを掘り上げ，チューリップはつかえるものは次年用に保管する。

チューリップ，スイセンなどの春咲きの球根やプリムラ類やクリスマスローズ，ブルンネラなど春の宿根草を花壇に植栽し，引き続き同じ場所で夏花壇も利用する場合は，春咲きのものを園路から見て奥側に配置する。手前に配置すると開花中は良いが，開花後の枯れた様子などを夏中さらすことになる。少し後ろに植栽すれば前面の夏の植物が成長し，後ろは見えなくなるため良好な景観が保たれる。

写真6　ブルンネラなどの春花壇

写真7　一年草花壇

夏花壇

　最も主体となるのが夏花壇で，札幌近郊ではおもに5月下旬から10月上旬ごろまで，長い期間楽しめる。10月ごろから降雪まで新たに秋花壇をつくる場合もあるが，期間が短いためつくられることは少なく，夏花壇を一部手直しして遅い時期まで楽しめるようにする場合が多い。

　5か月近く観賞できる花壇となるため，開花期の長い一年草主体の花壇や，時期で多種類が咲き変わる宿根ボーダーなどが夏花壇としてつくられるが，それぞれについて特徴やデザインのポイント，管理について述べる。

一年草(生)花壇

　基本的には1年で完結し，一年草や一年草扱いの植物を主体とした比較的華やかな花壇である。最もポピュラーで，初心者向きといえる。公園などの花壇や，学校，街路の植え桝などはこのタイプのものが多く見られる(大通公園の花壇など)。従来は四角や円形の縁石などで区切られた場所に，サルビアやマリーゴールドなどの一年草を整然と植栽することが多く見られたが，最近は葉を楽しむ植物(シロタエギクやグラス類など)，宿根草(一年草扱いにする)，鉢物花木や観葉植物(フクシア，アブチロン，オリヅルランなど)，球根植物(ユリ，ダリア，チューリップなど)も取りいれ，高さや色にメリハリをつけた花壇づくりが一般的になっている。

　一年生という意味は，その場所で秋以降は地上部に何もなくなり，春に再度花壇を耕耘して新たに植物を植え直すもので，宿根草や樹木を植えても，冬前にはすべて掘り上げることが原則である。

設置場所と形状

　華やかで非常に人目を引くため，場所の設定は重要である。材料は花ものが主体のため，日あたりの良い所を選び，物置などあまり見られたくないものがある所の前などは避けたほうが良い。

　公共などの広い敷地であれば豪快な整形花壇が楽しめるが，狭い個人庭園ではアプローチや前庭などに設置したり，主庭ではアクセント的に配置すると効果的である。

　花壇の形状や大きさは特に決まりはないが，デザインをして見せるという意味では少なくとも3m²以上あることが好ましい。

　また，芝生の中につくる場合，花壇の区域をはっきりさせるように芝生の縁をきれいに切り，見切りをつけると良い。この他，植物で縁取ったり，レンガや枕木のようなもので花壇の縁をつくると花壇が締まって見える。

　形や大きさが決まったら1/50くらいの縮尺で平面図を作成しておくと良い。

デザインの手順とコツ

　場所が決まったら，その花壇の日あたりの具合や，どの方向から観賞するか，またその距離感を考慮し，植物を選択する。まず，花期のあった，開花期間の長い一年草を2〜3種類メインに選び，メインの植物にあうように，サブになる植物(葉物や鉢花，球根植物など)を選ぶ。

　図5のイラストは，①一年草のピンクのペチュニアをメインにし，ピンクを引き立たせ，②花壇の高低を出すためにブルーリルビアの紫と白を一緒に植え込み，③全体のメリハリをつけるため，シロタエギクや躍動感のあるヘリクリサム，フウチソウのようなグラス類など，質感や形状の違った植物を加え，さらに開花期は短いが季節感とインパクトを与えるユリを植え込んだというデザインである。

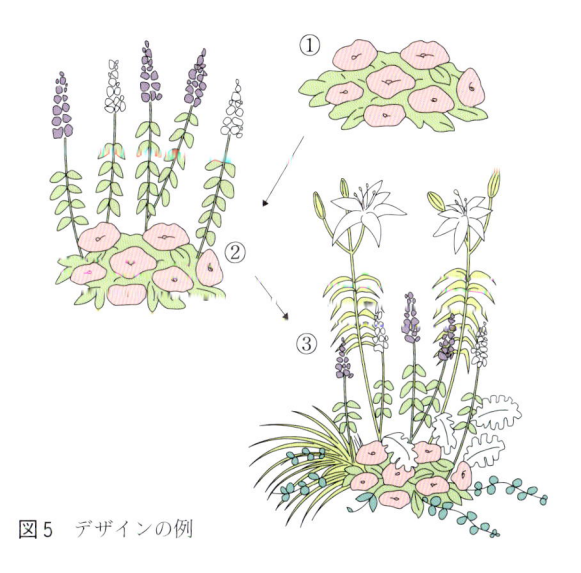

図5　デザインの例

植物の種類はあまり多くなると雑然とするので，10 m² 以下の花壇であれば 10 種類以内に抑えたほうが良い。

面として観賞する広さのある花壇であれば中心や背景に背の高い植物を配置するとアクセントになる。細長い花壇であれば，いくつかに区切り，一区画のデザインをつくり，それが繰り返すように配置すると遠目にも映える。

花壇の平面図に植物の種類や配置を描き込み，必要数量などを算出して準備する。

植栽時の注意

植物の植栽密度は一般的な一年草は 20～25 cm 間隔で成長を予測して密植にならないように注意する。

植え床ができあがったら，一度ポット苗のまま配置し全体のデザインを確認し手直しなども行う。四角い整形の花壇以外はあまり縦横のラインをそろえることにこだわる必要はない。全体のデザインにもよるが，数種類の寄せ植え風の花壇では，むしろ株のラインが通っていないほうが良い。

ユリのポット苗やダリアの球根や苗，一部の宿根草や遅咲きの一年草のように開花まで期間を要するものや観賞期間が短いものは，一年草の中に隠すように植え，開花までや開花後にその場所が空き過ぎてしまわないように配慮する。

デザインを保つ管理

一年草の花壇は1年かぎりの観賞が前提である。従来のように，サルビアやマリーゴールドの単植に近い花壇では，植栽した植物が十分成長し，その花の美しさが発揮できれば目的は達成されるが，数種類の混植では，1年かぎりといえども，成長とともに花壇デザインが変化する。デザインの際に，どの時期が最も理想としているのかをふまえ，理想の形を保つように茎を切り戻したり，早めに終わった株を抜いたり，補植したりなどといった管理が不可欠である。できるだけ1年の中で長い期間花壇を楽しめるように，時期の違いによって見所が変わっていくように初めから計算してデザインすることが望ましい。

気候や病虫害など様々な要因で予定通り育ってくれないことのほうが普通で，成長の過程を楽しみながら柔軟に管理して花壇づくりをする。

宿根草花壇

ヨーロッパの整形式造園では，草花が多用されており，その中でも，宿根草や球根類を主体とした草花の長所をより良く活かすため，庭園に一定の区画を設け，そこに多量の草花の種類を集中的に植栽する花壇がつくられた。

日本では，高温多湿のため，宿根草花壇はほとんど活用されなかったが，北海道のような寒冷地では，気象上の点からも多くの優れた種類の宿根草が栽培できるため，宿根草花壇が楽しめる。

宿根草花壇の特徴をいくつか簡単にあげる。
- 宿根草，球根類を主体としてつくる
- 毎年は植え替えず，数年間は放植する
- 多種類の草花を多量に用いることができる
- 観賞期間は長いが，各植物は開花期間が短い

写真 8 ウィズリー・ガーデン（ボーダー花壇）

設置場所と形状

前述の一年草(生)花壇は真正面あるいは四方から観賞できる位置につくられることが多いが，宿根草花壇はできるだけそのような場所は避ける。花壇を細長くとり，その長軸にできるだけ平行に近い場所で観賞するように工夫する。そうすると，飛び飛びに咲いている草花でも，比較的開花株の連続として眺めることができる。塀や生け垣にそって，あるいは園路や前庭のアプローチにそって，建物や境界植樹にそってなど植え床を細長くとると効果的である。

このようにあるものに沿って縁取り（ボーダー）のようにつくられるため，別名「宿根ボーダー（宿根境栽花壇）」とよぶ。

写真 9 宿根草花壇（百合が原公園，札幌市）

花壇の大きさについていえば，奥行きは最小限1m必要で，生け垣を背にして造成するときには，日照や通風を良くして，植え込んだ草花と生け垣が両者良好に生育できるように十分間隔をとる。

花壇の長さは奥行きに対して，より長い方が効果的で，10倍程度は欲しい。花壇としての最低面積はおよそ1m×10mくらいで，それ以下となると，宿根ボーダーとしての特徴がなかなか発揮しづらくなる。

宿根ボーダー花壇設置場所は，一般的には生け垣や

写真10　ミラーボーダー(上野ファーム，旭川市)

　塀などを背景にして，ひとつの花壇をつくるが，芝生や園路などを中軸として，その両側に向かいあってつくられた花壇を「両側境栽花壇(ミラーボーダー)」とよび，この場合は左右対称に鏡あわせのように植物を配置する。

　図6のように花壇の長軸の方向が南北だと，東向きも西向きもほどほどに日照が確保でき，多くの種類を利用できるが，東西の場合，花壇が南向きであれば好陽性の多くの種類が利用できるが，北向きには耐陰性の植物が中心になりややバリエーションが少なくなる。ミラーボーダーをデザインするのであれば長軸を南北にとることが好ましい。

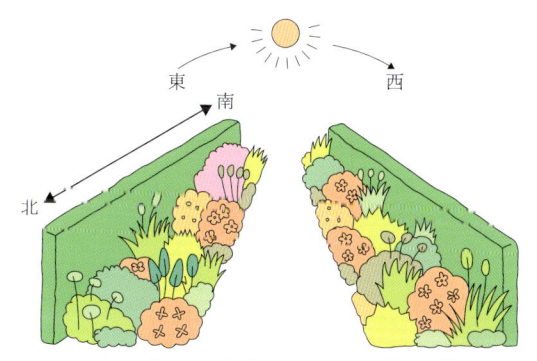

南北のボーダー：適度に日照が確保でき多くの種類が利用できる

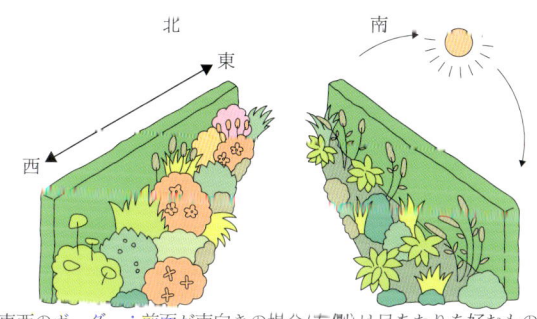

東西のボーダー：前面が南向きの場合(左側)は日あたりを好むもの，前面が北向きの場合(右側)は耐陰性のあるものとなる

図6　花壇の方位と草花(札幌商工会議所，2012)

　また，曲線の園路にそった，変形の宿根草ボーダーも良く見られる。
　最近では特に境栽にこだわることなく，広いエリアに多くの宿根草を植え込んだガーデンも見られるが，植物の高さが草花といっても2～3mと人の背丈よりも大きくなる大型種も多いため，観賞や管理に無理のないように適度に園路は必要である。

写真11　風のガーデン(富良野市)

　ボーダー花壇の前方は草丈の低い植物が多く植えられ園路に伸長してきたりすることなどから，石材やレンガで縁取りすると良い。

デザインの手順

　宿根境栽花壇(宿根ボーダー)のデザインは，一年草花壇とは違って，多くの宿根草の知識(種類，花色，開花時期，草丈，性質，管理など)が必要で，相当高度な園芸知識が要求される。

　一年草のように，1年で完結せず，2年目，3年目と植物は姿を変えていく。このため，デザインの際はイメージだけでなく，綿密な計画を立て，図面を作成することが好ましい。図面をつくっておくと，地上部に草花の姿のない期間や年数を経ても，管理上役に立つ。

(1)植栽図をつくる

　設置場所や花壇の形が決まったら，方眼紙に植物を植えるエリアのおよその面積がわかる程度の縮尺(1/20か1/50程度)で，平面図を作成する。

　図面には，まず植栽エリアの区割りを記入してゆき，エリアを季節ごと，あるいは花色ごとに色分けなどをして，開花の時期や，花色などがバランス良く配分されているかを確認しながら修正を繰り返して，エリア図を完成させていく。この後，一つひとつのエリアに実際の植物名をあてはめて植栽図を完成させる(図7)。

(2)植栽エリア区割りのポイント

　花壇の形状が，細長い場合で，特に奥行きに対して横幅が長い場合は，奥行きに対して3～5倍くらいの長さに区分して設計すると良い。一年草花壇の項でも述べたが，この区分単位でデザインし，同じようなデザインを繰り返し連続させると花壇に躍動感が出て，また全体のまとまりとバランスが良くなる。

　草花には個々に様々な特性があるが，とりあえず開花期と花色，草丈を考えてデザインをするのが良い。

　開花期については，四季を通じて平均して観賞でき

Ⅳ　ガーデニングとデザイン

図7　ボーダー花壇植栽図例。Aの部分は，ユリやダリアなど

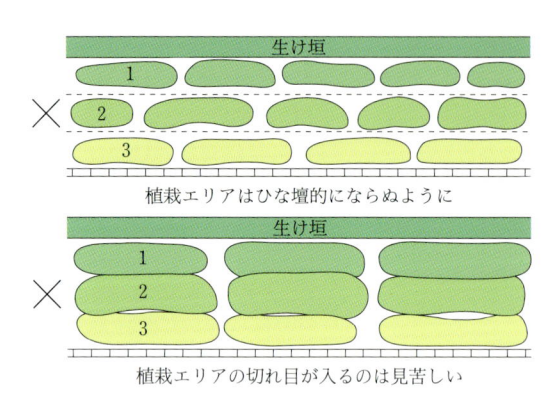

図8　植栽図面の悪い見本（札幌商工会議所，2012）

るように草花の割合を配分する。特に秋口には種類が少なくなるので，遅くまで楽しめる植物は適度に配置すると良い。

　草丈は，おおまかに高性種，中性種，わい性種（這う種類も含めて）に大別し，三者間であまり極端に片寄らないように割り振る。花壇の手前から奥には，矮性種，中性種，高性種の順に3ないし4層の植栽エリアを配置するが，これが花壇の前方から横一線にきちんと並んでしまっては，ひな壇のようになりデザインが単調になるため，手前のわい性種でも，草丈の違うものをバランス良く配植したり，中性種も花壇前方まで突き出させたりする。高性種は，最後部になるが，部分的にやや中ほどまで出しても良い。また，中性種を最後部に配植するなどして変化を持たせ，平面的，立面的にも変化をつける。

　花壇の横方向の配植も，縦の線がはっきりしないように，互い違いに組み合わせると良い。

(3) 植物の選択と配植

　宿根ボーダー花壇向きの種類は，次のような条件を考慮にいれて選ぶと良い。

・開花期間ができるだけ長い
・花のない期間が多いので，花だけでなく，茎葉，など草花の姿全体が美しい
・株が丈夫で，管理が容易で長年成育できる
・高性種では茎が丈夫で倒れにくい
・わい性種では株の繁殖力があり，かつ隣接植物を侵さない
・タネが飛散しにくく，雑草化しづらい

各草花は1か所に1株〜数株まとめて植栽する。株数は植物の広がりや大きさによって決定するが，大型種では1〜2株/m²，中型種では3〜4株/m²，小型種では8〜9株/m²くらいを目安にする。

　植栽エリアの区割りが完成したら，各エリアに草花の名称をあてはめる。その際，花壇全体のメインとなる植物や必ず使用したいと思っている植物を適所にあてはめてゆき，そこを中心にして，左右前後のエリアの植物をバランスや色あいを考慮してあてはめてゆく。前述のように，長い花壇をいくつかに区分して，まずその1区分について植物をあてはめ，その隣接の区分は一部の植物を入れ替えるなどにして，デザイン的には繰り返しを意識すると良い。

植栽と管理

　宿根草は原則的に数年間植え替えをしないので，造成時に植え床を十分深めに耕し，腐葉土や堆肥，石灰，溶リン，緩効性の肥料などをすき込んでおく。

　植栽時期は春が最適であるが，種類によって季節を選ぶものがあるので注意する。

　宿根草は植栽して2〜3年後に株のピークを迎えるため，成長後の大きさを良く把握して，十分に間隔をとって植え込む。

　成育が旺盛になるまでは裸地部分の除草はこまめに行う。

　ボーダー花壇では，成育の旺盛な植物が他の植物を被圧したり侵入したりしないように，デザインにそくして，株落としや断根を行う。実生もこまめに取り除き，デザインが乱れないように注意する。

　追肥は株の様子を見て，適宜必要なものだけに与える。3〜5年くらいで，株が成長し込みあってくると，掘り上げて株分けし植え直す。その際に元肥を施すと良い。

　種類によって株分け年数は異なるので，いっせいに行うのではなく部分的に順次行う。

　終わった花がらなどは採種や実の観賞の目的がなければ早めに切り取る。積雪の前には，病虫害の発生を予防するためにも枯れた茎葉は除去する。

ミックスボーダー花壇

　前述の宿根ボーダーの一部に一年草や低木などを加えた花壇である。

　花期が長い一年草などを加えると，華やかな花壇が

楽しめ，人通りの多い場所などでは有効的である。
　また，奥行きが深い場所などでは，後方に低木の花木などを加えると，ダイナミックなボーダー花壇になる。
　住民ボランティア参加のまちづくり活動などで，花壇づくりなどをする際には，単調な一年草花壇ではやや物足りないのと，苗代などに毎年経費がかかる。この点をミックスボーダー花壇にすると，宿根草などでバリエーションがつけられ，また初期費用はややかかるが，宿根草が成長することによって，一年草代を減らしてゆくことも可能である。ただし，宿根草は管理や費用がかからないということではなく，株分けや株落としなどの作業手間が必要である。
　しかし，一年草花壇のように植栽して，除草して花がらを摘んで冬前に撤去してという単純作業だけではなく，株分けや繁殖，茎刈り，冬仕舞などといった作業やデザイン管理などの作業も発生し，活動の内容にバリエーションをつけることもできる。

写真12　ミックスボーダー花壇（豊平公園，札幌市）

特　徴

　ミックスボーダーは宿根草や低木などが入るため，一年生花壇とは異なり，冬期間に地下部や地上部に植物が残る。そのため，一年草の花壇のように毎年耕運などはできない。
　一年草とのミックスボーダー花壇の場合，造成初年度は宿根草の株がまだ小さく，一年草の割合が多くなることが多いが，年々宿根草が大きくなると，一年草のエリアが小さくなってゆく。一年草のエリアが小さくなりすぎないように，宿根草をコントロールする必要もある。
　年数が経つと宿根草が大きくなり，一年草とのバランスが悪くなるため，あまり大型の宿根草は控えめにしたほうが良い。

設計と管理

　宿根草の植え込みスペースや配置を先に考え，前方から中程にかけて一年草を配置すると良い。
　細長い片側からの観賞タイプの花壇では，後方に大型の宿根草や低木を配置し，前方には這性の宿根草や

写真13　ミックスボーダー花壇（札幌市新琴似）

写真14　ミックスボーダー花壇（前田森林公園，札幌市）

一年草を配植するが，宿根ボーダーと同様に，ひな壇状になったり，縦に揃ったりしないように工夫する。
　一年草も，高さや花型，草姿，葉色などにバリエーションをつけ，全体として単調にならないようにデザインする。
　一年草はその年の流行の品種などもあるので，毎年少しデザインや使用植物を変えると良い。
　管理は宿根草の部分については，宿根草花壇と同様である。一年草の植栽エリアは毎年植栽時に堆肥などすき込み，良く耕してから一年草を植え込む。このとき，宿根草が繁殖して広がっている場合は除去する。
　一年草は花を次々と咲かせるため，肥料切れをしないように液肥や粒状の速効性化成肥料などを追肥として与える。
　低木類は花壇のデザインのバランスが崩れないように適度に剪定する。

［引用文献］
・札幌商工会議所：北国のガーデニング　北国のガーデニング知識検定公式テキスト改訂版, 札幌商工会議所, 2012.

Ⅳ-2 庭づくりとデザイン

村田林音

庭と人と地域とのかかわりあい

庭づくりにおいては，「こんな雰囲気に」「こんなコンセプトで」などの具体的なイメージを持つことが大切である。イメージを持つことによって，目標に向かって作業を進めることができ，「つくる」楽しみが生まれる。また，多くの人と目標の共有もできるため，地域の花壇を一緒につくり上げることもできる。

また，適度に体を動かす庭づくりは，精神をリラックスさせる効果がある。さらに，素敵な庭や花壇が増えることで，街並みの景観が向上し，ポイ捨てなどの迷惑行為の軽減など，環境意識の向上も期待される。

庭をつくる人・庭を訪れる人・庭を通りすぎる人，さらに鳥や虫・植物にとっても居心地の良い空間をつくることが，ガーデンデザインの極意といえるのではないだろうか。

そのためには失敗を恐れず，時間をかけて手直しを行い，気長に庭づくりを楽しむことが，長く続けていくコツといえる。

写真1 美しい庭は，景観の向上が期待できる

北海道らしいガーデニングと気候条件

夏涼しく昼夜の温度差のある北海道では，庭で多用されている欧米由来の植物が丈夫に育ち，本州に比べ花の発色が良い。植物本来の色が楽しめることは魅力のひとつといえるだろう。

また，季節の変化がはっきりしていることも，大きな特色であり，これらの条件を活かしたガーデニングを行うことが，地域性を出すには有効であると考える。

植物の選択にあたっては，冬の厳しい寒さに耐えることが重要であり，植物耐寒ゾーン(ハーディネスゾーン，100，232頁参照)に適応していることが求められる。また，降雪が少なく冬の気温が低い地域では，地温が安定せず寒さから植物を守れないこともあるため，積雪深も指標となる。

デザインの大きな流れ

ここでは，ガーデニング計画の流れについて述べる。庭のイメージを固めるには，雑誌やパンフレットの庭の写真を切り抜いたり，様々な庭を見るなどしてイメージを視覚化し，それらを組み合わせて具体的に示すと良いだろう。その場合，暖かい地域の植物などは育ちが悪いことも多いので，できるだけ計画地の環境に近い事例を探すとよいだろう。

また，植物を好みだけで選ぶとうまくいかないことも多いので，まずはしっかり計画を立てた上で，植栽場所の環境に合致する植物を導入したい。

予算もデザインの大きなポイントとなるが，最初から金額ありきではなく，まずは目標をつくり上げた後，予算と照らしあわせて再度考えていくと良いだろう。

写真2 好みの雰囲気の写真を日ごろからストックしたり，良いと思うイメージを集めておく

なお，ここでは家庭の庭づくりをベースに記載しているが，街の花壇づくりにも応用できる。また，更地から新規に計画する場合と既存植栽をリニューアルする場合があり，状況に応じて柔軟に対応したい。

```
○計画地の条件を把握する
  ・現地調査，分析
  ・現況平面図の作成
○イメージを固める
  ・誰を対象とした庭か
  ・庭で何をしたいか
  ・どんな庭をつくりたいか
  ・庭とどの程度かかわれるか
  ・どんなものを置きたいか
  ・どんな素材を使用したいか
  ・庭の色あい
  ・どんな植物を植えたいか
○具体的な計画を立てる
  ・大枠でとらえ，具体化する
  *ガーデンデザインのポイント(171頁参照)
  ・設計図の作成
○予算からできることを考える
```

- イニシャルコストとランニングコスト
○施工する
○維持管理

ガーデンデザインは以上の流れで進めるのが一般的だが、それぞれの項目について、詳しく説明する。

計画地の条件を把握する

計画地がじめじめ湿っていたり傾斜地だったりと、マイナス条件に思える要素も、デザイン次第では個性につながる可能性がある。まずは、環境や利用状況といったその場所を取り巻く条件について、冷静に見つめることが重要である。そして図面に書き出してみることで検討しやすくなる。

なお、雪国では降雪が植物に影響するため、落雪や吹きだまりのある場所についてもチェックする。

現地調査，分析

計画の内容によって、簡易な調査ですむ場合もあるが、調査の項目を一通りあげたので、参考にしていただきたい。

例えば、土壌ひとつとっても、砂質か粘土質かによって選択する植物が異なり、蛇口の場所ひとつでさえポイントとなるため、しっかりと調べたい。

- [地形条件]：敷地の広さ・形、高低差、植栽状況、植栽基盤(水はけ・土質)、方位など
- [気象条件]：年月日での移り変わり、日あたり、気温、湿度、風向、風の強さ、積雪など
- [動かせない施設]：水道管、ガス管、配水管、物置、見せたくない家電機器の室外機・配管・配線、電柱、道路、街路樹など
- [建物との関係]：建物と庭の位置、建物の大きさ、間取り(窓・ドアの位置)、窓からの眺め、建物の外観素材と色、駐車スペース、屋根からの落雪、堆雪スペース、吹きだまり、周辺住宅の状況など
- [地域条件]：街並み、気候風土、防犯(人通り)など
- [対象者のチェックポイント]：家族構成、駐車台数、ペットの存在など

現況平面図の作成

- 敷地・建物・道路などの既存情報を、真上から描いた図面(現況平面図)を用意し、そこへ現地調査の情報を記入する(その際、計画地の敷地の図面が手に入ると、正確な寸法で検討できる)
- 現況平面図には、方位・縮尺・日付などを記載することで、第三者が見ても伝わる図面となる
- 住宅の庭ならば、縮尺を1/50(図面上での1mは、2cmの長さ)や1/100(図面上での1mは、1cmの長さ)とすると作業しやすく理解もしやすい
- 図面作成に便利な道具：定規、三角スケール、製図用シャープペンシル、消しゴム、テンプレート(円定規など)、字消し板、方眼紙(手書きでもきれいに描ける)、トレーシングペーパー(半透明の紙)、剥がせるテープなど

既存の庭がある場合

既存の庭のプラス要因(評価できる要因)とマイナス要因(改善すべき要因)を的確につかみ、新たな提案に活かしたい。そのためには、年間を通して庭の状態を写真などで記録しておき、現況をできるだけ詳しく把握することが重要である。今後のライフスタイルや体力なども考慮して維持管理可能な庭とするなら、場合によっては植物の整理を行うこともあるだろう。

以下は、チェックすべき項目の一例である。

- 既存の植物の生育状況
- 土壌の性質
- 動かせないものの位置(既存のガーデンファニチャーや配管、灯油タンクなど)
- 植栽スペースとしてつかえる新たな場所など

写真3 既存の一年草花壇を宿根草花壇として利用した例

イメージを固める

庭で何をしたいのかを書き出してみる。コンセプト(計画の柱となる基本的な考え方)を決めることで、目標を明確に絞ることができる。コンセプトに従い、いろいろなアイデアをバランス良くまとめたい。

年齢を重ねると植物に求める機能や好みが変わってくるため、1回決めたら終わりではなく、変更の可能性も念頭に置き、時間をかけて柔軟に対応したい。

誰を対象とした庭か

- 対象者のことを知る(デザインの好み、性格、趣味、ライフスタイルなど)
- 誰が目にするのか

庭で何をしたいか

- 花や緑を楽しみたい方の他、バーベキューやペットとの時間をすごしたい方、洗車など、庭での様々な可能性を考えてみる

どんな庭をつくりたいか

- 和風庭園やコテージガーデンなどのナチュラル風、

IV ガーデニングとデザイン

都市に似あうモダン風のスタイルといった，目指したい庭の方向を探る

庭とどの程度かかわれるか
- 庭づくりにかけられる時間や予算により，植物の数，植物の種類(一年草，多年草(宿根草)，樹木，球根など)を検討する
- 水やりや定期的な手いれが可能か判断する

どんなものを置きたいか
- 水施設(立水栓・池など)や四阿(あずまや)・電気設備・物置といった構造物の場合，設置後は簡単に動かせないので慎重に検討する

どんな素材を使用したいか
- レンガや枕木・石や砂利など自然素材を使うことで植物に馴染み，統一感を出しやすい
- 素材数を少なめにすると，落ちついたシンプルな印象となる

写真4　使用する素材や組み合わせ方で印象が変わる

庭の色あい
- 北海道は植物の発色が良いため，色は多く用いない方が調和をとれる場合が多い
- テーマカラーを定めるとデザインしやすい
- 同系色はまとまりがある一方，反対色(補色)は印象が強く目立つ
- テーマカラーとアクセントカラーを意識してバランス良く組み合わせる
- 葉や実との調和にも気を配りたい

*ガーデンデザインのポイント〝色彩計画を立てる″(171頁参照)

どんな植物を植えたいか
- バラの庭としたい，宿根草を多用したいなど，植栽する植物の好みから決める場合がある
- できるだけ同じ環境で育つものを組み合わせる
(乾燥を好む植物 ⇄ 湿り気を好む植物，日向を好む植物 ⇄ 日陰を好む植物)
- 植物の構成にあたっては，花色・葉色・質感・開花期・草丈のバランスを常に考える
- 一年草・多年草(宿根草)・球根・樹木・ツル植物やグラウンドカバープランツなどを効果的に用い，立体的に検討したい
- 大規模に植栽する場合は，試験植栽を行うことで，リスクを減らすことができる

具体的な計画を立てる

大枠でとらえ，具体化する
- 家庭の庭が計画地の場合，敷地内を「駐車スペース」「アプローチ(通路)」「サービスヤード」「花壇」「芝生」「建物」などのゾーンに分け，各要素のつながりを意識しながら計画を立て，ゾーニング(地割)と動線(通路)を何度も描き，大まかな配置でとらえる。その際，トレーシングペーパーで重ねながら検討すると便利
- 建物の間取りから，パブリックな空間(玄関・道路など見せる場所)とプライベートな空間(居間・客間・台所など隠したい場所)に分けることができる(敷地の外からの視線や，居間からの見え方など，それぞれの場所からどう見えるのかも意識する)
- 大まかに要素が決まったら，樹木や植物・構造物などの位置を定めていき，概ねの内容が固まったら，正確な寸法を図面に描いていく
- その際，高木類・中低木類から草花・地被類へ，大きな部位から小さな部位へ検討を進めると良い

設計図の作成
　植物が時間とともに成長し，繁茂していくことに配慮して，5年程度先の生育状況を目標に描いてみたい。
- 「計画平面図(真上から見た図面)」を作図する。現況平面図をベースに，住宅の庭ならば縮尺1/50か縮尺1/100で描きいれるとわかりやすい
- 高さも検討できるよう，「立面図(真横から見た図面)」や「イメージスケッチ」を描いてみる
- 関係者を交えて，計画内容の確認をとる

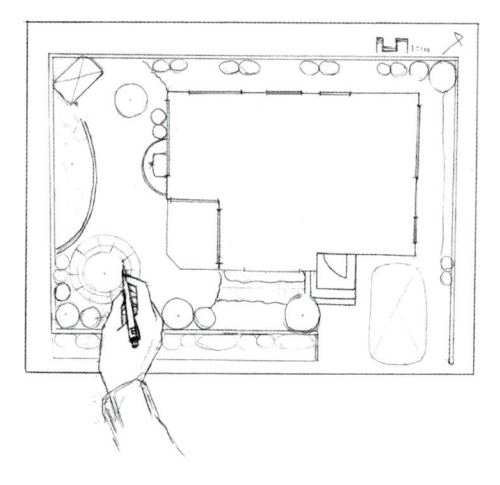

図1　設計図の作成

🌿 ガーデンデザインのポイント

成長を見越して計画を立てる
- 植物が成長することを念頭に置いて、植え込む際は、密植となりすぎないよう間隔に配慮したい
- 宿根草の場合、カタログで紹介される草丈や幅は3年後の姿ととらえ、植栽したい
- 樹木は大きくなりすぎると取り返しのつかないことになりがちなので、最終樹高や樹幅、樹形などについて特に綿密に計画する

写真5 宿根草の植込み直後の花壇(A)と、植込み後2年が経過した花壇(B)

広さにあわせて、草丈・株のボリュームを考える
- 奥に背の高いもの、手前に低いものが基本
- 似たような形状、異なる形状の物を要所に配置することで、リズム感を演出する
- 高低差を意識し、庭の骨格は樹木で組み立てる。草花では樹木のような安定感は出しづらい
- 小さなスペースでは、クレマチスなどのツル性植物によって高さを出すこともできる

植物の特性を知って、管理の手間を省く
- 維持管理の楽な葉ものや、冬囲い・支柱の不要な植物、種子や地下茎で増えない植物、病虫害に強い植物などを選ぶことにより、管理手間を軽減することができる
- 植栽は特定の場所に限定し、それ以外の場所(園路・車庫など)は雑草を抑えるため舗装をすると、除草などの管理が楽になる。植物が必要な場合は、コンテナなどで対応することもできる
- 春咲く球根の枯れ葉を隠すため、夏に開花する宿根草の間に球根を植える方法がある

色、質感、形状で表情をつくる
- 質感のバリエーションで立体感を出す(花や葉の大小、葉の切れ込み方、光沢の有無、ふわふわ・とげとげの葉、直線的・水平・球状・放射状などの成長の仕方)
- 小さく見える銅葉を影のように用いることで場を引き締め、立体感を演出する
- 四季の変化を意識する(特に落葉広葉樹は秋ごろに葉を落とすため印象が変わるが、常緑樹は四季を通して変化せず安定している)

色彩計画(カラースキーム)を立てる
- 2系統に絞るとわかりやすく、まとまりやすい
- 「暖色」は元気が出る色が多い。多すぎると派手になるので、葉の色を加えて落ちつかせる
- 「寒色」は、葉の緑に近い色なので、地味で落ちついた印象を与える
- 「暖色」と「寒色」をバランス良く配置すると、メリハリが出る
- 葉の色にも様々あり、「黄葉・銅葉・銀葉・赤葉・斑いり」などで個性を出す
- 植物同士の色以外にも、建物の外壁の色や、舗装の色などとの調和を考慮する
- 秋には暖色の花が似あうように、季節の光の具合によっても、色の感じ方が変わる(特に、寂しい秋に紅葉する樹木などは魅力的)
- 色の好みは、心理状態や年齢にも影響するといわれており、一年草から好みの色の植物を選び、植えたままの宿根草と組み合わせる方法もある

花の咲く期間を意識する
- 宿根草は開花期が短いものが多いため、花の咲く時期を考慮して組み合わせる必要がある
- 葉は花よりも長く観賞されるため、葉の色や形・質感も意識したい
- 季節を通じて植物が楽しめるよう、球根で補いたい
- 生育期間が短めの植物や、収穫を目的とする野菜などを植える場合は、その後の庭の状態も考えよう(一年草や葉もので補うなど、スペースが寂しくならないようにしたい)
- 開花期カレンダーをつくってみる。取りいれたい植物が定まったら、何月ごろに花が咲くかわかる表をつくることで、季節を通じて花の絶えない庭づくりができるようになる
- 植えたい植物を検討すると同時に、入手できるか確認する

日陰には
- 日陰に適した植物(ギボウシ・クリスマスローズ・アスチルベなど)を植えると良い

- 冷涼な地域では，日陰に適するとされている植物でも，日向で育つ場合がある

水はけが悪い場所には
- 水がはけるよう，盛土して植物が育つのに有効な土の深さを確保したい（根が張らないようなカチカチの土壌にも，盛土は効果的といえる）

場所ごとにテーマを決めて植栽する
- 季節ごとに花が咲く「春の花壇」「夏の花壇」などのテーマを設けたり，植物の機能や環境条件（風にゆれる植物・白花の植物・日陰の植物など）でまとめるなどして，花壇にメリハリを持たせたい

五感を働かせる
- 心地良いと感じるポイントとなる，風・適度な日差し・音・香りなどを，庭で活かしたい

楽しみを持つ
- 庭の収穫物で物づくり（リースづくり・ジャムづくりなど）が楽しめるよう，導入する植物を検討する
- 植物ラベルを庭に設置すると，図面を見なくても植物名がわかるため，愛着が持てる

自然な配置に見せる三角形の原理
- 平面や立面での配置の際，不等辺三角形になるような配置を多用すると，自然でリズム感のある植栽となる。逆に直線を多用することでフォーマルな印象を与えることができる

フォーカルポイント（注視点）の確保
- 草花だけだとメリハリのない庭になってしまうため，視線が止まるポイント（モニュメント・寄植え鉢・構造物・シンボルツリーなど）を設置し，空間を引き立てる（その際，たくさんあると視線が散ってしまうので，ひとつに絞ると良い）
- 芝生は思った以上に管理手間がかかるが，目を休ませ，植物を引き立てる存在になる

写真6 ヤナギの下の銅像に視線を集める例

狭い庭には
- 立体的に緑で囲む工夫をする（壁面を利用したトレリス，ハンギングバスケットなど）
- 色を少なくし，葉ものを多く用いることで空間が引き締まる
- 手前が大きい葉・奥が小さい葉といった遠近感を出す（樹木が植えられるようなら，遠近法で手前に落葉高木・奥に低木を配置すると効果的）

アプローチにゆとりを持たせる
- 動線に直線や曲線といった変化をつける。曲線の通路は直線に比べ，広さ・奥行き・柔らかさを感じさせる
- 曲線通路沿いの花壇では，耕耘機など機械の利用がむずかしくなるため，配慮が必要となる
- 除雪時に備え，園路幅にゆとりを持たせたい

高齢者への配慮
- 高齢者が懐かしいと思う植物（チューリップ・ヒマワリなど）や，視力が衰えても色がわかる植物，元気になる色彩の植物，手触りが楽しい植物，匂いが楽しめる植物などもあると良い
- 管理手間を少なくするよう考慮する
- 窓からの眺めに配慮する（部屋から景色が楽しめる）
- 室内外の段差をなくし，移動しやすくする（窓から移動できるデッキを配置したり，スロープを設置する）
- 屈まなくても良いよう，高さのある花壇（レイズドベッド）をつくることで，腰への負担を和らげ，同時に水はけと風通し・日照を確保する

写真7 腰への負担を和らげるレイズドベッド（車いすの方も作業できる）

エコロジカルな視点
- 緑のカーテンなど，植物による断熱が増えてきたが，保温効果・屋上緑化・雨水の再利用・コンポスト・ビオトープ・省電力照明など，この時代だからできるエコな庭にも挑戦してみたい

外来種の問題を意識する
- 道内の外来種をリスト化した「北海道ブルーリス

ト」が北海道より示されている
- 花壇において，外来種の宿根草を用いる場合が多く，自生種への影響を少なくするためには，「広がらない・増えない植物」を意識してつかいたい(オオキンケイギク・オオハンゴンソウなどは，外来生物法によって栽培などが禁止されている)
- 自生植物緑化において，緑化する周囲の野生植物から採種し，苗を育て植えつけるのが本来の姿であるが，概ね3年以上の期間を有する
- 自生植物緑化では，侵入する雑草による影響を受けることがある

写真8 エゾミソハギは北海道自生種であるが，外国産も輸入されており，遺伝子攪乱の恐れがある

予算からできることを考える
イニシャルコストとランニングコスト

コストには大きくとらえて，イニシャルコスト(初期投資費用)とランニングコスト(完成後に継続的にかかる維持費用)があり，計画内容によっては完成後のランニングコストが高くなるケースもある。

コスト削減のため，同じ植物であっても成長の度あいで価格が変わるため(大株の方が高価)，直ちに機能を必要とする部分と，成長を待てる部分に整理したい。また，植物の苗を譲り受けたり株分けすることで再利用する方法もあるが，樹木の移植についてはコストがかかる場合がある。

その他，自分でできそうな工事は自分でやることで，庭への愛着がわき，コストも抑えられる。

(1) イニシャルコスト
- 直接工事費(工事にかかる費用)
- 間接工事費(デザイナーに支払うデザイン費，施工時の廃棄物の処理費など)

(2) ランニングコスト
- 維持費(剪定，草刈り，追肥，状態が悪い植物の追加植栽，水回り・施設の修繕など)

施工する

「図面3割，現場7割」といわれるように，施工時に問題がおきて現場で折りあいをつけたりするなど，図面通りの施工がむずかしい場合も多いため，その都度確認が必要となる。

- 構造物のデザインや素材の統一を調整する
- 植栽された植物の状態やバランス，工期までに完了するかチェックを行う
- 植物ラベルがなくなる場合もあるため，植物名がわかるよう，図面に情報を残しておく
- 土づくりは大変重要な要素であり，十分な深さを確保した上で，通気性・排水性・保水性・保肥力・pHなどを意識したい(将来植物を植えたい場所があるなら，この時点で瓦礫などを取り除いておくのがベスト)
- 植栽直後にたっぷりと水をやるのが理想的で，時間をかけて根と土が馴染むよう灌水する

維持管理

庭の完成後は，植物の維持管理(剪定，除草，芝刈り，支柱立て，追肥，必要に応じた灌水，マルチング，冬囲いなど)が必要であり，さらに水回りや施設の修繕なども将来的に考えられる。

また，植物の成長とともに，予定していた配置やバランスが変化してくることから，夏のさかりの時期に，今後のデザインを再検討し，秋に株分けや新規植込みなどの手直しを行いたい。

写真9 イメージ通りの庭を維持するためには，維持管理が大切である

北海道では約半年間，庭仕事ができなくなる。このことを前向きにとらえ，一息ついて，また春から庭づくりを始めよう。

IV-3 コンテナガーデン

走川貴美

　コンテナガーデンとは，移動できる器にいれて，適材適所に置くことのできる植栽の仕方である。ハンギングバスケットもその仲間になる。地植えするスペースがない家でも，季節の花を飾ることができるし，マンションやビルなどでも植物を楽しめる。

　宿根草がおもになるガーデンでは，季節により花が少ない場所ができるが，そのようなときにはそこにコンテナやハンギングを置くことで，補うことができる。ハンギングを美しく見せるコツは，花があふれるように，こんなにと思うほどたくさんの植物を植えることである。

　両方ともつくり方により，立体感を演出すること，看板代わりに使うことができる（英国のパブなど）。

　毎年色や花のテーマを決めて作成すると庭に統一感が出る。コンテナや，ハンギングを上手に取り込み，地植えでは育てられない植物や，変化のあるディスプレイを楽しむことができる。

写真1　英国南西部のパブ

植物をうまく育てるポイント

土つくり
- 通気性に優れている
- 保水性に優れている（団粒構造の土）
- 保肥性に優れている
- 酸度（pH）が適当である

土のつくり方
　培養土に肥料・ピートモスなどの良く熟した有機物を混ぜると，柔らかく弾力性のある肥えた土ができる。最近はコンテナやハンギングの土として，ブレンドされたものが売っているので，少量や，初めての方はそれをつかうのも良い。

水やり
　水はゆっくり，たっぷりとやる。先の細いジョウロで，葉にかけないように，少しずつゆっくりと，底から水が出るまでやる。毎日土を観察して，表面が乾いてきたらたっぷりとやること。ハンギングなどでミズゴケをつかっている場合，カラカラになってしまったときは，バケツにぬるま湯をはって器ごと沈めてしばらく置いておくと良い。

手いれ
　花がら摘みはこまめにすること。タネをつけると次の花がつきづらくなる。枯れた花は病気の原因になる。過密状態を避け，風通しを良くする。

設置場所
　動線を考えて，邪魔になったり，危険にならない所を選ぶ。植栽に応じて，日あたりや，日陰を考慮すること。マンションのベランダなどでは，外側にかけると落下する危険性があるので，必ず内側にかけること。非常用の枡の上には大きなものは置かないようにする。

パターン

　花色の組み合わせがポイント　飾る目的や，場所，背景を考える。季節感を出す色彩，テーマカラーを考える。

同系色
　失敗は少ないが単調になりやすいので，花の大きさや形に変化をつける。

写真2　フランス・ドーヴィルの町中にて

パステルカラー
　淡い色の組み合わせは誰にでも好まれる。白や，シルバーリーフを色のつなぎ役につかうと良い。アクセ

写真3　ハンプトンコートフラワーショーにて

ントにビビットカラー(鮮やかな色)を少しつかうと良い。

反 対 色

イエロー：パープル，ブルー：オレンジ，レッド：グリーンなどの組み合わせでは，コントラストが強いため，お互いに引き立てあう。ポイントとしては植物を2：1から3：1にして，量の多い方の色のパステルカラーや，白をいれて，コントラストを和らげる。

写真4　フランス・ドーヴィルの町中にて

草花の種類

良い苗を選ぶこと

徒長していないもの，根詰まりをおこしていないもの，病害虫がないものを選ぶこと。相性の良い植物を組み合わせること。特に，日あたりと水やりの量が同じもの同士を植えること。混ぜてしまうと育てるうちに弱るものが出てくる。

草姿を知って選ぶこと

(1) 上に伸びるタイプ

サルビア，ゼラニウム，イソトマ，ジニア，スナップドラゴン，マーガレット，アゲラタム，メランポジュームなど。

(2) 横に広がるタイプ

バーベナ，ペチュニア，ロベリア，アサギリソウ，アイビーゼラニウム，サフィニア，タピアン，ラミウム，ナスタチウムなど。

(3) 下にたれるタイプ

リシマキア，アイビー，ヘリクリサム，グレコマ，プミラ，アスパラスプリンゲリーなど。

配　置

置く場所により，一方向から見るのか，全方向から見るのかにより配置が変わってくる。高さがほしい所にはハンギングを持ってくる。一方向の基本として後ろは高く前は低く植える。一列に並べないように，ランダムに植える。

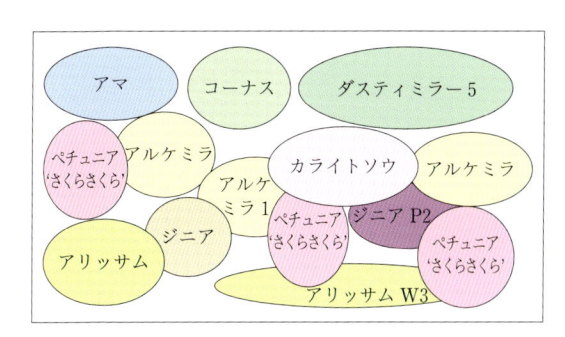

図1　配　置

庭のアクセントに

平坦な部分にコンテナを飾ることで，立体感を持たせる。

写真5　ガーデンアクセサリーの自転車に

写真6　高さがほしい所にコンテナを置く

コンテナ選び

庭の手いれにどのくらい時間がかけられるかにより，コンテナを選ぶ。

素 焼 き

重くて高価ではあるが，デザイン性が優れている。乾きやすいので，水やりは頻繁になる。

プラスチック

軽くて安価。空気を通しづらいので，保水性が良い。最近は高価だがグラスファイバー製のものもある。

紙，木製

軽くて安い。不要の際は燃やすことができるが，耐久性は1～2年。

毎日の手いれが負担にならない程度の数にとどめる。

特にハンギングはメンテナンスが大切なので，時間がない人は自動冠水などを利用すると良い。

Ⅳ-4 キッチンガーデンデザイン

梅木あゆみ

日本のキッチンガーデン

日本においてキッチンガーデンは比較的新しいスタイルの庭といえる。しかし，キッチンガーデンの歴史は古く，中世ヨーロッパの修道院や貴族の庭では生活に役立つハーブや野菜を一緒に植栽し，大変装飾性に富んだ庭がつくられており，それらはまたポタジェともよばれている。今でも英国のチャールズ皇太子のキッチンガーデンは美しさと実用を兼ねた庭として大変有名であり，また多くの有名ガーデンにはバラや宿根草の庭とともに必ずといっていいほどキッチンガーデンやハーブガーデンもつくられている。また，英国の一般の庭においても，キッチンガーデンをつくっている家は大変多く，それらは実用一点張りではなく美しさを意識したつくりになっている。

一方，日本でもここ数年の野菜ブームとともに，単なる家庭菜園ではなく庭にマッチしたキッチンガーデンをつくる人が増えてきた。

キッチンガーデンの定義

キッチンガーデンとは「野菜やハーブが主役の美しい花壇」なので，ただの野菜畑でも花だけの花壇でもないといえる。最近では切花用の花やハーブを混栽し，利用できてかつ美しく庭に馴染むものをつくる傾向にある。

しかし，これらの主役はあくまで野菜である。野菜畑の基本を無視することなく，見た目に美しく美味しい，さらにつかえるガーデンが理想だ。

キッチンガーデンの基本

野菜は成長が早く土壌成分の吸収も大きいので，土づくりや連作などに注意し，基本を必ず押さえることがポイントとなる。

植物の科を優先

花などが主役の花壇は，好む環境や大きさ，育ち具合，イメージ，花期などを優先順位としているが，野菜はまず「科」ありきである。

連作障害を受けやすいので，ナス科，マメ科，アブラナ科など，たとえ狭くとも必ず輪作をする。

土づくり

土づくりなくしての野菜づくりは考えられない。土の良し悪しが育ちだけではなく，味や病虫害に大きく影響する。

株　間

他の植栽と大きく違うのは株間の取り方である。野菜は一年草で成長の早いものが多く，株間を大きく取らないと茂りすぎて病気になりやすい。しかし組み合わせにより敷地を有効活用できるのもキッチンガーデンの特徴である。

キッチンガーデンデザイン

敷地のサイズやレイアウトにより，考えられるデザインは無限である。デザインは，敷地全体との兼ねあいとレイアウト，土留めや支柱などディテールにまでこだわる〝ガーデンデザイン〟と，野菜そのものの選択と配置を考える〝植栽デザイン〟に分かれる。

ガーデンデザイン

敷地の広さで植栽の考え方やデザインが左右される。ある程度の広さがある（家庭菜園サイズ），ガーデンの一部を使う（花壇サイズ），狭いためコンテナ利用（コンテナガーデン）と，大きく3パターンが想定される。

(1) 家庭菜園サイズ（約10 m² 以上）

ある程度まとまった広さと日あたりが確保できる場合をいう。欧米での装飾性の高いポタジェは整形式花壇が基本だが，家庭においても輪作を考慮すると整形式がいいだろう。

その場合，半永久的にその場をキッチンガーデンとして使うなら，土留めをして通路をつくると管理が楽になる。土留めの材料はレンガブロックや板が考えられるが，それらを構成する素材と色はデザインを左右する大事なポイントとなる。

野菜が育つのに少し時間がかかるので，初めは支柱やフェンス，土留めなどが大変目立つ。従って，その素材や色が大変重要な役目を果たすといえる。また，庭のように演出するならアーチなどの利用も楽しいだろう。さらに，植栽エリアは少しだけベッド花壇にすると畝をつくるのと同じ効果があり便利である。

植物を支柱に誘引する紐は，デザイン的な観点だけでなく，残渣を片付ける際プラスチック製品を土に残さず堆肥化するためにも天然素材をつかうと良い。

写真1　整形式キッチンガーデン

Ⅳ-4 キッチンガーデンデザイン

写真2　K's Garden のキッチンガーデン
　　　（ノーザンホースパーク）

(2) 花壇サイズ（約 10 m² 以下）

　改めて場所を確保できないが，花の植栽エリアの一部をキッチンガーデンにするというような場合をいう。

　できるだけ日あたりの良い所を確保するのが大切で，同じエリアに既に植物があるなら，それとの相性も考える。

　例えば，ハーブや小果樹などと野菜の相性はとても良いが，薬剤散布を余儀なくされる植物とは近づけないほうが良い。

　また，既にある場所に植えるので，新たな装飾はむ

写真3　フェンスぞいの花壇をキッチンガーデンにする

写真4　レイズドベットによるキッチンガーデン
　　　（十勝千年の森）

写真5　滝野すずらん丘陵公園のキッチンガーデン
　　　（マメのベンチ）

ずかしいかもしれないが，そこだけ畑にならないように違和感のないものが良い。バラやクレマチスなどツル性植物用の装飾性に優れたオベリスクやアーチ，ラティスなどを利用するとキッチンガーデンらしくなる。

(3) コンテナガーデン

　コンテナでも十分栽培ができる。野菜栽培は土を多く必要とするものが多いので，深くて大きな容器をつかうと露地と変わらぬ収穫が期待できる。容器は野菜の種類によりサイズを考えて選ぶが，素材やデザインは自由である。

　特にツル性の野菜や根菜，大きくなる野菜は深い容器が良く，収穫が早い葉物などは普通サイズで十分な収穫ができる。ベランダ菜園や，小さなコーナー，窓

写真6　キャベツの仲間の寄せ植え

Ⅳ　ガーデニングとデザイン

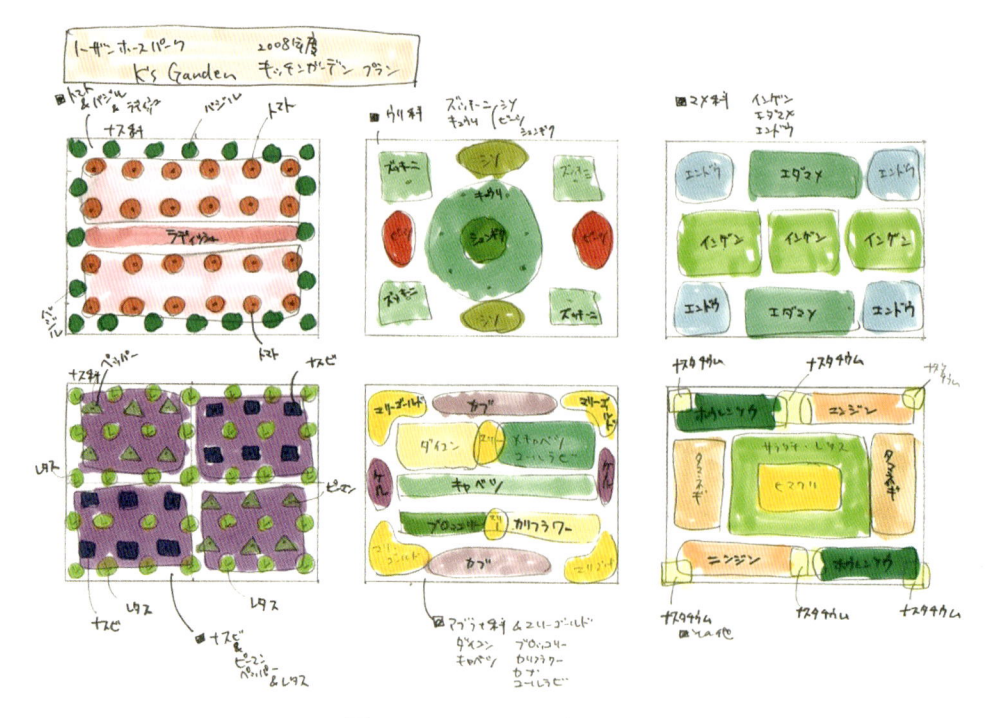

図1　キッチンガーデン植栽計画

辺などでも手軽に楽しむことができる。小さいものも多く，水やりが必要となるため，家により近い所に置くことが多いので，器にこだわると個性的なキッチンガーデンができる。

植栽デザイン（プラン）

アスパラガスなどの宿根野菜とトマトやナスなどの一年草野菜があるが，多年草と一年草は必ず分けて植える。

一年草の野菜は連作障害をおこしやすいので，翌年は同じ所に植えないで，植え場所を変える。これを輪作というが，輪作を行うためにも，科ごとにまとめるプランを立て，それを記録し，翌年以降のプランに役立てることは重要だ。

(1) 植栽野菜の選択

美味しく見た目にも楽しく美しいキッチンガーデンをつくるには，品種の選択は欠かせない。「輪作する」「株間を広く」「科ごとに」という鉄則を考慮し，品種を選ぶ。

選択する野菜は好みに応じるが，狭い所ほど，利用頻度の多いもの，日々収穫するものを選ぶと良いだろう。

キッチンガーデンの醍醐味は高級野菜といわれている品種，あまり出回っていない品種などを楽しむことにもあるので，積極的に試してみる価値はある。

(2) 野菜以外の植物

キッチンガーデンはつかうための庭でもあるので，エディブルフラワーやハーブなど野菜以外の「つかう植物」との混植も装飾性を高めるための重要な要素となる。

(3) エディブルフラワー

エディブルフラワーは食べる花＝食用花だが，キッチンガーデンをキッチンガーデンらしくするには欠かせない。ただ，思いがけないものも食べることができるが，反面，毒性のあるものや，部位によって食べられる所と，食べられない所があるものがあるので，注意する。

また，毒性のある植物はキッチンガーデンには植えてはいけない。

(4) ハーブ

つかう植物の代表「ハーブ」は，「有用な植物」という意味だ。広範囲でいえば野菜もすべてハーブということになる。

ハーブをキッチンガーデンに植えると，ガーデンに深みが増す。ハーブには宿根性のものが多いので，一年草の物とは分けて植える。また，ハーブの中には多くの薬草が含まれており，食べると大変危険な物もある。食用ハーブ（薬味や風味づけにするもの），ティーハーブ（ハーブティー用）以外は気をつける。

(5) 小果樹

草本類が多い中で，小果樹などの木本類をいれると，骨格をつくりにくいキッチンガーデンに力強さが生まれる。

収穫しやすく，耐寒性があり，食用としても優秀な物がたくさん出回っているので積極的につかうと良い。
例：ブルーベリー，キイチゴ類，ハスカップなど

(6) カットフラワー

切花のことをいう。

古典的なキッチンガーデンにはあまり見あたらないが，最近のキッチンガーデンには必ず登場する。庭の

ものを積極的に生活に取りいれるキッチンガーデンのコンセプトにあっている。

- 水揚げが容易にできる
- 切ってからの水持ちが良い
- ある程度の長さが取れる
- 花粉が落ちない
- 花後が散らからない

などの条件を満たすものはカットフラワーに向いている。

高さがある植物が多いので，キッチンガーデンに彩りと立体感を与える。

土地がない	自分の土地がある		借地だが土地を確保できる	
A. ベランダタイプ	B. 猫の額タイプ	C. 家庭菜園タイプ	D. 借地タイプ	E. クラインガルテンタイプ
ベランダ，コンテナガーデニング。	猫の額ほどの土地がある。	自分の土地で，畑といえる程度の広さがある。	ある程度の広さの畑を借りている。	貸し農園を借りている（5m×5mくらい）。
・毎日チェックができる ・わい性の苗物利用 ・ミニトマトなど日々とれるもの ・レタス，サラダ菜などが向く ・ハーブとの混植も良い ・ツル性野菜で緑のカーテンができる （注）大きな畑を持っている場合もチャイブ，タイム，シソなどのコンテナがあると便利	・庭の片隅にレタス，ハーブなど小さな面積でできるものを ・フェンス，アーチにはツル性野菜を ・アスパラガス，チャイブ，ネギ，ミツバなど宿根性の野菜をいれておくのも良い ・夏野菜をいれるならミニトマト ・毎日収穫できるもの，見た目に美しいものがお勧め	・4つくらいのスペースに分けて，輪作を心がける ・アスパラガス，ネギ，ニラなど宿根性野菜は家庭菜園タイプでこそ活かすことができる ・畑になりがちなので，フェンス，アーチなどを活用し立体的に見せる ・狭ければ狭いほど，日々収穫できる野菜が良い	・月に何度行けるかで作物を決定する ・広さがあるなら，ジャガイモ，トウキビ，カボチャなども良い ・数年にわたり借りられるなら，宿根性野菜もいれておくと良い ・長く借りられるなら，4〜5年サイクルの計画を立てやすい	・距離の程度により収穫物を決める ・宿根性野菜は植えられない ・広くはないので，限定したものになる ・どこからでも手に入る野菜より，珍しい野菜をいれると良い ・近ければ日々収穫の野菜も取りいれられる

図2　キッチンガーデン5つのパターン

①野菜の花，実，葉，株，形，色
　どれをとっても美しく楽しい!!

②育てる楽しみ
　見る楽しみ
　味わう楽しみ
　贅沢です〜

③テーマを決めてもおもしろい
　サラダガーデン
　イタメシガーデン
　カラードガーデン　などなど

④基本を押さえて自分流
　自由で楽しいガーデンを

⑤安心な野菜
　食べるありがたみがわかる

⑥相性の良い一年草を混植すると
　明るく元気な印象になる

⑦食卓に並んだときまでもイメージして
　キッチンガーデンをつくると楽しい

図3　キッチンガーデンの「楽しい!!」
　　　このように利用でき，なおかつ美しい庭がキッチンガーデンの大きな特徴となる

IV-5　ハーブガーデン—北の沢コミュニティガーデンみんなの丘の事例　狩野亜砂乃

　札幌市の藻岩山南斜面に位置する北の沢に，みんなの丘がある。社会福祉法人施設の敷地内に2007年より計画が進められ翌年に整備を開始し現在に至る。施設と地域の交流の場を目的としたガーデンづくりは敷地も大変広く，札幌市立高等専門学校（現，札幌市立大学）のゼミのみなさんも加わり数年がかりでの植栽計画となった。

　当初南区ではハーブを植栽する事業が展開中で，区や市からの補助金でハーブ苗を調達して，施設の方々や地元のボランティアとともに活動を始めた。

　その後各団体からの補助金もありポタジェエリアや多目的施設の建設も行われた。ハーブガーデンは施設に通所される方の作業場として，また地域の方との交流の場として利用されており，収穫したハーブをつかっての体験講座の開催やオープンガーデンとして開放されている。

写真2　ポタジェ工事

写真1　初夏のガーデンの様子

写真3　ボランティアによるメンテナンス

ふたつのテーマエリア

　みんなの丘では傾斜のある敷地上部に曲線を活かした通路のあるナチュラルな植栽エリアと，下方には車いす対応のフラットな敷地に造成したポタジェエリアのふたつに分かれる。斜面を活かしたハーブガーデンは近隣の山々との調和も美しく訪れる人を和ませている。

　ポタジェエリアにある枡花壇は無料で貸し出されており，近隣の小学校の子ども達が野菜を栽培し収穫する過程で施設通所者との交流会なども行われガーデンを通しての交流が実現している。

　1999年には全国花のまちづくり奨励賞をいただきこの取り組みへの評価が活動にかかわる人達のやる気を高めている。

「ハーブ」である意義

　様々な植物の中から「ハーブ」を選んだ意義は，その効能と活用の多様性にある。

　香りは人々を癒し嗅覚に直接働きかけるためコミュニティを目的とした植栽に向いている。障がいのあるなしにかかわらず植物の魅力を共感しあうことができ楽しみが多い。

　みんなの丘では，目で見て手で触れ香りを嗅ぎ収穫してつかうまでをトータルに発信することができるため，ガーデンの経過観察とともに必然的にメンテナンスも有意義な時間となる。

　福祉施設が運営を担っているためメンテナンスボランティアの会を立ち上げ定期的に作業を行っている。ホームページではガーデンの様子を見ることができ見学のマナーやお知らせなどもあわせて確認できる。

郊外型コミュニティガーデンとしての役割

　ガーデンをデザインするにあたり，繁殖旺盛なハーブが地域の植物生態系に影響を及ぼさないように配慮が必要になる。

　みんなの丘に植栽されている植物の9割は宿根草で年々株も大きくなることから，株分け作業を兼ねて地域の町内会などの団体に協力を求め，苗を譲ることで地域の圃場としての役割も果たし低予算でのみどりのまちづくりに貢献できる一面も期待できる。

　それらの情報を集約するコーディネーターが今後必要になってくると思われる。

　ガーデニングボランティアは，植栽作業以外にも人と人を結びつける役割も引き受けることができればすばらしい。

写真4 雪解けの後のハーブ達

写真5 ハーブ講座での摘み取り体験

五感で楽しめるエリア

　眺めるだけでなく寝転がって香りを楽しめるエリアもある。クリーピングタイムのじゅうたんは芝生とは違う過ごし方ができ，広い敷地ならではのエリアとなっている。ハーブの多様性を発信し身近に感じてもらうことで，みんなの丘のコミュニティガーデンとしての目的が果たされることになる。

写真6 クリーピングタイムのじゅうたん

ハーブの活用

　植栽されているハーブを実際に摘み取り，香りや効能，風味などを知ってもらうハーブ講座をかつて開催していたこともある。暮らしの中の商品の原材料になっているものなどもあり参加者の興味は尽きない。性別年齢を問わず集うきっかけになり何度も足を運ぶ人も多かった。

　このように，植物学の知識以外に料理法や効能なども含めて幅広い楽しみ方ができるのもハーブガーデンの特徴である。

写真7 マロウとラムズイヤー

　ハーブにはコンパニオンプランツとして有効なつかい方ができる種類が多い。実践した植栽が随所に取りいれられている。

　バラなどの灌木もあるため，それらの専門的な知識を持つボランティアの参加が増えることを期待したい。

一年草主体の花壇(百合が原公園)

第Ⅴ章
景観とデザイン

大通公園西3丁目泉の像花壇

花壇ボランティア「あるば・ローズ」

V-1　造園の歴史に学ぶ

淺川昭一郎

庭園の様式

　世界の庭園様式は，それぞれの時代背景や自然環境の中で成立している。一般に直線と幾何学的な形をとる整形式庭園と曲線を主体に自然な感じをあらわす自然式庭園に分けられる。

　整形式庭園のおこりは中東の古代文明にあり，平坦な地形での整形的な灌漑農業が背景にあると考えられる。また，乾燥した地域における楽園は水と緑のオアシスのイメージであり，旧約聖書のエデンの園も古くは神の造形として整形的に描かれ，合理性や秩序を求める人間の気質にも対応していたのであろう。このような庭園様式は古代ローマやイスラム文化の伝搬を通してヨーロッパへ広まった。

　自然式庭園は，秦の始皇帝が神仙思想を背景に広大な池を穿ち海中の神山を模した築山を築いたと記録されているように，中国で始まった。また，山水画では自然の一部として人間をとらえる独自の自然観から自然を模倣し再現する中で発達したと見られる。

　日本では中国の影響を受けながら，湿潤なモンスーン気候の下で，植物の旺盛な生育をコントロールしながら，狭い空間に自然を象徴する独自の庭園様式を生み出した。日本庭園では遠くの海の風景などが取りいれられ，距離的隔たりを超越し，時間的永続性を求め，理想とする自然をつくりあげようとする所に特徴を見ることができる。

　一方，ヨーロッパにおいては18世紀に自然の見方が大きく変わり，英国において自然らしさを写実的に表現しようとする自然風景式庭園が生まれ広まった。

日本の庭園

　飛鳥時代には中国の神仙思想の影響から，海の風景と蓬莱山を模した島が築かれたとの記述が日本書紀に見られる。また，日本庭園で重視される石組みの起源は古く，自然の大きな石を神が宿る場，磐座として崇めたり，さらには人為的に石を組んでまつったことにまでさかのぼる。飛鳥や奈良時代の庭園遺跡には，既に流れや池のつくり方など造園技術の高さがうかがわれる（写真1）。

　平安時代には貴族の邸宅としての寝殿造に特有の庭園様式が成立した。鎌倉時代から室町時代には禅宗がおこり，禅僧による庭づくりが行われ，石を立てる（庭をつくる）僧は石立僧とよばれた。夢窓疎石は西芳寺を浄土式から禅の理想の世界につくり変えている。室町時代には現代の和風住宅にもつながる武家の書院造がおこり，客間や居間から眺める庭の形式（座観式）が発達する。室町時代には禅宗や水墨画の影響を受け枯山水の様式が生まれ，安土桃山時代には茶道が完成し，茶庭（露地）が庭園様式に加わる。江戸時代には大名などによって，大規模な池泉を巡り楽しむ池泉回遊式庭園がつくられる。また，江戸の繁栄にともない，武士に限らず裕福な町人にも庭づくりがさかんになり『石組園生八重垣伝』（秋里離島），『築山庭造伝前編』（北村援琴）などの手引書が出版される。『築山庭造伝後編』（秋里離島）では庭を築山，平庭，露地に区分し，構成要素の省略の度合いにより真・行・草に分けたパターン化が見られる。

　日本庭園の技法のひとつである借景は，円通寺における比叡山のように，庭の外の遠・中景の眺めを主要な景として取りいれることであり，「見切り」（塀や生垣などを用いて必要な景を切り取る手法）など景を引きたてる工夫がなされる。一方，縮景は名所など特定の風景を小さく庭につくり移すことであるが，印象によりデフォルメして造景する場合が多い。

　日本庭園では永続的な石組みやマツなどの長寿命で変化の少ない常緑樹が重視され，鮮やかで変化に富む花の利用は控えられるのが一般的とされる。特に侘びをモットーとする茶庭においては，茶室に飾られる茶花を引き立てる上でも通常，花物は植栽されない。しかし一方では，古くから庭にウメやサクラが植えられ，平安時代には草花を主体とした前栽が重んじられている。室町時代には花木や草花の種類が著しく増加したが，江戸時代には種類の増加とあわせ，品種改良も進み多くの花卉が植栽されている庭も少なくない。

写真1　平城京三条二坊の庭園（復元）

寝殿造りの庭園

　寝殿の前にはオープンな白砂の広庭（南庭）が行事や遊びの場として，その南側には海の風景を模し舟遊びができる池と，中島が設けられる。遣水は湧水などからの細流であり，夏の涼しさを演出し，曲水の宴が催されることもある。草花の植え込みは前栽とよばれ，野筋は野の景色を写した緩やかな地形に草花や花木が

植えられたものである。また，建物やわたり廊下で囲まれた壺庭があり遣水や前栽が見られたり，ときにはウメやフジなど花木が植えられる。平安時代末期には浄土思想が広まり，極楽浄土の再現を目指し阿弥陀如来をまつる御堂を建て，前面に蓮池を設ける浄土式庭園が変形としてつくられる（例えば宇治の平等院庭園）。

このような庭づくりの手法は，世界最古の庭園書といわれる『作庭記（前栽秘抄）』により知ることができる。そこでは，作庭の基本として，自然風景や過去の名庭を参考とし，施主の希望をいれ，その上で環境条件に従い作者自身のデザインにまとめることが重要であるとされている。

図1　寝殿造りの庭園（家屋雑考，1842）

写真2　現在に活きる遣水と野筋の伝統（左：無鄰庵庭園の遣水，右：野筋のイメージによる朱雀の庭，京都）

枯山水

枯山水は水を用いずに水のある風景をつくる様式であり，石組みにより滝を，また，白砂で川や海の風景をあらわすなど，狭い空間に象徴的に自然を表現する。多くは禅僧の瞑想と内観の場でもあった。

竜安寺庭園は約100坪の白砂の平庭に大小15の石が打たれ，海に浮かぶ島々をあらわし，バックの赤茶色の築地塀が空間を引き立てている。大仙院方丈東庭の庭は，樹木の刈り込みにより遠山をあらわし，深山の滝からの流れが谷川となり，大河を経て南庭の大海にそそぐ風景となっている。山水画の手法も取りいれ全体の景を具象的に構成している。

茶庭

茶庭（露地）は茶室へ入るために心身を清め準備をする道すがらであって，露地は世俗から離れた清らかな場を意味する。雨の日でも足元が濡れないように飛石を打ち，身をかがめ，手を洗い口を漱ぐ蹲踞を配する。蹲踞は手水鉢の他，客が蹲る「前石」，向かって左手には手燭を置く「手燭石」，右手には寒い日に湯を入れた桶を置く「湯桶石」が，それぞれ役石として配置される。また，灯籠は夜の茶会のための照明具であるが，雰囲気づくりにも役立っている。千利休により大成された侘び茶では「市中の山居」を目指した。現在では飛石，灯籠，蹲踞は茶庭に限らず，和風庭園の要素として用いられることが多い。

写真5　蹲踞（八窓庵の庭，中島公園，札幌）

池泉回遊式庭園

広い敷地面積に池を設け周囲の園路を歩きながら庭の展開を楽しむ形式で，休憩や茶会，納涼，月見などのための建物が設けられ，宴遊の場ともなる。江戸時代初期に，京都で桂離宮庭園がつくられその完成度の高さが知られる。その後，江戸の大名屋敷で広がり（例えば六義園や後楽園など），地方の領国でも庭園づくり

写真3　竜安寺庭園　　写真4　大仙院方丈東庭

写真6　桂離宮庭園（松琴亭を望む）

V 景観とデザイン

がさかんになる(例えば金沢兼六園, 岡山後楽園など)。各地の名所が取りいれられたり, 中には街道風景が写されるものもある。江戸は海に面するため, 池に潮の干満を取りいれた潮いりの庭も見られる。

ヨーロッパの庭園

都市国家ギリシャでは居住密度が高く, 中庭や鉢植えで屋上を飾るアドニス園(コンテナガーデンの発祥のひとつ)があり, 古代ローマ時代の住宅庭園ではアトリウム(天蓋のある中庭), ペレストリウム(天蓋のない中庭), 実用園が知られている。中世には修道院の庭や城郭などで整形的な庭園が, 14世紀のスペインではパティオとよばれるイスラム式の庭園がつくられた。ルネサンスのイタリアでは古代ローマの別荘庭園を模範にしながら, イタリア露壇(テラス)式庭園があらわれる。

17世紀にはフランスで国王の力が強まり, 平坦な地形に適応した大規模な平面幾何学式庭園がつくられ, ヨーロッパ各地の王侯貴族の庭園に大きな影響を与えた。

18世紀になると風景画の影響や田園趣味, 啓蒙思想などを背景に, なだらかな地形と牧場風景が広がる英国において, 広大な面積を自然のように造景する庭園様式がおこり, ヨーロッパに広まった。

パティオ

パティオ(中庭)はイスラム文化の下で, スペインの夏の暑さと乾燥した気候において水や緑のうるおいをもたらし, 外敵からの防御のための外壁に護られた空間として成立した。代表的な例としてグラナダのアルハンブラ宮殿があり, 主庭となる「池(天人花)のパティオ」の他にも, 中央に12頭のライオンの彫像で支えられた噴水がある「ライオンのパティオ」や「ダラクサのパティオ」などがある。夏の離宮のヘネラリーフェでは「カナールのパティオ」が知られている。

パティオは建物により外部からプライバシーを保ち, 夏の暑さなどに対する気象緩和効果が期待される整形的な中庭であり, 現代でもその名称がつかわれている。

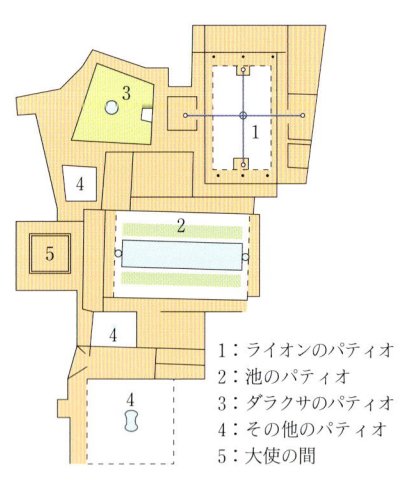

図2 アルハンブラ宮殿のパティオ
1: ライオンのパティオ
2: 池のパティオ
3: ダラクサのパティオ
4: その他のパティオ
5: 大使の間

イタリア露壇(テラス)式庭園

この様式は, イタリアの傾斜のある地形にテラスを設け, 装飾的な階段によりつなぐ整形的庭園である。主要な建物は最上段のテラスに置かれる場合が多いが, 中段や下段に置かれる場合もある。庭園は軸線を中心に左右対称に構成され, パーゴラ, 整形花壇, 噴水, カスケード(階段状の滝), カナール, 野外劇場, 彫像, 整形的刈り込み樹木, 迷路(ラビリンス), グロットなど, 西洋造園のほとんどの要素が見出される。古代ローマ由来の水道・水工技術により多様な噴水が魅力を高め, 植栽される樹木として, イタリアカサマツやイトスギが特徴的である。

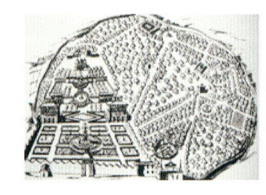

図3 ランテ荘(G.ラウロの版画, 1612)のガーデン(左)とパーク(右)
写真7 ランテ荘最下段の露壇

フランス平面幾何学式庭園

ルイ14世に仕えた宮廷造園家, アンドレ・ル・ノートルによる様式で, 大蔵大臣フーケの庭園, ボア・ル・ヴィコントで注目され, ベルサイユ宮苑で完成された。宮殿は平坦な地形の中でもやや高みに設けられ, 庭園の中央に軸線を通しビスタ(通景線)をきかせている。軸線は宮殿前のテラスから中央に芝生のある王の並木, グランド・カナール(大運河)と続き, カナールの起点には太陽王の象徴としてアポロの噴泉が置かれている。そこに至る軸の左右には, 樹林の中に小庭園(噴水, 彫像, 劇場など)を持つボスケが設けられている。宮殿の近くは手の込んだパルテール(刺繍花壇, 水苑など)であるが, 遠くなるにつれ粗な構成となり, アポロの噴泉より先の多くは狩猟のための森林であり, 拠点からは放射状の苑路が広がっている。庭園は饗宴や娯楽の場であると同時に太陽王の権威を示す場でもあった。

図4 街から続くベルサイユ宮殿と庭園(ピエール・パテルⅡ世画, 1668)

このような庭園様式はヨーロッパの王侯貴族に広まり、また、放射状苑路などはバロックの都市計画に大きな影響を与えた。

英国風景式庭園

ウィリアム・ケントが「自然は直線を嫌う」と述べたように、庭は視覚的な自然らしさ（田園を含む）がモチーフであり、境界には境壁を巡らせず、掘割状の"ハハー垣"により周囲の田園風景につながるように意図された。ランスロット・ブラウンはなだらかな芝生地と、散在する樹木や樹林、それらをぬう曲線の園路を設け、小川や池の改修や造成で風景を構成した。また、自然に内在する美しさを引き出すことを第一にし、建物近くであっても整形的部分を排除した（ブラウン派）。

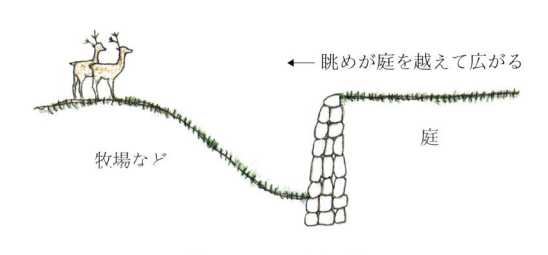

図5　ハハー垣の例

図6　レプトン（1803）による現状（上）と改善計画（下）の例

写真8　キューガーデン（ヒース園から見るパゴダ）

一方、古典の理想的な風景を描いた風景画の影響を強く受けた、"絵のような"をモットーとした庭園がつくられる（ピクチャレスク派）。そこでは、当時広がった山岳や岩壁などの自然の荒々しさを愛でるサブライム（崇高さ）の美の影響も受け、不規則さが尊重され、ギリシャの神殿や廃墟などとともに、中国趣味からパゴダなどが取りいれられた。ハンフリー・レプトンは両派の良い点をあわせて風景式庭園を大成し、ランドスケープ・ガーデニングという言葉を用いた。

ヨーロッパでもルソーらの自然賛美の思想とともに、風景式庭園が広まった。例えば、ベルサイユ宮苑内にもマリー・アントワネットにより田園を模したプティ・トリアノンがつくられている。また、ドイツのミュンヘンでは"イングリッシュ・ガーデン"の名称で市民に開放された庭園がつくられた。

写真9　プティ・トリアノン

この英国の風景式庭園は、現代の大規模な都市公園の設計にも大きな影響を与えている。また、「ロマン主義者とは、自然のような庭を歩み出て、庭のような自然に歩み去った人びとだ」（川崎、1984）といわれるように、実際の美しい自然や田園風景が評価されるようになり、それらの保護運動につながった。

近代から現代へ

英国では18世紀から19世紀にかけて産業革命がおこり、都市へ人口が集中し、新たな中産階級が生まれた。また、海外からの様々な植物が集まる時代でもあった。ウィリアム・モリスの活動が知られるように、伝統的な美術や工芸への関心が高まり、英国の古くからの区画に分けた整形的な庭園の再評価や建物との調和のとれた庭園が求められるようになった。

19世紀中ごろ、ジョン・C・ラウドンは家の中からの眺めを重視し、樹木が伸び伸びと育ち、庭が庭らしく（ガーデネスク）あるべきとした。そこでは園芸趣味を満足させ植物が自然に育ち観賞ができるような混合園（自然形式と整形式の折衷）を提案し、新たな中産階級や富裕層に広く迎えいれられた。

ウィリアム・ロビンソンは『野生園』（ワイルドガーデン）を著し、芝生の中の球根の植え込みや宿根草の自然風な利用を強調している。また、ガートルード・ジキルはコテージガーデン（田舎風小住宅庭園）を賛美し、気候にあった在来や外来の草花を絵画のように綿密な計画のもとに植栽することで、季節にあわせた彩の演出に才能を発揮した。特に、宿根境栽花壇（宿根ボーダー）はその後のガーデニングに大きな影響を与えた。

このような流れの中で、庭全体が様々な部屋のように区分され、季節ごとに楽しめる庭園様式が生まれた。境栽花壇以外にも、バラ園、壁園（ウォールガーデン）、岩石園（ロックガーデン）、野生園（ワイルドガーデン）、水景園（ウォーターガーデン）など植物の特性を活かした花園とその組み合わせが庭を構成するようになる。これらは、英国のヒドコット・マナー庭園やシシングハー

スト城庭園につながり，日本のガーデニングにも強い影響を与えている。

写真10 シシングハースト城のコテージガーデン（荒川克郎氏提供）

写真12 野原をイメージさせるメドウガーデン（ダン・ピアソン スタディオ，帯広千年の森，2012）

　クリストファー・タナードは現代造園に大きな影響を与えた要因として，機能主義，日本庭園，現代芸術をあげている（針ヶ谷，1956）。すなわち，機能主義では新しい素材の利用やレクリエーションなどの利用機能，日本庭園ではデザインにおける釣合の原理や象徴性，現代芸術では抽象絵画や彫刻などの影響である。

　さらに現在では，エコロジカルな視点からの新しい動向にも関心が向けられている。これまでの庭園では，その美しさを発揮させ維持するには管理に多大な労力と費用を必要とする場合が多く，多量な化学肥料や薬剤の使用は環境へ負荷をかけることになる。また，最近では侵略的な外来植物の不用意な使用は地域の生態系にも影響を与えることが危惧されている。そこで，環境にも優しく調和したガーデニングが注目されるようになっている。具体的には環境負荷や，労力・管理費の低減，在来種の利用や地域生態系への配慮，地域景観との調和などを重視する視点である。

写真11 F. S. キー・パーク（エーメ＆スエーデンによるグラス類を用いたローメンテナンスな設計，1993年完成，ワシントン D.C.）

都市公園の発達

　パーク（park）の発祥は古代アッシリアの王侯貴族の狩猟園であった。庭園が人工的につくられた空間であるのに対して，パークは，樹林を主体とした人為のより少ない囲われた空間である（図3）。ロンドンのハイドパークも王の狩猟林から多様な利用が行われるようになり，1630年ごろには市民に開放されたといわれている。プライベートパークからパブリックパークへの転換である。王侯貴族の庭園が一般の人達に開放され，公園的な利用がされる例は西洋にかぎらず日本でも見られる。

　一方，都市の広場はギリシャの「アゴラ」，ローマの「フォーラム」などのように，古くから南欧の都市生活に不可欠な場となっており，また，ギリシャでは神殿とともに運動場や競技場がつくられていた。近代になると産業革命により都市へ人口が集中し，大気汚染など環境が悪化すると，公園は大気を浄化する〝都市の肺臓″としての役割が求められ，市民の健康維持や憩いの場として重要な都市の基盤施設となっていく。

　米国，ニューヨークでは1858年，市街地が拡大する中で，フレドリック・ロー・オルムステッドらにより「心身の健康や元気を回復させる」目的でセントラル・パークが造成された。1863年には利用者が400万人にのぼり，現在では年間3,750万人が利用するというニューヨークの貴重な緑の空間となっている。また，公園造成により周辺に良質な市街地が形成され，税収の増加から建設費を賄うことができたといわれる。このような成功から各都市で多くの公園がつくられるようになった。

　公園は個別に設けられるだけではなく，複数の公園や緑地を結びつける公園緑地系統により効果が高まる。例えばボストンではコモン（共有地）を中心に市街が広がったが，そこからパブリック・ガーデンが造成され，さらに公園道路により公園をつなぐ公園系統が発達した。また，都市の拡大とともにより広域的な公園緑地系統がつくられている。（ボストンから5～10マイル圏には広域公園系統があり，20マイル圏にはベイ・サーキット計画がある）。

写真13 ニューヨークのセントラル・パーク（St-Amant, 2008）

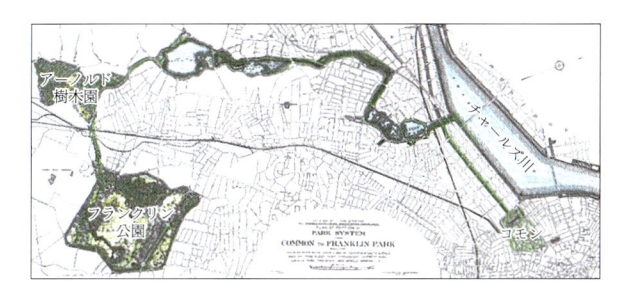

図7 ボストンの公園系統(オルムステッドらによる"エメラルドネックレス", 1894)

ヨーロッパではウィーンのように中世からの城壁を除いた跡に環状の緑の街路(リンクシュトラーセ)を設ける例がある。英国では1898年エベネーザ・ハワードにより，農村と都市の利点をあわせた田園都市(ガーデン・シティ)が計画され，実際にレッチワースやウェルウィンがつくられた。また，その思想はその後の新都市の計画や，都市の無秩序な拡大を防止することを主眼とした土地利用規制によるグリーンベルト政策にも影響している。

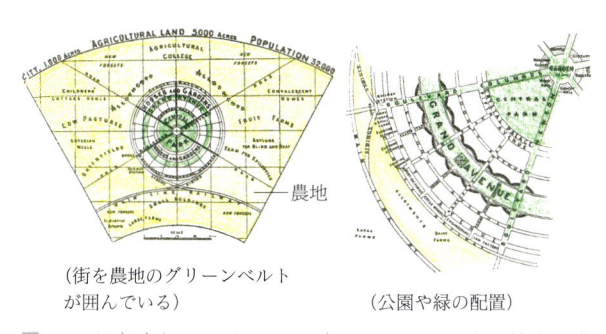

図8 田園都市(ハワードのガーデンシティ, 1898)のダイアグラム(左)と街の内部(右)

江戸時代までの日本では社寺の境内や行楽地などが公園の役割を果たしており，一部の大名庭園が一般に公開される例も見られる(例えば水戸の偕楽園)。1873(明治6)年には太政官布達により「群集遊観の場所」を公園とする制度がつくられた。1923(大正12)年の関東大震災では公園緑地の避難地としての役割や延焼防止機能が広く認められ，その後の公園整備が進展した。1956(昭和31)年には都市公園法が成立し，現在では住区基幹公園として街区公園(旧児童公園)，近隣公園，地区公園，都市基幹公園として総合公園，運動公園，また，その他の公園として特殊公園，国営公園，都市緑地などに分類され整備されている。なお，地区の公園の考え方は，1919年に米国でペリーにより提案された近隣住区論によっている。現在，都市の全体的な公園や緑の整備に関しては緑の基本計画によることが都市緑地法により定まっている。

都市の緑は公共的な公園緑地に限ることなく，私有の庭園を含めて，都市生活の快適さや地域の魅力を高めてくれる。また，防災，省エネルギー，水循環，地

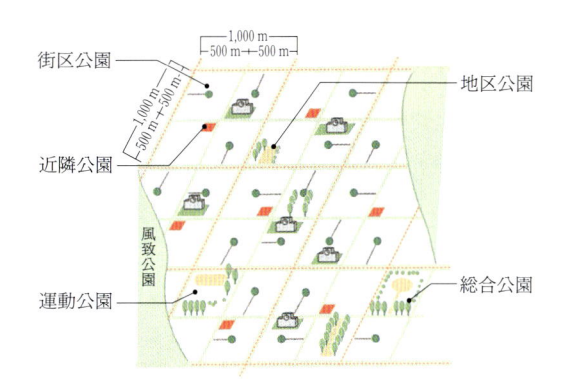

図9 都市公園の種類と配置モデル(札幌市みどりの基本計画)

域の生態系や生物多様性保全などを提供するグリーンインフラとしてとらえる必要がある。これまで整備された都市の公園緑地は持続可能な都市づくりに欠かせないストックであり，今後はそれらのストックの効果を高めるマネジメントの視点が大切である。

写真14 水の循環にも寄与する雨水浸透・浄化花壇

造園技術の変化

庭園に始まる造園技術はおもに美を実現するための植物・石・土・水を扱う技術であり，歴史的には王侯貴族など特定の施主の意向を強く反映するものであった。公園などの公共造園では多くの利用者や市民の需要に対応する必要があり，近年ではその計画や管理運営においても多様な主体の参加・協働が求められるようになっている。そのため人間関係(ヒューマンシステム)の技術が必要となり，また，エコロジカルな視点での自然のシステムの理解と応用が新しい技術として組み込まれることが不可欠となっている。

[引用・参考文献]
・淺川昭一郎編著：北のランドスケープ―保全と創造, 環境コミュニケーションズ, 2007.
・針ヶ谷鐘吉・西洋造園史, 彰国社, 1956.
・川崎寿彦：楽園と庭, 中公新書, 1984.
・森 蘊：庭園(日本史小百科), 東京堂出版, 1993.
・Motloch, J. L.: Introduction to Landscape Design. John Wiley & Sons, 2001.
・札幌市：札幌市みどりの基本計画, 札幌市みどりの推進部, 2011.
・St-Amant, M.：2008年撮影, http://en.wikipedia.org/wiki/Central_Park
・飛田範夫：日本庭園と風景, 学芸出版社, 1999.

V-2 まちの景観

中井和子

景観とは

「景観」とは，眼前で繰り広げられる様々な事象の総合的見え方で，自然・地形や農地・農村の風景，歴史・文化ある佇まいの街並みなど，眺める対象となる「景」と，見る側が認識する「観」が組み合わさり成立する言葉である。毎日の生活の中で漠然と眺めている光景だが，見る側が意識してとらえることにより，景観として認識され様々な気づきが生じてくる。従って，景観を見る側の人々の価値観や立場により，また，眺め方（距離，位置，速度，季節，時間，天候など）の違いで，眼前の景観への評価はいろいろと異なってくる。

景観を認識するふたつの視点

景観を認識する視点には，大きくふたつのタイプが存在する。ひとつは，観光客や旅行者など外部からの来訪者の視点である。訪れたまちの第一印象から，先入観のないありのままの姿を通して，まちの景観を評価する。自然豊かな美しい街，歴史・文化の趣ある街，地域らしさが反映された街など，旅行者が訪れた感動と喜びを体感できるまちの景観が，好印象を与えると考える。

もうひとつは地元住民の視点で，地域で生活する人々が自分達のまちの景観を，どのように評価するかである。見慣れた日常の光景ではあるが，快適な暮らしを営む「生活の景」であり，小さいころから慣れ親しんだ愛着のある景観である。生活・生産の場として育まれた魅力ある街並景観，観光客や来訪者が住んでみたくなる暮らしの文化が息づく景観などは，地元住民が誇りと親近感を抱けるまちの景観である。

景観形成の3層構造

景観は大きく3層構造で成り立っている。ひとつは，山岳・丘陵や海・川などの地形と地域の気候や自然植生など，景観の骨格となる自然地理的要素である。ふたつめには，地域の歴史・文化，生活・生産などの社会的活動と時間的経過により形成される景観である。3つ目は，日々の生活や動向にともなう変化で，表層的・流動的に短期間で改変するまちの景観である。地域住民の視点から考えると，「遠景」の山並み，森や海，「中景」の農地・農村景観や市街地のまとまり，「近景」の商店街ファサードやストリート・ファニチュア，花や広告・看板類などのまちの賑わいに置き換えて，理解することができる。

街路空間の中間領域

まちの景観を構造的に眺めると，街路の両側に連続して存在する街並み景観が，まちの雰囲気づくりに大きな役割を果たしていることが理解できる。店舗やオフィスビルや住宅などの沿道の建物とそのあり方が，まちの公共的空間である街並景観を形成する。従って，歩道空間と沿道に連続する建物群とが接する部分は，街並景観の魅力づくりに大きな影響を与える重要な領域で，半社会性を要した「中間領域」とよばれる空間領域である。

例えば，建物ファサードのあり方や店舗ショーウインドウの演出，看板や日除けの出し方や店舗前の花壇づくりなどは，店舗側のセンスが表現される部分で，季節感や流行色などの演出とともに，魅力ある街並景観づくりへの貢献が希求される。また，住宅街の場合は，玄関アプローチ周辺や前庭のガーデニングなどの演出により，街並景観の連続性が向上し潤いをもたらしてくれる。

一方，車道側にある歩道の花壇は，車のドライバー目線で見られる場合が多いことから，車のスピードで認識できる花づくりが望まれる。複雑な花壇づくりより，同系色や同種類の花でまとまりある花壇を演出し

写真1　a.建物前の中間領域の花づくり／b.車道側の花壇

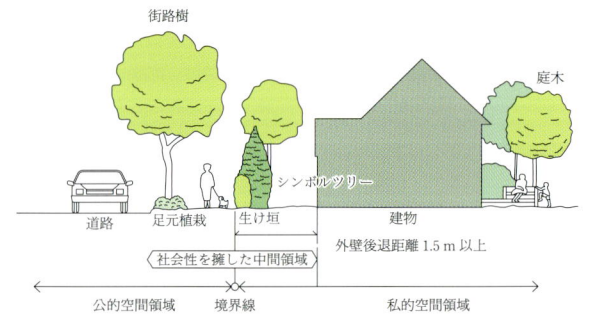

図1　街路空間の中間領域（中井景観デザイン研究室作図）

たり，色の組み合わせに配慮して数種類の花のまとまりを繰り返し植えるなど，シンプルな組み合わせの花壇づくりの方が美しく見える。

街なかの花壇——点・線・面・縁どりの景観

街なかでは，様々な場所で花づくりが行われている。私達が街の植樹マスや花壇に植樹や花づくりを行う場合，あるいは，プランターや鉢植えを街路に置くときには，花壇や鉢植えの花づくりだけ見るのではなく，街の中景や近景から花々がどのように見えるか，花壇やプランターなどの見え方にも配慮することが重要である。

特にまちの景観のシンボルとなるような場所，例えば，駅前広場や市役所の玄関前，歴史的建築物の周辺や公園などの花壇づくりは，まちの景観形成に重要である。また，道路空間においては，沿道に連続する花壇の花づくりも大切だが，交差点や三叉路やT字路など道路景観のアクセントとなる場所は，歩行者と車のドライバーの両者の視線が集まることから，拠点景観としての花壇づくりが望まれる。まちの景観のシンボルとなるこのような場所が美しく修景化されれば，まちの景観の魅力と質が向上する。

また，街路に固定された花壇の花づくりは手いれがたいへんであるが，ハンギングやプランターの形で花が設置される場合には，開花が終わった後の花の取り扱いが容易である。街なかの場所にあわせて花づくりのあり方を検討する必要があると考える。

さらに，街なかを流れる小河川や用水路の柵，橋梁のたもとにある橋詰広場などにも，ハンギングバスケットやプランターの花などがあると楽しい。広い河川敷がある場合には，タンポポなどの野草の花が面的に広がると，河川敷の広がりが修景化され季節感が生まれる。

まちの中心市街地にある駅前広場や市役所や主要建築物などの前庭では，美しいデザインの花づくりが必要であることは，市民は容易に理解できる。しかし，まちの市街地から外れて郊外の田園地帯に至るあたりになると，人々の景観形成への認識が薄れてくる。市民にとっては，まち外れの場所となることから，ゴミの投棄や放置看板などが目立つようになり，まちの景観の一部とはいい難い状況となる場合が多い。しかし，まち外れである街の周縁（フリンジ）は，観光客や来訪者にとっては街の出入り口となる場所で，いわば街の玄関口である。外部から街に入ってくる観光客や旅行者にとり，訪問するまちへの第一印象を抱く風景であり，期待と感動が喚起される景観である。派手に飾り立てる必要はないが，旅行者が訪問するまちに期待を抱ける眺望景観の広がりが望まれる。

北海道では多くの場合，市町村の中心市街地がまとまって存在することから，街の縁どりが明快である。すなわち，建物がまとまって建つ中心街と田畑や野原が広がる郊外とを，はっきりと区別して認識できる。郊外から街に入る旅行者は，まち外れの光景を見ながら中心街へ至るのである。従って，街の周辺がどのような状況の景観であるかは，極めて重要なことである。

例えば，沿道農地の一部を花壇づくりに提供し，街への出入り口を花で美しく修景化したまち，出入り口部分のサイン類を整備しわかりやすくしたまち，廃車や古タイヤなど投棄物を除去したまちなど，花づくりとともに街周縁の景観の向上を試みているまちもある。

写真2　a.歩道の花壇／b.三叉路の花壇／c.まちの出入り口にある沿道の農地の花壇／d.面的に広がる花づくり／e.公園のまとまりある花づくり／f.河川の柵のハンギング

a / b / c
d / e / f

V 景観とデザイン

まち全体の眺望景観は，街の郊外から認識できるからである。

🌿 まちの色彩景観

景観の視点から街の色彩について考えると，都市景観を構成する諸要素には，公私の区別なく色彩が関係している。従って，まちの色彩景観を検討する際には，多種多様な色彩を整理するまちづくりの作法が必要となってくる。まちの色彩景観とは，景観を構成する建築物群，ストリート・ファニチュア，サイン・看板類など，個々の色づかいの良否を取り扱うとともに，周辺の緑の自然環境や街並景観の中で，違和感なく調和する色彩相互の関係のあり方を，検討することであると考える。

まちの景観形成における色彩作法とは，色彩を検討する対象物の公的・私的の区別，存在する時間的経過の長・短，表現する面積の大・小，対象物の動・不動についてなど，色彩を検討する対象物の背景にある諸条件を考慮しつつ，色彩検討を行うことが重要である。

例えば，建築物や土木施設などは，公共的空間を形成する社会的インフラであり，景観形成に占める時間的長さと面積的存在の影響力が大きい。従って，地域の気候・風土や歴史・文化が培ってきた景観の文脈に馴染む形で，自然色や石や煉瓦など地場産材の色彩を基調とする色彩計画などが望まれる。建築物の場合は，材料の表面仕上げや建築テクスチャーの違いによっても，光の反射が異なり色調が異なって見えてくる。まちの景観の骨格となる建築物などの色彩は，市民生活が繰り広げられる都市空間の背景となる色彩景観であることから，目立つ色づかいや派手な色彩の氾濫は美しい街並景観の形成にマイナスとなろう。秩序ある色彩選択の作法が望まれる。

一方，まちに活気や賑わいを演出してくれる対象物には，個性あふれる色づかいや時代の先端を行く流行色，季節感あふれる色彩などの選択が望まれる。例えば，商店街の垂れ幕，祭りやイベントの旗やのぼり，個々の店舗の小さい面積の看板・広告類，プランターの花々などは，一時の賑わいを創出し，また，都市空間に活気と変化をもたらすことから，季節感ある流行の色彩が歓迎される。質の高いデザインであれば，短期間に限って節度を保ちながらも，様々な色づかいが活気を演出する。

特に，花壇やプランターの花づくりは，季節感を演出し街の活気と雰囲気を短期間で盛り立ててくれる。街並景観において，花の色調が美しく引き立つには，街の背景となる建築物や路面舗装などの街並空間が，自然素材などの落ちつきある色調であることが重要である。

長期間にわたり，まちの色彩景観を持続させ特色づけるランドスケープレベルの色づかいと，短期間で変化する小面積のアクセントとなる要素などのストリートスケープの色づかいとが，バランスある相互関係を

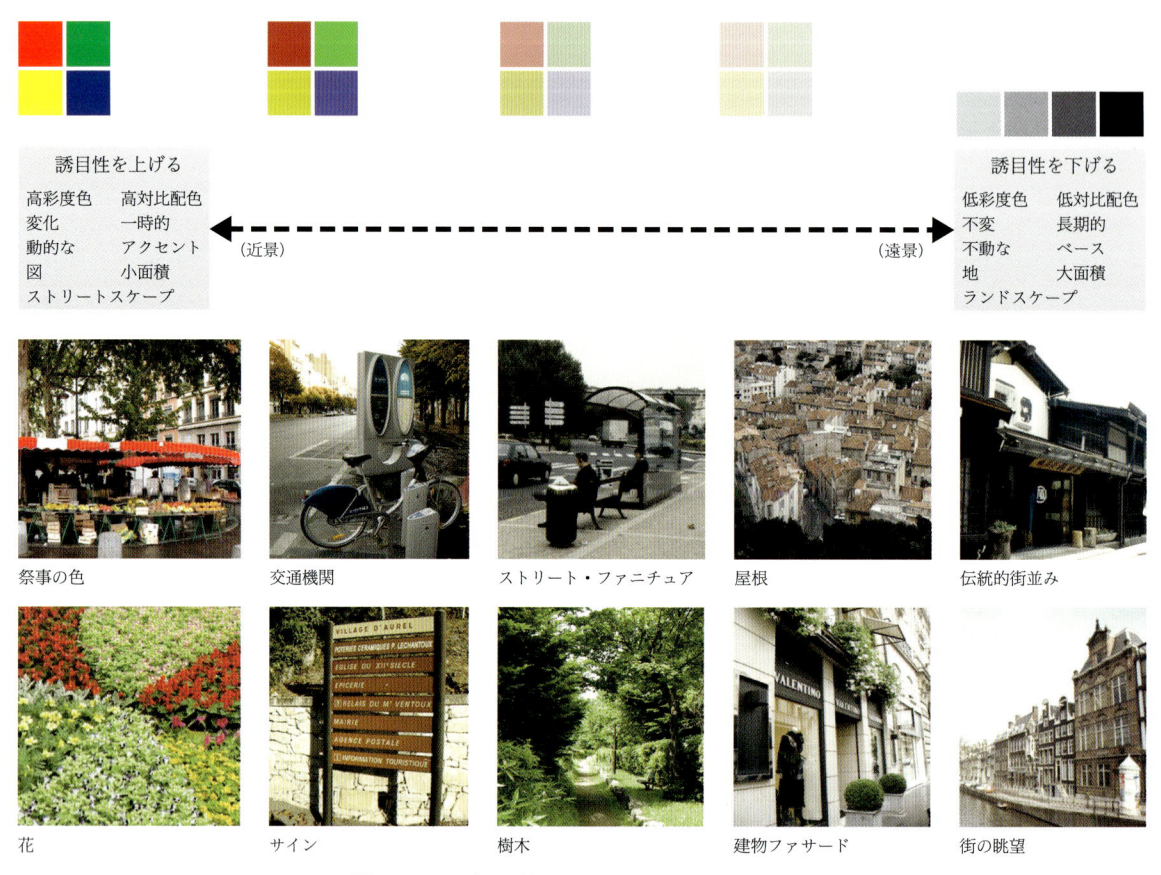

誘目性を上げる		誘目性を下げる	
高彩度色	高対比配色	低彩度色	低対比配色
変化	一時的	不変	長期的
動的な	アクセント	不動な	ベース
図	小面積	地	大面積
ストリートスケープ		ランドスケープ	

(近景) ←-------------------→ (遠景)

祭事の色　交通機関　ストリート・ファニチュア　屋根　伝統的街並み

花　サイン　樹木　建物ファサード　街の眺望

図2　まちの色彩景観(中井景観デザイン研究室作成)

保持することでまちの色彩景観は向上する。日々の生活の営みの中で、これらの考え方が色彩作法として定着していけば、まさに暮らしの文化となり継承されるであろう。

まちのプランターとサインシステム

街には、多種多様なストリート・ファニチュアが存在する。ストリート・ファニチュアには、公共空間における人々の活動を手助けする役割と機能がある。例えば、ベンチやシェルターなどは快適な休息の場を形成し、電話ボックスやバス停などは公共サービスを提供する。サインや案内版などは街の情報を人々に提供し、フラワーボックスやプランターなどは、季節感や潤いを都市空間に演出する。このようにストリート・ファニチュアの存在は、公共的空間では必要なことであるが、これらは、無秩序に氾濫するのではなく、適材適所にストリート・ファニチュアが効果的に設置されることが重要である。色や形や素材などのデザインの整理と秩序化をはかることによって、街並景観の質とまとまりが向上する。

サインシステムと広告・看板類は、ビジュアル系デザインのストリート・ファニチュアの仲間であるが、サインシステムと広告・看板類とでは、デザインへの基本的考え方が異なる。サインの役割には、都市空間における人々の活動を手助けする役目があり、送り手側から提供される情報は正確に受け手側に届けられねばならない。従って、まちの地図情報と連動するサインシステムが必要で、サインによる案内・誘導により、観光客や来訪者が容易に目的地に到着できることが重要である。

都市空間においては、目につきやすい視認性があるとともに、内容を容易に理解できる判読性が要求される。サインの視認性や判読性に関しては、伝達される情報の「図」と背景となる「地」との色彩関係のデザインが関与してくる。さらに、子どもにも理解できるピクトグラム（絵文字）や外国人のために英語などが表記されたサインデザインも必要となる。街区や都市などまとまりある地域の広がりの中で、統一されたデザインのサインシステムが展開されると、利用者の利便性の向上がはかられる。具体的には、地域の案内版、誘導サイン、記名サイン、説明サインなど、文字や色彩や素材などが統一されたデザインで、地域の観光地図と連携した取り組みにおいて、適材適所に設置されるサインシステムであることが重要である。その際、サイン情報を提示する支柱や型枠などの工作物などは、都市景観に馴染む目立たない色彩が望まれる。

ストリート・ファニチュアは多くの場合、存在そのものは自己主張することなく都市景観に調和するデザインが望まれる。しかし、地場産素材を活用したデザインや地域資源を活かしたデザインなどで、地域の個性を表現する手段として利用される場合もある。その場合も、過剰なデザインに陥らない注意が必要である。

写真3　a.二段のプランターと花／b.交差点角のプランター／c.昔の道具を利用した花の演出
　　　　d.緑のプランターとベンチ／e.街の出入り口の集合サイン／f.施設誘導サイン
　　　　g.街路灯とベンチとプランターが集約化されたストリート・ファニチュア

a / b / c / d
e / f / g

V-3 ストリート・ファニチュア

櫻井亮一

ストリート・ファニチュアとは何か

ファニチュア(Furniture)は家具，備品，調度品という英語であり，ストリート・ファニチュア(Street Furniture)を直訳すれば，「通りの家具」ということになる。別ないい方として，サイト・ファニチュア，アーバン・ファニチュア，アーバン・エレメントといういい方もある。いい方は様々でもその意味は，屋外空間をつかいやすくする，あるいは屋外空間の付加価値を高める道具や家具といえる。具体的には，ベンチ，街路灯，車止め，柵，信号機，プランター，バス停，サインなどがわかりやすい。

ドイツでは，通りの景観を構成する物質的な表層面は，快適な都市環境を決定づける主要な要素であり，その質が肉体的，精神的に作用して人に刺激を与え，快適性を高めるとし，ストリート・ファニチュアだけでなく，舗装，建物の表層，屋根や配置に至るまで，トータルで環境デザインを考えるべきとしている。

このように，ストリート・ファニチュアは単に装置として存在しているのではなく，私達が快適と感じる屋外空間を具体化する要素になり得るものである。

ストリート・ファニチュアの種類

ストリート・ファニチュアという英語で表現されているため，外国が発祥のようにとらえられがちだが，古くから日本にも屋外の家具や道具は見られた。例えば防火用水の桶，井戸，縁台，あずまや，今でいうサインにあたる一里塚，道祖神，路地の植木鉢など，日常の生活を快適にする家具や道具が存在していた。

ストリート・ファニチュアは，西洋の生活文化が日本に定着し，文化の多様化や技術の進歩の中で，様々な種類が生まれてきた。

では，どのような種類があるか，公共工事の工種区分で見てみると，以下のように分けることができる。

表1 ストリート・ファニチュアの工種区分

分類	おもなストリート・ファニチュア
園路広場系	舗装材，縁石，階段など
修景施設系	噴水，植栽，プランターなど
休養施設系	ベンチ，あずまや，縁台など
遊戯施設系	滑り台，ブランコなど
便益施設系	水飲み台，トイレ，サインなど
管理施設系	柵，車止め，フェンス，照明など

質の高いストリート・ファニチュアとは

先に述べたように，質の高いストリート・ファニチュアは，屋外空間の快適性を高める大切な要素になるものである。では，"質の高い"とは，どんなストリート・ファニチュアなのか。

ストリート・ファニチュアを考えるときの大切な視点として，機能性，安全性，景観的配慮，維持管理性の4点をあげることができる。これは，ストリート・ファニチュアだけでなく，環境デザイン全般に共通する視点といえ，都市レベルから小さな工作物に至るまで，こうした視点を満たしていることが"質の高い"ものととらえることができる。

機能性は，ストリート・ファニチュアの基本的な性能のことである。つかう，見る，制限するなどの機能を適切に果たすことができるかどうかを指し，例えば，休みたいと感じる場所にベンチが配置されているといったような快適性も含む。

安全性は，危険のない形状・形態を有しているということである。また，誰もがつかいやすい配慮がなされたもの(ユニバーサルデザイン，バリアフリー)は，安全につかえるということにつながる。

景観的配慮は，ストリート・ファニチュアが置かれる周囲の街並みなどとの調和をはかることである。街並みにおいて，「図」となる建物などに対して，道路は，「地」となることで，調和をはかることができる。この場合，ストリート・ファニチュアは，道路の一部として「地」を構成する場合が多い。従って，多くの場合，主張しないシンプルな形態，色彩が求められる。ただし，ストリート・ファニチュア自体が「図」となって周囲の街並みを引き立てる例も多くある。

維持管理性は，メンテナンスに対する配慮を必要とするということである。道具は手いれを続けることで，機能を維持し，安全につかえ，美観を損なわずに，質を保つことができる。ストリート・ファニチュアを考えるとき，耐久性や耐候性を考えながら，修繕しやすいような配慮も求められる。

この4つの視点は，どれかひとつが特に優先されるものではなく，どの視点もバランスよく満たすことが大切で，どれかに偏ったものは，私達が快適と感じる屋外空間を具体化するストリート・ファニチュアにはなりえない。どの視点も等しく大切なものであり，それぞれ完璧でなくとも4つのバランスがとれ，一定の性能を確保することができれば，優れたストリート・ファニチュアになる。

［参考文献］
・西沢健：ストリート・ファニチュア―屋外環境エレメントの考え方と設計指針, 鹿島出版会, 1983.

V-3 ストリート・ファニチュア

1. 通りにあるゴミ集積所の目隠しと広告を一体化させ通りの景観を整える(ウルム／ドイツ)

2. 通りの修復に寄付をしてくれた方の名前が入ったレンガブロックの舗装が街並みを彩る(サンフランシスコ／米国)

3. 歩道に配置されたベンチが通りを歩く快適性を高める(ミュンヘン／ドイツ)

4. ちょっとした遊具が単に歩くだけではない楽しさを醸し出している(ウルム／ドイツ)

5. 照明灯が通りの輪郭を視線の誘導，リズムを生み出している(ミュンヘン／ドイツ)

6. 家々が出すプランターが通りを明るく彩ってくれる(オハイオ／米国)

7. テーブルやベンチが通りの魅力を高め，賑わいを生む(ウルム／ドイツ)

8. 通りに置かれた設備機器も通りを快適にする重要な要素のひとつになることを考え，周辺との調和をはかる必要がある

写真 1〜8　ストリート・ファニチュアの例

V-4 バリアフリー

櫻井亮一

バリアフリーという考え方

ものづくりの初めから誰もが使えるようにデザインを考えるユニバーサルデザインに対し、バリアフリーは、存在する障がい（バリア）を取り除く（フリー）といった場合に用いられる言葉といえる。

従って、障がいがある人には使いにくいものの改善を目指すことであると考えることができるが、それ以上に、人の心にある障がいに対する差別意識そのものを取り払っていくという意味が込められていると考える。

やさしい気持ちを育む取り組み

障がいがある人もない人も互いに尊重し合って暮らせる社会がバリアフリーの社会だとするならば、そうした社会では、物理的な問題解決以上に、やさしい気持ちを育む取り組みが最も大切なことだといえる。

そのため、ハードの整備とともに、ソフト面での取り組みが求められる。

公園でのバリアフリーの事例

北海道内で、最初に本格的なバリアフリーに取り組んだ例であり、エポックメイキングになったのは、1996年に移設開園した札幌市南区の街区公園「藤野むくどり公園」である。

この公園は、単に施設をバリアフリー化することを目指したものではなく、地域住民とともに、ワークショップを通して、障がいについて考え、思いやりの心を参加者全員が育みながら、公園の整備内容を考え、マニュアルにはない、参加者のやさしい気持ちを公園整備に反映させたものである。

何よりも公園の完成を契機として、公園に隣接する住民が自宅の一部を開放し、障がいのある子もない子も一緒に集う場「むくどりホームふれあいの会」を開設したことが大きい。この「むくどりホームふれあいの会」が、ホームと公園で活動を展開し、地域の方々の協力も得ながら、地域交流、福祉活動の先進事例になった。

この公園の成功を契機に、バリアフリーに対する取り組みの重要性が認識され、その他の公園でも障がいのあるなしにかかわらず利用できる公園づくりが広まっていく。

藤野むくどり公園以降、札幌市内ではソフト面と

写真1　藤野むくどり公園(1)。隣接して建つ「むくどりホーム」（赤い屋根の建物）は公園と一体的に利用されている

写真2　藤野むくどり公園(2)。障がいのあるなしにかかわらず、地域の交流する場となった

写真3　藤野むくどり公園(3)。遊具にはマニュアルにはない工夫が盛り込まれている

写真4　藤野むくどり公園(4)。日常的な清掃も地域住民の方々の協力で行われている

ハード面が一体となった公園整備の事例がなかなかあらわれないが、桂台あおぞら公園、美香保公園、旭山記念公園、月寒公園などの再整備によってハード面のバリアフリー化が実現している。

バリアフリー新法以降の事例

近年では、既設の小規模な公園をバリアフリー化する事業も多く見られるようになった。また、バリアフリー新法の制定にともない、公園だけでなく、道路や公共施設でもバリアフリー化が積極的に行われるようになった。

以前にも増して、バリアフリー基準の準拠が求められるようになり、細かな基準で、誰もがつかいやすい公共施設の整備が行われるようになっている。

反面、この基準を守るために、長大なスロープを無理に設けたり、高価な手摺を設けなければならなくなって、本来必要な他の施設を整備できないなどの問題も散見される。

このことは、ハード面だけでのバリアフリー化には限界があり、先に述べたように、ハード面の整備とともに、ソフト面での取り組みが求められることを示している。

ただ、バリアフリーという言葉が人々にすっかり定着し、物理的な段差の解消やエレベーターの設置、最近の地下鉄ホーム柵の整備などが進んだことで、十数年前に比べて、障がいのある人が積極的に外に出るようになったと考えられ、そのことが、障がいのある人、ない人の交流を生み、心のバリアフリーにもつながっていくと期待できる。

1.歩車道の段差を解消し、歩行者と自転車を分離するなどの歩道空間のバリアフリー化が進む(名古屋市内)

2.美香保公園のシェルターは、視覚に障がいがある方の意見を取り入れ、座ったときに背後の安心感を高めるように工夫されている

3.既設の小さな公園でも休養施設の見直しや段差解消などのバリアフリー化が進む(札幌市西区の西野すずらん公園)

4.急峻な地形の公園でも可能な限りスロープを設置するなどの工夫が行われている(旭山記念公園)

5.視覚に障がいがある方などの転落を防止する地下鉄のホーム柵の設置も義務づけられた(札幌市営地下鉄東西線)

6.緩やかな階段、手摺などの使いやすい施設整備が当たり前に行われるようになった(JR岩見沢駅)

写真5 バリアフリーの事例

V-5 ユニバーサルデザイン

石田享平

ユニバーサルデザインの理念

ユニバーサルデザイン（以下UDと記す）は，米国人のロン・メイス博士（故人）を含む10人の建築家と工業デザイナーにより提唱された。その中核となるメイス博士の言葉が，南カロライナ州立大学のホームページで紹介されている。

> 製品や環境の設計においては，
> 可能な限り最大限度まで，
> 改造や特別の仕様によらず，
> 誰もがつかえるように設計する

UDは"誰もが"製品や環境をつかえるだけでなく，心置きなくつかえる設計を目指す。UDはしばしば簡明に"誰もがつかえる設計"などと表現されるが，上の理念にある通り"可能な限り最大限"という限定つきである。換言するなら，設計者は当初からつかえない圏外に残る人々を想定しつつ，なるべく多くの人々がつかえるよう設計に知恵を絞り，努力することが求められる。また，"改造や特別の仕様によらず"とあるように，特定の使用者を特別扱いしない設計を"最大限"追求することを求める。これらの限定句の追求を軽んずるとき，UDとバリアフリー設計（以下BFと記す）との境界がぼやける。

ユニバーサルデザインの7原則

メイス博士らは上述の理念を具現化するために設計上で留意すべき7原則と，各原則に付随する指針群を1995年に提唱した。ここに7原則を紹介する。
- 原則1　公平で公正な利用
- 原則2　利用における柔軟性
- 原則3　単純で直感に訴える利用法
- 原則4　わかりやすい情報伝達
- 原則5　誤った使用への配慮
- 原則6　肉体的な負担の軽減
- 原則7　接近と利用に必要な空間確保

上の7原則は従来からの設計でも多少とも普通に配慮してきた事項で，斬新な概念など見あたらないと感じる人もいるだろう。その結果，UDをBFのいい換えと解釈する向きもある。しかし，UDはBFの果たす役割に敬意を払いつつ，新たな設計概念として提案されたものである。特に，各原則の簡明な表現の根底にある米国の社会背景などをふまえ，各原則でつかわれる言葉の意味を読み解くなら，両者の違いに気づくはずである。例えば，第一原則にある"公正"は1992年制定の「障害を持つアメリカ人法」とかかわりが深い。同法は「障害に基づく差別の明確で包括的な禁止」を制定する基本法である。すなわち，第一原則の"公正"は米国における基本的な人権の保障に基づく"差別の禁止"，"公平"の実現を求める。人種的差別を改めようとしていた時代に映画館のスクリーンの映像を一緒に見られるとしても，肌の色による玄関と席との分離を公正と認めなかった。車いす使用者と一般者との進入路をそれぞれスロープと階段とに分ける設計など，この考え方を適用するなら再考の余地がある。各原則を何度も読み返して，真に達成すべきサービスの目標を見極める設計姿勢が求められる。

ユニバーサルデザインの附則

南カロライナ州立大学のホームページで，原則と指針を紹介した直後に，"註書き"がある。同文でUDの7原則は"誰もがつかえる"ようにするための留意点を述べただけで，実際の設計では他にも配慮すべき事項があると述べている。その中で例示されている他の事項が次の諸要件である。

> 経済性，工学的な実現性，文化的価値への配慮，
> ジェンダー，環境保全的な配慮

UDの理念で"可能な限り"との限定がある旨を述べたが，設計者の都合だけで限界を区切れると考えてはならない。すなわち，機能障害を理由につかえない利用者群を区切る設計は，社会的に受容できる相当の理由がある範囲でのみ許されると考えるべきである。どのような場合に許容されるのかのヒントがこの註書きにある。すなわち，あるターゲットグループの人々がつかえる条件を整えるのに要する追加的な費用が膨大である，工学的な実現性，例えば安全性に懸念が生じる，文化的な価値を致命的に損なうなどの場合に，初めて不作為が社会的または法的に容認される。この関係は「障害を持つアメリカ人法」において，合理的配慮（reasonable accommodation）を求めつつ，過度な困難（undue hardship）をともなう場合に義務免除する場合のあることに対応すると考える。

理念の"誰もが"は誰を指すか

わが国では"誰もがつかえる"を"障がい者や老人でもつかえる"と読みかえる解釈が見られるが，あくまでも表現通りであることに留意が必要だ。設計の限界条件を与える利用者群が障がい者や老人となるケースもあるが，ときに左利き，妊婦や札幌在住間もない雪のない国からの人々など，多様な能力や属性の人々もまた限界条件を与える。すなわち，従来は「標準的な人々」をサービスの対象者群とした結果，能力や属

性が社会の標準から外れる少数派の人々が，そんな製品や環境をつかえなかったり，それらにあわせてつかったりなどしてきた。UDは従来の設計でサービスの圏外に残された人々を囲い込む設計思想である。ただし，少数派のつかえる設計的配慮が，すべての使用者に制約や違和感を覚えさせない配慮を求め，〝特別の仕様によらない〟と表現した。なぜなら，特殊な設計はそれをつかう人々に不自然さや，引け目などを覚えさせ，気持ち良くつかえなくなるからである。

多くの方々はここで述べた少数派を他人事として読まれているかもしれないが，人は誰しも体の大きさと能力が全体の標準から外れる赤子で生まれ，多くが運動や知覚の能力が標準から外れる老人を経て人生を終える。また，ケガや病気で能力障害を負う人もいることを考えるなら，誰もがいつか少数派として生きる期間を過ごすのである。

バリアフリーからユニバーサルデザインへ

UDとBFとはしばしば似通う解決策を用いるが，それぞれの目標の違いがサービスに違いをもたらす。ただ，UDの理念は包括的かつ抽象的である一方，7原則は理念の分析的かつ精緻な表現なので，設計に落とし込むのにその間を埋める発想が必要である。筆者は7原則を組み合わせて次の中間的目標を設定し，設計を展開するヒントとしている。

利用の統合
製品や環境をいつでも誰もが同じ方法で一緒につかえるよう，共用的な設計を目指すこと。

設計の融合
誰もがつかえるようにする方策を，製品や環境の全体に一体化させるように目指すこと。設計の融合が効果的に落とし込めるなら，多様な属性や能力の人々を含む誰もが自然につかえる製品や環境になる。

価値の総合
誰もがつかえるようにする方策が，製品や環境の本来的な価値を高めるように工夫すること。

これらの要件が達成されるなら，次の目標が満たされるだろう。

> 誰もが自然に気持ち良くつかえる設計
> 製品や環境を人のつかい勝手にあわせる設計

園芸はよりユニバーサルな活動

園芸は子ども，成人から老人までが，それぞれの知識や関心に従い楽しめる活動である。また，園芸は心身を病んだ人々を癒し，回復に資する目的の医療や福祉活動にもつかわれる。これより園芸は年齢，能力や属性にかかわらず，誰もが参加できる活動であり，ユニバーサルな性質を持つ。ただ，庭仕事には膝を折り，腰をかがめるなど，肉体的な負荷の大きな作業がある

写真1 地植えの畑で腰をかがめて苗を植える人々

写真2 レイズドベッドで思い思いに園芸にいそしむ人々
（左：高さ45 cm，右：高さ80 cm）

ので，機能障がいや体の衰えにより，観賞に特化するときが訪れるが，植物の生育への関与が人を主体的にするのでその期間の延長が望まれる。

写真1は地植えの畑での作業姿勢だが，人々が腰や膝を深く折り，それが身体的に負担となる。つまり，作業環境を人の活動条件にあわせるなら，人々が園芸活動を続けられる期間が延ばせる。そのひとつの解決策に植床を地盤より高くしつらえるレイズドベッドが提案されている（写真2）。立位の自然体で手の伸びる高さに植床を設けるなら，植床おこしから収穫や観賞まで，膝や腰に故障を抱える人も園芸活動が続けられる。また，腰掛けやすく，立ちあがりやすい高さの花壇を設けるなら，立位での作業に疲れた人々が植物に囲まれて休むこともできる。さらに，車いすをつかう人が，植物の栽培から実りまでを楽しむこともできる。他方，日常活動における負荷を急激に減らすと衰えを早める懸念があるなら，地植えや高さの異なるレイズドベッドを組み合わせ，多様な能力や属性の人々がときどきの能力にあう活動を長く続けられる菜園をつくることができる。

［引用・参考文献］
- 障害を持つアメリカ人法：http://www.ada.gov
- The Principles of Universal Design: http://www.ncsu.edu/project/design-progects/udi/

V-6 市民参加の公園づくり

上田悦路

市民参加について

近年公園の整備はもちろん、まちづくりの様々なプロジェクトにおいても市民参加型の整備があたり前のようになってきている。その手法としては、基本的に以下のようなものがある。

- 住民説明会　　・行動調査
- アンケート　　・ワークショップ
- ヒアリング　　・上記の複合的な手法

この中のワークショップがまちづくりなどの分野において日本に紹介されたのは1979年とされている。

ワークショップは基本的に、地域住民の意見・要望の把握・反映や合意形成などを目的に、計画段階から市民とその場所の基本的な条件・課題などを共有し、様々な意見・要望を出しあい、議論しながら一緒に計画を考えていく手法であり、最近では、公園の新規や再整備においてこの手法がとられていることが多い。

ここでは、ワークショップを中心に、高野ランドスケーププランニングがかかわった市民参加型のプロジェクトの中から、3つの事例を紹介しながら、市民参加の公園づくりについて述べる。

安波山みなとの見える丘公園の事例

- 所在地：宮城県気仙沼市
  （面積 24 ha, 計画設計期間 1990〜1991 年）

全市を対象とした参加型プロジェクト

気仙沼市の市街地からそれほど遠くない所に、山頂から気仙沼湾を一望できる山があり、名は安波山。文字通り"波を安める"という意味から名づけられ、2011年の東日本大震災の際には津波からの避難場所ともなった山で、ここを公園として整備した。

当時気仙沼市では街の活性化をはかるため港の整備などをはじめ7つのプロジェクトが計画され、この公園はその第1号としてスタートした。

街を活性化するためには市民の気持ちがまとまって、街の将来について議論することが大切と考え、気仙沼市全域を対象とした100人ワークショップを計画段階から施工段階まで継続的に行った。

参加とデザイン

参加のプロセスの導入とデザインの質の向上の両立は大切であり、大変でもある。

市民の意見を聞きながら高いデザイン力でまとめあげることに留意し、できあがったものが人々の感動をよび、参加者がその成果をつくりあげた一員であることに大きな喜びを感じられるように取り組んだ。

計画ワークショップで議論するだけでなく、施工段階でも参加することにより、参加者全員が愛着を持ち、

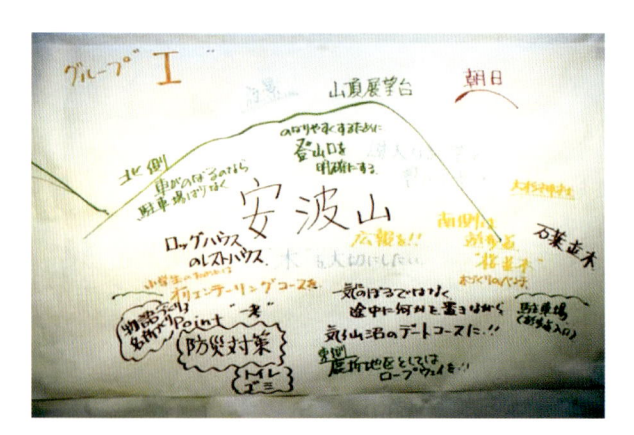

写真1　計画ワークショップでのグループ発表

写真2　上：施工段階での参加（モザイクタイル陶管），下：ベンチや林床のアクセントとして配置

感動を分かちあえる空間ができあがった。

風水と龍脈（プロジェクトデザインのシンボル）

"風水"では大地の勢いを龍に見立てる考えがある。その視点で見ると対象地は北上山系に源を発する強い龍脈のひとつであると読み取れる。そこで"龍"をこのプロジェクト・デザインのシンボルとした。

あたかも龍が気仙沼湾に水を追い求めて舞い降りてきたかのように、メイン階段でデザインを展開した。仕あげの素材には、港町気仙沼の特色が出るように、

気仙沼港に水揚げされるアワビやホタテの貝殻やカジキマグロの鼻の骨など，また，地元の焼き物の瓦なども用いた。

写真3　龍の階段

写真4　「海の見えるお便所」

写真5　見晴らし台

整備後は，市民が自主的に施設の清掃を継続的に行うなど，市民に愛され親しまれる公園となっている。

道立十勝エコロジーパークの事例

・所在地：北海道音更町
　（面積141 ha，計画設計期間1996～2004年）

本公園は，音更町，幕別町，池田町にまたがる十勝エコロジーパーク構想の先駆けとして整備された。

議論を重ねていく過程で，当初地元でイメージされていた施設立地型の公園像から環境育成型へと移った。

河川区域は，キャンプ場，広大なピクニック広場，水系施設，河畔林散策園路などで構成し，河川区域外は，情報・サービスの拠点ビジターセンター，環境を体感できる遊び場，宿泊施設となるコテージなどで構成されている。

十勝エコロジーパークの理念
・自然と人間の共生を目指す公園
・100年先を目指す環境育成型の公園
・市民活動を誘発する公園
・十勝全体へと発信する公園

ダイナミックデザインプロセス

基本計画と平行して，フィールド型ワークショップの森林整備などの「先行整備」の実施を通して，環境の反応を確かめながら施設計画や環境育成計画に活かした。

また，プロジェクトハウスを先行整備し，そこを拠点にエコロジーキャンプや自然観察会などの「先行利用」を行ない，その成果を動的に計画・デザインなどに反映させる「ダイナミックデザインプロセス」を実施した。さらに，「利用者会議ワークショップ」を行い，開園後の市民参加型の公園利活用および管理運営へ展開した。

(1) 先行整備

写真6　河畔林の整備

(2) 先行利用

写真7　子ども達とのエコロジーキャンプ　　写真8　自然観察会

(3) 利用者会議ワークショップ

写真9 管理運営の可能性を議論

写真10 ワークショップを通して発足した市民団体の活動（十勝の食材をおいしく食べよう会）

　開園後は豊かで多様な環境を楽しみながらの一般利用はもちろん，自然観察会の継続の他，市民団体による各種自然体験活動のプログラムも実施されている。

旭山記念公園再整備の事例

・所在地：北海道　札幌市
（面積 20 ha，計画設計期間：2001～2007 年）

　札幌市創建 100 年を記念して建設されたこの公園は，2001 年当時 30 年近く経過して施設が老朽化してきたことなどをふまえ，中央区の重点事業のひとつとして再整備計画を始めた。

　この再整備の市民参加の取り組みとして，「意見・要望を聞く」だけでなく，「市民とともに議論を深め」，「情報をオープン」にして「計画プロセスを体験」してもらい，「市民が主体的にかかわるきっかけとして市民立案のプロジェクトが展開」できることを目指した。

　また，具体的なコンセプトを明確に提示し，十分な時間をとり議論を積み上げることが，計画，デザイン，建設手法，運営のあり方への発展に極めて重要であり，プロジェクトの根幹であると考えた。

再整備の基本方針

- 市民参加により計画を進め，そのプロセスを公開し十分な議論を重ね創造していく
- 豊かな自然環境を活かした，地域の文化を育む場を創出する
- 市民の記念植樹や，その他の樹林地育成を新たに見つめなおす
- 少子高齢化社会への対応とユニバーサルデザイン化への取り組み

徹底した市民参加（複合的な手法）

① 開園している公園にプロジェクトハウスを設置し，直接利用者からの意見を聞く場，計画の進捗を広報する場とした。
② 自然環境を詳しく実体験としても知ってもらえるように，自然環境調査に市民も参加してもらった。
③ 利用者の行動調査として，駐車場調査により滞在時間と活動の関係を把握した。
④ 室内での計画議論だけでなく，森の整備，遊び体験などの様々な現地体験型ワークショップも実施し，議論を進めた。
⑤ 再整備後も市民がかかわっていけるような管理運営についてのワークショップを行った。
⑥ フィールドの持つ教育的可能性を検討するため，北海道大学や近隣の小学校とも連携してワークショップを進めた。
⑦ 公園再整備のホームページを立ちあげ，情報発信と同時に，掲示板上で市民同士の議論も行った。
⑧ 市の広報誌，新聞，テレビ，ラジオなどに積極的に登場し，広報した。
⑨ 計画当初から実施設計最終年度までの 6 年間に，全 46 回の様々なテーマでのワークショップと，4 回のシンポジウムを開催し，毎回ニュースレターを市内の各種団体，教育機関，隣接町内会，個人の希望者などに送付し，案内や進捗状況を広報した。
⑩ 身体障がい者の諸団体には，計画ワークショップの参加以外に，直接訪問による経過報告と意見交換や，一部再整備工事が終わり部分開園された現地での検証も実施し，残りの再整備工事で反映させた。

市民に愛される展望台エリア

　展望台の見晴らしの良さを踏襲しながら，イベント広場を展望台下に設けた。これまで 20 年以上にわたって市民の手で育まれてきた地域文化のひとつともいえる旭山音楽祭はもちろん，その他の様々な規模のイベントも対応できるものとした。広場の噴水は修景

だけでなく，子ども達の水遊び場ともなる。

写真11　イベント広場から展望台を望む

市民活動団体による管理運営

ワークショップの過程で市民団体が誕生して活動が始まり，「旭山記念公園市民活動協議会」が発足した。市民活動の拠点施設として先行整備した「森の家」の管理運営や公園の清掃などを行いながら，自然観察・体験型の各種イベントを運営している。

写真12　市民活動の拠点施設「森の家」周辺

ユニバーサルデザイン

丘陵地であるため，すべての動線をユニバーサル対応する大規模な造成は必要なく，多様な選択肢の中で高齢者や障がい者も利用しやすく，ソフトサービスも充実させるという合意形成の基に，展望台周辺と森の散策路を車いす使用者や視覚障がい者も周回できるようなユニバーサル園路を設けた。縦断勾配5%以下で足にやさしく滑りにくい舗装を基本とし，手摺り，点字シート，視覚障がい者誘導ブロックなどを設けている。また，公園の情報やサービスの中心であるレストハウスでは車いすの貸し出しも行なっており，外には音声案内板も設けている。

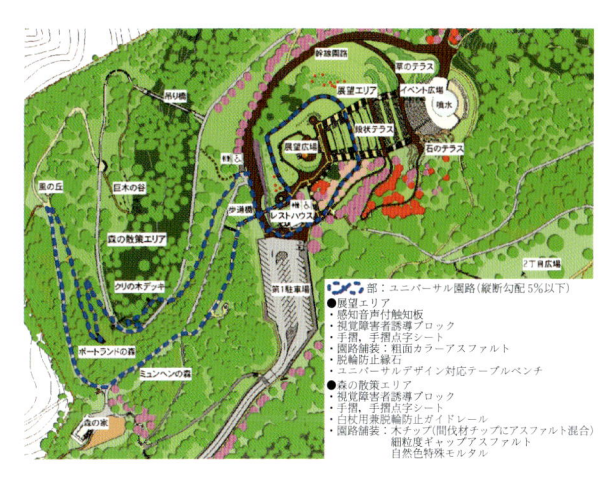

写真13　ユニバーサル園路平面図

写真14　ユニバーサル園路（レストハウス前，森の散策路一部）

2008年の全園開園後も，展望や森の散策などを中心に多くの人に利用され，市民活動による各種イベントも継続している。ケアハウスや病院などから車いす使用者の方も来て街の展望や森の散策を楽しんでいる。

市民参加の特色と成果

ワークショップの特色や課題

・計画当初から参加し共通の体験を通して議論できるため，より建設的かつ現実的な意見が期待できる
・できあがったものに対して，より多くの人が自分の考えとして認識できる
・できあがったものや自分の住む場所に愛着を持ち，管理運営まで発展する可能性がある
・計画側は，要望の反映や合意形成だけでなく，専門家として質の高いレベルで計画力やデザイン力を提示しながら進めなければならない

市民参加の成果として

参加のプロセスを通して，市民ができあがったものに愛着や誇りを持てる場を創造し，市民が生き生きとした利用や運営などを継続していくものでありたい。

V-7 自然景観の評価

上田裕文

自然景観は社会の自然観のあらわれであり，地域や国によって違うだけでなく，時代によっても変化する。私達が自然景観を考えるとき，それは社会と自然の結びつきそのものを考えることになる。高度な技術発達により，自然との結びつきが弱くなった現代社会において，私達は自然景観に何を求めているのであろうか。そして，今後自然景観はどのように維持されていくのであろうか。

自然景観の成立

自然景観と聞いて最初に思い浮かべるのはどのような景観だろうか。自然景観とは，人工的につくられていない自然の景観ということなので，山や川，海といった，自然要素の数だけあらゆる種類が考えられるだろう。しかし，それらの中で共通しているのは，自然景観＝美しく好ましいものという漠然としたイメージではないだろうか。

自然景観は，自然を見る主体と，見られる景観の存在を前提としている。つまり，自然はそこにあるだけでは自然景観として成立せず，それを見る人がいて初めて自然景観として認識される。逆にいうと，人が目を向ける自然のみが自然景観と認識されており，ごくあたり前で見向きもされない自然も数多く存在していることになる。そもそも，「景観」という語に着目してみても，その言葉自体が明治以降につくられた造語であることはよく知られている。それまで一般的であった「風景」や「景色」に対して，ドイツ語の「Landschaft（ラントシャフト）」という語が植物学者であった三好学によって導入され，「景観」の字があてられ翻訳されたという。景観という言葉自体が，近代化の中でつくられた，自然科学的な視点からの客観的な自然の見方なのである。

ちょうどこの時代，志賀重昂による『日本風景論』が1894年に出版された。日本の風景が，気候，海流，水蒸気，火山岩の多様性と流水浸食の激しさといった視点から，初めて科学的に論述された。その後，日本新八景が1927年に新聞社によって企画され，広く国民の関心を集めた。日本の代表的な景勝地がハガキ投票で選定されたのである。そんな時代の流れの中で，最初の国立公園が1934年に指定された。国立公園には，それまでの有名な名勝だけでなく，自然科学的に新たに評価された大自然も加えられ，「優れた自然の風景地を保護するとともに，その利用の増進を図ること」が目的とされた。こうして，積極的に自然の景を観る見方が形成されていった。

日本における自然景観は，少なからずこうした国家レベルの制度化を通して成立していった側面を持つ。このような歴史背景があるため，現在私達は，自然景観に対して漠然とした美しいイメージを持っているのかもしれない。しかし，自然景観に対する現在の肯定的なイメージも，時代や社会の変化とともに徐々に変化しうる。時代の価値観や社会のニーズによって，異なる自然が自然景観として認識され，保護や利用の対象として整備されていくのである。

では，その中で美しい自然景観を維持するとはどういうことだろうか。自然景観は，自然に放置しているだけで常に美しくあり続けるのであろうか。それとも，私達人間が手を加える必要があるのであろうか。また，その美しさは，時代の変化にどのように影響を受けるのであろうか。その点も含め，自然景観を改めて考えてみたい。

ここでは，森林景観に絞って，人のかかわりや社会の価値観による自然観の違いや変化について具体的に話を進めていく。日本の国土の7割近くが森林であることからも，日本の豊かな自然は森林なしには語ることができない。森林は人類が最も古くからかかわってきた自然であり，時代とともに利用される機能も変化してきた。その結果，地域や文化によって異なる，多様な景観が現在見られる。森林景観を通して，地域や国による自然観の違いを見ていくことで，自然景観がいかに社会によってつくられ，また社会とともに変化しているかが明らかになる。

庄内砂丘林

最初の例は，日本の代表的な自然景観のひとつである，「白砂青松」の海岸林である。ここでは，山形県庄内地方のクロマツ林を例に自然景観の成立とその後

写真1 中部山岳国立公園の一部であり，国の文化財（特別名勝・特別天然記念物）でもある上高地

の変遷を見ていきたい。現在では地域特有の景観を呈しているが，実際には，防風林→里山→白砂青松→自然保護といった，地域の価値の変化の中で異なる自然景観が認識されてきたといえる。

庄内砂丘地域は，庄内地方の日本海に面した西側に位置し，北は遊佐町吹浦から南は鶴岡市湯野浜に至る延長34 km，幅1.5～3.5 km，高さ最高68 mに及ぶ日本でも有数の大型砂丘である。この砂丘地帯に分布するクロマツ林は，決して美しい白砂青松の森林景観を目的として整備されたものではない。日本海から吹きつける北風から自分達の生活と生産活動を守るために，人工的につくられた防風林であり防砂林なのである。以前あった海岸ぞいの樹林帯は，近世の製塩業の拡大とともに燃料として伐採され，人々はその後長く，北風とともに吹きつける飛砂に苦しめられることとなった。家屋や田畑が砂に埋もれそうになる中，砂を掘っては砂箱にいれて運び，海に捨てるという生活を強いられてきたのである。藩政時代の18世紀ごろから，地元名士の指導の下，砂防植栽が始まり，海岸線に人の手で1本1本クロマツが植えられた。地道な植林活動が300年以上続けられ，数々の戦争や農地拡大のたびに荒廃を経験しながら，現在私達が目にしている庄内砂丘林を成立させたのである。

庄内砂丘林は，海から来る風や砂の被害を防ぐ防風林としてだけでなく，日々の生活の燃料や，農地で用いる堆肥の原料を得るための里山としても活用された。農地開発の異なる歴史が，地域によって特徴的な森林景観を生み出した。北部は，豊かな森林の中に畑地が連なる景観(写真2)で，南部は逆に，農地の中にクロマツ林の縞模様(写真3)が見られる。しかし，このクロマツ林の景観が，地域の愛着と結びついて美しいと評価され，保全の対象となるには，さらに後の時代を待たなければならなかった。

戦後の燃料革命以降，松葉や枯れ枝などはもはや燃料のための資源とは見なされなくなった。日々の生活の中で直接の恩恵をもたらさないクロマツ林は，しだいに人々の意識から遠のいていった。クロマツ林の林床には，利用されなくなった有機物が堆積し，広葉樹の侵入やマツクイムシの被害などが進んだ。都市化する生活様式の中で，人々もまた，かつての飛砂の脅威を知らない世代となり，クロマツ林自体が存亡の危機に瀕していた。それでも，クロマツ林は意識されないごくあたり前の存在であり続けた。

クロマツ林が，人々の郷愁の念と結びついて愛される対象となっていったのは，1998年の雪害により数千本のクロマツが被害にあったのがきっかけである。地元でクロマツ林の保全について考える様々な議論が始まった。人々はそのとき初めて，クロマツ林が放置していても維持される，あたり前の森林景観ではないことに気がついた。この被害により，クロマツ林の大切さが市民に意識され，ゴミ拾いや枝打ちなどのボランティア活動，小学校における体験学習などが次々に始まった。

しかし，庄内砂丘林におけるクロマツ林の維持には，対立意見もある。白砂青松のクロマツ林を維持していくか，それとも森林としてより発達した混交林として管理するかという議論である。いずれも，森林景観の維持には継続的な人の手による管理が必要であるという点では同じである。しかし，どのような自然景観を好ましいと考えるかという価値観において，両者の意見はまったく異なる方向性を持っている。

ここで植生遷移という，森林景観を成立させるメカニズムを思い出していただきたい。痩せた土地に生えるクロマツは，遷移途中の森林である。塩分を含んだ強風が吹きつける砂地は，クロマツがかろうじて生育できる環境であった。クロマツ林が成長することで，林内の気象条件が緩和され，落葉や林床の植物によって土壌の養分が増える。すると，植生遷移によって，森はしだいに広葉樹林に置き換わり，森林景観が徐々に変化する。先人達が夢見た防風林は，より生態的に安定した森林構造へと遷移段階を進めているのである。しかし，白砂青松のクロマツ林の景観は，藩政時代か

写真2 庄内砂丘林北部の帯状の森林景観
(山形県庄内総合支庁提供)

写真3 庄内砂丘林南部の縞模様の森林景観
(山形県庄内総合支庁提供)

ら300年以上もの時を経て先人達が育んできた歴史的遺産である。既に地域の人々にとって，単なる防風林ではなく，原風景そのものであるといっても良いだろう。そのため，自然科学的な視点に立つと，生態的に安定した混交林化が妥当であっても，心情的にはそれを受けいれることはむずかしい。自然景観として，自然に任せることが好ましいのか，地域の特徴的な景観として，白砂青松の姿を維持すべきなのか。このように，自然景観は地域のアイデンティティの一部として議論の対象となることもある。自然景観は，一人の人間が単独でつくり出すことも維持することもむずかしい。地域の人々，社会の合意の中で長い時間をかけてつくりあげられ，維持されるものである。しかし，どのような自然景観を好ましいと感じ，維持したいかに関しては，人の価値観によって意見が異なる。このことが，自然景観の保全において合意形成が重要なキーワードになるゆえんである。

日本とドイツの森林観

時代や地域を超え，文化として定着する自然観は存在するのであろうか。日本とドイツの森林観の比較を通して，日本特有の自然景観の認識を浮き彫りにしたい。日本は明治以降，ドイツ林業をお手本にして森づくりを行ってきた。そのため，日独の森林景観には多くの共通点が見られる。それにもかかわらず，両国の文化的な差異は異なる森林観を形成し，森林へのまなざしを規定しているかもしれない。

比較研究では，日本人とドイツ人の協力者に，「森林」と聞いて最初に頭に思い浮かべる森林の様子を，簡単なスケッチとして描いてもらった。日本人が描く森林景観は，伝統的な水墨画に描かれるような松林，もしくはブナの原生林の姿だったのだろうか。ドイツ人が描く森林景観は，グリム童話に出てくるような，曲がりくねったカシワの大木のうっそうとした森，またはシュバルツバルトに代表される黒い森だったのであろうか。少なくとも，このように，両国で異なる森林のイメージが見てとれるのではないかと期待したのである。

しかし，その結果は期待通りではなかった。ドイツ人は，ステレオタイプともいえる森林のイメージを共有しているのに対し，日本人の森林のイメージは，人によってばらばらで，描かれた絵には数多くのパターンが見られた。この結果は，調査に協力してもらった，都市の大学生にも，森林地域で生活する住民にも共通して見られた特徴であった。

実際に描かれた森林の特徴としては，ドイツ人は意識的に樹木の種類を描き分けた，混交林の絵を描く傾向があった。それに対し，日本人はもこもこと丸みを帯びた樹形の広葉樹林を描く傾向が見られた。このように，描かれる森林の植生には違いが見られた。それだけではない。森林を描くときの視点の取り方が両国では異なっていた。ドイツ人は，森林を横から見た中景の絵が多かったのに対し，日本人では森林の中から描いたような近景の絵や，逆に遠くの山を眺める遠景の絵が見られた。このような表現に，森林と各自との距離感の違いがあらわれていると考えられる。つまり，森林と一定の距離が保たれているドイツ人に対し，日本人の森林との距離感は個人によって実に様々であるといえる。

頭の中で思い浮かべられた森林は，各自にとって身近にある森林や，理想的と考える森林の姿である。ドイツでは森林の清浄な空気が評価されることが多く，日本では木々の間から差し込む木漏れ日の美しさが表現されるといった違いが見られた。さらに，ドイツ人では，森林の林床に生える植物などを含めて，詳細に森林の絵が描かれるのに対し，日本人ではスケッチの中に人間が描きこまれ，まるで絵日記のように森林での体験が表現されることが多かった。その際には，森以外の自然要素，例えば川や湖が組み合わされた，美しい自然景観として森林が描かれていた。つまり，ドイツ人は森林そのものをイメージして描写していたのに対し，日本人は森林で行った体験を回想または想像して描く傾向があった。森林は，スケッチの主題というよりも，むしろ背景として描かれることが多かったのである。

こうした結果から，日本人の森林観や，その形成要因をどのように読み取ることができるだろうか。確かに，日本とドイツの間には，大きな自然条件の違いがある。森林率は日本で7割近いが，ドイツでは3割程度である。森林の重要性についての自由記述回答を見ると，ドイツでは身近な森林に対して多面的機能が期待されるとともに，これらの機能が積極的に評価されていた。そうした知識と，日常的な森林散策の習慣が一体となって，安定した森林観が形成されているようである。

図1 ドイツ人の森林イメージスケッチの例(Ueda, 2010)

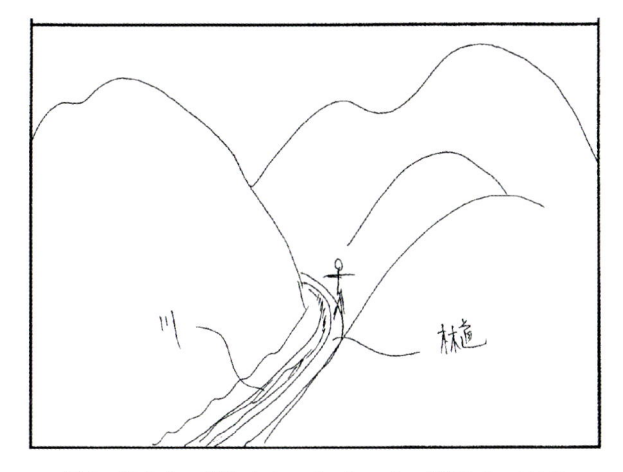

図2　日本人の森林イメージスケッチの例(Ueda, 2010)

一方で，日本では自然保護の知識や原生自然へのあこがれと，実際の森林体験や余暇利用との間に大きな較差がある。多様な森林が存在するために，森林の評価も一定に定まらず，森林観は漠然とした個人の記憶に基づいて形成されているようである。つまり，森林観は，自然そのものよりも，自然とのつながり方によって形成されているといえる。

さらに，別の調査では，日独の複数の森林地域で，地域を代表する美しい風景について尋ねた。同様に，スケッチを描いて回答してもらった結果，多くのドイツ人にとって，地域の誇りと結びつく風景は，周囲の高台から自分達の村や町を見下ろす眺めであった。歴史的な建物や町並みの姿に，人々は地域の誇りを感じていた。それに対し，日本人の多くにとって，地域の美しい風景は，自分達の住む村や町から周囲の山を望む眺めであった。季節変化があらわれる自然景観に，地域らしさを見出していたのである。日本人とドイツ人の地域の誇りが，ドイツでは町の歴史の蓄積であり，日本では自然の季節変化であったことは興味深い。どうやら，私達日本人にとっては，周囲の自然景観が，自分たちの居場所を規定する座標軸となって地域アイデンティティと結びついているようである。循環する季節という時間と，地域の境界としての山々への意識が，加藤周一が「日本文化における時間と空間」の中で述べるような「今，ここ」に生きる文化的価値とつながっているのかもしれない。

このように，国や地域によって森林観が異なり，その背景にある森林に求める機能や，美しいと感じる風景にも社会的な価値観が働いていることがわかる。

現代社会における自然景観

自然景観は，人工的な景観と比べると，長い時間の流れの中でつくりあげられる。自然そのものが変化し，成長したり遷移したりする時間の流れと，人間社会が世代交代を繰り返しながら自然に影響を与え続ける時間の流れとが重なりあって，現在の自然景観も形成されてきた。しかし，現代社会は，これらの自然景観を一瞬にして破壊してしまうほどの技術力を持ってしまった。どのような自然景観を守るかは，社会の価値観によってある程度決まるといっても過言ではないだろう。生活の中で自然との結びつきが少なくなってきた私達は，「自然」の記号を求めて，実際の自然とはかけ離れた自然景観を評価し，さらにつくり出す可能性すら持っている。日常生活の中で自然との結びつきが減少する多くの都市住民にとってはなおさら，自然景観とは非日常的なレクリエーションを通して体験される自然の姿である場合が多い。さらには，テレビ画面を通して観賞されるだけの自然であったりもする。私達が目を向け，自然景観として認識する自然は，ごく限られた自然の一側面であり，さらにはあらゆるフィルターによって操作されたイメージであることも少なくない。私達は，自然を景観として愛でるだけでなく，きちんと自然と社会の間に立ち，改めて両者のつながりとバランスを意識することが求められる。そのような自然とのつながりの意識こそが，本来，日本文化に特徴的な自然景観の認識の仕方と考えられるからである。

東日本大震災では，国立公園のひとつである陸中海岸国立公園(現，三陸復興国立公園)も津波の被害を受けた。震災後の現地には，震災前と変わらぬ自然のリアス式海岸が広がっているが，人が景観を楽しむための人工的施設は根こそぎ失われていた。目の前に広がる光景を自然景観とよぶことに抵抗を感じてしまうのはなぜなのかを考えた。そこにあるのは自然の猛威の爪痕であり，自然景観とよぶには，あまりにも人間とのつながりが意識できないものであった。ましてや，そこに自然景観という言葉からイメージされる，安心感や平穏な雰囲気を感じることはできなかったのである。三陸海岸が再び自然景観として観賞され，評価されるには，人と自然のつながりを回復するための時間がまだしばらく必要になるだろう。

人々の目が自然に向けられることで，景観は評価の対象となる。さらに，自然景観が保全の対象になるには，その価値に関する議論と，実際に行動をおこす人々の組織やバックアップ体制，制度の整備などが必要となってくる。自然豊かな日本が多くの美しい自然景観を保つためには，まずは，より身近な自然に目を向けるきっかけが必要であるといえる。そのためにも，ガーデニングボランティアが担うべきインタープリター(自然と人との「仲介」となって自然解説を行う人)としての役割が，今後ますます期待されるのではないだろうか。

[引用文献]
・加藤周一：日本文化における時間と空間, 岩波書店, 2007.
・Ueda, Hirofumi: The Image of the Forest. Südwestdentscher Verlag für Hochschulschriften, 2010.

V-8 フットパスからロングトレイルへ

小川　巖

北海道内のフットパス

　現在，道内には40を超える地域(市町村)に200以上のフットパスのコースがあると見られている。明確に何コースといえないのには訳がある。そもそもフットパスの定義がはっきりしていないためだ。2012年4月にそれまで10年間続いた全道フットパス準備会からフットパス・ネットワーク北海道(略称FNH)に衣替えした際，一応次のような定義を示した。①地元にフットパスの推進または管理にあたる団体やグループがある。②道標，コースサインが整備されている。③入手可能なコースマップができている。以上3つはフットパスの要件としては妥当なものだろう。これらをあてはめるとさらにコースの数は目減りしてしまう。
　いずれにしても，発展途上にある道内のフットパスが徐々に3要件を満たすよう誘導して行くのがFNHの使命のひとつと考えている。

まずは1コースから

　ごく一部の例外を除いて，道内のフットパス活動が始まったのは2000年以降，多くはこの数年の間である。フットパスといってもコースの新設はまず必要ない。既存の農道，林道，堤防道，遊歩道などをつないで，多彩なコースを設定するだけでも立派なコースができあがるのである。
　コース設定にあたっては，動機も目的も様々だし，コースが通る環境もいろいろだ。むしろ様々な環境を通るコースの方が魅力を増す。だからたいていの場合，まず町村の中にひとつのコースをつくるところから始める例が多い。以後ふたつ目，3つ目のフットパスを設ける所も出てくる。
　そうこうするうちに隣の町と結ぶ地域もあらわれる。隣りあう複数の町がそれぞれにフットパスをつくっていると，このようなインタータウン(町と町をつなぐ)コース設定がスムーズに進む。そんな例も出始めている。
　現在はさらにスケールアップして一定地域の複数の町村にフットパスを通す所まで出ている。それもワンパターンではなく，いくつかのタイプがあるので，以下紹介してみたい。

南後志エリア

　この地域で最も早くフットパスを手がけたのは黒松内町で現在5コースある(2004年から)。現在までに隣の蘭越町，ニセコ町，真狩村でフットパスコースができていて，イベントが年数回開催されている。今のところインタータウンのコースはないものの，ニセコ町から蘭越町に至るコースについては目途が立っている。さらに蘭越町と黒松内町を結べば，一気にニセコ町まで約40kmのコースがつながることになる。
　ニセコ町から真狩村につなぐのは容易である。その先喜茂別町までを結ぶと札幌との直結が視野に入る。というのは喜茂別町の市街地から喜茂別川にそって中山峠に向かうと，途中から旧国道(現在，町道として管理されている)にぶつかる。よく整備された旧国道を登りつめれば中山峠にたどり着く。札幌市側の旧国道は林道としてつかわれていて，定山渓まで行ける。このように町ごとのフットパス活動が隣町と結び，最終的にロングトレイル化することが期待される，という訳だ。

写真1　黒松内町，チョポシナイコース(休憩ポイント)

写真2　ニセコ町，文学・歴史の散歩道

富良野エリア

　この地域で最も活発にフットパスを展開しているのは，上富良野町であろう。強力なリーダーシップを発揮する人がいるお陰で近隣の市町村にも好影響を及ぼしている。南後志エリアのようにここの町村が独自にフットパス活動を始め，その後に互いにつながるとい

う形ではなく，地域のリーダー格が市町村の枠を超えてロングトレイル化を目指すタイプである。

現在，ふたつの構想が同時進行の形で進められている。ひとつは旭川市を起点に占冠村に至る7つの市町村を結ぶロングトレイル(約250 km)。もう1本は同じく旭川市〜上川管内については前記のロングトレイルを通った後，南富良野町から狩勝峠を越えて十勝管内に入り，大雪山麓を左回りに周遊して旭川市に戻るロングトレイルだ(約450 km)。

距離の長さもさることながら，16の市町村にまたがるだけに調整すべき課題がたくさんあると思うが，これぞ北海道ならではのロングトレイルになるのは間違いない。

写真3　上富良野町，千望峠パス

道東エリア

ロングトレイルに関しては，道東エリアが先行していた。AKウェイがまずその筆頭にあげられる。Aは網走，Kは釧路のイニシャルをとっての名称である。211 kmの区間の一部を数日かけて歩くツアーなどを実施している。これなどは，南後志エリア型がそうであったように町々につくられたフットパスを徐々につないでいくのではなく，一気にロングトレイル化をはかった点で大いに異なる。全ルートが確定したかどうかは定かではないが，ひとつの進め方として注目して良いだろう。

もうひとつの道東エリア型ロングトレイルの典型として北根室ランチウェイがある。「ランチ」とは昼食ではなく，牧場を意味するランチ(Ranch)である。中標津町を起点に西別岳(800 m)，摩周湖を経由して弟子屈に至る71.4 kmのルートである。フットパスに情熱を持った個人が中心となって推進している点はAKウェイと似ている。また地元自治体を巻き込んで推進しようとしている富良野エリア型とはやや異なるタイプと見るべきだろう。

これら以外にも十勝エリアで複数の町々をつなぐロングトレイルを歩く活動が続けられている。また根室管内の旧標津線の廃線跡を活用するフットパスづくりが別海町の団体が中心になって始まっている。これもやり方次第では，根室市〜別海町〜標津町(または標茶町)をつなぐ形のロングトレイルに発展する可能性が秘められていて，今後が楽しみだ。

写真4　根室市，厚床パス

フットパス・ネットワーク

道内ではこの10年の間に急速にフットパスが広がりを見せた。地域おこし，歴史，自然，文化，観光，景観，自然保護など，その動機と目的は様々だ。ひとつの町村内に1コースのフットパスをつくるところから始まり，複数のコースへと進展するケースが多い。そうこうするうちに隣町とつながり，さらにその先へと続いて地域ごとのロングトレイルができたり，構想されるまでになった。その例を3つのタイプに分類して紹介した。

この勢いがさらに続けばどうなるのか。遠からず全道にフットパスのネットワークが形成されるに違いない。そうなると，例えば函館から稚内あるいは札幌から根室を目指して歩くという新しい動きが北海道に生まれ，定着するのではないか。

たかが歩く道ではすまされない可能性が見えてくる。フットパスは滞在時間を大幅に延ばす上に健康にも良い21世紀型のアクティビティーなのだと私は思っている。

なお2012年3月，道内各地のフットパス推進団体のメンバーによって構成される「フットパス・ネットワーク北海道(FNH)」が設立された。

[参考文献]
- 小川巌：フットパスは地域を変える，北のランドスケープ―保全と創造(淺川昭一郎編著)，164-172, 環境コミュニケーションズ, 2007.
- 小川巌：フットパスに魅せられて―私のフットパス遍歴, 103 pp., エコ・ネットワーク, 2011.
- 小川浩一郎：北海道フットパスガイド①, 87 pp., エコ・ネットワーク, 2013.

秋桜「地域を花でかざろう会」管理のコミュニティガーデン（北区篠路）

第VI章
地域の環境

さっぽろまちづくりガーデニング講座樹木ツアー(円山公園)

VI-1 北海道の植物景観

辻井達一

植物から見た北海道

　北海道は日本列島の一番北にあるため，よく最北の島などといわれるが，その緯度は北緯43度から45度までにすぎない。つまり位置としては北半球のちょうど，真ん中にあるわけで，これを西に辿れば中国でこそ，その東北部にあたるが，モンゴル，中央アジアの諸地方，カスピ海，黒海，北イタリア，スペインから南フランスとかなり違った世界である。その多くは決して寒冷な所ではなくて，どちらかというと温暖な，というべきだろう。従って生えている植物も，もちろんそれ相当の種類で，決して寒冷地のものではない。

　ヨーロッパや北米の植物学者などが，一律におもしろがるのが北海道各地に広がる豊かな稲田の背景に，シラカンバや，エゾマツ，トドマツなどの樹林が見える風景である。シラカンバ林やエゾマツ，トドマツの針葉樹林は，亜寒帯性の気候を示すもので，彼らのイメージの中の稲田すなわち，東南アジアか，ヨーロッパでは地中海性気候下での風景との混在(むしろ混乱というべきか)は，不思議にさえ思われるのである。

　こういう見方は，ロシアをはじめ，それこそ，もっと北方に位置する高緯度地域の人達にも強い。

　北海道が提唱した北方圏交流会議，札幌市が提唱した北方圏都市会議でも，当初，「なぜ，北海道が北方圏なのか」という質問が出たほどだった。彼らにとっての北方圏域とは，完全な亜寒帯気候区に属する地域を意味する。国でいえばノルウエイやスウェーデンの北部，フィンランド，バルト三国，ロシア，シベリア，カナダの北西地方，アラスカといった地域であろう。北緯45度にすぎなくて，しかも夏にはときに気温が30℃以上にもあがってイネが育つ地方が，なぜ北方圏なのか，というわけだ。

北と南の接点の植物達

　そこで，北海道は北と南の植物の接点が存在することになる。先に述べたイネとシラカンバが同時に同じ場所で育っているというのもそれだ。

　多くの海外からの人達が興味を持つ「あたかも熱帯」をさえ想わせるようなツル植物もそのひとつであろう。クズ，ヤマブドウ，ノブドウ，マタタビ，ミヤママタタビ，ツルアジサイ，ツタウルシ，ツルマサキなどが，これだけ多く見られるのは世界でもここだけだ。ツル植物が豊富なのはやはり熱帯や亜熱帯の森林なのだから。

　この中では特にツルアジサイは古い時代から多くの人の目を惹いたらしい。アジサイも日本の花だが，それがつるになっている！というのは確かに人目を惹くのに十分だった。多くの人達がそのことを記録している。

　そして，それを実際に園芸的につかってもいる。日本ではそれほどには関心を持たれないのに。

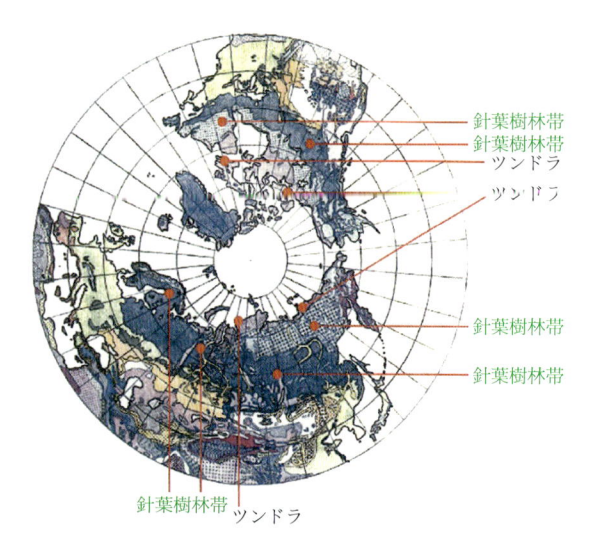

図1 北方圏域の植生図(辻井達一ら，2003)

写真1 ツルアジサイによる壁面緑化(オスロのムンク美術館，濱田暁生氏提供)

　もうひとつは大形草木(高茎草木)の，これまた豊富な存在である。オオイタドリ，オニカサモチ，オオハナウド，アマニュウ，オオバセンキュウ，エゾニュウ，エゾノヨロイグサ，エゾノシシウド，アキタブキ，ヨブスマソウ，チシマアザミ，エゾアザミ，オオウバユリなどなどが，極めて普通に山野で見られるのだ。アキタブキ(オオブキ)はその最たるものだろう。かつては馬に乗った人がその葉の下をくぐったそうだが，今でも高さ2mにはなるものがある。阿寒湖に近い十勝の羅湾がその大形のフキの産地のひとつで，特にラワンブキとよばれて名物になっているが，そのサイズ

写真2　アキタブキ

がおもしろいといって米国などでは観葉植物として庭園に植えることもある。

暑い夏と寒い冬，そして多い雪

　結局，こうした特徴的な植物の存在は，暑い夏と寒い冬の存在によるといえるだろう。つけ加えるなら世界でも珍しい雪の多さもある。

　暑い夏というのはやはり内陸の盆地に多くて，北見，上川などがそのいい例だ。先にあげた大形草本生育などもこの比較的暑い夏によるものであろう。

　沿岸部はさすがに1年を通して気温は比較的低い。寒い冬はシベリア寒気団の張り出しによるものと，オホーツク海から太平洋にかけての親潮，すなわち低い水温の海流に巡らされていることからくる。

　これらに加えて，日本海側を中心とする多雪という現象があり，これは大陸からの冬の西風が海を越すときに運んでくるものだが，本州北部を主として北海道でもその西半分を覆う。

　これが北海道の植生分布を大きく支配する。まず，多雪地帯でははっきりササの種類が異なる。多雪地方ではチシマザサすなわち根曲がり竹が多く，これにクマイザサ，チマキザサが加わるのに対して，天塩山地，大雪山群，日高山脈の山陰になる北海道東部地方の寡雪地帯では，冬芽が低い所につくミヤコザサ節の小型のササが多くを占めることになる。

　早春のまだ雪溜りがあちこちに残っているころ，あるいは初夏でも若葉の緑が浅いころなどに，釧路から根室へかけての海岸段丘を通ってみるといい。何人かの英国の旅行者たちが「まるでスコットランドそのものだ！」とこれまでに感想を述べているのがそれだ。

　この言葉は，景色もだが，その体感温度にも，風にもあてはまる。薄ら寒くて，ときに霧がかかり，かかったかと思うと次の瞬間には青空から明るい陽が射す。

　そして冬になるとほとんど毎日のように明るい日差しが少ない雪の上に踊る。

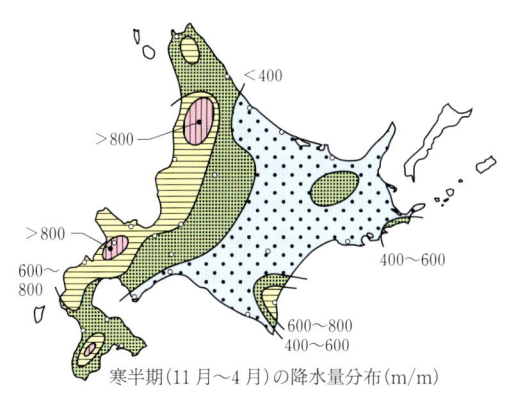

寒半期(11月～4月)の降水量分布(m/m)
図2　積雪量の分布

　その中で，夏は，おや，あったかな？　と首をかしげるほど早く過ぎてしまうのだ。トマトも赤くはならない。バラを育てるのはいいが，冬には寝かさなければ雪の布団から出てしまう。それはまさにスコットランドの気候そのものだ。だから，景色に対する旅行者の感想は正しいのである。

火山灰地・湿原——特殊な土壌の存在

　火山灰地，湿原(泥炭地)は，いずれも特殊な土壌を持つ所だ。そこにはそれぞれに特殊な植生が形成される。

　火山灰地はいうまでもなく火山噴出物に覆われた所で，比較的，新しい火山の多い北海道では各地に広く火山灰地が分布する。火山灰地は一般には水はけが良いので，表層は概して乾燥する傾向があり，さらに新しい火山では風化分解した土壌が少ないため生育する植物の種類も数もかぎられることになる。

写真3　火山灰地の植生(勇払原野)

　その反対に湿原(泥炭地)では水はけが悪くて，これが植物の種類を限定する。とにかく水に強い種類でなければ生育できない。それだけではなくて普通の土壌が少なく，ことに高層湿原とよばれる所では貧栄養性だから，それに対抗できるような種類，簡単にいえば栄養分がなくても育つ種類でなければ生育ができない。

そうした高層湿原では最も貧栄養性のミズゴケをベースとして，例えばモウセンゴケ，ナガバモウセンゴケ，タヌキモ，ムジナモ，コタヌキモなどの食虫植物の生育が見られる。

さらに，火山灰地と同じく，限られた条件で生育できる種類には特殊なものが少なくない。そこで両者ともに分布上にも興味深い種類の生育が見られることになる。中でも湿原は火山灰地よりも年代的にはるかに古いこともあり，例えば氷河期時代に存在していた種類が，そこを一種の隠れ家（避難所というべきか）としている場合があるのが興味深い。例えば十勝更別湿原のヤチカンバ，根室の落石岬湿原のサカイツツジ，霧多布湿原のカラクサキンポウゲなどがその例である。

写真4　高層湿原(サロベツ)

同じ湿原でも河川に近い所などに形成される低層湿原では反対に富栄養な条件があるから，一般にヨシ群落に代表される植生が景観の主要な要素となる。豊かなヨシ群落は古代日本の国名「豊葦原瑞穂国」の基になった。これは「葦が豊かに広がるようにイネが実る国」を意味する。古代から日本ではヨシの生える湿地は稲作の場に転換されてきたことが示される。これは民族的な刷り込みに等しいのではないか。

葦原を見たら，そこには水があり，植物を育てる土があり，それはイネを栽培できる条件の存在が暗示され，だから，そこでは水田稲作が可能だ，という一連の信号系が構成されるのだろう。

そこで，北海道でも明治以来，あちこちで水田稲作の試みが続いた。それが最初に述べた亜寒帯性針葉樹林と稲田の共存という"ちょっと不思議な"風景の創造になったのだ。これは確かに創造に近い。イネの北限は今でも北上を続けている。日本のイネと稲作技術はアジア大陸へも広がっているから，それはさらなる創造と展開に向かうだろう。

湿原そのものへの見方も大きく変わりつつある。かつては不毛の地というイメージか，あるいは人の立ちいることの憚られる地のいずれかであったものが，"やや，奇妙な"，とか，"ちょっと怪しげだがおもしろそうな"場というように代わってきつつある。どっちにしても"うっかりすると落ち込む"，"少々は用心が肝心"といった怖いもの見たさも含まれているが。

ここで怖いもの見たさ，といったが，先にあげた珍しい，特徴的な植物に加えて，湿原にすむ動物達のイメージも，そうした"異界"への憧れの基になっているのではないだろうかと思われる。

2012年のラムサール条約会議のテーマのひとつに「湿地のツーリズム」がある。北海道でもこの年，湿地のモニタリング・ツアーが行われた。何も，これがまったく初めてのケースではないが，これから先，広がっていくことが予想される。

写真6　釧路湿原の空中俯瞰

かつての湿原ツアーといえばせいぜいのところ，まずは木道すなわちウッドデッキ止まりだったが，今では同じ木道でも幅の狭いの，広いの，平たく地面を（湿原面を）這っているもの，少々高いの，湿地林の枝の中を抜けるようなハイ・デッキから，熱帯林ではひょっとすると高さが100mにもなりそうな高架歩道まで出てきている。これはもう空中歩道というべきだ。

コスタリカはエコツアー先進地だが，その熱帯林では人の乗ったゴンドラが低く這って進むようなものか

写真5　低層湿原(釧路)

ら，はるか 30 m にも高い所を動くものまで，同じロープウエイでも場所によって動きが違ったりする。ゴンドラが森林の林床を通るときには地生の小さなランや，葉切り蟻の行列が，そして空中を進むときには熱帯雨林の中の猿達の食事が望まれる。

日本ではそこまで必要はないかもしれないが，湿原を高い所から見るための気球など，できれば飛行船の活用も考えてもいいだろう。

そしてその一方，地表では湿原の下の泥炭層が見られるような掘り込みルートもいいだろう。

海岸と高山

海岸と高山とは位置からしても地形からしてもまるきり異なる条件であり，存在でもある。しかし，環境としては両者ともにほとんど年間を通じて強い風に曝され，雪も吹き飛ばされるし，雪のカバーが少ないために土壌凍結も深く入るなど，共通する条件も少なくない。そこで，いわば「低い高山」も出現する。北海道沿岸部や半島，島嶼にはその「低い高山」があちこちで見られる。

礼文島でも知床半島でも，ハイマツが標高せいぜい 200 m くらいの場所で見られる。海際の崖だったらもっと低いだろう。ハイマツだけではない。ミヤマハンノキ，ダケカンバなどもそうだ。彼らもまた，普通は北海道でも標高 1,500 m 以上の所の住人である。これも北海道東部なら高さ 50 m ほどの海岸段丘で立派に森林をつくる。

当然のことながら樹木だけでなく森林の下草にも亜高山的要素が出てくる。コバイケイソウ，バイケイソウ，エゾノリュウキンカ，ヒオウギアヤメ，ノハナショウブ，ハクサンチドリ，エゾゼンテイカなどなど。それはまさに〝低い高山〟の景色だ。

妨げたのだった。

そこで，有名になった網走・浜小清水や，斜里の以久科海岸草原が生まれた。サロマ湖のワッカ原生花園もそうだし，オホーツク沿岸のずっと北にあるベニヤ原生花園などもそうだ。

島では礼文島が，ほとんど全島，お花畑だといってもよかろう。ここは隣の利尻島が新しい火山島なのに対して古い地層を持ち，形もはるかに平たい台地状だ。かつては今よりも森林が多かったようだが，現在は谷地形の部分以外はほとんどが海岸草原か，笹原に占められている。有名なレブンアツモリソウをはじめとしてレブンコザクラ，レブンソウ，レブンウスユキソウ，レブントウヒレン，レブンキンバイソウ，レブンクモマグサ，レブンサイコと礼文の名を冠する種類がいくつも出てくる。もっとも利尻島にその名を持つ種類がないわけではない。リシリソウからはじまってリシリオウギ，リシリゲンゲ，リシリコザクラ，リシリゼキショウ，リシリトウウチソウ，リシリトリカブト，リシリヒナゲシ，リシリブシ，リシリリンドウと並ぶのだから，地名を冠する種類数にかけてはむしろ礼文島を凌ぐ。決して火山島だから特有の種類が少ないわけではないのだ。タイプが違う，というべきであろう。

高山帯も，北海道の特徴的なものだ。というのは，先に島や半島などで〝低い高山〟が見られると述べたように，高山帯があらわれるのが本州以南に比べるとずっと低い。平均して 1,500 m 以上ならもう高山帯の様相になる。本州ならまだ立派に森林帯である。それと，地形的に大雪山をはじめとして平たい山頂部を持つ所が少なくない。これがちょうど，標高 1,500 m くらいだと，うまく高山植物群落が発達する条件と一致する。そこで，広大なお花畑が現出することになる。大雪山のアイヌ名，カムイミンタラは〝神々の庭〟を意味するというが，まさにそうした条件と景観とを表現している。

写真 7 海岸林

海岸草原そのものも北海道特有だといっても良い。元々は海岸林だった所が多いようだが，その伐採が進んで，再生が極めて進まなかった所へ，多くの場合，牛や馬などが放牧された。粗放な放牧は森林の再生を

写真 8 大雪山のお花畑

景観としての植生を巡る問題と対処

ここまで北海道の主要でしかも特徴的な様々な植生を紹介してきた。北海道はそれほど北に位置するわけではないが，寒流に回らされていることと，ことに西半分は積雪が多いこともあって冬にはかなりの寒冷が，そして夏には内陸部を中心として気温があがる気候特性を持つ。

それほど広いわけではないが，地域的に，例えば日本海側，オホーツク側そして太平洋側とそれぞれに異なる気候特性がある。

しかも新しい火山が多くて火山噴出物に覆われる所が少なくない一方，古い地質構造と母岩の露出する所があり，これまた特殊な種類の生存を維持している。

氷河に覆われる時間が比較的，かぎられたことも植物への影響を緩めて，ヨーロッパや北米に比べてはるかに多くの種類の生存と生育を可能とした。

こうした諸条件が幸いにも豊富な植物種の存在を許すことになったわけで，北海道の植物，そしてそれに基づく植生景観を極めて豊かな，多様なものとしたのである。

本州以南に比べて近代まで自然への人の干渉も大きくはなかったことも自然植生の維持にプラスに働いてきた。現在，私達が目にしている多くの自然植生，例えば高山帯，いくつかの島々，海岸草原，湿原などは，そうしたことで残った，と見るべきであろう。

しかし，近年にはそうした自然の利用が高まった所も少なくない。人の利用は自然についてはつまり圧力になる。

これに私達は賢明に対処するべきであろう。できるだけ不要な圧力を減らし，むしろ，その本来の特徴や存在意義を高めて活用することに向かうべきだろう。

広くいえば地域景観を整えることであり，身近なことでなら町や村や，そして公園から家々の庭園までをもっと地域の自然に即した，あるいはそれを活かした空間となるよう工夫をすることではないか。

こうしたことによって，地域の景観は著しく特徴づけられることになるだろうし，それらは地域の新しい（それは本来，もっと早い時点で誇りをもって認められるべきであったはずの）顔となるだろう。

地域を特徴づける植物を見直して，必要なら，そして見込みがあるならば園芸的に活用するべきだ。それはマニアックな感覚だけで扱うべきではないだろう。もっと自由に考えるべきだ。先にはオスロでのツルアジサイ活用の例をあげたが，私が植物園在勤だった際に何度か，キバナシャクナゲの種子が欲しい，ラワンブキの株を送ってくれといった海外の植物園仲間からの注文があった。キバナシャクナゲは，もっと鮮やかな黄色の品種にしたいという話だったし，ラワンブキの方は大きいから庭園の観賞植物に，という考えと聞いた。日本では高山植物の色を変えるというよりも，あるがままのたたずまいを，という考えの方が強いだろうし，ラワンブキが目立つからといって庭に植えようとする物好きはいないのではないか。しかし，それはまったく考えられないことではない。新しく見直してもいい。

高速道路もかなり延びつつある。その工事区間で土地の植物が見つかったりする。北見地方でキタミフクジュソウが，釧路地方でホザキシモツケが，というようなケースだ。いずれも希少植物に指定されているため，移植をして保護する。

一歩を進めてインターチェンジのクローバー・エリアに，土地の風景構成要素として植えてもいいのではないか。それぞれに増えてくれればなおのことだ。活かしてつかうこともまた賢明な利用のひとつの形なのである。

［引用・参考文献］
・辻井達一編集代表：北方圏の自然と環境―エコハンドブック，北方圏フォーラム・財団法人北海道環境財団，2003.

コラム　札幌市内手稲区における野生植物保全の取り組み　　　笠　康三郎

市内の公園には，自然状態の樹林地を持っているところがあり，そこには今なお様々な野生植物が息づいている。札幌市の西郊手稲山の山麓部には，数ヘクタール規模の都市公園がいくつも点在しているが，その中にはスズラン(富丘西公園)やカタクリ(稲穂ひだまり公園)，ミズバショウ(星置緑地)などの貴重な植物を含む多様な植生が残されている。

このような植生の保全にあたって，ただ保全区域を設定し，柵で囲うだけでは必ずしも保全することにならないばかりか，かえって衰退を加速させることが指摘されるようになった。

それぞれの植物の生態を理解するとともに，その生育環境を正確に把握した上で，その状態にあわせた適切な管理を行う順応的管理(Adaptive Management)の概念が定着してくるにつれ，都市公園の中に生育しているこれらの野生生物を，今後どのように保全していくのか，その解決が迫られている。

従来から行っている民間企業への委託管理の中では，技術的あるいは作業効率的に，このような順応的管理を組み込むことはなかなか難しい。幸いこれらの植物は，地域の方にとっては昔からなじみのあるものであり，その盛衰に強い関心が持たれてきたことから，地域によびかけを行うことにより，地域の住民によって維持管理作業を担っていただくことが，最も適切な管理方法であると考えられた。

手稲区の取り組みでは，当初からこれが一番のカギであると考え，まちづくりのコンサルタントとのコラボによって，住民参加の仕組みづくりと技術的な指導を平行して進めたことが大きな特徴となった。さらに，発注の仕方はいろいろ変化があったにせよ，私が継続してこの取り組みにかかわってこられたことが，地域住民との信頼関係を構築する上で，大いに役立ってきた。

私のようなコンサルタントは，とてもたくさんの役割を担っていかなければならない。植物の専門家としては，保全対象種と周囲の植物の生育状況を観察することによって，最も適当と考えられる作業内容を設定し，地域住民にその内容をわかりやすく説明しながら，確実に作業を進めていく必要がある。

作業の結果が，実際にどのような変化をもたらしているかという点については，大学の研究室の協力をいただき，一部で定量的なモニタリング調査を実施してきた。得られた結果については，観察会やリーフレットなどを通じて地域の方にわかりやすく報告することにより，モチベーションの維持や，新たな広がりをつ

写真1　スズランを被圧するススキの高刈りに精を出す住民達(富丘西公園)

くっていくことに役立っている。

手稲区内で続けられてきたこの取り組みは，もう10年間継続されてきた。2013年春には，富丘西公園の作業で中心的な役割を担っている富丘丸山町内会が，「全国みどりの愛護のつどい」において，国土交通大臣表彰を受けるなど，内外で高く評価されてきている。

行政と地域住民，大学を含む専門家のパートナーシップによる野生生物保全の仕組みは，かなりの成果を見せてきているが，当初目指した住民による自主的な作業への移行がなかなか進まないことや，作業の関心がどうしても特定の植物に集中しがちであることなど，いくつかの課題も見えてきた。そのような中，地域住民だけでなく，地域内や遠方から参加してくれるさっぽろ緑花園芸学校の修了生もたくさんおり，一緒に汗を流すことによって信頼関係が深まるとともに，技術的な支えになってきているのが，大変心強いということはいうまでもない。

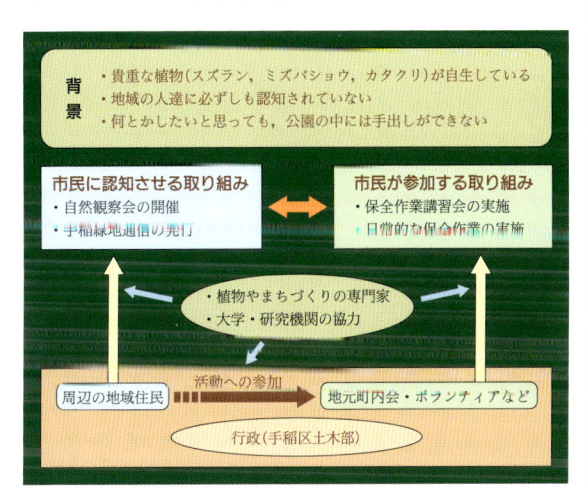

図1　取り組みの模式図

Ⅵ-2　札幌の自然植生

笠　康三郎

街の成り立ちと自然

札幌の自然植生に関しては，1977年に札幌市環境局がまとめた報告書「札幌市の植生」がわかりやすい。これは市役所の依頼に応じて，当時北海道大学附属植物園の助教授であった辻井達一先生がまとめられたものである。

このまえがきには，

「(前略)いうまでもなく，一都市の生成と発展は，本来的に，その立地する土地の風土の諸条件に規定されている。

風土の諸条件とは，都市をとりまく自然環境の総和であり，大地に刻みつけられた，人間と自然との絶えざる葛藤の歴史である。自らのしあわせを無限に求める人間の行為は，今後も自然との絶えざる働きかけをやめることは出来ないであろうし，改変の足跡は，否応なく記録されていくであろう。

しかしながら，このような人間の行為の影響が，巨大化するに従い，自然に対して不可逆的な変化を惹き起こしかねない今日，自然をとり扱う態度と方法において，ますます高い識見と深い洞察力が，必要となっている。

自然をとり扱う技術において，しばしば，未熟さは無知に起因していることを考える時，都市札幌が存立するフィールドに対する具体的で，生きた知識と情報のストックは，対象とする自然の測り難さを乗り越えて，是非とも追求されなければならない。(後略)」

と格調高く宣言されている。

「さっぽろ緑花園芸学校」という取り組みの中で，札幌という町が成り立っている自然を把握するためのバスツアーを企画し，毎年様々な場所を巡りながら，その土地が持つ魅力を肌で感じるとともに，そこに刻まれている人の営みについても学んできた。

私達の住む町の成り立ちを知ることは，単に知識欲を満足するだけに終わらず，これからの私達の取り組みの方向にも大きな影響を持っている。自分達の立ち位置がどこにあるのか，常に検証しながら日々の作業を進めていただきたいと願っている。

札幌の植生区分

この報告書では，札幌の植生を大きく8つの区域に分けている。

すなわち，①手稲山地，②空沼・支笏山地，③定山渓・無意根山地，④豊平川および発寒川扇状地，⑤月寒台地，⑥清田・里塚・下野幌，⑦札幌北部の低地，⑧札幌東北部である。

このうち，バスツアーで回った箇所は次のように含まれている。
①手稲山地：手稲山，藻岩山，円山公園
④豊平川および発寒川扇状地：北大植物園，中島公園
⑥清田・里塚・下野幌：野幌森林公園
⑦札幌北部の低地：モエレ沼公園，五戸の森緑地

バスツアーで訪れたこれらの場所について，それぞれの特徴を把握していくことにする。

手稲山

手稲山について，報告書に次のように書かれている。

「手稲山地は標高こそ1,000m前後にすぎず，著しい景観的特性をもつものではないが，札幌市の背景として重要な位置を占めるものである。

山地の上部はごく一部にハイマツをみるほかは，ダケカンバ及びシラカンバに若干のトドマツ，エゾマツを混ずるやや疎な林分に占められる。中腹から下部にかけての斜面に優占するのはイタヤカエデ，ヤマハンノキ，シナノキ，ミズナラなどで，これにナナカマド，シラカンバ，トチノキ，ホウノキ，センノキなどを混ずる。沢通りにはカツラ，キハダ，オニグルミ，サワシバ，ドロノキなどがみられる。林床は一般にチシマザサに占められる。

この山地には特有の植物はない。手稲町から琴似町にかけて，山麓に向かって宅地開発が進行しており，発寒川沿いに著しい。」

つまり，景観的にも植物的にも大きな特徴はないが，この地域の骨格となる山地性の樹林構成を一通り持っているといえよう。

写真1　手稲山山頂に林立するアンテナ群

手稲山の本来の名前は「タンネ・ウェン・シリ」(長悪山)といい，山頂部に長く続く崖地を指して，険しく難儀することから名づけられたものであるという。

手稲は「テイネ・ィ」(低く湿った所)から来ているので、これを山の名前にするのはあまりにも意味が違うというもの。開拓初期には、このような意味不明の名つけ方が横行していたわけである。

長く突き出したような山頂を持っていることから、1956年にHBCがアンテナを設置して以来、テレビラジオ全局が競ってアンテナを立てたために、山頂の風致は台なしになってしまった。

明治時代からスキーのメッカであり、北海道の山スキー発祥の地といわれる。1926年には、スイス人の建築家マックス・ヒンデルの設計により、日本初のスキーヒュッテであるパラダイス・ヒュッテが建てられている。1965年には、三菱金属鉱業と北海道放送が中心となってテイネオリンピアを設立し、スキー場、ゴルフ場、遊園地などをオープンした。1970年には、山頂までのロープウェイが設置された。1972年には札幌冬季オリンピックが開催され、手稲山ではアルペンスキー(回転・大回転)、リュージュ、ボブスレーの競技が行われている。大会終了後には、王子緑化がテイネハイランドスキー場を開設し、一帯が大レジャーフンドになっていったのである。

手稲山を楽しむには、山麓からいくつもの自然歩道が設定されており、ガイドマップなども用意されている。特徴に乏しいといわれるが、楽しめる素材が満載の地域であるといえよう。

藻岩山・円山

報告書には、手稲山地の中に次のような記載がある。

「手稲山地のもっとも札幌よりには、三角山、円山、藻岩山などの前山があって札幌市街に接しており、市民生活にもっとも密接な役割を果たすと同時に、平野植生に接するところとして複雑なフロラを持つことで学術上、重要な意義をもっている。

この部分の斜面は、サワシバ、カツラ、シナノキに被われていたと考えられるが、現在、宅地開発が進行した結果、サワシバ群落はほとんど失われた。宅地の最上端は、イタヤカエデ及びミズナラ群落に接している。」

藻岩山は本来「インカルシペ」(遠くを見はらす場所)という名の神聖な場所であったが、元々「モイワ」(小山)という名の山に円山と名づけたことから、玉突きをおこすようにこの名前がつけられてしまったものである。明治時代からこれはおかしいと問題視され、1911(明治44)年にまとめられた「札幌区史」では、宮部金吾は眺臨山(インカルシベヤマ)と書いている。

1889(明治25)年に、米国の世界的植物学者であるサージェント博士が札幌を訪れ、特に藻岩山麓に群生するカツラに興味を持ち、これらの樹林のすばらしさを『日本森林植物誌』に紹介している。ところが、その本に写真で紹介されたカツラの巨木は、その後伐採されてしまい、案内した宮部金吾などを深く悲しませたという。1921(大正10)年に両山は、北海道における天然記念物の第一号として選定されたが、既に原始の姿は大きく損なわれてしまっていたのである。

安政年間に、冬季虻田から山越えをして、この地にたどり着いた松浦武四郎は、「後志羊蹄日誌」に次のように記している。

「西岸にエンガルシという山あり。椴木立なり。往古より山霊著しき由にて、土人深く信仰せり。余は此処に蝦夷総鎮守の宮を建てんことを建白す」

つまりこの時代には、トドマツが林立していたわけである。現在円山や藻岩山にトドマツはほとんど見あたらない。1872(明治5)年に開拓使の本庁舎を建設した際、その基礎石はなんと円山の山頂から削り落とし、麓で加工して使ったとの記録がある。その時の石工達が、山頂の石に加工した「山神」碑が現在でも山頂に残っている。

このように、最も手近に木材や石材が入手できた円山や藻岩山では、開拓期以降相当人手が加えられてきたものと考えられ、原始林というよび方にはいささか

写真2 藻岩山山頂からの眺め(これこそがインカルシペの名前の由来である)

写真3 明治5年12月の銘がある山神碑

VI　地域の環境

違和感を持たざるを得ない。

　戦後まもなく，藻岩山に大きな傷をもたらしたものが，進駐軍のスキー場建設であった。この計画を知った宮部金吾は，老躯を駆って進駐軍に乗り込み，「この山の貴重さを世界に教えたのは，アメリカのサージェント博士ではないか。それなのになぜこのような愚挙に及ぶのか」と説得したといわれている。しかし，無残にもS字状に伐採が行われ，ゲレンデにされてしまった。スキー場はすぐにつかわれなくなったが，1958年にはその傷を串刺しするようにロープウェイが建設され，無残な姿をさらしてきた。私が札幌に来た当時(1972年)，夏にはこの傷はまったくわからなかったが，冬になると薄く伐採跡が見えたものである。

　円山についても，全山が天然記念物だと思っている方がほとんどであるが，市街に面している部分はほとんどが札幌市の用地(円山公園の用地の一部)になっており，いわゆる原始林ではまったくない。これは，1903(明治36)年に円山墓地を新設するために払い下げを出願し，墓地とその背後の樹林一帯が，当時の札幌区に払い下げられたためである。その後樹木を伐採して売却し，その収入によってカラマツなどの植林を行っている。このとき植えられたカラマツは，秋になると黄色い葉を遅くまで残していることから，麓からでもはっきりと確認できる。

写真5　円山公園内に残るカツラの巨木

北大植物園

　札幌の町のど真ん中，開拓使本庁のすぐ背後に設定された植物園は，開拓以前の風景を最も残している場所といわれる。もっとも，最初につくられたのは博物館であり，その後1884(明治17)年に，周辺の土地とともに札幌農学校に植物園用地として移管されたものである。

　この植物園を設計したのは，農学校の二期生であり，初代の植物園長になった宮部金吾である。宮部は，学生や市民に自由に園内を歩かせ，踏み分けられた道を園路にしたために，極めて歩きやすく，見所に自然に接することができるのが大きな特徴となっている。

　この場所には，札幌の中心部に残された3つのメムのうち，ピシクシメムが湧き出していた。現在のロックガーデンの池がその名残であり，そこから湧き出した清水は大きな流れとなり，道路をまたいで向かい側にあった屋敷を通って再び園内に戻り，幽庭湖とよばれる大きな池を潤したのち，北5条通から流れ出していた。植物園の前の通りには，この川を渡るふたつの橋があり，このため植物園前の道路がまっすぐになっていないのである。

　現在の植物園には鬱蒼たる樹木が茂っているが，開設当初にはそんなにたくさんの樹木はなかったようである。現在樹林を構成している樹種は，そのほとんどが世界各地の植物園と種子交換によってもたらされたものであり，開拓当初から残っている在来種の大木はそれほど多くないと考えられる。近年も台風や強風に

モイワボダイジュ

写真4　昭和30(1955)年代初めの藻岩山の様子(昭和35年発行の札幌市交通局発行の冊子)

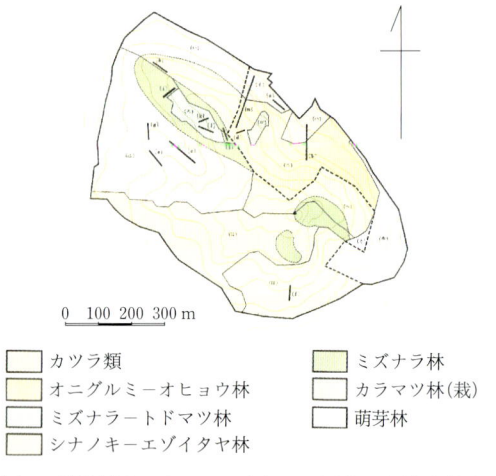

0　100　200　300 m

　　カツラ類　　　　　　　ミズナラ林
　　オニグルミーオヒョウ林　　カラマツ林(栽)
　　ミズナラートドマツ林　　萌芽林
　　シナノキーエゾイタヤ林

図1　館脇博士によってつくられた円山の森林区分図
　　(館脇ら，1958)

写真6　1898年ごろの博物館周辺(北海道大学，1976)

よる倒木が頻発し，残り少ないハルニレなどの大木も被害を受けてきている。草本についても，導入されたものが多いため，元々ここに自生していたものが残されているかどうかはまったくわからない。マルバフジバカマやオオスズメウリのような植物園が発祥と考えられる帰化植物も多く，観察する場合にはそのあたりにも注意して見ると良い。ただ，地形は昔のままになっている部分が多く，その意味からは大変貴重な遺産といえよう。

🌿 モエレ沼公園

　モエレ沼は豊平川の河跡湖であるといわれている。私がまだ大学に残っていたころ，ここが公園になるということで，植生調査が行われることになった。先輩の手伝いで初秋の沼周辺を歩き回ったが，まだ手つかずであった沼にはコウホネやミズアオイ，ショウブなどの大群落があったが，内部は採草地になっており，あぜ道にはオオハンゴンソウやユウゼンギクなどの帰化植物が繁っていたことを思い出す。この一帯は，潜在自然植生ではハンノキ林とされているが，モエレ沼周辺にはハンノキは残っておらず，せいぜい河畔のヤナギ林程度であった。その後内部はゴミの埋立によって造成され，沼は遊水池として浚渫されてしまったので，自然植生がほとんど失われてしまっている。

　ここより石狩川に近い部分には泥炭地が広がり，当時から原野商法による乱売が行われていたが，かえってそれによって手がつけられず，カラカネイトトンボのような貴重な生き物が生き延びたのかもしれない。

🌿 野幌森林公園

　野幌森林公園は，野幌原始林とよばれることがあるが，「野幌原始林」として天然記念物の指定を受けている場所は公園内ではなく，もっと南側の方に位置している。平地に残された森林としては規模も大きく，比較的「原始的」姿を偲ばせる雰囲気を持っていることから，自然観察やハイキングなどの利用が極めて多いのが特徴になっている。

写真8　平地に残る貴重な針広混交林

　1871年に官林に指定されたのち，御料林から国有林へと管轄は替わっていったが，その多くの期間が禁伐林とされ，一部では原始林的な部分も残されてきた。しかし，当初から隣接する野幌屯田兵村にとっては，貴重な木材資源調達の場所であり，戦後は林内への緊急開拓による入植や森林伐採，あるいは洞爺丸台風による壊滅的な風倒害など，森林の質には大きな影響が与えられた。

　とはいえ，都市近郊に位置する平地林としての魅力は大きく，森林レクリエーションの場所としては格好の空間であり，北海道百年記念事業として，野幌に記念公園と記念地区を設けることとした。林内にあった民有地を買収したり，歩道や休憩施設などの整備を行い，1968年に道立自然公園野幌森林公園となったものである。

[引用・参考文献]
・北海道大学：写真集北大百年，北海道大学図書刊行会，1976．
・円山百年史編纂委員会：円山百年史，円山百年史編纂委員会，1977．
・村野紀雄：野幌森林公園，北海道新聞社，1999．
・館脇操ほか：札幌円山の自然科学的研究，北海道教育委員会，1958．
・辻井達一：札幌市の植生，札幌市環境局，1977．
・山田秀三：札幌のアイヌ語地名を尋ねて，楡書房，1965．

写真7　モエレ沼(河跡湖であることはなかなか把握できない)

VI-3 植物と気象

浦野慎一

気象と気候

　気象という語は，その日の天気を意味することが多いが，正確には大気の状態や運動など主として大気の物理的現象のことをいう。従って気象学は地球物理学の分野に位置づけられている。気象が形成される原因は，大気と水が太陽エネルギーを受けて様々な状態変化や運動をするためである。気象を表現する気温，湿度，風速など大気の状態や運動に関するパラメータを，気象要素とよんでいる。また気象が扱う範囲(スケール)は高さによってミクロ(高さ10～50 m)，メソ(高さ約1,500 m)，マクロ(高さ15～20 km)の3つのスケールに分類される。

　一方気候は，その地域における平均的な気象状況，つまり大気の平均的な状態のことをいう。従って気候は地域の属性であり，気候学は地理学の分野に含まれる。気候は具体的に，年平均気温，年降水量など気象要素の長期平均値で表現され，それら気候を表現するパラメータのことを気候要素とよんでいる。また気候を形成する要因のことを気候因子といい，おもな因子として植生因子，地形因子，土地利用などがある。同じ緯度，経度でもこれら因子が異なれば異なった気候になる。気候を表現するスケールはおもに水平距離で表現され，微気候(約100 m)，小気候(約10 km)，中気候(数百 km)，大気候(10,000 km程度)に区分される。これらの区分をベースに，類似した気候の地域的広がりを様々な基準で分類したものに，気候区，気候型，気候帯などがある。

地表面の熱収支と地域の気象

　地表面は毎日太陽放射(エネルギー)を受けている。地表面でそのエネルギーがどのように使われたか，その配分を明らかにするのが熱収支である。地域の気温，湿度，地温など植物の生育に関係する重要な気象要素は，この地表面における熱収支によって決まる。

　少し詳しく説明すると，地球に到達した太陽放射は，その一部が大気圏の入口で反射されて宇宙空間へ戻る。大気圏入口におけるこの太陽放射の平均反射率(約0.3でほぼ一定)を惑星アルベドという。反射した残りは大気中へ侵入し地表面へ到達するが，そのうち，大気を通過して直接到達するのが直達放射，雲などで散乱されて到達するのが散乱放射である。地表面はこれら直達放射と散乱放射の合計を受け取ることになり，これを全天日射量という。全天日射量はその一部が地表面で反射される。この反射率を地表面アルベド(または単にアルベド)という。地表面アルベドは惑星アルベドと違って地表面の状態で大きく変化するため，全天日射量が同じでも土地利用や植生が異なれば受け取る太陽放射量は異なる。

表1　代表的な地表面のアルベド

地表面の種類	アルベド
新雪	0.8以上
積雪	0.3～0.7
砂地	0.2～0.4
畑地・牧草地	0.15～0.25
裸地	0.10～0.25
森林	0.1～0.2
水面	0.05

　また，地表面は太陽放射を受け取るだけではなく，自らも宇宙空間へ放射エネルギーを放出している。これを地球放射という。放射は一種の電磁波であるから波長を持っており，その波長は地球放射の方が太陽放射より長い。従って地球放射のことを長波放射，太陽放射のことを短波放射ともいう。

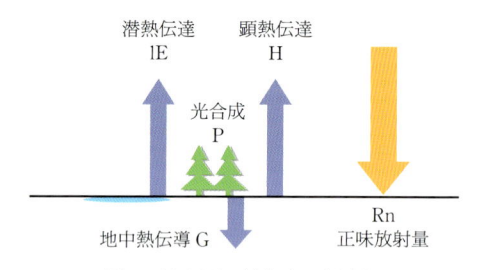

図1　地表面の熱収支の概念図

　これら短波放射と長波放射の差し引きが正味放射量，つまり地表面が受け取る正味のエネルギー量である。正味放射量は次式であらわされる。

$$R_N = (1-\alpha)S_T - L_T \tag{1}$$

　ここで，R_Nが正味放射量(Wm^{-2})，αは地表面アルベド，S_Tは全天日射量(Wm^{-2})，L_Tは地表面から放出する正味の長波放射量(地表面から大気への放射量と大気から地表面への放射量の差，Wm^{-2})である。この正味放射量R_Nが地表面でどのように配分され，使われたか，それを示したのが次の熱収支式である(図1)。

$$R_N = LE + H + G + P \tag{2}$$

　ここで，LEは潜熱伝達量(Wm^{-2})(Lは水の蒸発の潜熱(Jkg^{-1})，Eは蒸発散量($kgs^{-1}m^{-2}$))，Hは顕熱伝達量(Wm^{-2})，Gは地中熱伝導量(Wm^{-2})，Pは植物の光合成量(Wm^{-2})である。LEは地表面の水を蒸発または蒸散(蒸発散)させる熱量，Hは地表面に接した空気を暖める熱量，Gは地中へ侵入して土壌を暖める熱量

である。従って，LE はその地域の湿度と，H は気温と，G は地温と密接に関係しており，(2)の熱収支式に基づくそれらの配分がその地域の主たる気象要素，つまり気温，湿度，地温を決めることになる。

例えば，地表面に植生がない砂漠では蒸発散量が少ないため，LE が小さくその分 H と G が大きくなり，気温と地温が相対的に高くなる。また，乾燥した夏の昼間に庭に打ち水をすると，その水が蒸発するため，急激に LE が大きくなりその分 H が減少し，一時的に涼しくなる。このように地表面の気温や湿度は，太陽エネルギーの配分を示す熱収支のパターンによって決まる。

なお，植物の光合成に使われるエネルギー P は，他の項と比べて小さいため，通常は熱収支式に組み込まれず，無視される。例えば，地球全体で見ると，P は平均値で全天日射量の 0.3% 程度，つまり R_N の 1% 以下である。日本の森林や稲作のように条件が良くて生産量が多い地域を見ても，P は最大で全天日射量の約 1%，R_N の 2〜4% にすぎない。しかし，比率は小さいが P は地球における生物全体の貴重なエネルギー源であり，これがないと我々は生きていけない。

熱収支式からわかるように，地表面の自然現象，つまり蒸発散，気温変化，植物生産などは正味放射量 R_N とその配分で決まる。これは，R_N が気象形成と生物生産を支える貴重なエネルギー源であること，またその地域の自然が R_N によって支配されていることを意味する。つまり R_N は，地球の自然と生物にとって重要な意味を持つ量なのである。

植物の光合成と気象

植物は蒸散作用の他，呼吸と光合成で大気と物質交換をしている。呼吸は大気から酸素(O_2)を取り入れ二酸化炭素(CO_2)を放出する作用で，光合成は太陽エネルギーを使って CO_2 と水から有機物を合成し，O_2 を放出する作用である。植物が光合成で生産される有機物は人間を含めた生物全体を支えるエネルギー源になるため，それがどのような条件で正常にかつ効率良く生産されるか，それを知っておく必要がある。

光合成で生産された有機物は植物体に蓄積される。その量は植物が吸収した CO_2 量と比例関係にある。従って光合成(生産)量は，植物体の乾物重量を測定するか，植物が吸収した CO_2 量(大気から植物へ向かって流れる CO_2 フラックス)を測定すれば求められる。光合成量の測定法として，前者を生態学的方法，後者を農業気象学的方法という。

図2は，農業気象学的方法で求めた光強度(太陽放射量)と純光合成速度(CO_2 吸収量)の関係である。光合成と呼吸は CO_2 の吸収と放出が逆であるため，光が弱い段階で吸収量と放出量が等しくなって，CO_2 吸収量がゼロになる点がある。このときの光強度を光補償点という。また，CO_2 吸収量は光強度にほぼ比例して増加するが，ある光強度を超えるとそれ以上増加しなくなる点がある。このときの光強度を光飽和点という。このように，光合成は太陽エネルギーの有機物への転換であるため，光強度つまり太陽放射量と強い関係にある。

光合成は CO_2 を原料としているため，大気中の CO_2 濃度が高いほど生産量が大きくなる。この増加は CO_2 濃度が 600 ppm まではほぼ直線的に増加すること，またその割合は光強度(太陽放射)が強いほど大きいことが知られている。従って現在地球温暖化の原因とされている CO_2 濃度の増加は，生物生産にかぎっていえば生産量を増加させる方向に働く。

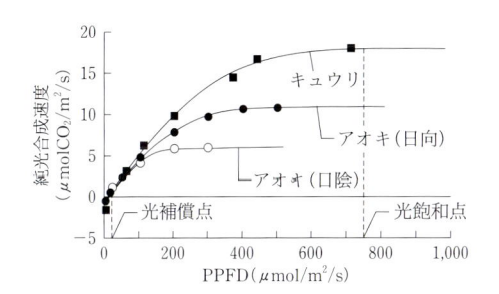

図2 光強度(PPFD)と純光合成速度の関係(平野，2009)

光合成は気温によっても左右される。植物には光合成が効率良く行える最適温度域が存在し，その温度域より高温または低温になると生産量は低下する。また最適温度域は植物の種または生育環境によって異なり，寒冷地の植物は低温域が，熱帯の植物は高温域が最適気温になる。これは温度変化に対する光合成の CO_2 固定反応が種によって異なるためであるが，同じ種でも時期や生育環境によって反応が異なるため，光合成と気温の関係は複雑である。両者の関係をわかりやすく表現したものに，地域の暖かさの指標である温量指数(Warm Index，WI)で示した作物の栽培限界がある。WI(°Cmonth)は，1年のうちで月平均気温が5°C以上になる月の月平均気温を合計したパラメータで，次式から求められる。

$$WI = \sum(T_i - 5) \qquad (3)$$

ここで，T_i は5°C以上の月平均気温(°C)である(T_i が5°C以下の月は $T_i - 5 = 0$ とする)。例えば，稲作は $WI = 55$ が栽培限界とされていたが，品種改良が進んで現在ではこの値が55以下に下がり，北海道北部でも栽培が可能になっている。

図3は風速・湿度と光合成の関係を示した図である。図は風速が小さい無風状態で生産量がゼロになるように描かれているが，この部分はデータがなく曖昧である。この図からいえるのは，光合成量は，相対湿度が低い場合は風速が 1.0 ms^{-1} 以上になると低下するが，

相対湿度が高い場合はこのような低下が見られないことである。これは蒸散作用による葉の気孔の開閉が関係している。つまり、強風状態や低湿度環境では大気の蒸発要求度が高くなり、植物の葉からの蒸散が生じやすくなる。このため植物は植物体の乾燥防止のため気孔の開きを狭めて蒸散量を制限する。葉の気孔は光合成の材料であるCO_2の取り入れ口でもあるため、これによりCO_2吸収量が減少し、光合成が低下することになる。このような、乾燥状態で光合成量が低下する事実は、北大の苫小牧演習林における観測でも確認されている。

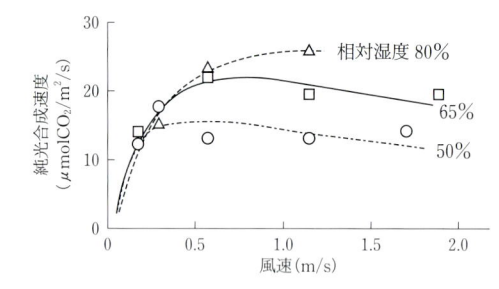

図3 風速および湿度と純光合成速度の関係（矢吹、1990を参考に作図）

その他、光合成と気象の関係で最近明らかになった興味深い事実がある。それは葉が上下に厚く生い茂っている森林の生産量と雲量の関係で、生産量は雲量がゼロ（雲なし）の快晴状態より、雲量が5程度の方が大きいという観測結果である。これは、適度に雲があると斜めや横方向の散乱放射が多くなり、群落内部まで太陽光が到達しやすくなるためと解釈されている。

地球温暖化と環境問題

現在、地球の平均気温が上昇しているという地球温暖化が問題になっている。地球温暖化は地球の気候変動の問題であり、様々な環境問題の中で最も大きな問題である。気候は生物生産に深く関与しているため、この問題の本当の意味を理解しておく必要がある。

現在の地球温暖化は1980年ごろからその事実が指摘され始めた。その状況を背景に1988年に国際的機関の「気候変動に関する政府間パネル(Intergovernmental Panel on Climate Change, IPCC)」が設立された。IPCCの目的は、人為的な気候変動のリスクに関する最新の知見をとりまとめて評価し、各国政府にアドバイスを行うこととされている。IPCCはこれまで出した5回の報告書で、平均気温の変化として1900年以降の気温上昇が特に大きいこと、またその原因として人間活動によるCO_2ガス放出による大気の温室効果の可能性が高いことを指摘している。また気候変動のシミュレーションを行い、CO_2放出の条件によって2100年には平均気温が2〜6℃上昇するという予測も出している。このようなIPCCの知見と予測を受けて、世界各国はCO_2排出量の削減に向けて動き始め、1997年には世界84か国が参加して第3回気候変動枠組条約締約国会議が京都で開かれた。その会議で今後のCO_2削減目標を掲げた京都議定書が採択され、その後各国は、程度に差はあるものの、独自のスタンスでCO_2削減に取り組んでいる。

このような状況の中で、現在は、人間によるCO_2ガスの放出が原因で地球温暖化が進行していること、このままでは2100年に平均気温が数度上昇することが既定の事実のようになっているが、これには看過し難い反論がある。初期のころは温暖化の事実そのものに対する懐疑や反論もあったが、現在では、温暖化の事実は認めるが、その主たる原因がCO_2ガスというのは疑わしい、というCO_2原因説に対する疑問と反論が最も多い。おもなものを列記すると、気温上昇が著しい1900年代でも1940〜1970年の間は気温が低下しており、CO_2濃度の上昇と気温変化は一致していない、過去のデータを見ると海水温や気温が上昇した後にCO_2濃度が上昇しており、従ってCO_2濃度の上昇は気温上昇の原因ではなく結果である、地球の気温変化は太陽活動と対応しており、現在の温暖化も太陽活動による自然変動が主たる原因である、という反論あるいは説である。これらは実績のある科学者らによる反論であることを考えれば、現在の地球温暖化の正確な原因は不明である、と考えるのが妥当である。

地球は過去に何度も気候変動を繰り返してきた。これら過去の気候変動がなぜ生じたのか、そのメカニズムはまだわかっていない。現在の地球温暖化はその自然のメカニズムを十分理解した上で議論されるべき問題である。CO_2原因説に反論が出るのは、IPCCが上記メカニズムを曖昧にしたまま結論を出したためである。いずれにせよ、地球温暖化の問題はあと10年もすれば、どちらが真実か、その結論が出ると思われる。従って、私達はこの問題に安易な結論を出さず、今後の気温の推移を注意深く見守ることが重要である。

環境問題は地球温暖化だけではない。その他にも、オゾン層の破壊、酸性雨、土壌汚染など様々な問題が生じている。これらは生物を取り巻く環境、つまり生物の生存基盤である土、水、空気の変質であり、人間を含む生物にとって極めて深刻な問題である。重要なことは、これら環境問題の原因がいずれも人間活動によるエネルギー資源など様々な資源の大量消費とその廃棄物放出にある、という事実である。地球温暖化を見ても、その主たる原因が例え自然変動であったとしても、化石燃料の大量消費にともなうCO_2放出量の増加がその変動を少なからず助長しているはずである。このように、環境問題はエネルギーと資源を大量消費する現在のエネルギー文明がその根底にあるため、問題は複雑であり、その解決は容易ではない。正確にいえば、環境問題は、CO_2削減など個別対策が問われているのではなく、現在の資源消費型のエネルギー文

明のあり方，つまり現在の人間の生活様式あるいは人間のあり方そのものが問われているのである。

人間は自然の中で他の生物とともに生きている。このことを自覚し，すべての人間が自分の生活と生き方を見直さなければ，環境問題は永久に解決しない。

自然エネルギーの利用

図4は，地球におけるエネルギーの流れと物質循環を示した概念図である。生物系の生存は地球に立ち寄る太陽エネルギーの流れと環境(土，水，空気)との物質循環によって支えられている。これが地球における自然のシステムである。現在は各種資源の大量消費により，廃棄物の蓄積による物質循環の行き詰まりやそれにともなう環境汚染によって，このシステムが正常に機能していない状況にある。このシステムを正常に戻すには，前項で述べたように，現在のエネルギー文明の見直しが必要である。

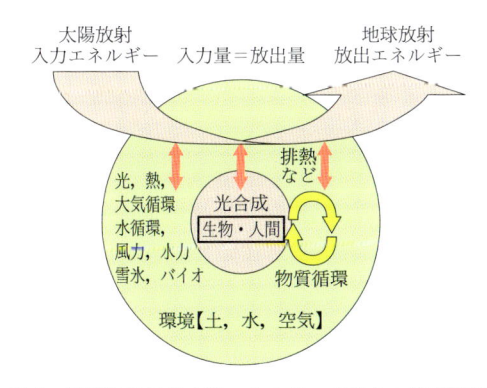

図4 地球における太陽エネルギーの流れと物質循環

その重要な鍵は，太陽エネルギーを起源とする自然エネルギーの利用である。風力，水力など自然エネルギーは大気や水が太陽エネルギーを受けてそれを力学的エネルギーに変えたもので，その起源は太陽エネルギーである。太陽エネルギーは，地球を経由して宇宙空間へ流れていく典型的なフロー型エネルギーで，消費してもすぐに供給されるためほぼ無尽蔵である。それより重要なのは，地球における生物の生存と自然の形成がこのエネルギーによって支えられているという点である(熱収支の項を参照)。言い換えれば，生物はこのエネルギーを利用することが生命の本質的な営みであり，最も自然な生き方であるということになる。これは人間にとっても同様である。従って，自然エネルギーの利用は人間が自分達の生き方を考える上で重要な課題であり，もっと真剣に考えなければならない。

2011年に東日本大震災と福島原発事故が発生したことにより，災害とエネルギーに対する関心が急速に高まり，自然エネルギーが代替エネルギーとして期待されるようになった。しかし，自然エネルギーを代替エネルギーとする考え方には無理がある。仮に，自然エネルギー利用技術が大幅に進んだとしても，現在のエネルギー消費量を必要量と考えるかぎり，そのすべてを自然エネルギーで賄うことは不可能である。化石燃料やウランは無尽蔵ではなく，いずれは枯渇する運命にあるが，現在のエネルギー消費量をベースにする限り，自然エネルギーはそれらの代替エネルギーにはなりえないのである。重要なことは，人間はエネルギーの大量消費で本当に幸せになれたか？ そこに行き過ぎはなかったか？ 現在のエネルギー量は本当に必要な量か？ その問いかけである。そして，今より少ないエネルギーで生きることを考えなければならない。

繰り返しになるが，自然エネルギーの起源は太陽エネルギーである。人間も生物もこのエネルギーだけは遠慮なく使用できる。しかし量的には限度があるため，その範囲内で生きることになる。それはたぶん，今とはまったく異なった生活様式になると思う。今の生活を享受している現代人にとっては，ある程度の我慢が必要かもしれない。というより，新しい価値観が必要になる。しかし，生物(人間を含む)や環境より経済の発展を重視する今の社会よりも，そういう生活の中にこそ人間の本来のあり方，本来の生き方や幸せがあるのではないかと私は思う。

自然エネルギーの利用は，単に代替エネルギーとしてではなく，人間と自然のあり方，人間が生きている意味などを自らに問いかけ，新しい価値観を模索しながら考えていかなければならない。このような考え方，姿勢，あるいは思想がその根底になければ，本当の意味での自然エネルギーの利用は進まない。

私は現在，アイスシェルターとよばれる自然氷の冷熱を利用した農産物低温貯蔵庫の開発を行っている。これは自然の気象サイクルと氷の物理的性質を利用した，寒冷地北海道ならではの気象資源利用施設である。この施設は0℃の低温環境を創出し，それを1年中維持できるため，農産物の低温貯蔵に最適である。これからは，このような自然をうまく利用した自然エネルギー利用技術が，新しい技術として必要になる。

資源の枯渇とともに人類が滅ぶ姿は，誰もが想像したくないはずである。ならば，新しい資源の開発だけではなく，人類が太陽エネルギーをベースに，他の生物とともに生きる未来も考えておかなければならない。それは自然エネルギー利用型社会になるが，その社会は，現在のエネルギー技術を駆使すれば，少ないエネルギーでも不便な社会にはならないはずである。

[引用・参考文献]
- 平野高司ほか：生物環境気象学, 文永堂出版, p 285, 2009.
- 浦野慎一：北海道における自然エネルギーの利用とその展望, 北海道自然エネルギー研究, NPO法人北海道自然エネルギー研究会会誌(1), 5-10, 2006.
- 矢吹萬壽：風と光合成, 農文協, 1990.

VI-4 二酸化炭素濃度と植物の応答

小池孝良

大都市の中の樹林地や公園は生活環境としての各種役割だけではなく住民の精神にも潤いを与える。樹林地とは点在していても樹木の葉のついている部分の投影面積が30％以上を占める小さな林のことをいう。木枯らしと吹雪の中で凛とした姿を見せ，芽吹きのころの「春紅葉」，夏の深い緑と木陰，秋の紅葉と，四季を彩る樹林地は私達の生存基盤ともいえよう。しかし，最近，春先の虫食いが増えたり，紅葉の時期が遅れたり，鮮やかさがなくなったように感じる。

2012年の夏から秋の猛暑のように，これまで経験しなかったような「気象台の観測始まって以来」の天気が身近になってきた。これらの生じる根底には二酸化炭素（CO_2）をはじめとする温室効果ガスの影響があるという（IPCC, 2007）。温暖化を引きおこす力のことを放射強制力とよぶが，大気中の存在割合から見ると，CO_2，メタン（CH_4），亜酸化窒素（N_2O），オゾン（O_3）が上位を占める。これらの他にフロンや水蒸気が続く。

これら上位4種のガスは，植物の生育を通じて生活環境へも様々な影響をもたらす。これらは目には見えないが，じわじわと忍び寄る脅威でもある（図1）。ここでは，特に CO_2 の影響を身近な緑地を想定して紹介したい。

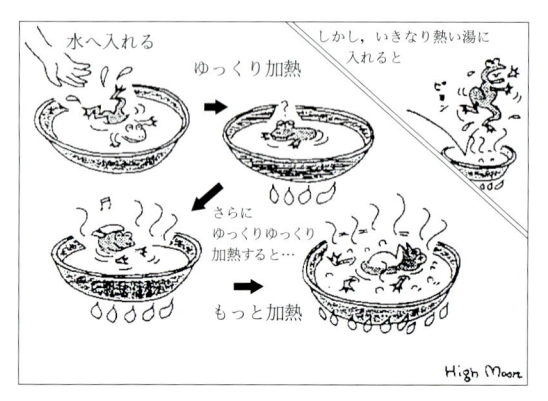

図1 鈍感のカエル（高月, 2002）。両生類の神経系はゆっくり変化する環境には，かなり鈍感に反応するという

大気 CO_2 濃度の増加と植物の成長

光合成とは，小学校以来のなじみのある用語であり，大気中の CO_2 と水を使って太陽光によって緑色植物が炭水化物をつくり，酸素を出す反応をいう。北国の多くの植物では雪と寒さのために生育期間が限られるので，光合成のもとになる CO_2 が増え，温暖化は一瞬は良いことのようにも思われる。事実，一年中，新鮮なトマトが食卓にあがることも温室のお陰である。

しかし，温室での栽培開始の直後は，栄養・水，病虫害の管理を十分行い，太陽光が十分にあたるようにしても作物の成長は芳しくなかった。栽培環境を調べたところ CO_2 濃度が低いことが明らかになった。そこで，大気汚染物質を除いた CO_2 を温室内へ導入することで増収できるようになった。ここで「CO_2 施肥」の言葉が生まれた。さらに，CO_2 は光と同じように，増えると成長量が増えると信じられてきた。しかし，それはメロンのように大きな果実をもつ作物を対象にした結果であった。

これまでの多くの実験結果から CO_2 が増加しても一定期間，高 CO_2 環境で生育すると光合成や成長が停滞することがわかった。この原因としては，以下があげられる。CO_2 も肥料のような働きをするので栄養のバランスが大切である。一般に，野生植物へは施肥はしない。どのような植物でも根を無限に伸ばすことはなく，生育環境が高 CO_2 になると，①急速な成長などによっておもに窒素が欠乏しやすく，植物体の栄養バランスが崩れること，②光合成速度が上昇し大量の光合成産物ができるが，メロンのように貯まる器官（シンク）がない。このため，いわば「腹一杯現象」のために光合成をおもに担う葉緑体が変形し，続いて，③光合成に関連する酵素の生産と活動が遺伝的に調節される。温室栽培では，これらは生育環境の徹底管理と大きなシンク器官があるため，収穫量が増えている。

では，野外では何が生じるのであろうか。その過程は極めて複雑であるが，実験結果からは成長の速い樹木では枝葉が増加し，世界中で行われた野外に近い環境で実施された CO_2 付加研究の結果からは，成長量はやや増加する傾向が示された。

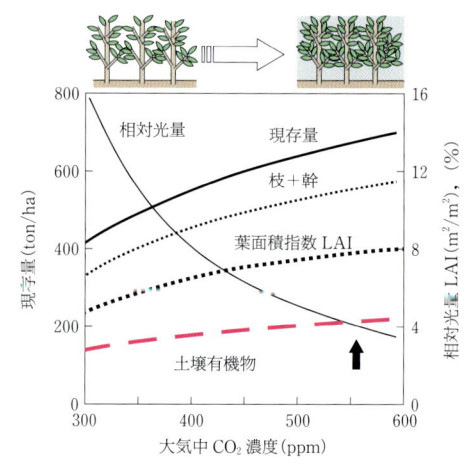

図2 大気 CO_2 増加にともなう葉量の増加と林床へ到達する光量の低下（Oikawa, 1986）

さらに上層木の枝葉の繁茂のために林床へ届く光が減少し，更新した稚樹が利用できる光が抑制されることが常緑樹林のシミュレーションからも予測された

(Oikawa, 1986)。ここで，林床で稚樹が生育できる明るさの目安を紹介する(表1)。

表1 稚樹の更新と相対照度

相対照度(%)	林床における更新稚樹の成長
5＜	どのような樹種も成長できない
5〜10	陰樹の稚樹は生存できる
10〜20	陽樹の稚樹は生存できる
20〜30	更新稚樹は成長できる
30〜50	更新稚樹は旺盛な成長ができる
50＞	更新が順調に行われる

(原田，1954)

大気 CO_2 濃度が550 ppm になると林床の相対照度が5%以下に達するので，更新稚樹の生存は困難になる。ここで樹林地を健全に育成して行くには，下層にまで十分な光が届くように上層木の本数を減らすこと，枝打ちなどで側方光が林内へ入りやすくすること，また，都市内部の樹林地であれば，ある程度見通しを良くすることも求められる。このような管理がなされていれば，世代を超えて豊かな緑が維持できる。

ここで照度とは明るさでは波長500 nm にピークがある。ところが，植物が利用する光(光合成有効放射)では約400〜700 nm なので波長域が異なる(図3)。しかし，測定が比較的たやすいことから便宜的に照度が多用されている。

では，暗い所に生育する稚樹などの光利用特性は，どのように高 CO_2 環境で変化するのであろうか。生化学モデルでは，高 CO_2 では稚樹の光補償点は暗い方へ移動することが予測された(図4)。まだ研究段階であるが，私達の進めてきた開放系大気 CO_2 増加(FACE)実験では，光量子収率がわずかに増加することが確認された。これは弱光の利用能力があがることを意味する。従って，光を集め，運ぶ働きをする葉のクロロフィル(葉緑素)の機能に注目する必要がある。クロロフィルは植物体内の窒素の量に影響を受けるので，この点をさらに検討しよう。

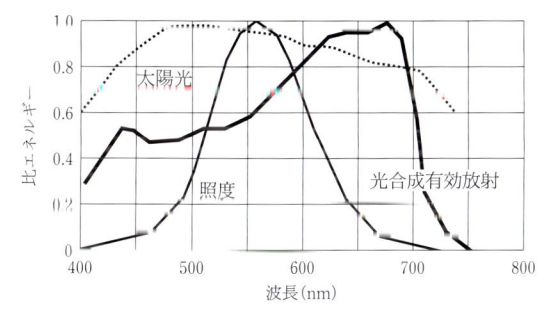

図3 太陽光，光合成有効放射と照度の波長(680 nm にピークがある)

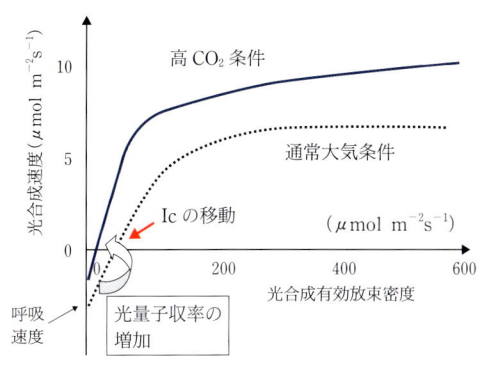

図4 高 CO_2 環境での光に対する光合成の反応

生育環境の劣化——越境大気汚染の影響

窒素は肥料の中でもリンやカリウムと並んで，植物の成長を左右する。生育を支えるタンパク質やアミノ酸の原料であり植物の成長に不可欠である。しかし，多すぎると毒性があることは，植物を栽培した経験のある方は，ご存じのことである。緑があせて元気がなくなると，「あ！窒素不足だ」と思って，窒素肥料を与えるとよけいに成長が悪くなって枯れたりすることがある。一般に，生育初期から養水分が多いと，植物の根は十分に発達しない。また，その後の生育活動も低くなる。硝酸態窒素の毒性にも注意が必要である。

さて，北海道へ降り注ぐ窒素沈着(かつては酸性降下物＝酸性雨とされた)の量は，2004年の報告では3.5 $kgN \cdot ha^{-1}$年$^{-1}$であった。しかし，2011年の報告では11.0 $kgN \cdot ha^{-1}$年$^{-1}$に急増している。ちなみに，最近，関東では50 $kgN \cdot ha^{-1}$年$^{-1}$を超えたという。森林域へ降り注ぐ窒素沈着は，一時的には肥料として働くであろう。しかし，北関東での調査の結果では，既に1990年ごろには25 $kgN \cdot ha^{-1}$年$^{-1}$に到達し，森林衰退を引きおこすとされる窒素飽和の状態であった。

北海道では苫小牧の窒素沈着量が多い。さらに，北海道総合研究機構・環境科学センターでの長期モニタリングの結果では，最近，日本海側で積雪に溶け込んだ窒素沈着量が1990年代後半の約2倍量に達したことが示された。これは，森林などで吸収できる量を超え，温室効果ガスとしては重さあたりでは CO_2 の100〜300倍の温室効果を持つ亜酸化窒素(＝一酸化二窒素：N_2O)の放出量が増加することを意味する。なお，日本の森林からは，平均すると0.2 kg ha^{-1} 年$^{-1}$ の亜酸化窒素が放出されている。

さて，従来，窒素はアミノ酸やタンパク質の合成には必須で，特に森林では不足しがちな養分とされてきたが，上記の通り，場所によって過剰にもなっている。ここで林床の稚樹の話題に戻る。葉中に窒素が増えると一般には細胞が間延びして厚ぼったくなり光飽和での光合成速度は増加する。同時にクロロフィル(葉緑素)の増加によって葉の緑が濃くなり，光を集める機能と運ぶ能力も改善されるので，弱光下での光合成能力も改善される。しかし，この機能改善の働きがどの

程度であるか，まだはっきりとはしない。

　もうひとつ最近，不安なことが出てきた。それは，国境を越えてやってくる大気汚染物質とされるオゾン(O_3)の影響である。オゾン・ホールで知られるのは成層圏(地上20〜60 km)に存在するオゾンである。太陽からの有害な紫外線(UV-C，部分的にはUV-B)をDNAが吸収して壊れ，生命は生存できなくなる。この紫外線を成層圏のオゾンが吸収して，現在のように地球上に生き物が生活できるようになった。これに対して対流圏(地表面：0〜約11 km)のオゾン濃度が急激に増えてきた。オゾンはNOxなど窒素酸化物や揮発性の有機化合物(VOC)などと紫外線の作用によって局所的にも生産されるが，偏西風に乗って経済発展を急ぐ風上の国々からも大量にわが国へ到達し始めた。

　強力な酸化剤でもあるオゾンは気孔を通じて体内へ取り込まれ，植物を傷めつける。北米とヨーロッパでは森林の衰退のおもな原因として注目されてきたが，最近，わが国でも60 ppbを超える高濃度オゾンが検出されている。観光地としても有名な北海道東部の摩周湖外輪山の森林衰退に関連して，その影響評価が急がれている。全球レベルでの調査を基礎に行われた研究から，対流圏オゾンの増加によって，植物のCO_2固定機能が最大30％程度抑制されることも予測されている。実際，ドイツ・ミュンヘン郊外で，実験的に樹高30 mを超えるヨーロッパブナに低濃度(約60 ppb)のオゾンを8年間付加した実験からは，幹の成長量が対照に比べて40％も低下したことが紹介された。

　米国ニューヨーク周辺での調査であるが，都心から郊外まで土壌条件を揃えてポプラのクローンの成長に対するオゾンの影響を調べた。その結果，予期しなかった結果が出た。交通量が多く汚染されているはずの都心での成長が良くて，空気もきれいだと思われていた郊外での成長が抑制されていた。郊外のオゾン濃度が高かったのである。これは，大気の逆転層が存在することと，皮肉なことに都心ではディーゼルエンジン車からの排ガスとオゾンが反応した結果，オゾン濃度が低い現象が見られたのである。なんという皮肉な効果であろうか。

病虫害

　高CO_2環境では，稲の病害であるイモチ病が多発することが実験的に確認された。高CO_2環境では気孔が閉じ気味になって蒸散が抑制されるため，蒸散流とともに運ばれるケイ素が不足して抵抗性が低下し，病気に罹ることが多くなる。一方，ミズナラの萌芽枝では，病気に罹る割合が高CO_2環境では低下した。これは，高CO_2環境では光合成産物が増加し，このために抗菌作用のある物質ができたためだと考えている。

　次に虫害に目を向けよう。北海道大学構内の試験地での研究結果なので，野外とは虫の種類の比率などが異なり，一般化できるかどうかわからないが，実験開始2年目でケヤマハンノキ幼木は枯れてしまった。予想では，病害と同様に高CO_2では虫害に対する抵抗力が増すと考えていた。事実，強光を利用する成長の速い樹種であるシラカンバでは，高CO_2では貧栄養に生育する個体の葉が虫害にあった割合が比較的少なかった。弱光利用樹種のミズナラとイタヤカエデでは，虫害の割合が，CO_2処理と土壌環境にかかわらず，シラカンバやケヤマハンノキより少なかった。実はケヤマハンノキなどは窒素固定をする菌を根に共生しているため，宿主の光合成能力が上昇するとその光合成産物を利用して菌の活動がさかんになり窒素固定をするため，窒素の豊富な葉が虫の餌食になったのである。

　ここで，病虫害に対する樹木の防御の仕方を知ることによって，受け身がちに思われる植物の生き方を簡単に見たい。

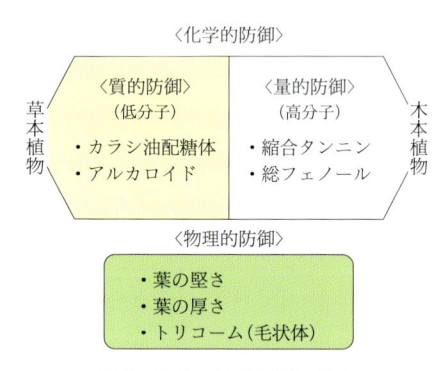

図5　植物の被食防御の仕方

　まず，どのような虫が食べるのであろうか。一般に，食害を与える虫は，幼虫時には種を見分けることがむずかしい。このために食べ方によって区別することが多い。例えば，葉の表面をなめるように食べる，葉の中に潜り込んで食べる，ゴール(虫こぶ)をつくる，囓って食べる，筒状に葉を丸めて食べるタイプなどがいる。もうひとつの区分の仕方は食べる物の種類から見た分け方である。春先にいくつかの樹種で虫害が発生し，初夏にかけて葉が食べられて赤茶け，緑地の美しさが損なわれる。多くの樹木はマイマイガなど何でも餌にできる蛾の幼虫が食べる(広食者：ジェネラリスト)。これに対してハンノキ類は，ハンノキハムシという特定の虫が好んで食べる(狭食者：スペシャリスト)。

　どうして，様々な食べ方の虫がいるのかと考えると，植物の防御の仕方と天敵に見つからないような虫の生き方に密接に関連していると思われる。葉の防御には葉を硬くする，毛状体(トリコーム)で覆う，などの物理的防御と消化不良をおこす苦みの成分のタンニンなどによる化学的防御がある(図5)。広葉樹では，防御物質と体を丈夫にするリグニンが同じ物質(フェニルアラニン)から生産されるために両方が満たされるわけで

写真1 産卵中の狭食者ハンノキハムシ成虫メス個体（及川閏多氏提供）

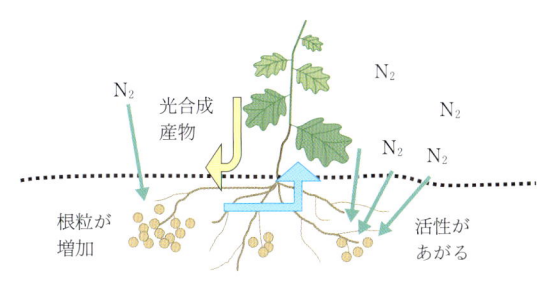

図6 高 CO_2 環境で生育するケヤマハンノキと共生菌類フランキア（Frankia）の活動の模式図。大気中の窒素（N_2）を固定する共生菌の活動は、貧栄養で高くなる

はない。そこで、植物は食われたら絶対に困る、例えば養水分の運搬を担う維管束などの部位を重点的に防御している。このため、様々な食べ方が見られるのである。また、常に防御へ光合成産物を分配していると成長できなくなるため、恒常的な防御に加え虫に食われてから発現する誘導防御がある。

これまでの研究では、上述のように多くの樹種で防御能力が貧栄養の高 CO_2 環境で上昇するが、一方、ハンノキ類のように共生菌の活動が関与する「間接効果」にも注意する必要があろう。

メタンの放出

もうひとつ無視できない現象を紹介する。質量ベースで CO_2 の約25倍の温室効果を持つガスであるメタン（CH_4）に注目する。メタンは酸素がないか乏しい嫌気性条件で活動するメタン酸化菌が生産する。このため沼地、水田や湿原などがメタンの発生源となるが、哺乳類の消化管にも生息するので、牛の"げっぷ"からも大量に放出される。このためメタン生成を抑制できる家畜飼料も考案されている。

これまでの調査からは、日本の森林の林床にはリター（落葉落枝）が積もっていて、好気的環境のためメタンの吸収源と考えられている。事実、平均すると $6.9\ kg\ ha^{-1}yr^{-1}$ のメタンが吸収されていることがわかった。欧米などの報告と比べると日本の森林土壌は単位面積あたりのメタン吸収量は約2倍大きい傾向がある。この理由は、日本に火山灰由来土壌が広く分布し、空気がたくさん含まれる構造をしていることから、通常の土壌に比べるとメタン吸収量が多いと考えられている。

しかし、我々の開放系大気 CO_2 増加実験からは、高 CO_2（500 ppm）に設定された2040年ごろの林床におけるメタンの吸収量は、対照区（380〜390 ppm）の半分程度になることがわかった。さらに、土壌は不均質でもあることから、ところどころメタンを放出している場所も確認された。この理由として、高 CO_2 では植物の葉面の気孔を閉じ気味にする（閉じた気孔の割合が大きい）ため、樹木の蒸散が減る。また、上層木の葉が繁茂するため林床へ届く光量も減る。これらのため林床が嫌気条件になって吸収源から放出源へ転じることが示唆された。これらのことから、今後 CO_2 濃度が上昇し続けると、強力な温室効果ガスであるメタンの森林からの放出も増加すると考えられる。

将来の樹林地の管理への提言

ここで指摘せねばならないことは、何も CO_2 や窒素沈着量が増加するからということだけではなく、公園、緑地や樹林地などを人為的に造成したならば、適切な管理をし続ける必要があるということである。例えば、メタン発生に関連して、林床を好気的環境に変えるためにも上層木への強度な間伐や枝打ちなどを行って、林床へ光を導入し、森林からのメタン発生を抑制するためにも林床をやや乾燥させることも森林や樹林地の管理では求められるであろう。

[引用・参考文献]
- 原田泰：森林と環境, 北海道造林振興協会, 1954.
- 日向潔美ほか：樹木の被食防衛物質の局在, 北方林業 61, 100-103, 2009.
- 北方森林学会：北海道の森林, 北海道新聞社出版局, 2011.
- IPCC：気候変動に関する政府間パネル, IPCC 第4次評価報告書, 気象庁ホームページ, 2007.
- Kim, Y. S., et al.：日本での高濃度 CO_2 環境下における FACE システムを用いた2種の森林土壌への CH_4 吸収の動態変化, 日本大気環境学会誌 46, 30-36, 2010.
- 小池孝良：温暖化と植物, 植物と環境ストレス（伊豆田猛編著）, 88-144, コロナ社, 2006.
- 小池孝良：森で実験, 気候変動の影響, 日経サイエンス 2010年6月, 112-119, 2010.
- 小池孝良：落葉広葉樹の紅葉, 山林 1506, 2-9, 2009.
- 小池孝良：森林美学の今日的意義, 山林 1522, 2-9, 2011.
- Morishita, T. et al.：日本の森林土壌におけるメタン吸収および亜酸化窒素放出―土壌および植生タイプに着目して, 日本土壌肥料学会英文誌 SSPN：53, 678-691, 2007.
- 日本農業気象学会北海道支部：北海道の気象と農業, 北海道新聞社出版局, 2012.
- Oikawa, T.: Bot. Mag. 99, 419, 1986.
- 高月紘：絵コロジー "鈍感のカエル", 合同出版, 2002.

VI-5 札幌のガーデニング環境としての気象

矢崎友嗣

　ガーデニングは屋外で植物を育てるため，その地域の気象を考慮した栽培管理が不可欠になってくる。南北に長い日本の中で北に位置する札幌では，寒冷な気象条件のため，特に凍霜害や積雪を考慮した作業が必要になってくる。ここでは，札幌でガーデニングを行う上で必要な基礎知識として，ガーデニングに関連した札幌の気象環境を紹介する。

北海道全体から見た札幌の気候

　札幌が位置する北海道は，温帯気候と冷帯気候の境界部に位置しており，南西部の一部地域を除くとケッペンの気候区分でいう冷帯湿潤気候に分類される。温帯湿潤気候にある本州より年間を通じて気温が低く，四季の変化も明瞭である。本州以南で見られる初夏の長雨である「梅雨」は不明瞭であり，気象庁による梅雨入り・梅雨明けの発表は行われない。

　北海道を含む日本列島全体は，大陸の東岸に位置しており，冬に大陸に蓄積された寒気が北西の季節風によって運ばれ，夏には北太平洋の高温な空気が南東季節風に乗って流入する。従ってほぼ同緯度の大陸西岸（スペインからフランスやアメリカ大陸西岸）に比べて夏と冬の温度差が大きい。

　北海道は大きく太平洋側西部・日本海側・オホーツク海側，太平洋側東部・内陸部の5つの気候に分けられる（図1）。それぞれの特徴を以下に述べる。

①太平洋側西部の渡島・胆振・日高は，津軽海峡を抜ける暖流の影響を受け，北海道の中では温暖であるが，夏は寡照となる。また冬の積雪も少ない。

②日本海側の檜山，後志，石狩，空知，留萌，宗谷は日本海を流れる暖流の影響を受け比較的温暖である。夏は気温が高く晴天が多く，冬は風雪が強い日が多い。

③オホーツク海側の網走，北見，紋別などは，1年を通じて晴天が多く降水量が少ない。しかし初夏はオホーツク海の高気圧の影響を受け，低温となることも多く，気温の変動が大きい。冬に流氷が接岸すると内陸部同様に厳しく冷え込む。

④太平洋側東部の十勝，釧路，根室は，夏は湿った南東季節風が太平洋の寒流によって冷やされ海霧が発生し，内陸部を除き夏は冷涼寡照である。冬は雪が少なく晴天が多いが厳しい冷え込みとなる。

⑤内陸部の上川などは，山地に囲まれるため，夏は気温が高く，一方で冬は気温が低く，寒暖の差が非常に大きい。

　札幌は，日本海側の気候に分類される。北海道の他地域と同様に，春から初夏は移動性の低気圧と高気圧に交互に覆われ周期的に天気が変わるが，初夏はオホーツク海の高気圧が発達し冷涼な天候となることがある。夏は例年，太平洋高気圧の影響を受け，北海道の中では暑い日が多く，太平洋から海霧が流入しにくい地形なため，晴天が多く太平洋側に比べて乾燥する傾向にある。秋は移動性の低気圧と高気圧に交互に覆われるが，秋雨前線によって長雨が続くことがある。冬は，大陸からの季節風が，暖流が流れる日本海を通過する際，雪雲が発生し日本海側に雪を降らせる。しかし，札幌は西に山があるという地形的な理由から雪雲が流入しにくい場合があるため，後志や空知など日本海側の他の地点より積雪が少なく，晴天となることも多い。

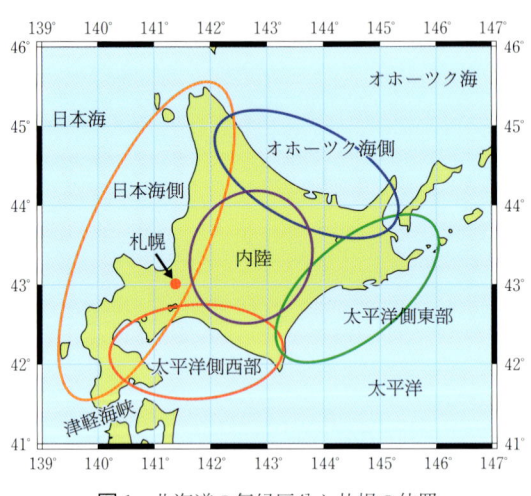

図1　北海道の気候区分と札幌の位置

気温と積算温度

　気温は植物の生育に最も強く影響を及ぼす要因のひとつである。気温が低下し霜にあたったり凍結したりすると，植物の組織は破壊されることがある。一方で高い気温は植物の生育を促進する。ここでは，ガーデニングを行う上で最も基礎的な環境要因である気温について解説する。

　札幌は本州の他の都市と比べて冷涼な気候である。札幌の平均気温を図2に示す。最も暑い8月でも日平均気温が22℃（平均最低気温19℃，平均最高気温26℃）である。一方で冬は寒冷であり，例年12月〜翌年3月まで気温が0℃以下に低下する。最も寒い1月の日平均気温は−4℃（平均最低気温−7℃，平均最高気温−1℃）であり，1日中気温が氷点下の真冬日も平均で45日も存在する。初霜の平均日は10月25日，終霜の平均日は4月24日であり，無霜期間（例年霜にあたらない期間）が184日と1年の半分程度しかない。そのため，霜に弱い植物を植える際，無霜期間を考慮する必要がある。

なお，紹介したデータは札幌市中心部の札幌管区気象台のものであるが，実際に札幌市中心部では都市化のため郊外に比べて最低気温が高い傾向にある。従って，札幌市中心部から離れた地域では，この気温より低温であったり，無霜期間が短いと考えられる。

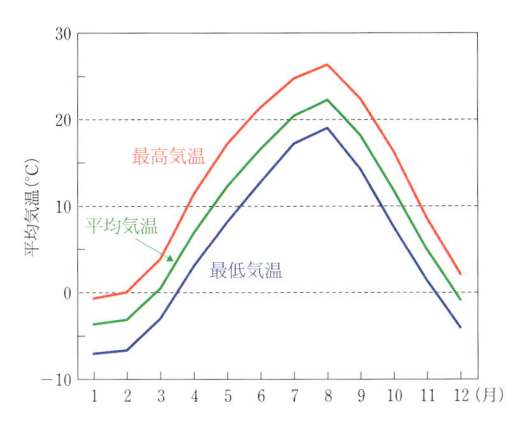

図2 札幌の月別日平均気温，日最高気温，日最低気温の変化(1981～2010年の平均値)

表1 札幌の旬別の積算温度(1981～2010年の平均値)

月	旬	積算温度(℃日)
4月	上旬	51
	中旬	71
	下旬	92
5月	上旬	111
	中旬	124
	下旬	152
6月	上旬	153
	中旬	166
	下旬	181
7月	上旬	192
	中旬	202
	下旬	242
8月	上旬	229
	中旬	224
	下旬	239
9月	上旬	202
	中旬	182
	下旬	160
10月	上旬	140
	中旬	120
	下旬	97
4～10月	合計	3330

植物の生育には気温が強く関係していることから，毎日の日平均気温を積算して算出される「積算温度」から栽培の可否や播種から収穫までの期間の推定が可能である。表1は，4～10月の平年の旬別積算温度を示したものである。例えば，播種から収穫まで900℃日の積算温度が必要な作物を4月末に播種したとする。この場合，5月上旬から積算温度を足していくと，7月上旬に積算温度は900℃日を超え，収穫できることが予想される。

降水量と蒸発散量

水は植物の成長にとって欠かせないが，生育期間中植物や土壌から蒸散や蒸発によって失われるため，過剰な乾燥が続くと水不足のため植物の生育に悪影響が生じることがある。ガーデニングにおいて雨水は，重要な水の供給源のひとつとなるため，ここでは札幌の降雨(雪)量や季節的な特徴について解説する。

図3は札幌の雨と雪をあわせた降水量の月別値である。札幌の年間総降水量は1,107 mmであり，そのうちの約710 mmが4～11月に雨として供給される。さらに約550 mmが植物の生育期間である5～10月に降る。植物の生育初期である春から初夏(4～6月)にかけては，月降水量が50 mm前後と少ない。一方，8月以降は，月降水量が100 mm以上と多い。

図4は，札幌の可能蒸発散量(地表面が十分に湿っているときに期待される蒸発の最大可能量)と，降水量と蒸発散量の差である余剰降水量である。余剰降水量がマイナスになると地表面に供給される雨水の量より蒸発散量が大きいため，水不足であるといえる。この図を見ると，4～6月は，余剰降水量がマイナスとなり，乾燥しやすい季節であるといえる。春から初夏は，多くの植物の成長が最もさかんな時期にあたるため，植物の種類によっては水やりが必要になる場合がある。一方，8月以降は降水量が可能蒸発散量を大きく上回る。この時期に長雨が続くと，土壌が過湿になり，根が損傷を受けたり，病気になりやすくなるため，過度な水やりに注意が必要である。

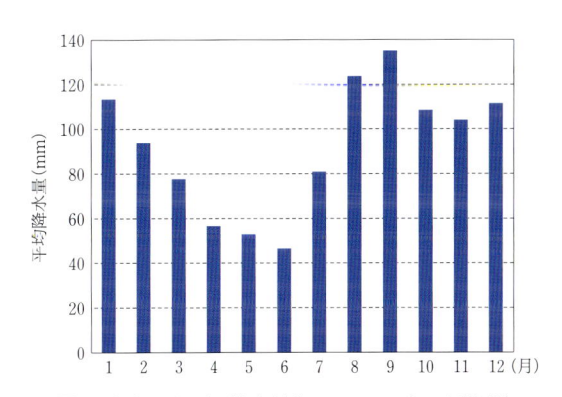

図3 札幌の月別の降水量(1981～2010年の平均値)

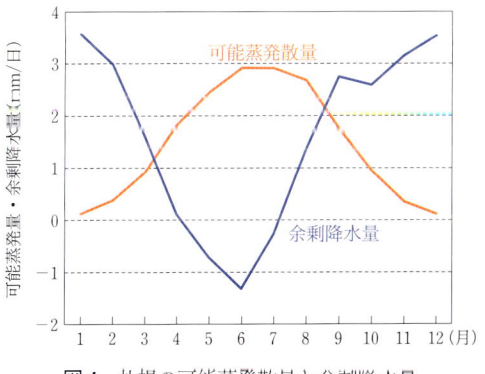

図4 札幌の可能蒸発散量と余剰降水量

Ⅵ　地域の環境

🌿 日長時間

　日長時間とは，日の出から日の入りまでの時間であり，夏至に最も長く，冬至に最も短い。植物の中には日長時間の変化を感じ花芽や塊茎の形成や，休眠の促進を行うものがあるため，季節ごとに日長時間を考慮したガーデニングプランが必要になってくる。図5に示すように札幌では，日長時間が6月下旬に15.2時間と最も長く，12月下旬に8.9時間と最も短くなり，春分と秋分に12.0時間と昼と夜の長さが同じになる。

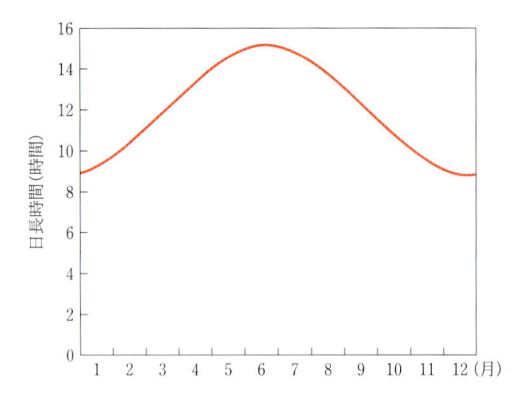

図5　札幌の日長時間の季節変化。札幌管区気象台の値(北緯43.06度)として計算した

🌿 太陽高度

　太陽高度は太陽の中心の地平線に対する角度である。南中時(太陽が真南に達し太陽高度が最も高くなる時刻で，札幌ではおよそ11時35分ごろ)に最も高くなる。札幌市付近の南中時の太陽高度は，夏至(6月下旬)に72度と最も高いが，7月に入ると低下し始め，秋から冬にかけて低くなっていく(図6)。太陽高度の高い季節は，葉の生い茂った樹木の下が日陰になり，強い日射を好む植物の生育に不向きになるので，注意が必要である。

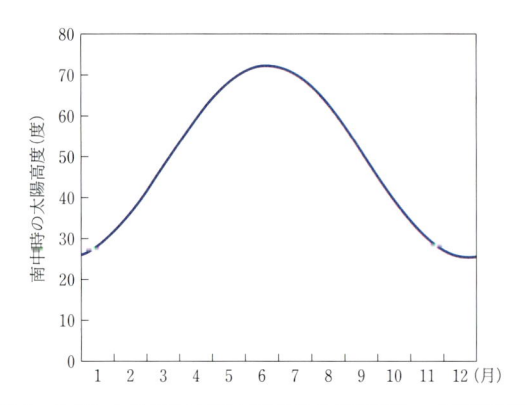

図6　札幌における南中時太陽高度の季節変化。札幌管区気象台の値(北緯43.06度)として計算した

🌿 積雪と地温

　札幌は日本の都市の中では降雪が多い。また，冬は氷点下の日が続くため一度積もった雪は春まで解けず，根雪となり，長期間土壌表面が雪で覆われる。図7は札幌市の平均積雪深を示す。例年，12月上旬に長期積雪(根雪)が始まり，積雪深は2月中旬から下旬に最大(平均で100 cm)に達する。そして3月に入ると減少し，4月上旬には積雪がなくなる。なお，札幌市内でも場所により積雪の違いがあり，例年札幌市の北部では，南部に比べて積雪が多い傾向である。

　雪はガーデニング植物にとって様々な影響を及ぼす。特に初冬や春先は水分を含んだ重い雪が降ることがあり，その重さで樹木の枝が折れるなど，ガーデニング植物に悪影響を及ぼす。従って，その対策として支柱を用いた雪囲いが必要になる。一方で，20 cm以上の深い積雪は，冷たい空気から土壌を断熱し保温する効果があり，地温が低下し土壌が凍結するのを防ぐことが知られている。土壌が凍結すると，塊茎や芽が凍結枯死したり，根が凍上によって切断されるなど，越冬植物は大きな被害を受けることがある。従って，冬期間の積雪は，寒冷な外気から植物を保護する役割があることに留意する必要がある。

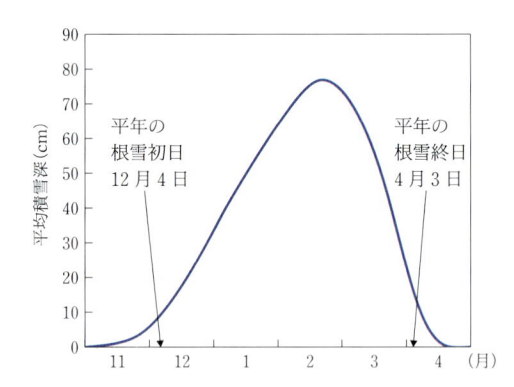

図7　札幌の平均積雪深と平年の根雪(長期積雪)の初日と終日(1981〜2010年の平均値)

🌿 植物耐寒ゾーン

　ガーデニングでは，植物を屋外で育てるため，植物がその土地で生育できるかの判断が重要であり，その中でも耐寒性や耐暑性は重要な判断基準となる。北海道は特に冬の寒さが厳しいため，耐寒性の評価が欠かせない。ここでは，耐寒性の評価の手段として「植物耐寒ゾーン」の考え方を解説する。

　米国農務省(USDA)は，屋外の植物の越冬や耐寒性の観点から過去10年以上の長期最低気温の分布地図を発表しており，植物耐寒ゾーン(plant hardiness zone)とよばれている。これは，植物の植栽可能地域の目安を示すものである。例えば，ある植物の耐寒性の数字がその地域のゾーンの数字と同じか小さければ($a<b$と考える)，防寒対策をしなくても冬の寒さに耐えることができることを意味する。表2は日本各地の植物耐寒ゾーンの最低気温を，図8は北海道の植物耐寒ゾーンを示したものである。

　札幌は耐寒ゾーン6bに分類される。例えば，カキ

表2 植物耐寒ゾーンの最低気温と日本の主要都市・地域

植物耐寒ゾーン	最低気温(℃)	日本国内の主な都市や地域
1	〜−45.6	
2	−45.6〜−40.0	
3	−40.0〜−34.4	北海道の山間部
4	−34.4〜−28.9	名寄
5	−28.9〜−23.3	旭川，帯広，倶知安，岩見沢
6a	−23.3〜−20.6	釧路，網走
6b	−20.6〜−17.8	札幌，小樽，留萌，稚内
7a	−17.8〜−15.0	函館，苫小牧，根室
7b	−15.0〜−12.2	青森，盛岡，山形
8a	−12.2〜−9.4	秋田，福島
8b	−9.4〜−6.7	仙台，新潟，水戸
9a	−6.7〜−3.9	東京，金沢，名古屋，大阪，広島，福岡
9b	−3.9〜−1.1	松山，鹿児島
10a	−1.1〜+1.7	伊豆諸島
10b	+1.7〜+4.4	屋久島
11a	+4.4〜+7.2	奄美群島
11b	+7.2〜	沖縄諸島，先島諸島，小笠原諸島

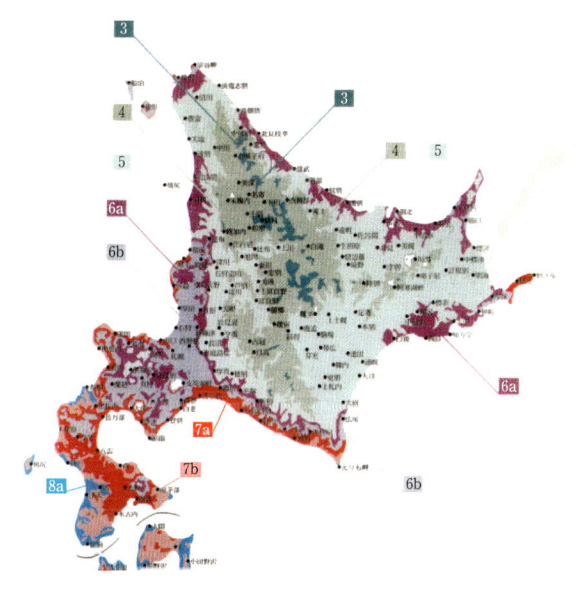

図8 北海道の植物耐寒ゾーン(安藤ら，2001)

ノキは耐寒性が7aで，札幌の冬には耐えることができないが，ソメイヨシノは耐寒性が6bであるため，耐えることができると判断される。

生物季節

植物の開花や動物の初見など，季節による生物の状態の変化を生物季節という。これらは，人の手を加えたものではなく，自然に近い状態の生物を対象としている。気象庁では，全国の気象官署で統一した基準によりウメ・サクラの開花した日，モミジ・イチョウが紅(黄)葉した日などの植物に関係する植物季節観測や，ウグイス・アブラゼミの鳴き声を初めて聞いた日，ツバメ・ホタルを初めて見た日などの動物に関係する動物季節観測を行っている。なお，植物季節観測の多くは観察する対象の木(標本木)を定めて実施する。表3は札幌管区気象台の生物季節の平年日である。

このように観測された結果は，季節の遅れ・進み具合や，環境変化の推定など，総合的な気象状況の推移を把握するのに用いられる他，生活情報のひとつとして利用されている。

表3 札幌における生物季節(1981〜2010年の平均)

種目		月/日	種目		月/日
セイヨウタンポポ	開花日	4/29	ヤマモミジ	紅葉日	10/25
ウメ	開花日	5/ 1		落葉日	11/ 3
ソメイヨシノ	開花日	5/ 3	イチョウ	黄葉日	11/ 4
	満開日	5/ 7		落葉日	11/11
イチョウ	発芽日	5/ 5			
ライラック	開花日	5/17	ヒバリ	初鳴日	4/ 3
ヤマツツジ	開花日	5/19	モンシロチョウ	初見日	5/ 2
アジサイ	開花日	7/18	アブラゼミ	初鳴日	7/28

開花予想

開花予想とは，開花以前の気象などの経過から開花日を予想することである。観光地のサクラやウメなどの観賞用の植物においては来客数の予測などに，リンゴやモモなどの果樹においては，適切な栽培管理などに役立てられている。特に人々の生活にも密着しているサクラやウメについては，開花日が様々な機関や民間会社によって予想されている。

例えば気象庁によって行われていたサクラの開花予想は，つぼみの重量と開花日までの日数の関係を利用する方法から，1996年に休眠打破や成長などの植物生理と気象経過の関係を推定する方法へと変更されたが，2009年をもって開花予想を終了した。現在サクラの開花予想は，民間会社が行っている。また，札幌市公園緑化協会では，毎年，平岡公園のウメの開花予想日を基準日以前の気温の経過から推定し，インターネットで公開している(http://www.sapporo-park.or.jp/hiraoka/)。

[引用・参考文献]
・安藤敏夫・小笠原亮・森弦一：日本花名鑑①2001-2002，アボック社，2001．
・米国農務省(USDA)：USDA Plant Hardiness Zone Map, 2012. http://www.usna.usda.gov/Hardzone/ushzmap.html (2012年11月1日閲覧)
・廣田知良：北海道・道東地方の土壌凍結深の減少傾向および農業への影響．天気(55)，548-551，2008．
・気象庁：気象統計情報，2012．http://www.data.jma.go.jp/obd/stats/etrn/index.php(2012年11月1日閲覧)
・近藤純正：水環境の気象学—地表面の水収支・熱収支，朝倉書店，1994．
・Kottek, M., Grieser, J., Beck, C., Rudolf, B., and Rubel, F.: World map of the Koppen-Geiger climate classification update. Meteorologische Zeitschrift 15, 259-263, 2006.
・日本気象学会：気象科学事典，東京書籍，1998．
・日本農業気象学会：新編農業気象学用語解説集—生物生産と環境の化学，日本農業気象学会，1997．
・札幌管区気象台・函館海洋気象台：北海道の気候変化—北海道における気候と海洋の変動，2011．http://www.jma-net.go.jp/sapporo/kikohenka/kikohenka.html(2012年11月1日閲覧)

VI-6 生物多様性

矢部和夫

生物多様性とは

生物多様性とは，生物が示すあらゆる変異を総合的にあらわしたものである。生物多様性は，遺伝子についての種内変異と種間変異の存在を指す遺伝的多様性，多様な形質を持つ膨大な数の生物が生活していることを示す種多様性，および森林，草原，河川・湖沼など様々な生態系があることを示す生態系多様性という3つのレベルに基づいてとらえられている。生物多様性は，人類の生存基盤であるという認識の下に，世界中でその保全のための措置がとられている。

環境と生物

生物は，自分を取り囲む環境の中で生活をしている。生物が影響を受ける環境には，次の4つの要素がある。①エネルギー的な要素：光，温度，風。②無機的物質：水，無機塩，CO_2，O_2。③他の生物の影響（生物間相互作用）。④これらの変動パターン。

環境要因という場合は，ある生活現象の発現に関与する環境要素を指す。つまり生物の生活に決定的に大きな影響を与える環境要素であり，どの環境要素も環境要因になることができる。

各環境要素が生物の生活に影響を及ぼすことを，作用という。逆に生物が環境を改変することを，環境形成作用（反作用）という。環境形成作用のために，生物は生活する中で，必然的に自分や他の生物の環境を変えてしまう。これは生物が周りから物質やエネルギーを取り込み，老廃物や熱を周りに捨てることによって生じる場合や，また木が光や風を遮断するなどのような外界への力学的影響もある。新たにつくられた環境の作用によって，生活の仕方を変えざるを得なくなり，場合によってはその場所からいなくなることもある。

生物間相互作用

共生とはお互いに利益を得ているような種間関係を指すこともあるが（狭義の共生），自然（生態系，群集）の中で様々な生物が，お互いに関係しあいながら共存して生活していることを示す意味でも使われている。生物間相互作用とは，このような同種や異種の個体間の関係で発生する。生き物同士の関係では，どちらか一方だけが相手に作用することはありえず，必ずお互いに作用しあうので相互作用となる。生物間相互作用には次の4つがある。

①寄生関係：他の生物の組織や細胞にすみ，栄養分を奪ったり，複製機構を拝借して増えること。
②共生関係（狭義）：異種が行動的あるいは生理的に緊密に結びついて生活していること。
③競争関係（種内，種間）：ある個体が資源をつかうと他の個体がつかえなくなること。種内の競争と種間の競争がある。
④捕食関係（最も強い生物間相互作用）：食う─食われるの関係。

競争関係にある2種の共存

生物が，周りの無機環境や生物との関係の中で，どのように持続的に生活しているのか考えてみよう。それぞれの種が必要とする資源要素と資源利用パターンを，ニッチ（生態的地位）という（図1）。ここでは，2種の草本がそれぞれ要求する土壌の窒素養分量と水分量が，ニッチとして示されている。この中で，ニッチの重複部分で種間競争がおこり，ニッチの重なりが大きいほど種間競争が激しくなる。このようなことから，競争関係にある2種は，ニッチをある程度ずらすことで，共通の資源に対して共存することができる。

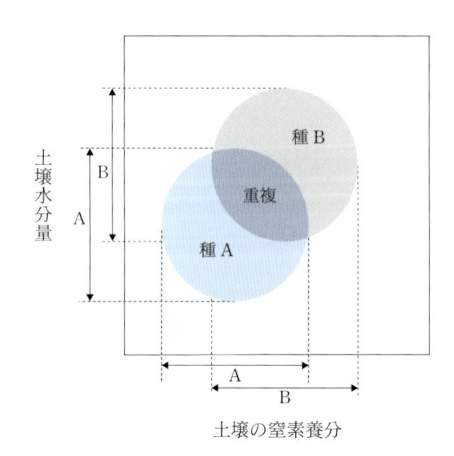

図1 ハッチンソンによるニッチ概念の模式。ふたつの資源（土壌の窒素養分量と水分量）で示される空間に，草本種Aと種Bのニッチが示されている

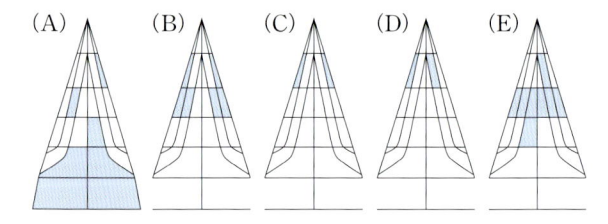

図2 針葉樹に同所的に生息する5種のアメリカムシクイのすみ分け（MacArthur, 1958を基に作図）。木の右側は利用時間を示し左側は利用頻度を示してある。(A) キヅタアメリカムシクイ，(B) ノドグロミドリアメリカムシクイ，(C) ホオアカアメリカムシクイ，(D) キマユアメリカムシクイ，(E) クリイロアメリカムシクイ

1本の針葉樹で生活しているアメリカムシクイの採餌場を見ると(図2)，例えばキヅタアメリカムシクイ(A)は木の下部でほとんど採餌し，ホオアカアメリカムシクイ(C)は上部だけで採餌している。これら5種のアメリカムシクイを見ると，それぞれ微妙にニッチ(採餌場所)をずらすことによって，針葉樹という採餌場で共存している。

自然界では種間競争が潜在的に作用しているので，このようなニッチの分化がおこっている。生き物の形態の変化をともなうニッチ分化は，種間競争が大きくかかわる自然選択(進化)の結果としておこる。

捕食関係にある2種の共存

捕食者と餌動物である被食者は，一緒に変動(共振動)しやすいと考えられている。これは被食者が子を産んで増えると，捕食者はそれを食べて子を増やし，捕食者が増えれば被食者は食べられて減り，餌がなくなるために捕食者が減るためである。ところが実験室でこの共振動を再現しようとしても，ほとんど成功しなかった。しかし，ハフェッカーは1958年に生育環境を複雑にする実験によって，両者を共存させることができた(Huffaker et al., 1963)。

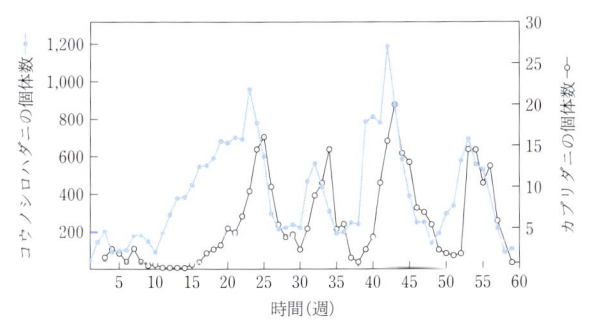

図3 コウノシロハダニ(被食者)とカブリダニ(捕食者)の個体群の共振動(Huffaker et al., 1963)

植物食のコウノシロハダニをオレンジで飼育すると，ハダニは一定の個体数になるまで増え続け，その後安定する。ハダニと一緒に天敵のカブリダニを飼育すると，最初ハダニが増えるが，その後カブリダニが増え，カブリダニはハダニを食いつくし絶滅させた後，自らも絶滅した。

次に，オレンジとゴムボールを交互に配置して，パッチ(まとまった生育場所)である個々のオレンジが，不連続に分布するようにした。さらにハダニだけパッチ間を移動しやすいようにした。その結果，図3にあるように，両者は共振動しながら共存した。両者のいない空パッチにハダニが移動し増えた後，やがてカブリダニが移動してきて，ハダニを食い尽くす。しかし空パッチやカブリダニのいないパッチは他にもあるので，両者は持続的に共存できる。

メタ個体群

上の実験では，個々のオレンジというパッチが集まって，全体の生育地環境をつくっていた。このように，個体群の内部に局所個体群(パッチ内の個体群)という構造があり，局所個体群間の交流は限られているが作用しあっている個体群全体を，メタ個体群とよぶ。メタというのは「上位の」という意味である。メタ個体群という構造が，捕食者と被食者の共存を可能にする個体群構造なのだ。ここで重要なことは，局所個体群間で同時に絶滅がおこると全体であるメタ個体群も絶滅してしまうので，局所個体群間で同調しないことである。

群集内の多種共存機構

ある空間の中で生活する，すべての種個体群の集まりを群集という。例えば森林という群集の中では，捕食，競争，共生や寄生に関係する様々な直接的，間接的な生物間相互作用が働き続けている。

最も種多様性の高い森林は熱帯雨林である。1 haの森に生活する樹種は，温帯林では10種にも満たないが，熱帯雨林では100〜200種も生活している。このようなたくさんの樹種は，どのようにして共存しているのだろうか。

平衡仮説

これは，種ごとのニッチや生活史などの特性の違いにより，安定的な共存が可能であるという説である。種間競争の中で，ニッチの適当な違いにより2種の個体群の平衡が保たれているとき，それぞれの個体群は上限まで増えている。このとき，資源は需要と供給が等しく，共存する2種は増えも減りもしないで安定している。この状態を平衡という。

樹木は共通して光・水・養分を要求しており，同一のニッチでは共存できないが，資源要求量が異なり，資源分布が不均一であれば共存可能である。

札幌市内の落葉広葉樹林を見ると，光資源を巡るすみ分けが見られる。林冠(最上層の葉群)はミズナラ，シナノキ，イタヤカエデなどの高木が強い直射日光を受けて生活している。林内の中間層には林冠を通って多少弱められた光の中で，ツリバナ，ミヤマガマズミ，オオカメノキなどが生活しており，さらに地表近くの弱い光の中でツルシキミ，ハイイヌガヤ，コマユミなどの小型の樹木が，高木の稚樹や山野草と一緒に生活している。また地形・水資源のすみ分けも見られ，乾燥する尾根ではミズナラ，イタヤカエデなどが優占するが，湿潤な谷ではカツラ，ハルニレなどが生活している。

非平衡仮説

共通のニッチを持つ種同士でも，台風や大雪の被害

VI　地域の環境

や害虫の大発生などの攪乱によって競争関係にある種が急激に死亡し，平衡が乱されたときは共存が可能である。攪乱とは，自然を著しく乱す現象で，生物に大きな影響を与える。

中規模攪乱説

オーストラリアのグレートバリアリーフでは，波浪という物理的な攪乱が，生きたサンゴの被度を決めている（図4）。波浪が強い所では，サンゴが岩の表面から剥がされて被度が低く，波浪がない所ではサンゴの被度が高くなっている。被度が低い所は，波浪の破壊によって種数が少なく，被度が高い所は競争排除が強く働き，少数の強い種だけが生活をしている。この結果，攪乱の大きさが被度30%ほどの中程度のとき，サンゴの種数が最大になっていた。この現象は中規模攪乱説とよばれている。この説は，森林のように空間を巡る激しい競争がおこっているとき，あてはまりやすくなっている。

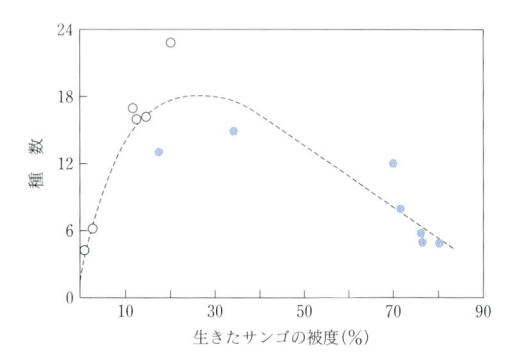

図4　グレートバリアリーフ，ヘロン島のサンゴ礁でのサンゴの種数と生きたサンゴの被度（Connell, 1978）。（○）強い波浪の被害で，被度が低い北側斜面，（●）波浪が弱く，被度が高い南斜面

ギャップ更新

図5は，季節外れの大雪の際，雪の重みで林冠木のミズナラが1本倒れて発生した隙間であり，これをギャップという。樹木は暗い林内では十分に育ちにくいのだが，このようなギャップは周辺より明るいため，ここで樹木の稚樹がたくさん育ち森林の更新（若返り）がおこる。これをギャップ更新という。

ギャップは温帯林の中に5〜30%あるとされており，中規模攪乱説では，このようなギャップが次々に発生してはまた閉じることの繰り返しの中で，森林の種多様性が維持されることになる。

いずれにしても森林の高い種多様性は，平衡仮説と非平衡仮説の両方のメカニズムがそれぞれ働くことで維持されていると考えられている。

写真1　2010年10月の大雪で発生した落葉樹林の林冠のギャップ（白い丸内）。2012年6月札幌市芸術の森で撮影

島の種数はどのように決まるか

次に，大陸から離れた海の島の種数はどのようにして決まるかについて，移入と絶滅の関係から考えてみよう。

マッカーサーとウイルソンは，島の種数は，大陸からの種の移入率と既に島にすみついた種の絶滅率によって決まると考えた。

移入率は，島の種数が0のときに，すべての移入候補種が移入可能になるので最大となる。しかし，移入によって島の種数が増加すると，移入候補の種数が減少するので移入率は低下する。この移入率は，島が大陸に近い方が高く（図6A），また大きいほうが高くなる（図6B）。これは近くて大きい島のほうが，大陸の種が辿り着きやすいためである。

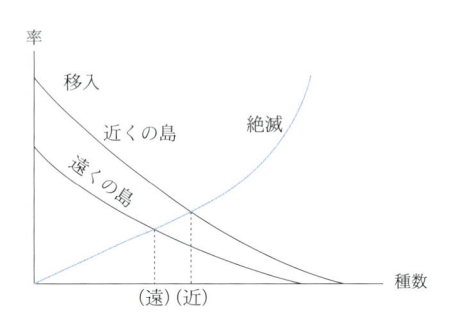

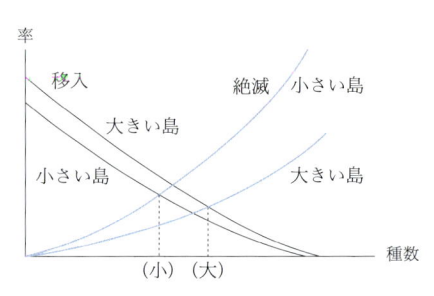

図5　近くの島と遠くの島の移入と絶滅の関係（上），および大きい島と小さい島の移入と絶滅の関係（MacArthur and Wilson, 1967を基に作図）。（遠），（近），（小），（大）は遠い島，近い島，小さい島と大きい島の平衡種数

一方，絶滅率は，既に島で生活している種数が多い

ほど高くなる。また，島が小さいほど絶滅率が高くなる(図6B)。これは，小さい島のほうが，環境変動の影響を受けやすく，また環境収容力(これ以上増えられない上限の個体数)が小さくなるので，絶滅の危険性が高くなるためである。

このように，島では移入と絶滅によって常に種が入れ替わっており，種数は移入率と絶滅率が一致したときに平衡状態となる。このような状態の種数を平衡種数というが，平衡種数は，近くて大きい島の方が多くなる(図6)。

ビオトープの適正配置

都市の中のビオトープ(生物のすむ場所)は，都市を陸上の生物がすめない海と考えれば，海の中の孤島に例えることができる。適正なビオトープの形態や配置については，島の平衡種数，メタ個体群などの理論をふまえて，国際自然保護連合(IUCN)が生物生息空間の形態・配置の6つの原則(Diamondの原則)を提唱している。

①生物生息空間はなるべく広いほうが良い。
②同面積なら分割された状態よりもひとつのほうが良い。
③分割する場合には，分散させないほうが良い。
④線状に集合させるより，等間隔に集合させたほうが良い。
⑤不連続な生物空間は生態的回廊(コリドー)でつなげたほうが良い。
⑥生物空間の形態はできる限り丸いほうが良い(周辺効果の最小化)。

⑥について，ビオトープの周縁部では，物理環境の劣化や外部からの捕食者の侵入などにより，生育環境が悪くなるなどの周辺効果が発生する。周辺部に対する中心部の面積が最大になる円形が周辺効果を最も小さくする。

わが国の生物多様性の保全戦略

生物多様性国家戦略とは，生物多様性条約に規定されている生物多様性の保全と資源の持続的利用のための国家戦略(計画)のことであり，各締結国政府はその作成を求められている。日本の「生物多様性国家戦略2012-2020」(以下，国家戦略)は，2010年10月に開催された生物多様性条約第10回締約国会議(COP10)で採択された愛知目標の達成に向けたわが国のロードマップを示している。国家戦略は，2011年3月に発生した東日本大震災をふまえた今後の自然共生社会のあり方を示すことを目的として，2012年9月に閣議決定された。

生態系サービス

私達の生活は，その多くを生物多様性のたくさんの恵み(生態系サービス)を受けて成り立っている。国家戦略によると生態系サービスは食料，水，木材，繊維，医薬品の開発などの資源を提供する「供給サービス」，水質浄化，気候の調節，自然災害の防止や被害の軽減，天敵の存在による病害虫の抑制などの「調整サービス」，精神的・宗教的な価値や自然景観などの審美的な価値，レクリエーションの場の提供などの「文化的サービス」，栄養塩の循環，土壌形成，光合成による酸素の供給などの「基盤サービス」の4つに分けられている。この上で，生物多様性に支えられる自然共生社会を実現するための基本的な考え方として「自然のしくみを基礎とする真に豊かな社会をつくる」ことが提案されている。

生物多様性の危機

日本の生物多様性は次の4つの危機にさらされている。それらの危機は人間活動による影響がおもな要因であり，地球上の種の絶滅速度は自然状態の約100～1,000倍にも達するといわれている。
①開発や乱獲による種の減少・絶滅，生息・生育地の減少。
②里地里山などの手いれ不足による自然の質の低下。
③外来種などの持ち込みによる生態系の攪乱。
④地球温暖化や海洋酸性化など地球環境の変化による多くの種の絶滅や生態系の崩壊。

基本戦略

国家戦略では4つの危機や社会状況をふまえて，2020年までに重点的に取り組むべき施策の大きな方向性として「5つの基本戦略」が示されている。
1：生物多様性を社会に浸透させる。
2：地域での人と自然の関係を見直し，再構築する。
3：森・里・川・海のつながりを確保する。
4：地球規模の視野を持って行動する。
5：科学的基盤を強化し，政策に結びつける。

国家戦略の中で，COP10で採択された愛知目標の達成に向けたロードマップとして5つの戦略目標ごとにわが国の国別目標(計13目標)が設定されている。国別目標の達成に必要となる主要行動目標(計48目標)が設定され，可能なものについては目標年次や国別目標の達成状況を把握するための81指標が設定された。

[引用・参考文献]
- Connell, J. H.: Diversity in coral reefs and tropical rainforests. *Science* 199, 1302, 1978.
- Huffaker, C. B., Shea, K. P. and Herman, S. G.: Experimental studies on predation: complex dispersion and levels of food in an acarine predator-prey interaction. *Hilgardia* 34, 305, 1963.
- MacArthur, R. H.: Population ecology of some warblers of northeastern coniferous forests. *Ecology* 39, 599, 1958.
- MacArthur, R. H. and Wilson, E. O.: The theory of Island Biogeography. Princeton University Press, 1967.

VI-7 生物多様性とガーデニング

近藤哲也

生物多様性とは何か

世界規模の熱帯雨林の急激な減少，種の絶滅の進行，さらには人類存続に欠かせない生物資源の消失に対する危機感から，1992年に，ブラジルのリオデジャネイロで開かれた国連環境開発会議(地球サミット)において「気候変動に関する国際連合枠組条約」(気候変動枠組条約)と「生物の多様性に関する条約」(生物多様性条約)が採択された。この条約の目的には「生物多様性の保全」および「その持続可能な利用」に加えて，開発途上国からの強い主張による「遺伝資源から得られる利益の公正かつ衡平な配分」が掲げられている(図1)。生物多様性条約では，生物多様性を「すべての生物の間に違いがあること」と定義しており，「生態系の多様性」，「種の多様性」，そして「遺伝子の多様性」という3つのレベルでの多様性があるとしている(図2)。

このような生態系，種，遺伝子のそれぞれの多様性が相互につながりあい，全体としてあるいは個々に作用して，人類をも含む地球上の生命を支え，生活に恵みをもたらしているのである。

日本も1993(平成5)年に「生物多様性条約」を締結し，「生物多様性国家戦略」，「新生物多様性国家戦略」，「第三次生物多様性国家戦略」の策定を経て，2008年に「生物多様性基本法」が可決・施行された。そして，2012年には，「生物多様性国家戦略2012-2020」が閣議決定された。

現在，世界の各地で生物多様性の劣化を防ぎ，さらには回復するための様々な活動が行われている。

在来種と外来種の言葉の定義

在来種と外来種にかかわる言葉はいくつもあり，人や文献また時代によって一定していない。ここでは，図3に示した定義を用いることとする。

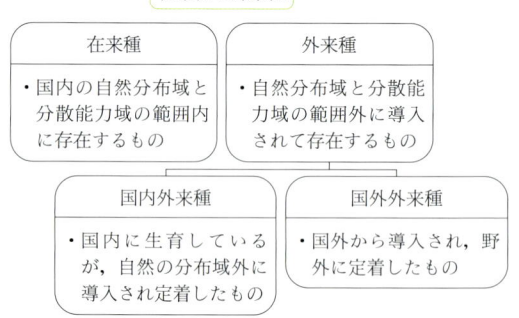

図3 在来種と外来種にかかわる言葉の定義
（鷲谷，2002を基に作成）

ガーデニング植物を含む国外外来植物の導入の際の注意

国外外来植物のうち，特に地域の自然環境に大きな影響を与え，生物多様性を脅かし，人や，農林水産業に被害を及ぼすものは，外来生物法(「特定外来生物による生態系等に係る被害の防止に関する法律」)によって，特定外来生物に指定されている(図4)。

特定外来生物は，飼育・栽培・保管・運搬・販売・譲渡・輸入などが原則として禁止され，既に定着しているものについては，「必要があれば」防除を行うこととされている。植物ではオオキンケイギク，オオハンゴンソウ，ボタンウキクサなど12種類(2011年7月1日現在)が特定外来生物に指定されている。これらはいずれも観賞用として導入されたものである。

また，規制はかからないが取扱いに注意すべき要注意外来生物として，84種の植物があげられており，観賞用として導入されたものとして，キショウブ，ホテイアオイ，ムラサキカタバミ，キクイモ，ハルジオンなどが含まれている。要注意外来生物の中には，生物多様性を脅かす可能性があるものの，現在の人間の生活にとって重要な植物，例えば蜜源植物としてのハリエンジュ(ニセアカシア)，災害防止のための法面緑化に使用される西洋シバなども含まれている。

現時点で特定外来生物や要注意外来生物に指定されていなくとも，繁殖力が旺盛すぎて人間の管理できる範囲から逃げ出してしまう可能性のある外来植物は，

図1 生物の多様性に関する条約

図2 生物多様性とは

注意しなくてはならない。

すなわち，新しい園芸植物を導入するときには，侵略的な外来植物にならないかどうかの注意が必要であると同時に人間が管理できる範囲内にとどめておくことが必要である。

```
外来生物法
┌─────────────────────────┐
│ 特定外来生物 │
│・外来植物のうち，特に地域の自然環境に大きな影響を与え，生物多様性を脅かしたり，人や，農林水産業に被害を及ぼすもの │
│・オオキンケイギク，オオハンゴンソウ，ボタンウキクサなど12種 │
│・飼育・栽培・保管・運搬・販売・譲渡・輸入などが原則として禁止 │
│・既に定着しているものは，「必要があれば」防除を行う │
├─────────────────────────┤
│ 要注意外来生物 │
│・規制はないが取り扱いに注意を要するもの │
│・キショウブ，ホテイアオイ，ムラサキカタバミ，キクイモ，ハルジオンなど84種 │
└─────────────────────────┘
```

図4　外来生物法で定められている特定外来生物と要注意外来生物

在来種を人為的に移動する際の注意

ガーデニング植物を含む国外外来種の導入においては，先のような注意が必要であるが，在来種の移動についても配慮をしなくてはならない。

樽前山や羊蹄山では本来生育していないはずのコマクサが何者かによって播種され，現在樽前山では毎年コマクサの防除が必要となるほど多数のコマクサが定着してしまった。

また，2010年には，富良野岳でやはり本来利尻島にしか生育していないはずのリシリヒナゲシの花が咲いているのが確認され，環境省によって直ちに除去された。これも人為による播種と考えられている。

コマクサやリシリヒナゲシを播種した人は，「高山植物を盗掘するわけでもないし，その場所に美しい高山植物が広がっていると多くの人々が楽しめるだろう」と考えて播種したと思われる。しかし，在来種であっても本来生育していない植物を播種して定着させることは，国内外来種を持ち込むことになり，本来の自然（生物多様性，生態系）を損なうことになる。従って，自然度の高い場所には，本来生育していない植物を導入してはならない。

自然度が高く自然を保護すべき地域で，植物を採取することが，自然を損なうことになるということは，既に多くの人々に周知されているであろうが，同時に植物を植栽することや，植物の種子を播くことも自然を損なうことになる。

自然環境保全法では原生自然環境保全地域内において，自然公園法では，国立公園や国定公園の特別保護地区内において，植物の採取とともに，植物の植栽，植物の種子を播くことが禁止されている（図5）。国立公園や国定公園の特別保護地区以外の特別地域でも，高山植物の採取や，風致の維持に影響を及ぼすおそれがある植物を植栽し，種子を播くことが禁止されている。このような行為をする場合には，環境大臣または都道府県知事の許可が必要となる。

```
自然環境保全法・自然公園法
┌─────────────────────────┐
│ 自然度の高い地域 │
│・原生自然環境保全地域 │
│・国立公園，国定公園の特別保護地区 │
└─────────────────────────┘
         ┌───────────┐
         │・植物の採取 │
         │・植物の植栽 │
         │・植物の種子を播くこと │
         └───────────┘
              ↓
┌─────────────────────────┐
│ 環境大臣または都道府県知事 │
│ の許可が必要 │
└─────────────────────────┘
```

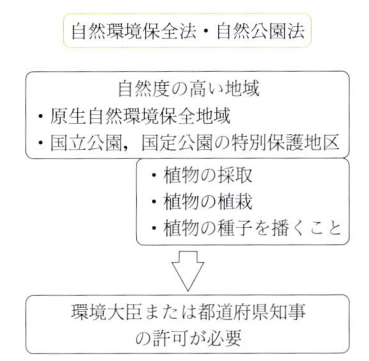

図5　自然度の高い地域では，植物の採取および植栽，種子を播くことの禁止

近縁種や同種の導入による遺伝的多様性の攪乱

ガーデニング植物をも含む近縁種を導入すると，その地域に元々生育していた種と交雑して雑種を形成し，元々の遺伝的構成を攪乱してしまう可能性があるので，注意が必要である。

また，図2で示したゲンジボタルのように同種の中でも遺伝的変異によって生理的，生態的な違いがあるので，特に遠距離からの導入には配慮が必要である。さらに，その地域に生育している植物の遺伝的特徴は，長い歴史の積み重ねの結果であり，植物個体群の遺伝的な特性を維持する必要があるとする考え方からは，例え同種であっても他地域の個体の導入によって，その地域の植物の遺伝的特性が変えられることには抵抗がある。

植物の例では，同じ種でも，生育している地域によって，他家受精のみをしたり（同じ花の中の雄しべまたは同じ個体の中の別の花の雄しべの花粉では種子を生産せず，他の個体の花粉でのみ種子を生産する），他家受精も自家受精（同じ花の中の雄しべまたは同じ個体の中の別の花の雄しべの花粉でも種子を生産する）もすることがある。もし，ある場所で生育していた種を異なる場所に移動させると，その場所に元々生育していた種と容易に交雑して，元々の種が持っていた遺伝子構成を変化させ，遺伝的多様性を損なうことになる。

ではどうすれば良いのだろうか？

外来植物や近縁種，在来種，特に人間にとって災害防止，食用，観賞などの利用価値の高い植物の導入に関しては，まだ議論すべき点が残されているが，現状では上述のように，遺伝子をも考慮して慎重に取り扱

うという方向が主流である。しかし，どこまで慎重になれば良いのであろうか？　住宅地，公園，植物園，街の中の植物もその地域の在来種でなくてはならないのだろうか？

この問いに対して，現時点では，2002年に日本緑化工学会から提案された「生物多様性保全のための緑化植物の取り扱い方に関する提言」が最も合理的な回答となるであろう。要約すると「地域の自然の重要度によって，植物の取り扱い方を変える」という考えである。この提言では，地域を，自然の重要度や自然を改変することに対する厳しさの程度によって，4つに区分している。2002年以降，言葉の定義が徐々に変化してきているので，ここでは，図3に示した言葉の定義に従って，その後に出版された文献を参考にしつつ，若干の私見を加えて記述した(表1)。

①遺伝子構成保護地域：植栽基盤のみ造成。人為による植物の移動や導入を行わない。やむを得ない場合は狭く限られたその場所の在来種のみ利用が可能。
②系統保全地域：その地域の植物の遺伝子構成を変化させないように，地域の在来種のみ導入が可能。地域の範囲はそれぞれの植物の遺伝子が流動できる範囲。
③種保全地域：在来種または国内外来種を導入できるが国外外来種は導入できない。
④外来種管理地域：外来種の植栽も可能な地域。導入した植物が自然生態系に逸出しないように管理する。

表1　自然の重要度による区分と植物の取り扱い方針(案)

自然の重要度による区分 (想定される地域)	植物の取り扱い方針
①遺伝子構成保護地域 (自然度の高い地域)	植栽基盤のみ造成 植物の移動や導入をしない 限られたその場所の在来種のみ利用可
②系統保全地域 (自然度のやや高い地域)	地域の在来種のみ導入可能
③種保全地域	在来種または国内外来種のみを導入できるが，国外外来種は導入できない
④外来種管理地域 (市街地)	管理の下で外来種の導入が可能

(亀山，2006を基に作成)

このように地域を区分すると，例えば，原生自然環境保全地域や自然公園の特別保護地区は，①遺伝子構成保護地域に対応し，自然環境保全地域などは，①遺伝子構成保護地域または，②系統保全地域にあてはまるだろう。里山は，②系統保全地域か③種保全地域に相当するかもしれない。しかし，これら地域区分(ゾーニング)は，その時代の社会状況や自然環境，価値観の変化によって変わり得る。

ガーデニング植物を楽しむ地域としては，④外来種管理地域となる。既に，人間の生活圏となり，人工化が進んだ住宅地，公園，植物園，街の中などでは，外来種であるガーデニング植物も楽しむことができるのである。ただし，導入した国外外来種や国内外来種も含めて，新しい植物を導入した場合は，しばらくはその植物の分散と繁殖の状況を注意深く監視して，危険を感じたならば迅速に除去しなくてはならない。

特に，冠毛など種子が遠距離まで飛散しやすい器官を持つキク科植物や，水系にそって分散する水生植物，鳥によって種子が散布される鳥散布種子を持つ植物などは，拡散しやすいので注意が必要である。

在来種であっても，個人で管理できないほど多数の個体を移動したり導入する場合には，個人では行わず，公的機関や公的機関が指定する団体などと相談するなど，記録が後々まで残るような方法をとることが必要である。ただし，現在，個々の相談を受けつけてくれる公的機関や団体の窓口はないので，今後，このような機関が設置されることが望まれる。

植物の移動や導入に関するまとめ

以上のことから，ガーデニング植物(外来種，園芸種を含む)や在来種の移動，導入に関する事柄を要約すると以下のようになる。

①自然度を保つことの厳しさに応じて，地域を区分し，植物の取り扱い方を変える。
②自然度の高い地域では，在来種であっても植栽したり，播種しない。
③人間の生活圏においても，多数の在来種を移動，導入する場合には，公的機関や公的機関が指定する団体などと相談するなど，記録が後々まで残るような方法をとる。
④ガーデニング植物は，人工化が進み，人間の管理が行き届く外来種管理地域で楽しむ。
⑤新しいガーデニング植物を導入した場合には，侵略的な外来生物にならないように植物の分散と繁殖の程度を注意深く監視する。

[引用・参考文献]
・亀山章：生物多様性緑化ハンドブック―豊かな環境と生態系を保全・創出するための計画と技術, 23-24, 地人書館, 2006.
・日本緑化工学会：生物多様性保全のための緑化植物の取り扱い方に関する提言, 日本緑化工学会誌27, 481-491, 2002.
・鷲谷いづみ：外来種ハンドブック, 3-5, 283, 地人書館, 2002.

コラム　公園の芝生管理とセイヨウタンポポ

淺川昭一郎

　都市の市街地にあって，芝生は休養やレクリエーションの場として，また，景観的美しさなど，欠かせない緑となっている。札幌市の大通公園では1896(明治29)年には牧草(西洋芝)の播種が行われ，立ち入りの自由な芝生として古くから親しまれている。また，1909年には北海道帝国大学の星野教授が「願わくば本道の公園は箱庭的でなくローン即ち芝生を土台にして，此に雄大なる本道特有の樹木を多く植えた所謂英国風にしたい」と述べられているように，公園の芝生の広がりは北海道らしさをあらわすシンボルともなっている。

　この公園の芝生管理に関しては，病害虫防除や除草のための農薬使用や多量の化学肥料の施肥，動力刈り込みなどによる環境への負荷が問題となり，近年では，生物多様性を高める管理のあり方も課題のひとつにあげられている。札幌市では市民の安全性に対する危惧もあって，農薬の使用を制限し，雑草対策としての除草剤についてもつかわないことを原則としている。欧米では環境問題から，従来の調密な芝生管理のみではなく"ローメンテナンス(オーガニック，ナチュラル)"ローンが評価され推奨されるようになっている*。これは労力や費用の軽減目標にも対応している。

　札幌市では，公園などの芝生広場に咲き乱れるタンポポは春を彩る風物詩として，多くの人に親しまれている。このタンポポはヨーロッパ原産のセイヨウタンポポ由来であり，明治初期に札幌農学校の米国人教師，ブルックスにより野菜として持ち込まれたとされている。現在では全国に広まり，日本在来のタンポポとの交雑も知られ(都市公園ではその多くが雑種といわれている)，環境省により要注意外来生物に指定されている。近年，その分布密度が高まっており，管理をどのように考えたら良いかは頭の痛い問題である。そこで，北海道大学の協力を得て公園利用者に芝生の写真を用いたアンケート調査を行ってみた(2012年，被験者157名)。

　その結果，タンポポが多くなると，「手いれの良さ」や「美しさ」の評価は低下し，特に，被度が50％となると結実期(ワタゲ種子が多くなる)で評価の低下が著しい。利用上からも，「眺めを楽しむ」「タンポポで遊ぶ」などを除き，「休憩」「ボール遊び」などで評価の低下が大きく，利用にも影響することが示された。一方，タンポポ除草に関して，「除去すべき(ある程度残っても仕方がないを含む)」の比率は，セイヨウタンポポが帰化種で要注意外来生物であることなどの知識や情報がある場合にやや高くなる傾向が見られるものの，全体では35％にすぎず，「特別な配慮はしなくてよい」などが42％と多い。また，除草を求める場合でも除草剤使用には否定的な回答が多かった(56％)。このことは，タンポポへのこれまでの馴染みや良いイメージに起因すると考えられるが，西洋芝自体が外来種であることから違和感がないのかもしれない。

　芝生は都市の緑の面積に占める比率も大きく，その管理は都市の自然環境に及ぼす影響も大きい。今後は芝生の目的や公園とその周辺における在来種の有無と交雑危険性などの判断をふまえ，生物多様性にも配慮しながら具体的な管理手法の検討を進める必要があろう。

---

*ローメンテナンスなローンの管理例(Lawns : Rodale Organic Gardening Basics, 2000 などより要約)
①化学肥料や農薬をつかわないか最小限にとどめる。
②雑草との共存を許容する(特定の雑草の種類が25％を超えない，また，芝草が25％より少なくならない)。
③刈り込みの高さを高めにする(ケンタッキーブルーグラスなどでは9～10 cm)。
④草丈の1/3以上を刈らない。また，刈り草は有機物として残す(ただし，刈り込み量が多いときや，春先の最初や晩秋の刈り込みでは集草する)。

写真1　アンケートに用いられた公園の芝生広場(松島肇氏提供)。(上)タンポポなし，(中)タンポポ被度50％開花期，(下)同結実期

VI-8 札幌のガーデニングと外来植物

五十嵐 博

外来植物・帰化植物の定義

明治以降にわが国に外国から渡来した植物を帰化植物という。環境省は外来生物法制定の前後から「帰化植物」という言葉を「外来植物」に統一しているため、ここでも外来植物とよぶことにする。近年、従来は北海道に分布しないとされる種の確認が目立ってきている。

北海道ブルーリスト

北海道は2009年度にブルーリストの改訂を行った。ネットでの公開は2010年である。約600種を網羅して発表されたが、毎年新しい種の確認が増加中である。今回の改訂にあたりAランクをA1、A2、A3の3段階に分けた。植物に関してはA1に該当する種は選ばれなかった。

A2では以下の17種が選ばれた。オランダガラシ、ハリエンジュ、ムラサキツメクサ、シロツメクサ、イワミツバ、ヘラオオバコ、ブタクサ、アメリカオニアザミ、ブタナ、フランスギク、コウリンタンポポ、キバナコウリンタンポポ、オオハンゴンソウ、セイタカアワダチソウ、オオアワダチソウ、セイヨウタンポポ、キショウブなどでこの中の多くはあたり前に各地で見られる種である。

A2はA1に準ずる指定であり、動物のA1はアライグマ、ウチダザリガニ、セイヨウオオマルハナバチなどである。

特定外来生物

環境省が2003年度に発表した特定外来生物における植物は12種(その多くは水草類)あり、そのうち道内で確認されている種はアレチウリ、オオフサモ、オオキンケイギク、オオハンゴンソウの4種である。オオハンゴンソウ以外の3種は現状では道内にあまりはびこってはいない。

写真1 アレチウリの群落(帯広市, 2010.9.12)

アレチウリは帯広市大空団地付近で100 m×100 m＝1 haの大群落が確認されているが、その他は数か所で面積も狭い。原因は輸入大豆、小豆などに含まれた種子をゴミ捨て場に棄てたことによる。帯広市では写真のように低木なども包み込んだ大群落となっている。

オオフサモは水草で、流れの少ない水路などで確認されるが、道内での確認箇所は少ない。金魚などとともに投げ捨てるのが拡大の原因であろう。このような意図しない外来種の分布拡大が目立つころには手の打ちようがない事態になっていることが多い。特に水辺の調査は限定的であり研究者も少ないため後手にまわっている。

写真2 オオフサモ(札幌市, 2007.7.19)

オオキンケイギクは環境省が指定したが、各地の道路ぞい、庭などに植えられている。一時、河川周辺にワイルドフラワーと称した緑化工事が流行した際に、コスモス、キバナコスモス、ムシトリナデシコ、ジャノメギクなどとともにオオキンケイギクが植えられ問題化したための指定であった。しかし、これらはやがて衰退し、こぼれ種子からの拡大はあまり確認されていないのが現状である。本種が特定外来生物であることを知らない方も多く、園芸店などでの販売もされているようだ。

オオハンゴンソウは現時点で全道に広がっている。駆除を行うのは無理なくらいの拡大ぶりである。

本種は湿った環境を好むため、湿地、湿原など自然度の高い環境に侵入する可能性が高く、札幌市円山公園をはじめ旭川市春光台公園、千歳市美笛、利尻島の湿原など各地で駆除が行われている。しかし、根を駆除することはむずかしく絶滅させるのに長い年月が必要となりそうだ。

写真3 オオキンゲイギク(江別市, 2008.7.16)

写真4 オオハンゴンソウ(旭川市, 2007.8.10)

要注意外来生物

環境省が2003年に発表した要注意外来生物の中で植物は84種と多い。この中で道内に生育しているのは38種もあり，話題になるのはハリエンジュ(ニセアカシア)などである。ハリエンジュは緑化樹木でもあり，養蜂業者にとっては優良な蜂蜜の蜜源植物でもある。各地で繁殖しており，河川水辺などではヤナギ類を駆逐する勢いでもある。

写真5 ハリエンジュ(江別市, 2004.6.22)

要注意外来生物の中で，おもな影響，渡来理由などを列記する。①水辺に生育し野生種などに影響を与えると考えられる種：オランダガラシ，コカナダモ，ハゴロモモ，キショウブなど。②陸生植物で園芸種などから：メマツヨイグサ，ドクニンジン，ネバリノギク，ヒメジョオン，トゲトゲハシヨモギ，ハルジオン，キクイモ，セイタカアワダチソウ，オオアワダチソウなど。③緑化植物として導入された種など：イタチハギ，ハリエンジュ，オニウシノケグサ，カモガヤ，シバムギ，ネズミムギ，ホソムギ，オオアワガエリなど。④雑草・非意図的に導入された種など：エゾノギシギシ，ハリビユ，ハルザキヤマガラシ，イチビ，セイヨウヒルガオ，アメリカネナシカズラ，チョウセンアサガオ類，ワルナスビ，ヘラオオバコ，ブタクサ，オオブタクサ，カミツレモドキ，アメリカセンダングサ，アメリカオニアザミ，ブタナ，外来タンポポ種群，オオオナモミなどである。北海道ブルーリストには約600種を整理したが，品種やその後の整理により，現時点で約700種がリストアップされている。今後も増加する傾向にある。

写真6 キショウブ(南幌町, 2006.6.20)

キショウブは水辺の各地に人為的に植える場合もあり，逃げ出しているものもよく見かける。花はきれいであるが他の水辺の野生種を駆逐する可能性が高い。
オランダガラシ(クレソン)もキショウブ同様で水辺に流れついたものが群落化する。清流に生育するバイカモなどの野生種を駆逐する可能性種である。

写真7 オランダガラシ(浜中町, 2004.6.30)

ブタクサは花粉症の原因植物のひとつである。旭川市では河川ぞいの雪捨て場で大群落が確認された。私は花粉症患者なので，北海道ブルーリストのA1に花粉症の原因植物であるブタクサを推奨したがA1の指定には入らなかった。

Ⅵ　地域の環境

写真 8　ブタクサ(旭川市，2007.8.10)

写真 10　コウリンタンポポ(札幌市，2009.6.17)

　特定外来生物，要注意外来生物には指定されていないが，これ以外に多くの今後問題がおこりそうな種類は多い。次にいくつかを紹介する。
　イワミツバは北海道ブルーリストでA2に指定された種である。人家近くなどに群落化して，他の在来種を駆逐する。現時点で確認される地点数は少ないが，1か所あたりの繁殖面積は広い場合が目立つ。戦前ごろにミツバの代用として導入されたものと思われる。

写真 11　キバナコウリンタンポポ(札幌市，2006.6.21)

どに群落化している。近年のエゾシカの増加の影響か道東などの鹿道など攪乱された崖地などでも本種は目立っている。松前町渡島大島や知床岬などでは駆除を行っているとの報告もある。

写真 9　イワミツバ(江別市，2007.6.13)

　北海道ブルーリストでA2に指定されたオレンジ色の花のコウリンタンポポはほぼ全道に広がっておりきれいなためか庭に植えられる場合もあるが，黄色いキバナコウリンタンポポは今後，全道に広がりそうな種である。初報告は倶知安町であるが，現在は十勝地方各地に拡大中である。葉はロゼット状で地面にへばりつく形態のため，ブタナ同様に草刈りに対して抵抗性がありそうだ。
　アメリカオニアザミは道内各地でそのトゲの多さからも猛威をふるっており，北海道ブルーリストでA2に指定されている。本種の初報告は小樽市で，アメリカヒレアザミの和名で報告された。確かに茎にヒレがある。原産地はヨーロッパであるためにセイヨウオニアザミとよぶことを奨励する学者もいる。一度なじんだ名前は中々変えられないのが世の習いであるためかアメリカオニアザミとよばれることが多い。
　アメリカオニアザミは牛も食べないためか牧草地な

写真 12　アメリカオニアザミ(広尾町，2008.8.17)

ガーデニングと外来植物

　近年のガーデニング・ブームで多くの種が庭から逃げ出している。河川周辺を庭の連続として使用している例も多く，ハーブ類，特にミント類が河川水辺に拡大傾向である。
　また，花が小さいため目立たないのだが，最近各地で見かけるのがヌカイトナデシコの逃げ出しである。
　まだ確認例は少ないが，ヒメチチコグサ(異名：エゾノハハコグサ)の逃げ出し例を札幌市，北広島市など数か所確認している。本種は絶滅危惧種で道内での自生

写真13　メグサハッカ(札幌市，2005.9.2)

場所は限定されている。庭に植えられているのは外国産であるため，今後，在来種と外来種が共存した場合は遺伝子の攪乱が心配である。

他にも遺伝子攪乱が心配な種としてはヨモギ類緑化のイワヨモギなどがあげられる。

写真14　ヒメチチコグサ(札幌市，2009.6.13植栽)。異名はエゾノハハコグサ

外来種の問題点

外来種が増加する最大の原因は緑化にともなう芝生関連である。道路などの吹きつけ，張芝に混入した種子からの影響が最大と思われる。吹きつけ業者が購入する種子は外国産がほとんどで従来は北米からの輸入が主体であったが，近年は中国などからのものも多いようだ。

また，在来種工法と称して平気で外来種の種子を緑化に使用する例も目立つ。ヨモギ類緑化，マメ科緑化などである。

各地の林道を調査すると本来ないはずの種が目立つことが多い。その最たるものはキクタニギク(アワコガネギク)である。本種名にもあるキクタニは京都の地名である。東京都や千葉県などでは準絶滅危惧種にも指定されており，確認される林道法面には緑化した形跡がある。同時に確認されるのはキク科に含まれるヨモギ類であり，ヨモギ緑化の典型である。国内各地で集めた各種ヨモギ類を中国などの畑で大量に生産してから持ち帰り緑化に使用する。このため同様に絶滅危惧種であるイワヨモギ，ヤブヨモギなどが確認されることも多く，困ったことが多い。

写真15　キクタニギク(上ノ国町，2004.11.3)

国内移入種

ホトケノザの分布は本州が北限とされている図鑑が多いが，道内各地で散発的に確認される。欧米にも分布する種であるため，芝生種子に混入した海外からのものが確認されているのではないかと考えられている。まれには植木つきなどで本州などからの移入もあるかもしれない。クマツヅラなどの確認も現地の状況から判断すると同様と思われる。

写真16　ホトケノザ(佐呂間町，2008.5.2)

この他にも，タケニグサ，コマツナギ，ヘクソカズラ，キュウリグサ，ヒヨドリジョウゴ，ムシクサ，ラショウモンカズラなど本来，北海道にはなさそうな種を各地で多く確認する。これらにはDNA鑑定が必要だ。

アカネは道南にあってもおかしくない種であるが，植木つきと思われるものが札幌市内各所で確認される。2011年の秋，富丘西公園で再確認した。

VI-9 みどりの環境教育

丸山博子

環境教育

わが国における環境教育は，1986年の環境庁環境教育懇談会の開催に始まるといわれる。背景には，公害対策のための規制が進む一方，使用エネルギーの増大など日常生活や事業活動が環境に与える影響が大きくなってきたことがある。学校における推進のため，1991年からは，文部省により教師用環境教育指導資料や事例集が発行された。法制上では，1993年に環境基本法により，「環境の保全に関する教育及び学習の振興」が環境保全の施策のひとつとして規定された。2001年に学校教育法が改正され，義務教育の目標に「環境の保全に寄与する態度の育成」が位置づけられた。2003年には「環境の保全のための意欲の増進及び環境教育の推進に関する法律」が議員立法により成立し，環境省，文部科学省のみならず，農林水産省，経済産業省，国土交通省の共同による推進が定められた。

その後，2012年に現行の「環境教育等による環境保全の取組の促進に関する法律」に改定された。その中で環境教育の概念は，以下の通り示されている。「持続可能な社会の構築を目指して，家庭，学校，職場，地域その他のあらゆる場において，環境と社会，経済及び文化とのつながりその他環境の保全についての理解を深めるために行われる環境の保全に関する教育及び学習をいう。」

持続可能な社会をつくるための教育

環境教育が目指す持続可能な社会とは，「健全で恵み豊かな環境を維持しつつ，環境への負荷の少ない健全な経済の発展をはかりながら持続的に発展することができる社会」のことであり，「将来の世代のニーズを満たす能力を損なうことなく，今日の世代のニーズを満たすような社会づくり」とも表現される。環境の保全，経済の開発，社会の発展を調和させていくことを意味する。1992年の国連環境開発会議において重要視され，「リオ宣言」や「アジェンダ21」において具体化され，日本の環境基本法や世界の地球環境問題に関する取り組みに大きな影響を与えた。

持続可能な社会をつくる手段は，規制，技術革新，意識改革の3つがおもなものとされ，そのうちの意識改革を担うものが「教育」である。意識改革なしに規制は守られることなく，新しい技術革新の誕生や採用も困難である。社会問題を解決し，持続可能な社会をつくっていくためには，一人ひとりの「意識の改革」が基盤になる。また，教育という手法は，多くの担い手と多くの機会を期待できる点でも効果的である。条件，ルール，システムなどの違う主体がそれぞれの得意な点や分野を活かし，互いに尊重して取り組み，社会のしくみを変えていかなければならない。

2002年のヨハネスブルグサミットでは，「持続可能な開発のための教育(ESD：Education for Sustainable Development)」の推進が日本の提唱で決議された。

札幌市の環境教育基本方針

1996年に「札幌市環境教育・学習基本方針」が策定され，環境教育・学習事業計画に基づき，環境プラザの設置，環境副教材の作成，環境教育リーダー制度の創設などの施策が実施されてきた。その後2007年に「札幌市環境教育基本方針」として改定された。この際，環境局単独ではなく，教育委員会との共同で行われたことが，計画推進の大きな力となっていると思われる。方針では，取り組みやすさを重要視し，3つの行動が重点化されているが，そのひとつが「水とみどりを守り育てる」である。また，子ども(学校)を重点化の対象にするとされている。

札幌市環境教育基本方針(筆者抜粋改変)

基本理念
持続可能な社会をつくるため，環境の保全・創造に向けた意識を持ち，自ら考え行動する「人」と「人と人とのつながり」を育てる。

札幌市における環境教育の取り組みの重点化
重点化する3つの行動
日常生活に密接し，誰もが身近に取り組める行動である次の3点を重点行動とします。
1.「省エネ行動を進めます！」
2.「ごみ減量・リサイクルを進めます！」
3.「水とみどりを守り育てます！」
環境教育のなかで体験を通じて水とみどりなどの自然を学ぶ機会をもうけ，水とみどりの大切さを理解し，守り育てる活動をしていきます。
重点化する対象⇒子ども(学校)を対象

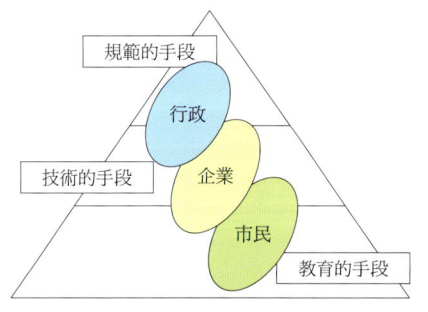

図1 社会をつくり，変える手段とそれを担うおもな主体

一方，札幌市教育委員会は，創意ある教育活動を推進するための「札幌市学校教育の重点(平成25年度)」

の中で，今日的課題のひとつとして環境教育を定め，学校教育全体で積極的に取り組むことを定めている。

```
札幌らしい特色ある学校教育の推進について
                          （筆者抜粋改変）
札幌市学校教育の重点
    北国札幌らしさを学ぶ【雪】
    未来の札幌を見つめる【環境】
    生涯にわたる学びの基盤【読書】
【雪】と【環境】は，札幌の自然環境や社会環境，文化的な環境など，札幌の特色を十分活かし，札幌のまちへの主体的なかかわりを通した体験や学習活動の充実をはかるためのテーマです。
```

「みどり」の概念

環境教育の目標像である持続可能な社会に不可欠なものが，健全な自然環境である。

札幌市では，みどりを活かして教育を推進し，また教育活動によって，みどり豊かなまちをつくるために，様々な取り組みを進めている。この計画の代表が「札幌市みどりの基本計画」である。この中で「みどり」は，以下のように定義されている。

「札幌市における公園，森林，草地，農地，河川や湖沼池のほか，民有地を含めたすべての緑化されているスペース，さらには樹木や草花（コンテナや鉢などに植えられたものも含む）などを包括する言葉を，「みどり」と定義します」（札幌市みどりの基本計画抜粋）

計画が目指す姿は，森林や草地などの保全だけではなく，公園や街中に積極的に環境を創造していくことであり，庭やベランダで草花を楽しむことでもある。

計画の基本理念「街にうるおいや安らぎを与え，地球環境にとって大切なみどりを私達自身が守り育て，次代へつないでいく」を支えるものは，協働であるとし，「人とみどりが輝くさっぽろ」を合言葉に，ガーデナーの育成やボランティア活動を推進することが記されている。また，計画進行管理の指標としては，公園ボランティア，森林ボランティアと並んで，さっぽろタウンガーデナーの登録数が採用されている。

ガーデニングボランティアは，みどりを守り育てる活動を通して，みどりの基本計画や環境教育を担う重要な活動であり，市民による緑化活動をけん引するリーダーとしての活躍を期待されているといえる。

ガーデニングを活かした環境教育活動

環境教育の必要性の認知は広まり，取り組みや担い手も増えてきている。しかし，私達の行動や環境が変わったかといえば，必ずしもそうとはいえない。

その理由は，例え環境保全の重要性を理解していても，また，どんなにそう願っていても，実際に行動を変えるまでに行きつかない原因が考えられる。例えば，花いっぱいの街をつくりたいと願っても，種類の選び方，栽培方法など具体的な方法がわからなければ上手くいかない。知識はあっても，実際に行うと上手くいかない場合も少なくなく，経験が重要である。また，時間やきっかけがない，一人ではできない，どこで活動できるのかわからないという理由も少なくない。

環境教育は，対象者にあわせて，それぞれの現状をふまえた上で，どんな方法や支援があれば，一人ひとりの考えや行動が変わるかを考え，それらを提案し，工夫して働きかける活動である。人が意識を変えるきっかけは，興味を持つことであり，みどりに興味関心を持つためには，身近にみどりとふれあうことのできる環境や，みどりを楽しむ方法を教えてくれる人の存在が必要である。例えば，育てた花を学校の教室に飾っていただくよう寄付する，子ども達と花壇の手いれをしながら草花遊びをする，庭にご近所の方を招いて一日オープンガーデンを行う，まちづくりセンターにみどりのカーテンをつくるなど，いつも自分が楽しんでいるみどりとのふれあいを，誰かにおすそ分けすることから，環境教育の活動は，十分に始められる。

市役所玄関の「緑のカーテン」が，夏の日差しを和らげる省エネ効果があることと同時に，みどりのある空間の美しさと心地良さを多くの人に伝えている。「環境首都・札幌」宣言に基づき「さっぽろ地球環境憲章」を制定した札幌市において，ガーデニングを活かした環境教育の展開の可能性を感じさせてくれる。

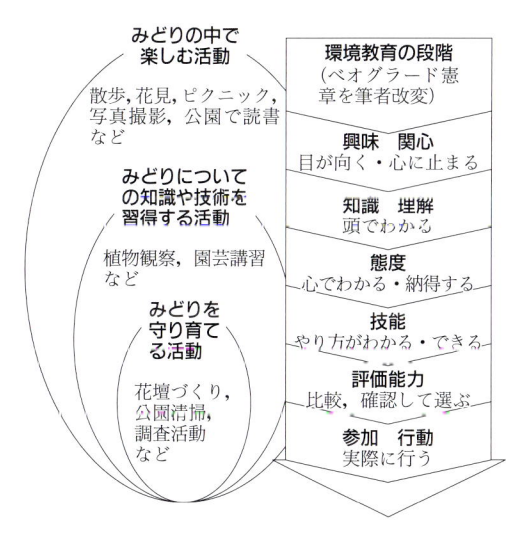

図2 みどりを活かした活動と人の行動の変化

写真1 緑のカーテン（札幌市役所，2012）

VI-10 札幌のまちの歴史と特質

中原　宏

札幌のまちの形成史

創建期

　札幌市街地は開拓使主席判官・島義勇の「札幌本府建設構想」1869(明治2)年に基づいて建設された。このプランの特徴は南一条通を東西の基軸，大友堀(現，創成川)を南北の基軸とする4区分の方形プランである。この4区分されたゾーンを，北西部は官庁・学校，北東部は官営工場，南西部は町屋・住宅，南東部は流通・宿泊という都市機能で色分けを行った。同時に，東西には58間の火防帯(現，大通)を設けた。これらのゾーニングと構造は現在に至るまで札幌都心部・都心周辺部の都市機能構成に大きな影響を与えている。

　また，60間(108.6m)四方一区画として南北に11間(19.9m)幅の道路を通し，その1区画を6間(10.9m)幅の仲通りで二分することで，街は整然とした碁盤の目状の区画としたことが特筆される。

　さらに，市街地の端部には4つの公園を配置する構想もあり(北：偕楽園，東：藤古園(苗穂)，西：円山公園，南：中島公園)，このうち3つが実現された。

　1870～1876(明治3～9)年にかけて，札幌本府の周辺には札幌，篠路，苗穂，丘珠，円山，月寒，平岸，対雁，花畔，生振，白石，手稲(発寒)などの衛星村落(約500戸)が形成された。

道都への成長期

　鉄道が1876(明治13)年に札幌～手宮間に開通し，1882年には札幌に北海道庁が設置され，増加する人口に対応して商店街が発達していく。1918(大正7)年には開道50年記念博覧会が開催され，近代都市として充実化をはかることとなった。1940(昭和15)年には人口は20万人を超え，名実ともに北海道の中心都市に成長したのである。

人口膨張期

　1950年に「北海道開発法」が制定され，北海道開発局が設置されたことを契機に，金融機関，商社，新聞社の進出が相次ぎ，ビルの建設ラッシュ，人口集中，市街地の拡大が進んだ。とりわけその後のできごとの中でも札幌の都市成長に大きな影響を与えたものは1972年の冬季五輪開催である。1970年には人口が100万人を超え，冬季五輪開催の前年である1971年には地下鉄，地下街が建設され，1972年には政令指定都市へ移行することとなる。当時の人口増加数は年間4万人にも及び，市街地は大きく拡大していく。

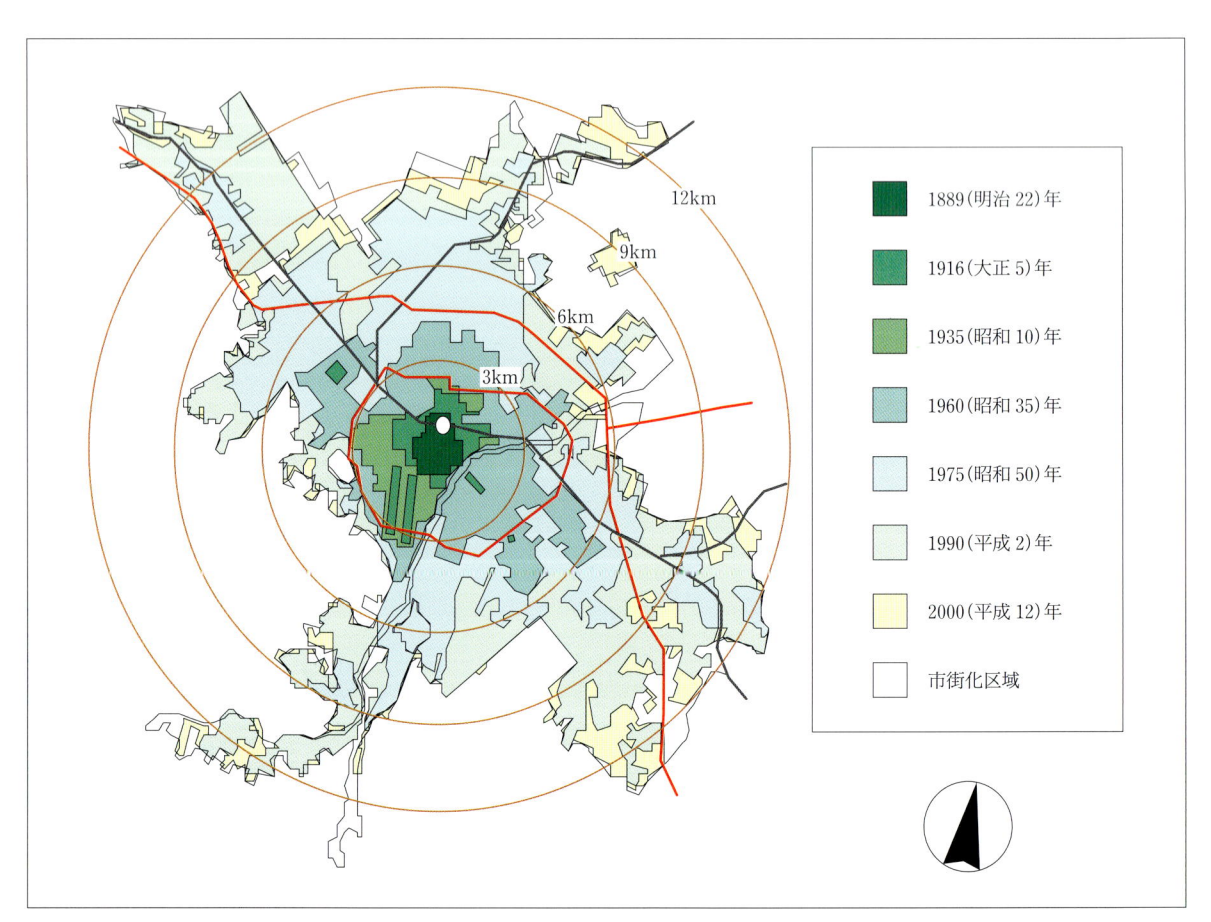

図1　札幌市街地の発展

成熟期

1995年以降，人口増加は緩やかに推移してきている。2010年の国勢調査では人口191万3,000人となったが，今後2015年の193万7,000人を最高値として，その後人口減少に転じることが予測されている。

人口増加に呼応して拡大を続けた市街地であるが，人口推移を見据え，札幌市では今後，市街化区域を拡大しない方針である。

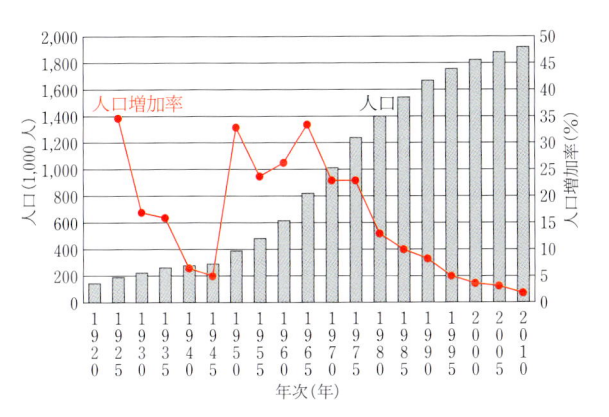

図2　札幌市の総人口の推移

札幌の地域構造の変容

人口重心の変遷

札幌市の1960～2005年についての5年ごとの人口重心の変遷を図3に示す。札幌市の人口重心は1960年当時，中央区南2条西5丁目付近に位置していたが，その後，1965～1975年にかけて北東方向へ大きく移動している。同期間の人口増加が最も著しかったことにともなう変化の表出である。1980年以降は創成川を東に越え，緩やかに東進を続けている。これは「札幌東部地域」(清田区平岡地区)の住宅地開発にともなう人口増加の影響による。1990年以降は「あいの里」「篠路地区」の住宅地開発・整備を背景に，北東方向に移動するとともに，2005年にはやや北西方向に向きを変えている。

人口重心の動向は，いわば市街地成長のベクトルの合成であり，市街地成長の大きさ・速度・方向を示すものである。すなわち，人口重心が移動することは，札幌市では，人口増減が市街地内で等質ではないことに加え，全方向に均等に(同心円状に)市街地が成長していないことを明示している。

都心からの距離と人口密度の推移

札幌都心より等間隔で描いた同心円で市街化区域を9つの環状の距離帯に区分し，1960～2005年の人口密度の変化をとらえると興味深い結果が得られる。

1965年当時は1.5km圏(都心部)の人口密度が最も高く，都心を離れるにつれて人口密度が大きく低下する様相を呈している。しかし，その後は都心部・都心周辺部の人口密度が急速に減少し，空洞化が顕著になっていく。一方，郊外部は人口密度が増加しており，

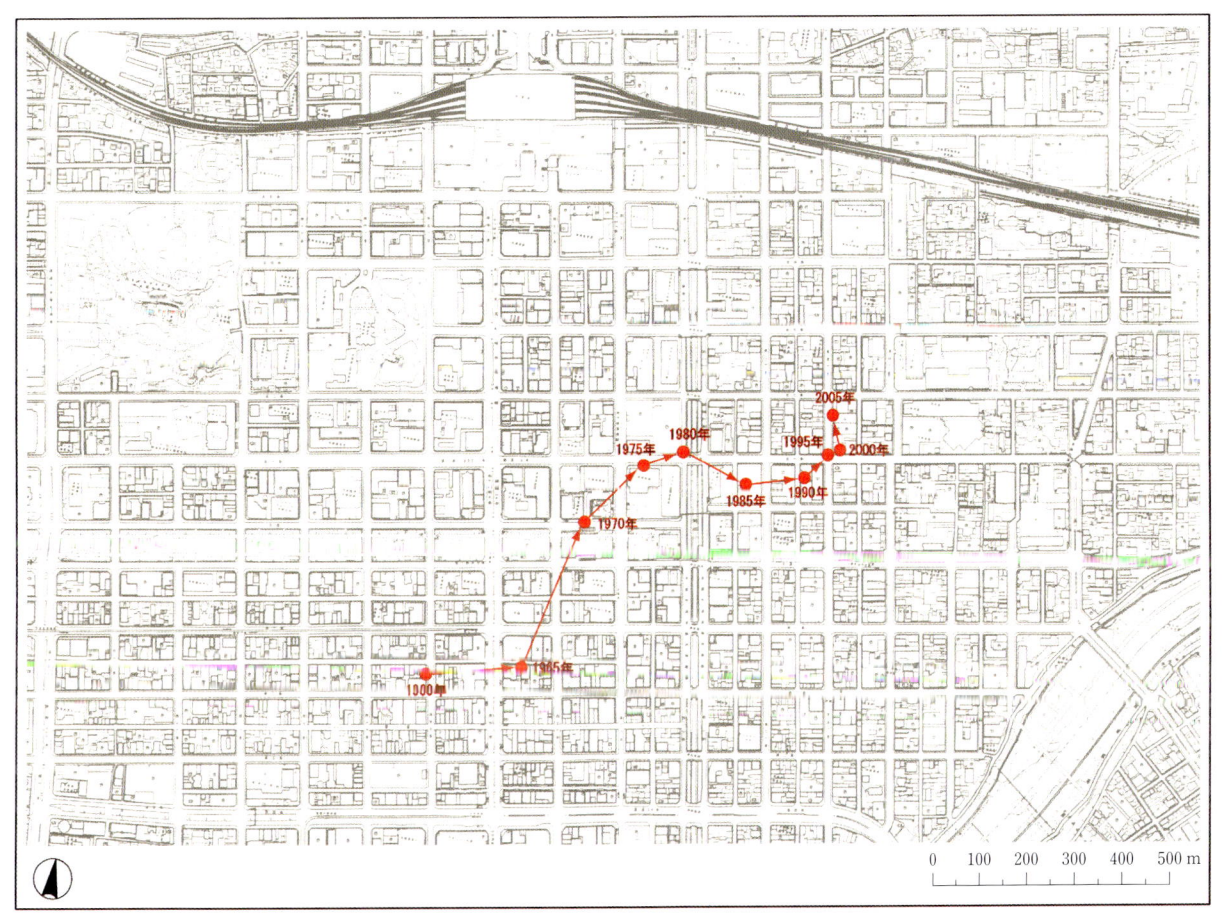

図3　札幌市の人口重心の変遷

1995年になると郊外部の人口密度は都心部を上回っている(図4)。

しかし，近年の2000年および2005年では都心部の人口の減少は止まり，逆に増加に転じている(図5)。このような札幌都心周辺への人口回帰は，高層マンションの建設によってもたらされたものである。本来，都心部は就業地であることに加え，交通・文化・娯楽・ショッピングなどの都市生活利便性の極めて高い空間でもあることから，人口の都心回帰はこれらのことが再評価された結果でもある。都心居住へのニーズが高まれば，今後も高層マンションの供給などにより人口の都心回帰現象は続くと考えられる。

また，1970〜2005年の35年間を通して3.0 km圏および4.5 km圏の人口密度の変化は少なく，安定した状態を保っていることも大きな特徴である。

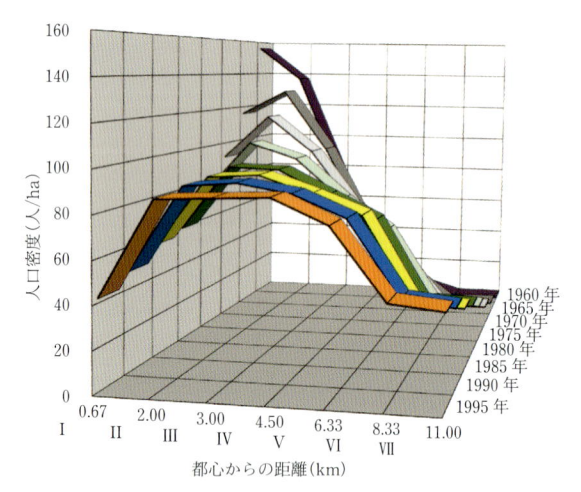

図4　札幌市街地の人口密度の変遷(1960〜1995)

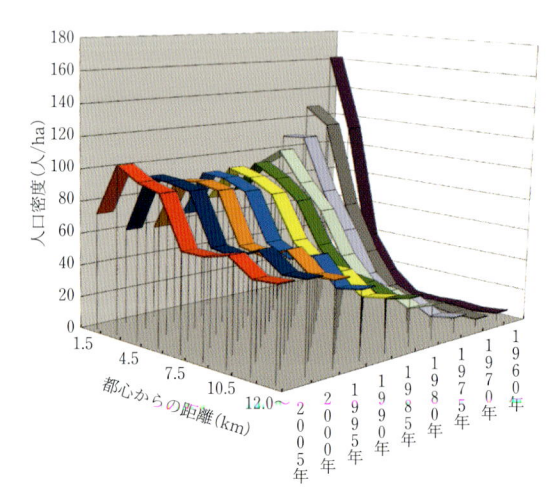

図5　札幌市街地の人口密度の変遷(1960〜2005)

札幌の特質

開放的な市民気質

札幌市民や北海道民は，元々祖先が外来者であることから，外来者に対してよそよそしくしない。また，物事にあまり執着しない潔さがある。会費制結婚式を全国に先駆け導入するとともに，離婚率や女性の喫煙率が高く，カード破産者が高いことは，因習にとらわれない合理的な考え方が根底にある証でもある。先進的ライフスタイルを積極的に取りいれることから，メーカーも新商品のテストマーケットとして札幌市民を対象とすることが多い。

田舎と都会の両面の良さをあわせ持つ

人気都市ランキング調査では，札幌が第1位となるケースが多い。この背景には，都心から30分程度で豊かな自然にアクセスしてスポーツ，レクリエーションを堪能できる一方で，都会の利便性，文化性を享受することもできる特長がある。市民の平均通勤時間は30分弱であり，まさに職住遊近接型の都市構造のまちといえる。

欧米風の気候風土

札幌の気候は，ケッペン，トレワーサの気候区分では「湿潤大陸性気候」に属し，自然風景も欧米風である。四季の変化が鮮明であり，夏季はさわやかで，冬季は積雪寒冷である。特に人口190万人を超える大都市で年間降雪量が500 cmにも及ぶ都市は世界に類がない。

優れた都市基盤整備(快適な都市環境)

札幌では明治の創建期より計画的なまちづくりが行われてきたことに加え，1972年の冬季五輪開催を契機とし，その開催直前までに地下鉄，地下街，幹線道路などの都市施設が急速に建設され，大都市としての都市基盤が整った。現在の下水道の整備状況も99.7%と群を抜いている。

脆弱な産業構造

その一方で，札幌の産業構造は脆弱である。第三次産業，特にサービス業が著しく特化し，製造業は脆弱である。積雪寒冷地の冬季必需品である手袋についても，実は主要生産地は香川県東香川市(国内シェア90%)である。大企業の支店・支社が多く，地元事業所の大部分は中小企業である。

行政への強い依存体質

北海道では産業が国策によって育成されてきた経緯があり，基幹産業も漁業，農業，石炭鉱業と大きく変遷してきた。明治初期の開拓者精神はやがて薄れ，行政に依存する体質が蔓延し，競争意識希薄になる傾向も指摘される。高い建設業のウェイトも公共事業に依存していることのあらわれでもある。

合理的だが情緒が少ない街

札幌の市街地には坂，斜めの道，細い道，曲がった道が少ないことから市民の生活負荷は小さい。平坦で四角四面な街の構造，東西南北軸による条丁目の住居表示は合理的でわかりやすい反面，機械的で，やや情緒に欠ける面もある。直線街路は見通しが良く，車による通行も容易であるが，自動車交通量の増大を助長する誘因ともなる。一方，歴史のある国内都市や，西

欧都市に見られる曲線・屈曲街路は見通しが悪いものの，移動にともない，景観が様々に変容していく演出効果は抜群である。

札幌らしさ

札幌のシンボル

観光誌などによると，札幌の観光スポットやイベントとして，大通公園，時計台，さっぽろテレビ塔，道庁旧本庁舎(赤レンガ)，大倉山シャンツェ，JRタワー，札幌ドーム，地下歩行空間，北海道大学構内ポプラ並木，羊ヶ丘展望台，二条市場，狸小路，白い恋人パーク，さっぽろ雪まつり，YOSAKOIソーラン祭り，ラーメン，ジンギスカン，とうきび，ススキノ，サッポロビール園が必ず登場する。しかし，これらには札幌市民が抱く札幌らしさとは符号しないものも多く含まれる。

むしろ，観光スポットではないが，札幌の原風景を彷彿させるもの，あるいは札幌らしさを感じさせる建物や場所，風物詩の方が市民には馴染みやすい。それらとしては豊平館，札幌資料館，清華亭，札幌芸術の森，札幌コンサートホール(Kitara)，石山緑地，モエレ沼公園，国営滝野すずらん丘陵公園，北海道大学附属植物園，北海道大学第二農場，北海道知事公館，藻岩山，豊平川，手稲山，雪，ライラック，ニセアカシア，楡，レンガ，札幌軟石，氷柱のある風景，開放的な市民気質などがある。

札幌の表記によるイメージの違い(札幌 / さっぽろ / サッポロ / SAPPORO)

「札幌」はごく一般的な表記で，特に特長はないが，「さっぽろ」はやさしく，成熟社会に対応した表記である。また，「サッポロ」はインテリジェント・シティなど，IT産業を彷彿とさせる効果がある。ローマ字のSAPPOROは説明するまでもなく，国際都市のイメージとなる。これらの表記は用途や戦略の内容によってつかい分けることが重要である。

なお，サッポロの語源はアイヌ語の「サリ・ポロ・ペッ」(その葦原が・広大な・川)，「サッ・ポロ・ペッ」(乾いた・大きな・川)などに由来するが，パピプペポの半濁音は道外都市には珍しく，そのことが欧米人にとって聞き取りやすい地名であることから，欧米での知名度の高さにもつながっている可能性がある。文字表記のみならず，発音の持つ効果も重要な要素である。

都心の再生(札幌の顔づくり)

札幌冬季五輪が開催された1972年ごろまでは，地下鉄，地下街の建設，札幌駅前通のビル再開発など，札幌都心部の開発整備は頻繁に行われていた。しかし，その後はJR高架事業(1990年)，札幌駅南口再開発事業(2003年)まで都心部の開発整備には空白期間がある。これは1970年代以降，急速な人口増加により市街地が拡大し続けたため，市街地整備は必然的に郊外地域での道路・上下水道整備・学校建築・公園整備などにウェイトを移していかざるを得なかったことも背景にある。

人口増加にブレーキがかかり，2015年をピークに人口減少に転じることから，今後は市街地の要である都心部の再整備に力点を置いていく必要がある。これに呼応するかのように，札幌都心部および都心周辺部では2001年以降，数多くの都市整備プロジェクトが目白押しである(図6)。

	プロジェクト名	備考	開業時期
①	JR札幌駅南口再開発	JRタワー(JR駅・商業・業務の複合施設)	2003年3月
②	東札幌地区(旧国鉄貨物駅跡地)再開発	札幌コンベンションセンター，大型商業施設	2003年6月
③	創成川通アンダーパス連続化	2つのアンダーパスの連続化	2010年3月
	創成川公園	アンダーパス上部の親水公園整備	2011年4月
④	旧拓銀本店跡地再開発	北洋大通センター，大通ビッセ	2010年5月
⑤	札幌駅前通地下歩行空間整備	地下鉄さっぽろ駅から大通駅までの全長約520m地下通路整備	2011年3月
⑥	500m美術館整備	地下通路壁面の活用(ギャラリー)	2011年11月
⑦	市電新型電車車両デザイン	新型低床・3連接車両の導入	2013年
	市電路線延伸	線路の環状化	2014年
⑧	北3条広場	道庁正門東側(北3条通)100区間の公園化	2014年
	札幌三井ビル建替	低層階が商業施設(屋上緑化)，中高層階がオフィスビル	2014年
⑨	創世1.1.1区再開発	北1西1・大通西1・大通東1の3ブロックの再生，市民複合交流施設他	2015年
⑩	札幌秋銀ビル(大通西4)建替	地下商業施設・吹き抜け，1～12階オフィス，石造風壁面のデザイン	2013年
⑪	南一条開発事業	地下歩行空間の整備，商業施設の再生	
⑫	北4東6周辺地区市街地再開発事業	北ガス札幌工場跡地再開発	
⑬	北8西1地区市街地再開発事業	住居，業務，商業機能の複合施設	
⑭	札幌総合卸売センター再整備		
⑮	苗穂駅周辺地区市街地再開発事業		

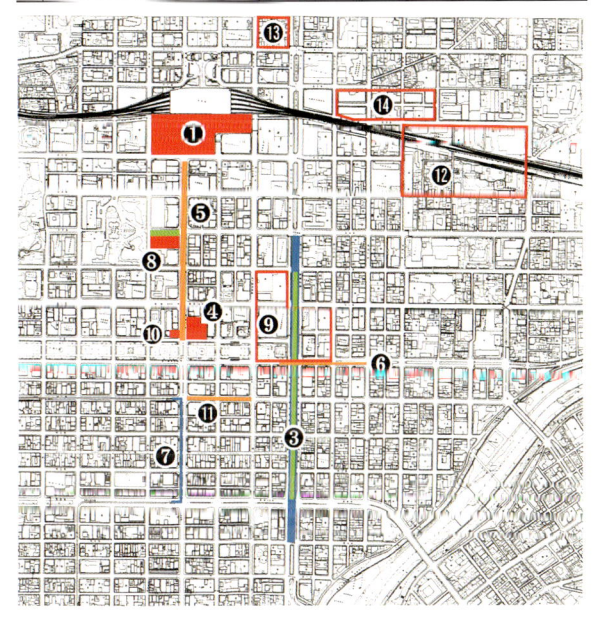

図6 札幌都心部の開発整備プロジェクト一覧(2001年以降)

VI-11 札幌の公園の歴史

笠　康三郎

　札幌は，明治の初めに北海道の本府として計画的につくられた町である。

　幕末の役人であった松浦武四郎は，全道くまなく探検して回り，アイヌの人達と極めて親しくして情報を集めて回った。本府の位置についてはそれまでいろいろな意見があったが，自ら様々な時期に現地を調べた上，その地のアイヌ集落の長の意見を聞いて，トイピラのあたりが絶好の場所であるとの結論を得ている。

　このような場所に，札幌の町を築くきっかけをつくってくれた松浦武四郎には，現在の札幌市民はもっと感謝しても良さそうなものである。私達は，その意図を札幌の土地の持つ特性から，しっかりと把握することから始めなければならない。

札幌の街の成り立ちから考える

　トイピラとは，当時のサッポロペッ（現在の豊平川）がピラケシィ（崖の・尻の・ところ，現在の平岸）を削ってできた崩れた崖のことを指したアイヌの言葉である。後に町の名が札幌になると，川の名前はそのまま札幌川にならず，トイピラを取って豊平川と名づけられた。

　この辺りは豊平川が長年つくりあげた扇状地であり，まさに乾いた広い大地（サッポロ）であった。しかしその当時，まだあちこちに分流が流れており，既に現在の元町あたりに入植していた大友亀太郎は，その分流から掘り割りで水を引いており（大友堀），これが現在の創成川の原形になっている。

　水量の豊富な川がつくった扇状地であるため，各所からこんこんと泉（メム）が湧き出しており，明治の初めには13ものメムがあったといわれている。容易に清らかな水が得られる場所であるため，早急に町をつくるには好適な場所であったのであろう。

　そのような場所に，北海道の首府をつくろうと，1869（明治2）年に開拓使の島義勇判官が乗り込んできたのである。

地形の記憶をたどる

　開拓当初の札幌の町の姿は，様々な古地図でその様子を偲ぶことができる。島判官はわずか90日あまりで罷免され，その後しばらくまちづくりは停滞してしまったが，1871～1872（明治4～5）年にかけて岩村通俊判官の手により，現在のような格子状の街路形態を持った街割りが行われた。本府は1里四方とし，中央に60間（約108m）の火防線を挟んで，北に官地，南に民地を配置した札幌の骨格がこのときに形づくられた。

　この1里四方の中には，いくつものメムと川が含まれていた。そのあたりは「コッネィ（低く窪んだ所）」と

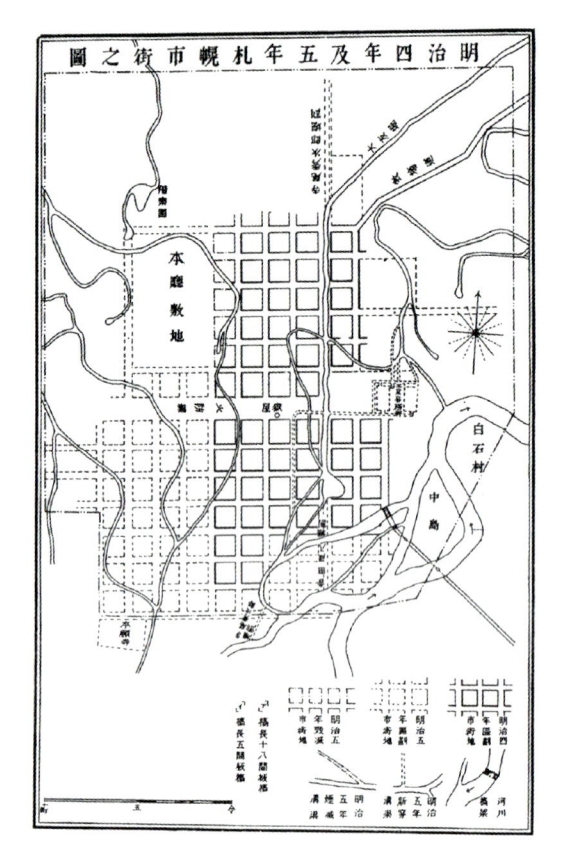

図1　明治4年・5年の札幌市街図

よばれていたため，開拓当初はそこにあった3つの大きなメムのことを「コッネィの三泉」とよんでいたといわれる。コッネィはその後琴似の漢字があてられ，ずっと北西の地域の地名になっている。中でも，本庁予定地のすぐ北にあったヌップサムメム（野の傍らの泉地）の辺りは，特に優れた風致に包まれていたため，この場所を「偕楽園」と名づけ，わが国で最も古い公園とされている。この他，本庁の裏にあったピシクシメム（浜の方を通る泉地）の周辺はその後植物園に，キムクシメム（山側を通る泉地）の周辺は現在の知事公館になっている。札幌を代表する地形であったメムの場所が，百数十年の時を経てなお，当時の形を残していることは奇跡的であり，先達の先見の明を感じざるを得ない。

北海道の公園事始め

　わが国の公園制度は，1873（明治6）年1月15日　太政官布達第16号によって始まった。これには「三府ヲ始，人民輻輳ノ地ニシテ，古来ノ勝区名人ノ旧跡等是迄群集遊観ノ場所……」を公園に指定するようなお達しとなっているが，本州以南のような名所旧跡がほとんどない北海道では，まちづくりとともに計画的に

創出する必要があった。このため、札幌におけるメムや川のほとりのような風光明媚な場所を公園に指定するか、あらかじめ公園予定地として確保していかなければならなかった。

札幌の街並みの骨格をつくった岩村通俊は、これに先立つこと2年、既に遊覧の地として「偕楽園」を指定するだけでなく、市街を取り囲む位置に、中島、円山、苗穂の公園を想定していたといわれている。町が将来拡大し、これらの場所も市街地になることを見越した上での計画であれば、まさに卓見としかいいようがない。岩村はこの年弱冠30歳であり、明治の志士たちの教養や先見性には脱帽せざるを得ないのである。

わが国初の公園である偕楽園

偕楽園は、わが国の公園制度が確立する前に開設された由緒ある公園である。開拓当初の札幌では、全国から労働者がたくさん集まって活気はあったが、いささか風流には欠けるところもあったと考えられる。このため岩村判官は、人々の息抜きの場所としての公園づくりと、もうひとつ役所公認の「遊郭」を薄野に設置した。

偕楽園にはたくさんの湧水があったといわれている。そこから流れ出た川はサクシュコトニ川とよばれ、蛇行しながら清華亭の前でいくつかの湧水と合流して、大きな池になっていた。この流路は、住宅地の中に細々とした河川区域として、現在でも残っていることも興味深い。

図2 明治期の偕楽園の様子がよくわかる絵図

ここには博物場や鮭鱒孵化場、花室(簡易な温室)などが設けられたが、明治天皇の行幸が決まると貴賓接待所の建設が始まり、1880(明治13)年に完成した。時の開拓使長官であった黒田清隆は、これを「水木清華亭」と名づけ、黒田揮毫の額が現在も残されている。その周辺の造園は、お雇い外国人のルイス・ベーマーがあたり、花室で栽培した西洋の花草を植え込んだわが国初のガーデニング空間が完成したわけである。こ

のときベーマーの助手を務めたのが、後に東皐園を開く上島正であった。1881年9月1日に天皇が訪れたときには、庭の花を大層愛でた上、一部を行在所である豊平館に運ばせて鑑賞されたといわれている。

偕楽園には、「開拓記念碑」や、西南戦争に出陣して戦死した屯田兵を祀った「屯田兵招魂碑」なども置かれていたが、空間としての広がりに欠けて、集会などに利用しづらいことから、様々な機能が大通や中島に移っていった。

開拓使の廃止の後、札幌、函館、根室の三県制度を経て、1886年に北海道庁が設置されると、それまでの開拓使の施設は次々と民間に払い下げられていき、偕楽園一帯は民間に払い下げられてしまったのである。これを借り受けた斉藤いく(後に夜の赤レンガといわれた料亭いく代の女将)はこの場所で最初の料亭を開業し、急速に俗化していったものらしい。この時期の地図には、「快楽園」と書かれているものがあるが、まさにそのような場所になってしまい、名誉あるわが国初の公園は歴史から消えていったのである。

開拓使のホテルだった豊平館

明治天皇行幸時に、札幌における行在所になったのが豊平館である。開拓使が残した施設の中では最も美しい状態で保存されているが、元々は大通西1丁目にあった。建設の目的は開拓使の宿泊施設(洋造旅館)であったが、明治天皇の行幸が決まるやその行在所として利用されることになった。

図3 「札幌繁栄図録」(1887年)に見る豊平館

この建物の前庭の造園を担当したのも、清華亭と同じくルイス・ベーマーであり、助手を上島正が務めたといわれる。洋造旅館にふさわしい、おおらかな西洋庭園であったことが絵図などからも偲ばれる。

長らく西洋料理店や公会堂として活用され、札幌の文化施設の中心施設の位置を担っていたが、大通にテレビ塔が建てられることになり、1957年に解体され、中島公園に移設されてしまった。

このとき建築物としての記録は詳細に残されているが、庭園については何も残されていないことが悔やま

Ⅵ　地域の環境

れる。しかし，庭園の名残の樹木のうち，最も大きなハルニレが現在もその場所に残っていることは，本当に奇跡的といえよう。しかしこの木は歩道と旧市民会館の敷地にまたがって生えており，樹木の管理はまた別の部署が行うという，まさに役所の縦割りの中で放置されたままになっていることが残念でならない。札幌のまちを初めから見続けてきた貴重な木を，1年でも長く生かしたいものである。

私設のフラワーパークである東皐園

長野県人上島正は，1878(明治11)年に北海道に渡って米づくりを模索したが，東京の堀切村から慰みにと持ってきたハナショウブが咲き乱れるのを見て，やがて現在創成川縁にある諏訪神社の南に花畑をつくりあげていった。この地が字東耕であったため，当初は東耕園とよばれ，後に東皐園とあらためられている。

図4　上島が描き残した「上島絵巻」に見る東皐園の様子

ベーマーのアドバイスを受けてハナショウブの育種に成功し，たくさんの新しい花を栽培していた。横浜の外国商社を通じて様々な花苗を輸入し，ドイツズランやベゴニアなどの栽培にも凝っていたといわれている。

まだ風流に乏しい当時の札幌にあって，東皐園は別世界のような美しさを提供し，句会や碁会，謡曲なども盛んに行われたという。開拓当初の明治初期にこのようなフラワーパークがあったことは，ひとえに上島の努力によったものではあるが，様々なものが一気に流入した新興地ならではのできごとであった。

賑わい空間として発展した中島遊園地

札幌の本府は1里四方で設定され(南側は現在の南7条)，追って山鼻に屯田兵村が設置されると，それに挟まれた中島が双方から目をつけられることになった。そして札幌区では，1883年にこの区域を公園予定地にして欲しいとの要望書を出し，その後の整備工事を経て，正式には1886年12月15日付で，「中島遊園地」が札幌区に編入されるとともに，住所も中島遊園地になっている。このときの整備によって，元右衛門堀の南側に北海道博物陳列場が建設され，これが後の博覧会へとつながっていくことになった。

現在の豊平館から八窓庵にかけて，さらには鴨々川の向こう側まで，かつて岡田花園という花の名所があった。開拓使の御用商人であった岡田佐助が，1889年札幌区の公有地を借り受け，和漢洋の様々な花卉を植えたフラワーパークをつくりあげていたことから，北の東皐園，南の岡田花園と並び称されていたといわれている。

中島遊園地の運営は，いわば民活事業として様々な施設が整備されている。1888年には，二層の大中亭を設けて池にウグイをいれて釣り堀とし，その後貸しボートまで登場している。さらには西の宮，日吉亭，大正亭，臨池亭などの料亭やお休み所が池の周囲に次々と建てられていき，周囲にたくさんある寺社のお祭りや博覧会，競馬，相撲大会，花火大会など，明治のこの時期から札幌市民の憩いの空間になっていた。岡田花園は，その後公園に取り込まれて姿を消したが，現在天文台のある山に岡田山の名を残し，唯一その名残を留めている。

1907年には，当時わが国最高の造園技師といわれた東京市の長岡安平に，円山公園とともに公園設計を依頼している。こうして1910年には整備工事を実施し，公園としての体裁を整えて，それまでの中島遊園地から「中島公園」とよばれるようになっていった。

1918(大正7)年には，開道50周年北海道博覧会が，中島公園をメイン会場に華やかに開催された。博覧会は，わずか50日間に道内の人口にほぼ匹敵する142万人もの人々が訪れ，人気を博したパビリオンは，わが国第一級の建築家によるもので，目を見張るような建物が並んでいた。

中島公園は，このような賑わいが似合う，札幌を代表する公園であり続けてきたといえるだろう。

人気の行楽地だった円山公園

開拓使の主席判官の島義勇は，当時既に入植していた人達の意見を聞き，道案内をしてもらいながら本府建設の構想を練っているが，その場所が今の北海道神

図5　開道50年記念北海道博覧会の絵図

宮近くの「コタンベツの丘」であったといわれている。そこから真東を望んで創成川（当時は大友堀）との交点がまちづくりの原点になり，そこに創成橋がつくられた。

円山の地は当時の町の中心部からは離れているが，札幌のまちづくりとは切っても切れない関係があったわけである。

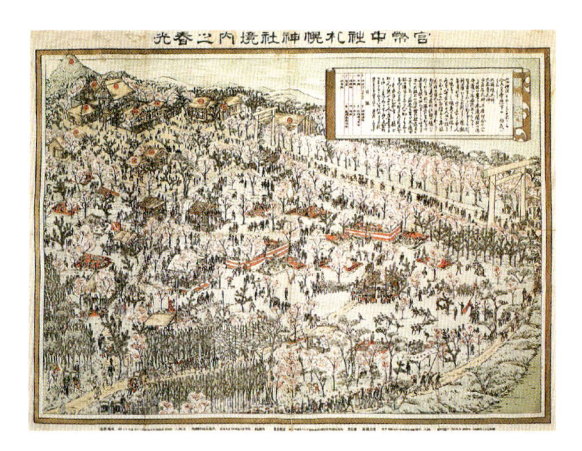

図6 明治時代に，既に花見の名所になっていた円山

島義勇は，佐賀の乱で明治政府に背いたことから，捕らえられて斬罪梟首により命を落としている。島の道案内をした福玉仙吉は，その死を悼み，翌1875（明治8）年に近隣から集めた桜の苗木を150本も神社の参道に植えた。これがのちに見事に花開き，円山は現在に至るまで花見の名所になっている。

円山にきちんと登山道が整備されたのは1914（大正3）年のことである。円山村の開祖とよばれる上田萬平が自ら費用を出し，鍬をふるって頂上までの登山道を開くとともに，弟の善十はこの道にそって，弘法大師が開いた四国八十八カ所のように八十八観音像を立てている。これが現在に至るまで市民に親しまれている円山の登山道になった。

もうひとつ円山の魅力になったものが，養樹園の名残の樹木である。裏参道から動物園にかけて，札幌付近では珍しい杉木立があり，樹齢は100年以上も経っているものがある。

開拓使は，未開の北海道にどのような樹木が適しているのかを調べるため，1880年に円山に養樹園を開設し，国内国外から様々な樹木を導入して試験を行った。公園内に残っているカラマツやスギやヨーロッパクロマツなどの樹木はこの名残である。養樹園の機能は1901年に旭川の神楽に移転したため，その跡地の払いドげを受けて簡単な整備を行い，1909年に円山公園を開設している。

街の軸としての大通

岩村通俊は，1871〜1872年にかけて札幌の街割りを決めているが，島の指図書とは少し異なり，南北に通る創成川を軸線に，中央を東西に貫通する幅の広い

図7 大正初期の大通公園の様子

火防線によって，街が南北に分かれている。それにあわせて道内の国郡名をとって道路の名前にし，火防線は後志通となったが，あまりに煩雑になったため1881年には廃止され，後志通から大通に正式に改称された。

大通はその名の通り今でも道路であり，「日本の道百選」にも選ばれている。大通が誕生した当時から，広々とした空間を利用して博覧会や品評会など様々な活動が繰り広げられてきた。1875〜1876年には，現在の3・4丁目に，札幌官園でつくられた花卉類を植え込んだ6,000坪もの「大通花草園」がつくられていた。開拓使顧問のホーレス・ケプロンの方針で，開拓地を花で飾ろうと考え，米国から導入された花卉類が既に100種類も栽培されていたのである。

1901年に大通逍遙地が設定されたあと，公園的な整備が少しずつ進められていたが，1907年に民間人である小川二郎が，自費で大通を耕して2丁目から4丁目にかけて芝生を造成し，花の苗を植えて花壇を造成している。

当時の札幌区が，東京市の技師である長岡安平に円山と中島の公園設計を依頼したのは1907年であり，大通については1909年に樹木植栽設計を依頼した。当時の大通には，既に1899年に偕楽園にあった開拓記念碑を6丁目に移設し，ケヤキを植えて小公園とした他，1903年には北海道開拓に貢献のあった黒田将軍像が7丁目に建立され，さらに1909年には3丁目に永山将軍像が建てられており，国威発揚が求められた時代の中心的広場としての大通公園の姿がある程度完成していた。長岡の植栽設計は，それらを追認してとりまとめたといってもよいのである。

[引用・参考文献]
- 札幌の歴史を楽しむ会：さっぽろ大通，新北海道教育新報社，1981．
- 札幌市教育委員会：札幌歴史写真集〈明治編〉・〈大正編〉，北海道新聞社，1983．
- 山田秀三：札幌のアイヌ語地名を尋ねて，楡書房，1965．
- 山崎長吉：さっぽろ歴史散歩，北海タイムス社，1984．
- 山崎長吉：中島公園百年，北海タイムス社，1988．
- 季刊札幌人2004年夏号：札幌グラフコミュニケーションズ，2004．

VI-12 札幌のみどりと公園

鈴木浩二

札幌のみどり

皆さんは，さっぽろの特徴的なみどりといえば，何を思いおこすだろうか？

藻岩山や円山の街を取り巻く山並み，豊平川の河川や草地などの自然のみどり，大通公園，中島公園，モエレ沼公園といった都市公園を思いつく方は少なくないだろう。

写真1　藻岩山から見た円山

藻岩山と円山の原始林は，1921（大正10）年に国の天然記念物に指定され，明治末期に設置された大通公園と中島公園は，満100歳を迎え，今も都心の貴重なみどりとして，我々にうるおいと安らぎを与えている。

写真2　モエレ沼公園

また，モエレ沼公園では，世界的な彫刻家であるイサム・ノグチの設計により，ゴミ埋立処分場跡地に新たなみどりの空間が創出された。

一方，札幌市は財政的な制約が厳しさを増す中で，これまでつくりあげてきた公園や街路樹，市有林を効果的に守り，次代に引き継いでいく必要が生じてきた。

そこで，さっぽろのみどりの現状などについて，次に記す。

人口推移

札幌市の人口は190万人を超えて，微増の傾向にあるが，2015（平成27）年ごろにピークを迎え，その後減少の見通しとなっている。

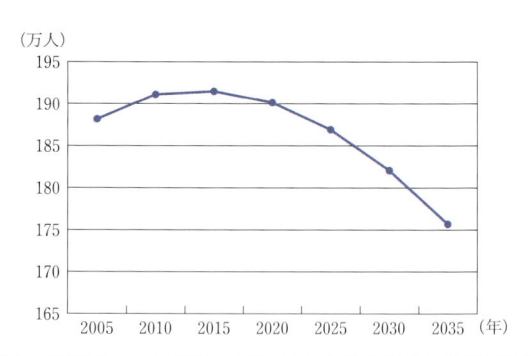

図1　札幌市の人口推移。2005年は札幌市統計書（国勢調査による実績値）による。2010年以降は国立社会保障・人口問題研究所「市町村別の将来推計」（2008年12月発表）による

森　林

札幌市の南西部に広がる森林面積は70,591 haで，市域の63％を占めており，大都市でも有数の森林に恵まれた都市である。

この森林の約8割は国有林であるが，市街地と接してみどりの山並みをつくり出している森林の大部分は民有林となっている。

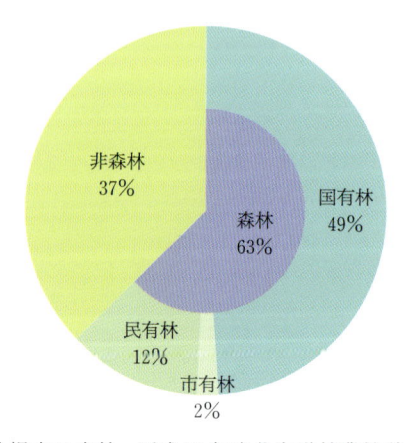

図2　札幌市の森林。平成22年度北海道林業統計（2011年12月現在）による

緑被（地）とは

札幌市では樹林地，草地，農地，水面で覆われた範囲を緑被（地）と位置づけ，おおむね5年ごとに空中写真を基に，写真判読を行い調査している。

市街地（市街化区域）の緑被

札幌市街地の緑被率は18.9%で，緑被種別ごとでは，樹林地が8.2%，草地が7.6%，農地が2.3%，水面が0.8%となっている。

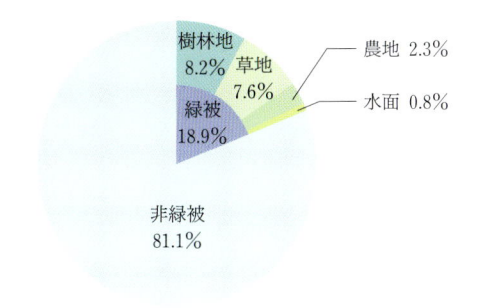

図3 市街化区域の緑被率。札幌市緑被現況調査（2007年空中写真判読）による

政令市の緑被率

札幌市街地の緑被率は，図4の通り他の政令市と比較して高いとはいえない。

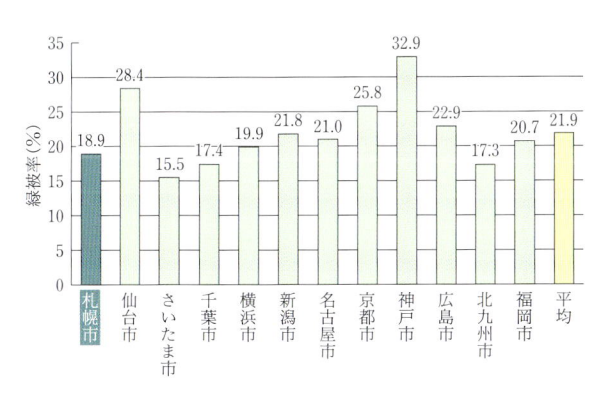

図4 市街化区域の緑被率の政令市比較。2009年度 国土交通省「都市緑化等施策の実施調査」による

市街地の土地利用別緑被率

公共利用地の緑被率は31.9%と高いものの，民間利用地の緑被率は6.6%と低い。

市街地のみどりは，公園，河川，公共施設などのみどりに大きく依存している。

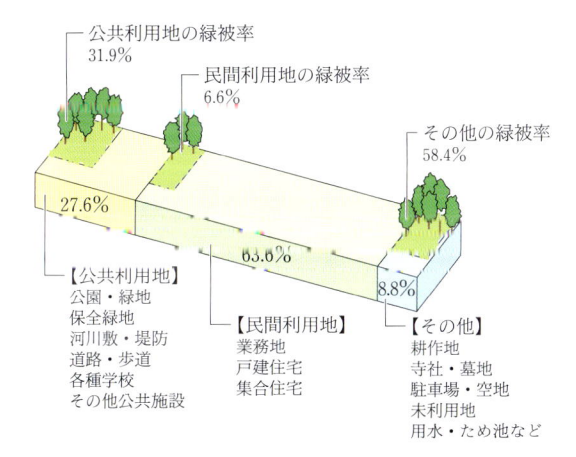

図5 土地利用別緑被率。札幌市緑被現況調査（2007年空中写真判読）による

都心の緑被

都心（図6）の緑被率は，大通公園や植物園などまとまった樹林地があるものの，約12%と必ずしも高くない（図7）。

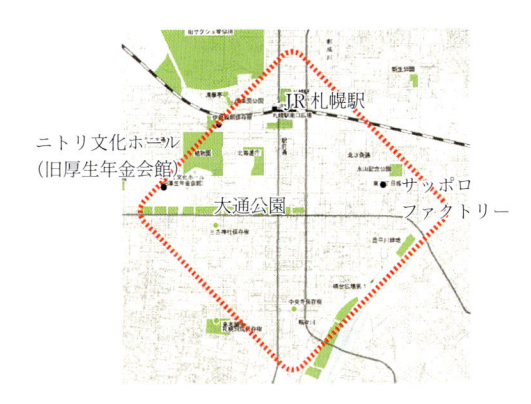

図6 「都心」の区域

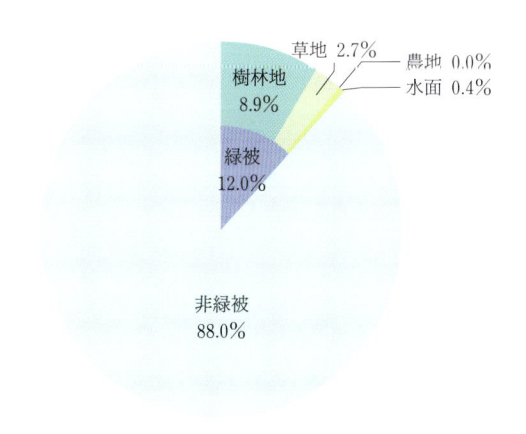

図7 都心の緑被率。札幌市緑被現況調査（2007年空中写真判読）による

札幌市の都市公園

札幌市の1人あたりの都市公園面積は12.2 m²（2011年3月31日現在）で，大都市の中では，神戸市，岡山市，仙台市に次いで多い。

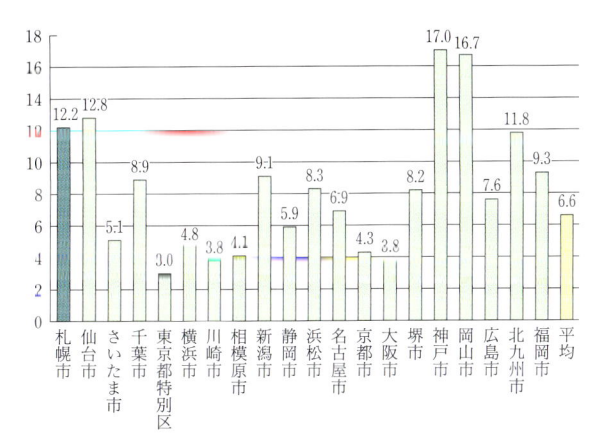

図8 各政令市の1人あたりの都市公園面積。国土交通省「都道府県別一人当たり都市公園等面積現況」（2011年3月31日現在）による

VI　地域の環境

これまでの公園づくり

札幌市では，1975(昭和50)年に児童公園100か所作戦をスタートさせ，1980(昭和55)年には1,000か所，1990(平成2)年には2,000か所を突破し，2012年3月31日現在2,686か所(国営・道立公園含む)の都市公園がある。面積にして2,345 haで，札幌市域の2%である。

しかしながら，公園がつくられてから月日が流れ，遊具やベンチが老朽化するとともに，公園の周辺住民の家族や年齢構成が変化したことから，公園に求められる施設や機能と現状に差が生じるようになった。

そこで，札幌市では1993年から公園の再整備に着手し，2011年度末までに337か所の公園をリフレッシュして，市民に活用される公園づくりに取り組んでいる。

これまでのみどりの保全

札幌市では，市街地に点在する良好な樹林地など52 haを特別緑地保全地区に指定するとともに，市街地に近接している樹林地などで開発のおそれが強い地域など約1,700 haを都市環境林として公有化し，良好な都市環境を守っている。

ここまで，さっぽろのみどりの現状について紹介してきた。これらの現状をふまえ，札幌市が目指すべきみどりについて，以下に記す。

札幌市緑の基本計画の改定

札幌市では，1999年6月に策定した「札幌市緑の基本計画」[*1]を見直し，2011年3月「札幌市みどりの基本計画」に改定した。

前計画では，公園緑地面積を倍増する大きな目標を掲げてきたが，みどりを取り巻く社会的状況が大きく変化してきたことから，新計画では，市民などとの協働をベースに，みどり豊かな札幌のまちを育むことにしている。

みどりのはたらき

みどりには，様々な働きがあり，新しい基本計画では大きく5つに分類している。

① 環境保全機能

都市環境，地球環境を保全・改善する(二酸化炭素の低減，水源かん養，大気の浄化，ヒートアイランド現象の抑制，動植物の生息・生育・移動空間など)。

② 景観形成機能

札幌らしい景観をつくり出す(うるおい，季節感，やすらぎなど)。

③ 防災機能

安全・安心な都市基盤を形成する(災害時の避難場所，延焼の防止，騒音や振動の緩和など)。

④ 健康・レクリエーション機能

人々の様々な活動の場となる(スポーツ，レクリエーション，休養，散策，余暇活動の場，環境学習の場など)。

⑤ コミュニティ醸成機能

人々をつなぎ，まちに活力をもたらす(交流，語らいの場など)。

基本理念

札幌市では，地球環境問題を市政の重要課題としてとらえ，世界に誇れる環境都市として豊かな自然と調和したまちづくりを目指している。

そこで，私達の貴重なみどりを守り・育てていくとともに，未来の札幌を担う子ども達に引き継ぐために，計画の基本理念を「**実現しようみんなの手で　人とみどりが輝くさっぽろ**」としてまちづくりを進める。

みどりの将来像

札幌市みどりの基本計画では，4つの目指すべきみどりの将来像を示している。

① 私たちが守り・はぐくむみどり

私たちの生活において欠かすことのできないみどりを一人ひとりが楽しみ協力しながら守り育てていくことを目指す。

② 私たちの歴史と文化が薫る個性豊かなみどり

みどりに囲まれた暮らしの空間のなかで，みどりを楽しむ生活文化をはぐくむとともに，歴史や文化を活かした個性ある地域のみどりを守り育てて，ゆとりと安らぎのあるみどり豊かな地域づくりを目指す。

③ 地球環境を守り，私たちと自然が身近に共生するみどり

私たちの生活にうるおいと安らぎをもたらす山並みや緑地・農地のほか，河川などの身近なみどりを守り育てていくことで，地球環境や生物の多様性が保全される自然環境の連続化を目指す。

④ 私たち誰もが安心し活用できる人に優しいみどり

誰もが活用できる人に優しい，ユニバーサルデザインによる公園緑地づくりの定着を目指す。

みどりの配置

札幌市では，みどりの将来像に向けたみどりの配置の考え方を「みどりの将来像図」として示している。

環状グリーンベルト(構想)[*2]の大規模拠点公園の整備を推進する前計画に，これまでつくりあげてきた拠点をつなぐコリドー[*3]づくりを追加している。

総量目標──新たに多様なみどりを創出します

この10年間で，開発などにより500 ha以上のみど

[*1] 市町村が定める都市における緑地の適正な保全と緑化の推進方策に関する総合的な計画である。

[*2] さっぽろの自然条件を生かしながら，市街地を緑の帯で包み込もうとする構想で，1982(昭和57)年に策定された初代札幌市緑の基本計画において提起されている。

[*3] 「廊下」「回廊」などを指す言葉で，札幌市では，市街地を貫通し，都市にうるおいをもたらすオープンスペースの軸になることを目指すものをコリドーと称している。

図9　みどりの将来像図

りが減少している。また，これからの10年間でも100 ha以上（札幌ドームの野球グラウンド約70面分）のみどりが失われると予想される。

そこで，新計画では市民・企業・行政など，みんなで今あるみどりを守り，家庭の庭やコミュニティガーデンなどの協働によるみどりづくりや公園の造成により，身近な暮らしの中に，新たに多様なみどりを創出する。

これからの公園づくり

これまでの札幌市の公園づくりは，新規造成に力をいれてきたが，今後は再整備に力点をシフトする必要がある。また，公園施設の有効活用と効率的な維持管理も要求される。

そこで，これまでは既設公園ごとに再整備を進めてきたが，徒歩圏を単位とした地域ごとに複数の公園をパッケージとし，それぞれの公園の機能や施設の役割分担を明確にした上で，地域住民との話しあいの機会を持ちながら再整備を進める手法に取り組み始めている。

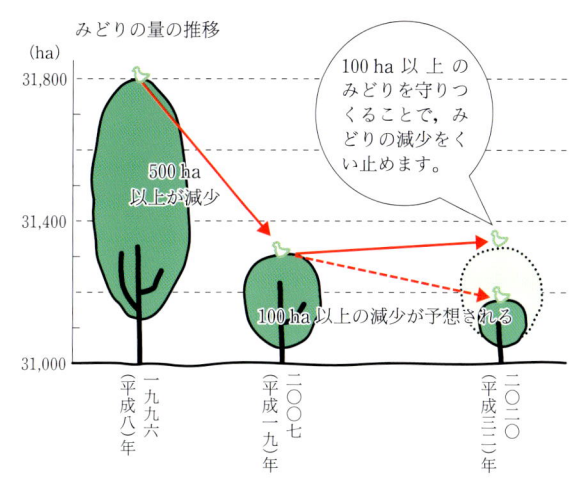

図10　みどりの量の推移

また，「札幌市移動等円滑化のために必要な特定公園施設の設置の基準に関する条例」(2012年12月制定)，「都市公園における遊具の安全確保に関する指針」(2008年8月改訂，国土交通省)などの基準に基づき，高齢者や障がい者など誰もが安心して利用できる公園づくりを進めるために，出入口や園路の段差解消，手すりの設置，ベンチなどの休憩施設や便所を身障者対応型施設に改修している。

この他，老朽化した有料スポーツ施設を利用者ニーズやライフサイクルコストに配慮しながら，施設改修を進めていくことにしている。

これからのみどりづくり

これまでの札幌市のみどりづくりは，公園の整備を中心に進め，一定の成果をあげてきたものと考える。

今後は，民有地のみどりを含めた多様なみどりに目を向け，多くの方々が活用するみどりを保全・創出していかなければならない。

このためには，市民・活動団体・企業・大学などの専門機関，行政がそれぞれ地域のみどりづくりや守り・育てる担い手となって協働を推進していく必要がある。

［参考文献］
・札幌市：札幌市みどりの基本計画，札幌市みどりの推進部，2011.

全長 600 m のカナール（前田森林公園）

事項索引

[あ行]

アイスキャンドル　17
アイスシェルター　225
青いカーネーション　127
青いバラ　127
秋植え球根　27
秋花壇　158
秋の七草　153
秋播き一年草　46
アクセントカラー　170
亜高木　142
アゴラ　188
旭山記念公園市民活動協議会　203
アザミウマ(類)　79,81
亜酸化窒素　226
亜種・変種・品種　51
アダプト(里親)制度　i
厚播き　115
アドニス園　186
アトリウム　186
アブシジン酸　61
アブラムシ(類)　79,123
アプローチ(通路)　170,172
あるば・ローズ　24
アルハンブラ宮殿　186
アレロパシー　107
暗期中断　58
維管束　131,229
育種家　95
育種素材　128
育種目標　127,128
育成管理　142
育成形　142
育成者権　127
イグルーづくり　17
生垣　141
石狩低地帯　56
石綿園芸八重桜伝　184
石立僧　184
イタリア露壇(テラス)式庭園　186
一・二年草　46
イチイカタカイガラ　81
一次発酵　76
一代雑種(F_1)　103
一年床花壇　57
一年生雑草　111
一年草　56,100,170
一年草(生)花壇　132,160,163,169

一年草扱い　46
萎凋　84
一斉林　142
遺伝　124
遺伝子　50
遺伝子攪乱　173,245
遺伝子組換え　127
遺伝資源　128
遺伝的多様性　239
イニシャルコスト　173
イメージスケッチ　170,206
イラガ　83
岩村通俊　252,253
イングリッシュガーデン　158
インタープリター　207
インドール酢酸　60
ウイルス病　85
ウィルソン　92
植木鉢づくり　113
ウォーターガーデン　187
ウォーデアンケース　91
ウォールガーデン(壁園)　57,187
羽状複葉　52
雨水浸透・浄化花壇　189
うどんこ病　103,123
ウメコブアブラムシ　82
運動公園　189
エアレーション　107
英国風景式庭園　187
栄養器官　130
栄養繁殖　110
栄養繁殖性花き　126
腋芽　52,114
エコロジカルな視点　172,188,189
エゾシロチョウ　82,83
枝降ろし剪定　135
枝抜き剪定　135
エチレン　59,61
越冬植物　232
越冬性　104
エディブルフラワー　113,178
江戸参府紀行　90
江戸と北京　90
エネルギーの流れ　225
エネルギー文明　224
エメラルドネックレス　189
エライオソーム　148,149
遠景　192
園芸作業　32

事項索引

園芸種　152
園芸セラピー　12
園芸福祉　32,33
園芸療法(活動)　32,33,34
園芸療法士　32,33
園芸療法ボランティア　35
円錐花序　94
エンパワーメント　3
大通公園　2,24,26,27,97,255
オオモンシロチョウ　80
オーキシン　60
押し花　34,35
オゾン　226
落ち葉かき　150
落ち葉堆肥　74
オーバーシード(シーディング)　105,107
オビカレハ　83
オープンガーデン　8,9,247
オルムステッド　188
温室効果ガス　226
温量指数(Warm Index, WI)　105,223

[か行]

開花調節　58
開花日　233
開花ホルモン　61
開花予想　233
海岸草原　215
街区公園(旧児童公園)　189
塊茎　47,54
塊根　54
開拓使　219
害虫　78
開放系大気 CO_2 増加(FACE)　227
外来種　56,153,154,172,173,237,238,241,245
外来植物　242,244
外来生物法　238
偕楽園　252,253
街路景観　→　街並景観
化学的防除　87
花芽分化　58,61,139
核外遺伝子　125
核内遺伝子　125
萼片　52
学名　51
火山灰　229
火山灰地　213
火山礫　111
果実と種子　52
果樹の結果習性　117
果樹の種類(品種)　116
果樹の整枝・剪定　117
過剰施肥　69
カスケード　186
河跡湖　221
花束状短果枝　118
花壇綱目　90

花壇推進組合　24
花壇地錦抄　90
花壇づくり(造成)　24,43,159
花壇のデザイン　160
活動資金の確保　40
桂離宮庭園　185
ガーデニング　2,6,8,46,158,159,247
ガーデニング計画　168
ガーデニングボランティア　ii,6,7,247
ガーデニング リラの会　25,26
ガーデネスク　187
ガーデンアイランド北海道　3
ガーデンデザイン　171
カナール　22,186
鹿沼土　111
可能蒸発量　231
過繁茂　70
花被　52
株立状　111
株分け　103
花弁　52
花木　47
上富良野町　208
カラマツ人工林　150
絡み枝　134
カラーリーフプランツ　46,49
刈り込み　106
刈り取り　147
枯枝　134
枯山水　185
川下公園　97
環境育成　201
環境科学　88
環境教育　246
環境形成作用(反作用)　234
環境保全機能　258
環境問題　224
環境要因　234
環境林　150
環状グリーンベルト(構想)　258,259
環状剥皮　131
完全変態　78
乾燥地　109
寒地型イネ科芝草　104
間伐　151
管理運営　201,203
気温　230
帰化植物　221,242
気候　222,230
気孔　59,229
気候因子　222
気候変動に関する政府間パネル(Intergovernmental Panel on Climate Change, IPCC)　224
気象(要素)　222
寄生関係　234
寄生病　85
北根室ランチウェイ　209

事項索引

北の沢コミュニティガーデン　180
キッチンガーデン　14,57,176,177,179
ギブアンドテイク　144
逆転層　228
ギャップ　152,153
ギャップ更新　236
球茎　47,54
球根　170
球根植物　46,47
吸収移行型　111
厩肥　75
休眠　79,94
休眠(ロゼット)打破　60,61
競合植物　148
狭食者　228
共生関係　234
共生菌　229
共創型まちづくり　4
競争関係　234
協働型まちづくり　4
京都議定書　224
協力と協賛　41
切り返し　76
切り詰め剪定　135
切り戻し剪定　135
近景　192
菌糸　84
近隣公園　189
近隣住区論　189
菌類病　85
空気伝染　85
クサカゲロウ　83
草刈り鎌　133
草堆肥　75
熊澤喜久雄　68
グラウンドカバープランツ(地被植物)　108,170
グラスエンドファイト　107
グラスガーデン　57
グラフ，シャン・デ　93
クリスマスリース　34
グリーンインフラ　ii,189
ぐりーんの会　34
グリーンベルト政策　189
車いす使用者　203
黒星病　123
黒松内町　208
黒松内低地帯　56
クロマツ林　205
群落　146,147
計画平面図　170
景観　190,204
景観形成機能　258
形状　161
形状比　142
形成層　130
形態生理的休眠　149
形態的休眠　149

景色　204
ゲノム　125
嫌気条件　229
嫌気性発酵　75
現況平面図　169
健康・レクリエーション機能　258
原産地　56
源氏物語　90
原生自然環境保全地域　239
建築テクスチャー　192
現地体験型ワークショップ　203
現地調査　169
ケント　187
公園ガイドボランティア　19
公園ねっとわーく　16,18
公園の指定管理者　23
公園ボランティア　17,20,247
公園緑地系統　188
耕起　72
好気性発酵　75
好気的環境　229
公共空間　159
光合成　58,223,226
光好性種子　115
交差枝　122
交雑不和合性　116
高山植物　46,48
高山植物群落　215
高山帯　215
光周性　58
耕種的防除　87
広食者　228
洪水遊水地　23
降水量　231
高層湿原　213
公的空間領域　190
好適酸度　102
交配　129
高木　46,47,142
広葉樹　47
広葉樹二次林　150
高齢化　4
高齢者福祉施設　34
呼吸　59,223
国営公園　189
国外外来種　238,239,240
国際自然保護連合(IUCN)　237
国定公園　146
国内移入種　245
国内外来種　238,240
国立公園　146,204
古事記　90
個人庭園　159
コスカシバ　80
互生　53
枯草菌　76
コーディネーター　38

事項索引

コテージガーデン　2,170,187,188
子どもの遊び　16
コナガ　80
コブタマバチ　82
コミュニケーション(環境)　19,20,29,39
コミュニティ(醸成)　6,12,145,258
コミュニティガーデン　2,12,13,15,31,181
コモン(共有地)　188
こやし・肥　68
コリドー　258,259
ゴール　82
コンクール花壇　24,25
根茎　47,54
コンソーシアム(consortium)　41
コンテナ　8,113,174,175
コンテナガーデン(ガーデニング)　43,57,177,179
コンテナ栽培　112,114,115
コンパクトシティ　5
コンバージョン　5
コンパニオンプランツ　13,14,113,181
根粒菌　59

[さ行]

催芽　101
災害訓練　17
細菌病　85
採種　103
最低気温　232
最適温度域　223
サイトカイニン　60
栽培限界　223
栽培品種名　51
細胞質遺伝子　125
在来種　152,220,238,239,240,241,245
サイン・看板類　192
サインシステム　193
逆さ枝　134,143
下り枝　143
蒴果　129
作庭記　185
作物の好適pH範囲　73
サージェント　219,220
挿し木　95,110
サスティナブル・シティ　5
サスティナブル(持続可能)　15
雑草　132
サッチ　106
札幌管区気象台　231
札幌市環境教育基本方針　246
札幌市市民活動サポートセンター　39
札幌市緑の基本計画　3,247,258
さっぽろタウンガーデナー　42,247
さっぽろ花と緑のネットワーク　3,42
さっぽろ花と緑の博覧会　2
札幌本府建設構想　248
里地里山　150,153,237
里山　144,150

砂漠　56
サービスヤード　170
作用　234
参加型のまちづくり　4
残渣　176
酸性硫酸塩土壌　67
酸素・窒素供給　65
三相分布　60
山野草　46,48,152,153
山野草ビオトープ　153
シェルター　193
視覚障がい者　203
自家結実性　116
自家受精　239
自家不和合性　116
色彩　160
色彩計画　170,171
色相環　160
ジークル　187
シシングハースト城庭園　187
自生種　173
自然遊び　23
自然エネルギー　225
自然環境保全法　239
自然観察会　21,202
史前帰化植物　153
自然景観　204,206,207
自然公園　146
自然公園法　239
自然式庭園　184
自然植生　216,218,221
自然草原　152
「自然」の記号　207
持続可能な社会(まち)　ii,15,189,246
下枝　134
支柱　102
質感　161
湿原(泥炭地)　213
湿雪被害　142
湿地のツーリズム　214
疾病予防　32
シティファーム　12
私的空間領域　190
視認性　193
芝生管理　104,241
ジベレリン(GA)　60
子房の成熟　129
シーボルト　90
島義勇　248,252,254
市民気質　250
市民参加(複合的な手法)　202
市民参加の成果　203
市民主体　5
市民団体　203
霜　230
種　50
住宅地の景観　2

事項索引

周辺効果　237
樹形管理　142
主枝　114
主軸枝　119
種子伝染　86
種子の選別　129
種子の対処　132
種子の保存　129
種子繁殖　110
種子繁殖性花き　126
樹種選択　142
宿根性雑草　111
宿根草　26,27,46,100,103,170,171
宿根草花壇　132,160,164,169
宿根ボーダー(宿根境栽花壇)　57,164,165,166,187
シュート(shoot，苗条)　53
受動的再生　154,155
種内分類群　51
種の分化と分類　124
種皮　148
種苗法　127
受粉　129
樹名板　22
樹木密度　142
樹林管理　142
樹林の景観的価値　142
春化作用　61
順応的管理　154,217
枝葉堆肥　74
小果樹　178
浄土式庭園　185
庄内砂丘林　204
蒸発散量　222,231
正味放射量　222
照葉樹林　56
常緑樹　46
食・農育活動　18
植栽図　165
職住遊近接型　250
植生管理　147
植生遷移　205
植生帯　56
植物季節観測　233
植物検疫　128
植物生長調節物質　60
植物耐寒ゾーン(ハーディネスゾーン)　46,100,168,232,233
植物病原体　84
植物ホルモン　60
助成金・補助金　41
除草　103,132
除草剤　103,111
除伐　151
除雄　129
人為的攪乱　152
シンク　226
人口減少　4
針広混交林　56

人口重心　249
人口の都心回帰　250
新琴似六番通り街づくりクラブ　30
心身の機能回復　32
神仙思想　184
寝殿造りの庭園　184
シンボルツリー　48,172
針葉樹　47,74,75
針葉樹林　56,212
森林イメージ　206,207
森林観　206,207
森林景観　204,205
森林ボランティア　247
森林レクリエーション　221
親和性　131
水位調節　154
水田稲作　214
水媒伝染　86
水分管理　102
水分調整　76
すす病　81
ステップ　56
図と地　194
ストリート・ファニチュア　190,192,193,194
ストリートスケープ　192
スノーキャンドル　17,29
スプリングエフェメラル(Spring Ephemeral)　146,150
スポンサー花壇　24
西欧都市　5
生活環　84
生活形(life form)　55
生活史　148
整形式花壇　176
整形式庭園　184
生態　55
生態系サービス　237
生態的調和　80
生物学的防除　85,87
生物間相互作用　234
生物季節　233
生物多様性　12,234,241
生物多様性国家戦略 2012-2020　237
生物多様性条約　238
生物多様性条約第 10 回締約国会議(COP10)　237
生物農薬　85
生命の誕生　124
生理的休眠　149
生理病　85
積算温度　230,231
積雪　230,232
積雪深　56
施工段階での参加　200
節　53
石灰質肥料の種類　73
石灰施用　72
節間　53
設計図　170

事項索引

接触伝染　86
絶対的短日植物　58
セルトレイ　101
遷移　147
遷移後期性樹種　142
先駆性樹種　142
先行整備　201
先行利用　201
全国花のまちづくりコンクール　27,29
前栽　184
潜在自然植生　221
扇状地　252
染色体　124
剪定　138
全天日射量　222
鮮度保持剤　61
セントラル・パーク　188
そうか病　72
双幹　142,143
総合公園　7,189
走出枝　54
そう状形仕立て　119
相対照度　227
相対的短日植物　58
草本性　110
側枝　114,131
促成栽培　95
ソーシャル・キャピタル　ii,6,7
ゾーニング　240
染井村　90
疎林　142

[た行]

耐陰性　110
耐寒性　46,48,100,104,116,122
大気汚染物質　228
大規模住宅団地の再生　5
対生　53
大仙院方丈東庭　185
耐凍性　123
ダイナミックデザインプロセス　201
堆肥施用量と減肥　71
堆肥(づくり)　74,76
堆肥の成分表　75
堆肥場　31
タイプ標本　51
太陽高度　232
太陽放射　222
対流圏　228
体力低下　16
ダーウィンの進化論　50,124
他家受精　239
多重交雑品種　96
太政官布達　189,252
立枝　134,143
立ち枯れ病　103
立木密度　151

建物ファサード　192
多肉植物　46
タネの交換会　42
多年床花壇　57
多年草　46,100,103,132,170
炭カル　111
炭酸ガス処理　59
短日植物　58
短日性　102
暖地型イネ科芝草　104
タンニン　228
短波放射　222
タンポポ抜き　133
単葉　52
地域アイデンティティ　207
地域区分　240
地域景観　216
地域貢献活動　145
地域コミュニティ　3
地域主義　15
地域の文化　202
地温　232
地下茎　54,103,132
地球温暖化　224
地球放射　222
地区公園　189
築山庭造伝前編，後編　184
池泉回遊式庭園　185
窒素沈着量　227
窒素バンク(微生物・小動物の扶養)　65
窒素飽和　227
地表面アルベド　222
茶庭(露地)　185
チャリティ　8,9
中規模攪乱説　236
中心市街地の活性化　5
抽水植物　55
虫媒伝染　86
チュウレンジハバチ　80
凋花処理　103
頂芽優勢　60,122,131,134,136
長日植物　58,61
長波放射　222
眺望景観　191
沈床園(サンクンガーデン)　57
沈水植物　55
追熟　118
追肥　102
通気(エアレーション)　106
接ぎ木　95
蹲踞(つくばい)　185
土留め　176
ツトガ　83
壺庭　185
ツル状　111
ツル(性)　110,151
ツル(性)植物　46,48,170

266

ツルボケ　114
ツンドラ　56
抵抗芽　55
デイサービス　34
低層湿原　214
泥炭地　221
手稲山　218
低木　46,47,142
摘心　102
適正施肥　70
凸凹クラブ　20,22,23
手仕事　145
テーマカラー　170
田園都市(ガーデン・シティ)　189
天敵　79,80
天然記念物　219,220,221
天然更新　150
ドイツ　206
導管　130
冬季五輪　248
同系色　160
凍霜害　230
トウ立ち　112
胴吹き枝　134,143
動物季節観測　233
道立自然公園　146
灯籠　185
遠縁間交雑　126
特殊公園(風致公園)　7,189
毒性学　88
特定外来生物に指定　238
特定非営利活動法人　41
特別保護地区内　239
独立の法則　125
都市基幹公園　189
都市基盤整備　250
都市計画　4
都市公園(の種類)　189,257,258
都市公園法　189
都市整備プロジェクト　251
土壌が生む利子　68
土壌管理と施肥　117
土壌生物　64
土壌伝染　85
土壌のイメージ　64
土壌の機能　65
土壌の生成　62
土壌の窒素バンク　70
土壌肥沃度　65
土壌保全　65
都市緑地法　189
都市林　144
都心居住　250
都心の再生　251
土性　108
徒長枝　134,143
突然変異　95,126

飛石　185
トランジション・タウン　12,15
トリコーム(毛状体)　228
トレリス　172
トンカチ広場　21,22

［な行］

苗木　116
苗木の植えつけ　116
長岡安平　254,255
中島公園　254
ナガチャコガネ　82
ナシキジラミ　81
夏花壇　158,163
夏枯れ　104
納豆菌　76
ナミハダニ　81
南中時　232
西岡公園　6,7
二次発酵　77
ニッチ　234
日長時間　232
日本庭園　184
二名法　51
ニュースレター　203
庭づくり　168
人間・植物関係学会　33
ネグサレセンチュウ　82
ねじり鎌　133
熱収支　222
熱帯雨林　56,235
根雪　232
練り返し　73
野筋　184,185
野幌森林公園　221

［は行］

胚　148
バイオテクノロジー　127
倍数性育種　126
倍数体　96
バイテク育種　127
胚乳　148
ハイブリッド　92
パーク(park)　188
パークゴルフ　106
白砂青松　204,206
パーゴラ　186
播種床造成　72
走り枝　143
バスケット　113
パステルカラー　174
ハダニ類　80
鉢上げ　101
パッチ　235
バットグアノ　114
パティオ　186

事項索引

ハーディネスゾーン　→　植物耐寒ゾーン
バーテシリウム病　72
パートナーシップ　4,217
花植えの動機　3
花がら摘み　111,122
ハナショウブ園　46
花の里親　31
花のまちづくり運動　8
ハハー垣　187
ハーバリウム　128
ハーブ　14,46,49,113,178,179,180
ハーブガーデン　49,180
パブリックな空間　170
バーミキュライト　111
葉むしり　138
ハモグリバエ　82
葉物　161
葉物野菜の寄せ植え　113
林の美しさ　144
林を見る力　144
パラチオン　88
バラボランティア　25
バリアフリー　196,198,199
バリアフリー新法　197
春花壇　158,162
春植物　147,152
パルテール　186
春の七草　153
春播き一年草　46
ハワード　189
ハンギング（バスケット）　35,172,174,191
半自然草原　152
反対色　160
判読性　193
ハンノキ林　221
火いれ　147
非営利組織（NPO）　37
ビオトープ　152,154
ビオトープの適正配置　237
光飽和点　223
光補償点　223
微気象　108
ピークオイル　15
ピクチャレスク派　187
ピクトグラム（絵文字）　193
ひこばえ　97,134,143
ヒース　46,49
ヒースガーデン　49,57
ビスタ（通景線）　186
人里植物　153
避難場所　23
非平衡仮説　236
病害　84
病害虫　103
病害虫の防除　117
病気の診断　86
兵庫県立淡路景観園芸学校　33

ヒョウタンゾウムシ　81
病虫害　103
病徴　84
標本木　233
平岡公園人工湿地　153,154
ヒラタアブ　83
品種群　92
品種保護制度　127
ファサード　190
ファシリテーション　39
ファシリテーター　38,39
ファーマーズ・マーケット　15
フィトクローム　58,59
斑入り　49
風景　204,207
フェニルアラニン　228
フェノロジー　147,148
フェン　153,155
フォーカルポイント　162,172
フォーチュン　90,91
フォーラム　188
不完全変態　78
腐朽菌　77
福祉や医療　32
複葉　52
袋栽培　115
藤野むくどり公園　196
腐熟度判定　77
腐植　62,74
二股枝　122
物質循環　225
フットパス　208
フットパス・ネットワーク北海道　208
物理的休眠　149
物理的防除　87
プティ・トリアノン　187
不定根　130
ふところ枝　122,134,143
浮遊植物　55
冬枯れ　104
冬の公園　17
浮葉植物　55
プライベートな空間　170
ブラウン派　187
フラッシュカット　135
フラワーアレンジ　35
フラワーボックス　193
フラワーマスター制度　3
フラワーロード　29
フランス平面幾何学式庭園　186
プランター　112,113,115,191,193
ブランチカラー　135
プラントハンター　90,91
ブルーリスト　242,243,244
プレストン　93
プレーパーク　7
フロー型エネルギー　225

268

分化　131
分解・代謝研究　88
分散施肥パターン　70
分散施用　70
分離の法則　125
分類体系　50
平行枝　122,134
平衡仮説　235
平衡種数　237
閉鎖林　142
ヘテローシス　126
ベニモンアオリンガ　80
ベーマー　253
ベランダ菜園　177
ペリー　189
ベルサイユ宮苑　186
変異　124
防火帯　23
放射性核物質　68
報酬漸減の法則　69
防除　84
防風林　30,205
放牧　147
北大植物園　220
捕食関係　234
捕食寄生者　79
捕食者　79
舗石園(ペーブドガーデン)　57
ボーダーガーデン　46,49
ポタジェ　176,180
北海道ブルーリスト　172
ボッグ　153,155
北方圏　212
はふく(匍匐)枝　54,111
ほふく茎　132
ポプリづくり　35
ボランティア(活動)　6,23,32,36,37,38,39,40,42,247
ボランティア保険　23
ポリジーン　126

[ま行]

マイマイガ　228
前田森林公園　20
薪づくり　145
まちづくり　5,8
まちづくりのDNA　5
街並景観　2,190,192
街の周縁(フリンジ)　191
松浦武四郎　210,252
窓ホー　133
まとまった生育場所　235
間引き　101,113
マルチ(マルチング)　102,114,132
円山　219,256
円山公園　254
万葉集　90
実生　130,149

水の受け入れ　65
水の貯蔵・供給　65
身近な広葉樹林　145
ミックスボーダー花壇　166,167
密度曲線　145
ミトコンドリア　124
ミドリ摘み　138
緑の回廊　30
緑のカーテン　179,247
緑の基本計画　189,258
みどりの将来像図　258,259
宮部金吾　219,220
ミラーボーダー　164,165
むくどりホームふれあいの会　196
無公害可食エネルギー生産工場　68
無霜期間　230
夢窓疎石　184
無窒素栽培　70
命名　51
迷路　186
恵み野　8
メタ個体群　235
メタン　226
目土　106,107
メドウガーデン　57,188
メンデルの法則　125
藻岩山　219,220,256
毛状体　→　トリコーム
モエレ沼公園　221,256
木本性　110
モニタリング　217
モニュメント　172
もやかき　150
問題土壌　66

[や行]

野菜栽培　18
遣水　184,185
有機塩素系殺虫剤　88
有機物依存栽培の神話　70
有機リン剤　88
有効土層　63
有償ボランティア　41
遊水地　221
優性の法則　125
雪囲い　232
癒合組織　130
ユニバーサルデザイン　196,198,199,202
ユリ士園　47
百合が原公園　97
幼若ホルモン　61
葉序　53
葉身　52
要注意外来生物　238
養分貯蔵・供給　65
葉柄　52
ヨシ群落　214

事項索引

寄植え　172

[ら行]

ライフサイクルコスト　259
ライフスタイル　6
ライフステージ　2
ラウンケル　55
落葉広葉樹(林)　56,74,150,235
落葉樹　46
ラビリンス　186
ランテ荘　186
ランドシャフト(Landschaft)　204
ランドスケープ　192
ランドスケープ・ガーデニング　187
ランドスケープレベル　192
ランナー　103
ランニングコスト　173
ラン類　46
リグニン　228
リーダー　38
立面図　170
竜安寺庭園　185
緑被率　257
林冠　142
鱗茎　47,54
輪作　176
林床　146
輪生　53
リンネ(Linne)　50,124
ル・ノートル　186
レイズドベッド　35,172,199
レッドデータブック　146
レプトン　187
連作障害　84,176
連絡形成層　131
老化枝　122
露地　→　茶庭
ロックガーデン　49,57,187
ロビンソン　187
濾別　65
ローメンテナンス　29,42,188,241
ロングトレイル　209

[わ行]

矮化剤　61
わい性　94
ワイルドガーデン(野生園)　57,187
ワークショップ　43,200
ワークショップの特色や課題　203
惑星アルベド　222
和名(標準和名)　51

[A]

AKウェイ　209
AMAサポーターズ倶楽部　28

[B]

BHC　88

[C]

C／N比　77
CAM植物　59
CEC　77
CO_2原因説　224
CO_2施肥　226

[D]

DDT　88
DIF＝昼温－夜温　59

[F]

F_1雑種　126

[I]

IAA　60

[N]

NPO(団体)　39,41

[S]

STS(チオ硫酸銀)　61

[U]

UPOV条約　127

植物名索引

【あ行】

アイビー(類)　49,175
アイビーゼラニウム　175
アイリス　47
アオキ　47
アオダモ　48
アキタブキ(オオブキ)　212
アケビ　48
アゲラタム　101,102,175
アサガオ　48,90,102,114
アサギリソウ　49,110,175
アジサイ　47,48,102,140
アジュガ　49,110,111
アスター　46,58
アスチルベ　46,100,102,171
アストランティア　46
アスパラガス　178,179
アスパラスプリンゲリー　175
アナナス類　58
アネモネ　47,100,102
アブチロン　163
アブラナ科　112
アマ　28,84
アマチャヅル　53
アマーュウ　212
アマリリス　47
アメリカオニアザミ　242,243,244
アメリカセンダングサ　154
アメリカテマリシモツケ　49
アラビス　109,110
アリッサム(類)　101,109,111,175
アルケミラ　46,175
アルメリア　109,110
アレチウリ　242
アロエ　90
アワ　22
アンズ　90,116,117
イソトマ　175
イタチハギ　243
イタヤカエデ　218,219,235
イタリアンライグラス　105
イチイ　137
イチゴ　87
イチョウ　47,53,74
イヌタデ　153
イヌビエ　154
イヌビユ　153
イネ　84,87,212

イラクサ　23
イワミツバ　242,244
イワヨモギ　245
インゲン　113
インパチェンス　46,101,102
ウキクサ　55
ウスゲシナハシドイ　95,96
ウツギ類　47
ウバユリ　93
ウメ　90,117,140
　　　；豊後梅　116
ウラジロタデ　152
ウリ科　115
エキナセア　46
エゴノキ　48
エゾアザミ　212
エゾイタヤ　220
エゾエンゴサク　146,148,152
エゾスカシユリ　92,93
エゾゼンテイカ　215
エゾトリカブト　152
エゾニュウ　212
エゾノギシギシ　243
エゾノコリンゴ　90
エゾノシシウド　212
エゾノヒツジグサ　155
エゾノミズタデ　55
エゾノヨロイグサ　212
エゾノリュウキンカ　215
エゾマツ　212,218
エゾミソハギ　155,173
エゾムラサキツツジ　47,48
エダマメ　113
エビモ　55
エリカ　49
エルムルス　47
エンドウマメ(エンドウ)　84,113,125
オウゴンテマリシモツケ　49
オウトウ　→　サクランボ
オオアワダチソウ　153,242,243
オオイタドリ　212
オオウバユリ　149,212
オオカメノキ　235
オオキンケイギク　173,238,239,242,243
オオスズメウリ　221
オオバコ　153
オオバセンキュウ　212
オオハナウド　152,212
オオバナノユンレイソウ　146,148,149

植物名索引

オオハンゴンソウ　56,153,173,221,238,239,242,243
オオフサモ　242
オオミズゴケ　155
オキザリス　47
オダマキ　46,100
オトメユリ　93
オニカサモチ　212
オニグルミ　152,218,220
オニハシドイ　96
オニユリ　92
オバナ　→　ススキ
オヒョウ　220
オーブレイチア　109,110
オミナエシ　90,153
オランダイチゴ　54
オランダガラシ　242,243
オリヅルラン　163
オレガノ　49

【か行】

カイドウ　90
ガウラ　46
カエデ(類)　47,61,138,148
カキ　148
カキドオシ　110
カシワ　74
カスミソウ　102
カゼクサ　153
カタクリ　146,148,149,150,152,217
カタバミ　53
カツラ　218,219,220,235
カトウハコベ　152
カーネーション　58,61,100,102
カノコユリ　91,92,93
カブ(スズナ)　113,115,153
カボチャ　115,179
ガマ　55,154
カモガヤ　243
カラー　101,102,103
カラクサキンポウゲ　214
カラシナ　112,114
カラマツ　47,56,220,255
カランコエ　58,61
カーランツ　116
カルセオラリア　46
カルーナ・ブルガリス　49
カンナ　47,100
カンパニュラ　46
キイチゴ類　178
キキョウ　153
キクイモ　238,239,243
キク(科)　58,59,90,102,112
キクモ　153
キショウブ　238,239,242,243
キタミフクジュソウ　216
キノコ　85
キハダ　152,218

キバナコウリンタンポポ　242,244
キバナコスモス　242
キバナシャクナゲ　216
キバナノアマナ　146,148,149,152
ギボウシ(類)　49,102,110,171
キミキフガ　49
キャベツ　113
キャラボク　47
球根ベゴニア　47
キュウリ　61,87,113,115
キレハノイヌガラシ　111
キンギョソウ　46,101,102,126
キングサリ　48
キンセンカ　46,102
キンレンカ　46,101
クサボケ　90
クサヨシ　154
クズ　153,212
クスノキ　47
グーズベリー　116
クマイザサ　56,213
グミ　116
グラジオラス　47,101,102,103
グラス類　163
クリ　56,74,116
クリサンセマム(類)　22,162
クリスマスローズ　46,100,162,171
クリーピングタイム　181
クリーピングベントグラス　106
クリンソウ　110
クレオメ　46
グレコマ　175
クレマチス　48,102,177
グロキシニア　61
クロッカス　47,101
黒葉クローバー　110
グロリオサ　47
ケイトウ　100,101
ゲウム　46
ケシ科　100
ケヤキ　74,255
ゲラニウム　46,47
ケンタッキーブルーグラス　105,106
　　　　；アワード　106
コウシンバラ　120
コウホネ　155,221
コウヤマキ　47
コウライシバ　106
コウリンタンポポ　242,244
コカナダモ　243
ゴギョウ(ハハコグサ)　153
コスモス　46,101,102,242
コタヌキモ　213
コトネアスター　109
コナラ　56,74,145,150
コニファー類　47
コバイケイソウ　215

植物名索引

コブシ　47
コマクサ　49,239
コマツナ　113
コマユミ　235
ゴーヤ　48
コリウス　46,102
コンロンソウ　152

【さ行】

サカイツツジ　214
サギスゲ　155
サクユリ　91,93
サクラ(類)　47,48,74,90,140
サクラソウ　90
サクランボ(オウトウ)　35,116,117,118
　　；佐藤錦　118　；水門　118　；南陽　118　；北光　118
ザクロソウ　153
ササユリ　90,91,92,93
ササ(類)　150,151,152,153
サザンカ　90
サツキ　90,102
サツマイモ　54
サトイモ　54
サフィニア　175
サボテン　59,90
サラシナショウマ　152
サラダ菜　179
サラダリーフ　113
サルナシ　48
サルビア(サルビア・スプレンデンス)　46,100,101,102,126,
　　163,164,175
サワシバ　218,219
サンカヨウ　152
シイ・カシ類　47
ジギタリス　46
シクラメン　58,101,102
シセンハシドイ　94,95,96
シソ　179
シダ　90
シナノキ　218,219,220,235
ジニア　46,175
シバザクラ　108,111
シバムギ　243
シバ類　106
シャガ　110
ジャガイモ(馬鈴薯)　18,54,86,113,115,179
シャクナゲ　139
シャクヤク　46,90
シャコバサボテン　58
ジャノメギク　242
ジャーマンアイリス　46
シュウメイギク　46,100
宿根カスミソウ　58
宿根ビオラ　46
宿根ルピナス　46
シュンギク　112,113
ジューンベリー　48

ショウブ　221
シラー　47
シラカバ(シラカンバ)　47,61,212,218
シラタマミズキ　49
シレネ　110
シロタエギク(ダスティミラー)　47,49,110,163,175
シロツメクサ(クローバー)　53,242
スイカ　113,115
スイセン　47,54,100,101,103,162
スイートピー　48,58,61,102
スイレン　55,102
スカシユリ(*Lilium*×*elegans*)　91,92
スカビオサ　46,100
スギ　47,255
スギナ　103,111
ススキ(オバナ)　49,53,148,153,217
スズシロ　→　ダイコン
スズナ　→　カブ
スズラン　46,102,146,148,149,217
ズッキーニ　113,115
ストック　58,59
スナップドラゴン　175
スパティフィラム　58
スモモ　116,117
セイタカアワダチソウ　242,243
セイヨウタンポポ　241,242
セイヨウヒルガオ　243
セダム(類)　109,110
セラスチウム　109,110
ゼラニウム　102,175
セリ　153
セントポーリア　58
センニチコウ　100
センノキ　218

【た行】

ダイアンサス(類)　59,111
ダイコン(スズシロ)　113,115,153
ダイズ　148
タイム　49,179
タイム・ロンギカウリス　109
タカサゴユリ　93
ダケカンバ　215,218
ダスティミラー　→　シロタエギク
タチバナ　90
ダッチアイリス　102
タヌキモ　55,213
タピアン　175
タマネギ　18,54
タモトユリ　92
ダリア　47,101,103,163,164,166
タルクトルム　46
タンポポ　54,111
チェリーセージ　47
チオノドクサ　47
チカラシバ　153
チシマアザミ　212

273

植物名索引

チシマザサ　54,56,213,218
チャイブ　113,179
チャボハシドイ　96
チューリップ　27,47,101,102,162,163
チョウセンハシドイ　94,96
ツタウルシ　212
ツツジ(類)　90,139
ツバキ　90
ツボサンゴ　100
ツリバナ　48,235
ツルアジサイ　48,212
ツルシキミ　235
ツルハナガタ　109,111
ツルバラ　48,120
ツルマサキ　108,110,111,212
デイジー　162
テッポウユリ　59,91,92,93
デルフィニウム　46,61
ドイツスズラン　254
トウガラシ　114
トウキビ　179
ドクダミ　110
ドクニンジン　243
トチノキ　218
トチバニンジン　152
トドマツ　150,212,218,219,220
トマト　61,86,112,113,114,115,178
トルコギキョウ　58,59,61,126,128
トールフェスク　106
ドロノキ　218

【な行】

ナガバモウセンゴケ　213
ナシ　61,118
　　西洋ナシ　116,118
　　　　；バートレット　118
　　中国ナシ　116,118
　　　　；身不知(通称「千両」)　116,118
　　日本ナシ　116,118
　　　　；北新　118
ナス　112,113,114,178
ナスタチウム　175
ナズナ　54,153
ナツヅタ　48
ナツツバキ　48
ナツユキカズラ　48
ナデシコ(類)　58,90,101,110,153
ナナカマド　218
ナラ類　47
ニオイヒバ'ヨーロッパゴールド'　49
ニセアカシア(ハリエンジュ)　56,149,238,242,243
ニチニチソウ　100
ニラ　179
ニリンソウ　146,152
ニワウメ　116
ニンジン　18,113,115
ネギ　113,179

ネグンドカエデ　49
ネバリノギク　243
ネムノキ　149
ネムロコウホネ　55
ネモフィラ　162
ノイバラ　120
ノウゼンカズラ　48
ノシバ　106
ノハナショウブ　215
ノブドウ　212
ノムラモミジ　48

【は行】

ハイイヌガヤ　235
バイケイソウ　215
パイナップルセージ　47
パイナップルミント　49
ハイマツ　215,218
ハギ　153
ハクサンチドリ　215
ハクロニシキ　49
ハコベラ(ハコベ)　153
ハゴロモモ　243
ハシドイ　94,95,97
バジル　113
ハス　55,90
ハスカップ　116,119,178
ハナショウブ　46,254
ハナミズキ　48
ハニーサックル　48
バーバスカム　46
パプリカ　114
バーベナ　46,101,175
ハマエンドウ　149
ハマナス　47
ハマヒルガオ　149
バラ　25,47,58,59,102,120,177
　　イングリッシュローズ　120
　　オールドガーデンローズ　121
　　シュラブローズ　120,122,123
　　ハイブリッドティーローズ　121
　　ブッシュローズ　120
　　フロリバンダローズ　121,123
　　ポリアンサローズ　120,121,122,123
　　モダンローズ　121
ハリエンジュ　→　ニセアカシア
ハリギリ　152
ハリナデシコ　109
ハルジオン　238,239,243
ハルニレ　47,74,221,235
馬鈴薯　→　ジャガイモ
ハンガリーハシドイ　94
パンジー　100,101,102,126,162
ハンノキ　155,221
ヒエ　22
ヒオウギアヤメ　215
ビオラ　100,162

274

ヒシ　55
ヒバ類　47
ヒマラヤハシドイ　94
ヒマワリ　22,46,100,101
ピーマン　112,113,114
ヒメシャガ　110,111
ヒメジョオン　243
ヒメスイバ　111
ヒメチチコグサ(エゾノハハコグサ)　244,245
ヒメフウロ　152
ヒメムカシヨモギ　243
ヒャクニチソウ　101
ヒヤシンス　47,162
ビンカ・マヨール　110
ビンカ・ミノール　110,111
ビンカ類　111
フウチソウ　49,163
フウリンソウ　46
フェスク類　105
フクシア　163
フクジュソウ　146,152
フジ　48,90
フジバカマ　153
ブタクサ　242,243,244
ブタナ　242,244
フッキソウ　102,110
ブドウ(類)　48,61,116,118
　　　　：キャンベル・アーリー　118　；ナイヤガラ　118　；ポートランド　118
ブナ　56
プミラ　175
プラタナス　74
フランスギク　242
フリージア　58
プリムラ・マラコイデス　58
プリムラ(類)　46,61,102,111,162
ブルーサルビア　163
ブルーベリー　116,117,119,141,178
　　　ハイブッシュ種　119
　　　ラビットアイ種　119
プルモナリア　46
ブルンネラ　162,163
フレンチマリーゴールド　100,101
フロックス　102
ブロッコリー　113
プンゲンストウヒ　48,49
ベゴニア　58,254
ベゴニアセンパーフローレンス　46
ペチュニア　46,101,102,163,175
ヘデラ・ヘリックス　48
ベビーリーフ　113
ヘメロカリス　46
ヘラオオバコ　242,243
ヘリクリサム　49,163,175
ペレニアルライグラス　105
ベロニカ　100
ペンステモン　46

ベントグラス類　106
ポインセチア　58,102
ホウノキ　218
ホウレンソウ　113
ホザキシモツケ　216
ホタルサイコ　152
ホタルブクロ　100
ボタン　90
ボタンウキクサ　238,239
ホップ　25,26,28,48
ホテイアオイ　238,239
ホトケノザ(コオニタビラコ)　153
ポリゴナム　46
ホリホック　46

【ま行】
マーガレット　47,102,175
マタタビ　212
マツモ　55
マツ(類)　47,90,138
マドンナリリー(ニワシロユリ)　91
マメ(科)　100,177
マリーゴールド　13,14,22,46,100,102,113,126,163,164
マルバフジバカマ　221
マロウ　46,181
マンシュウハシドイ　94
ミズアオイ　155,221
ミズゴケ　213
ミズナ　114
ミズナラ　145,150,218,219,220,235,236
ミズバショウ　146,217
ミズヒキ　46,152
ミゾソバ　155
ミツガシワ　155
ミツバ　112,179
ミニトマト　35,114,179
ミヤコザサ　56,213
ミヤコワスレ　100,102
ミヤマガマズミ　235
ミヤマハンノキ　215
ミヤマタタビ　212
ミョウガ　112
ミント　54
ムシトリナデシコ　242
ムジナスゲ　152
ムジナモ　213
ムスカリ　47,100,103,162
ムラサキカタバミ　238,239
ムラサキサギゴケ　110
ムラサキツメクサ　242
ムラサキハシドイ　→　ライラック
紫フキ　110
メイヤーライラック　94,95,96
メグサハッカ　245
メタセコイヤ　47
メドウフェスク　106
メマツヨイグサ　243

植物名索引

メランポジューム　46,175
メロン　113,115
モウセンゴケ　155,213
モナルダ　46
モミジ　90,138
モモ　61,90,116,117,148
モンステラ　58

【や行】

ヤチカンバ　214
ヤチスゲ　155
ヤチダモ　152
ヤナギ　172
ヤナギトラノオ　155
ヤブコウジ　90
ヤマアワ　155
ヤマシャクヤク　152
ヤマツツジ　47
ヤマハンノキ　218
ヤマブキ　47,90
ヤマブドウ　212
ヤマボウシ　48
ヤマモモ　47
ヤマユリ　91,92,93
ユウゼンギク　221
ユキノシタ　110,111
ユスラウメ　116
ユーパトリウム　46
ユリ　47,90,101,163,164,166
　　；ロートホルン　93
　　アジアティックハイブリッド　92,93
　　アメリカンハイブリッド　92
　　オリエンタルハイブリッド　92,93
　　　　；カサブランカ　92
　　オリエンペットハイブリッド　92,93
　　トランペットハイブリッド　93
　　トランペットハイブリッド/オーレリアンハイブリッド　92
　　マルタゴンハイブリッド　92
　　ロンギフローラム　アジアティックハイブリッド　92,93
　　ロンギフローラム　オリエンタルハイブリッド　92,93
ヨシ　154
ヨブスマソウ　212
ヨーロッパクロマツ　255

【ら行】

ライラック(ムラサキハシドイ，リラ)　30,94,95,96,97,140
　　ヒアシンシフローラライラック　96
　　プレストンライラック　95,96
　　フレンチライラック(フレンチハイブリッド)　95,96
ラズベリー　116
ラディッシュ　113
ラナンキュラス　100,102
ラベンダー　35,47,49,56,100,102
ラミウム　46,110,175
ラムズイヤー　49,181
ラワンブキ　212,216
ラン　90
リーガルリリー　92
リグラリア　49
リシマキア　110,111,175
　　；リシマキア'オーレア'　49
リシマキア・キリアータ　49
リシリオウギ　215
リシリゲンゲ　215
リシリコザクラ　215
リシリゼキショウ　215
リシリソウ　215
リシリトウウチソウ　215
リシリトリカブト　215
リシリヒナゲシ　146,215,239
リシリブシ　215
リシリリンドウ　215
リラ　──→　ライラック
リンゴ　61,116,117,141
　　；あかね　117　；さんさ　117　；つがる　117
リンドウ　100,102
ルドベキア　46,100
ルピナス　53
レタス　61,112,113,179
レックスベゴニア　102
レッドフェスク　106
レブンアツモリソウ　146,215
レブンウスユキソウ　215
レブンキンバイソウ　215
レブンクモマグサ　215
レブンコザクラ　215
レブンサイコ　215
レブンソウ　215
レブントウヒレン　215
ローズマリー　102
ロックローズ　111
ロベリア　100,101,175

【わ行】

ワタスゲ　155
ワルナスビ　243

【執筆者紹介】(五十音順) *執筆者兼編集委員

秋山　忠継(あきやま ただつぐ)　新琴似六番通り街づくりクラブアドバイザー
淺川昭一郎(あさかわ しょういちろう)*　(公財)札幌市公園緑化協会理事長・北海道大学名誉教授
天野　正之(あまの まさゆき)　元農水省野菜・茶業試験場長
荒川　克郎(あらかわ かつろう)*　元(公財)札幌市公園緑化協会事務局長，ガーデンリリーファーム園主
飯田　俊郎(いいだ としろう)　札幌国際大学スポーツ人間学部教授
五十嵐　博(いがらし ひろし)　北海道野生植物研究所代表
石田　享平(いしだ きょうへい)　環境複合研究所代表
石田　哲也(いしだ てつや)　前田森林公園凸凹クラブ代表
庵原　英郎(いはら ひでお)　(公財)札幌市公園緑化協会百合が原公園管理事務所長
上田　悦路(うえだ えつじ)　高野ランドスケーププランニング㈱
上田　裕文(うえだ ひろふみ)　札幌市立大学デザイン学部講師
内倉裕美(うちくら まゆみ)　NPO法人ガーデンアイランド北海道副理事長
生方　雅男(うぶかた まさお)　北海道立総合研究機構 花・野菜技術センター主任研究員
梅木あゆみ(うめき あゆみ)　㈲コテージガーデン代表取締役
浦野　慎一(うらの しんいち)　北海道大学名誉教授
大竹　正枝(おおたけ まさえ)　園芸療法研究者
大坪　靖(おおつぼ やすし)　ホクサン㈱技術普及部課長
大森　有紀(おおもり ゆき)*　(公財)札幌市公園緑化協会前田森林公園職員
岡野　牧子(おかの まきこ)　園芸療法ぐり〜んの会
小川　巌(おがわ いわお)　エコ・ネットワーク代表，前酪農学園大学農食環境学群教授
奥田　裕志(おくだ ひろし)　元ホクサン㈱農業科学研究所
狩野亜砂乃(かりの あさの)　グリーンエプロンズ代表
草苅　健(くさかり たけし)　北の森林と健康ネットワーク副理事長
工藤　敏博(くどう としひろ)　イコロの森代表
熊木真智恵(くまき まちえ)　ガーデニング リラの会
小池　孝良(こいけ たかよし)　北海道大学大学院農学研究院教授
近藤　哲也(こんどう てつや)　北海道大学大学院農学研究院教授
齊藤　泉(さいとう いずみ)　元道南農業試験場長
坂本　純科(さかもと じゅんか)　NPO法人人まち育てI&I理事長
櫻井　亮一(さくらい りょういち)　㈱KITABA取締役主席プランナー・㈱プラッツ代表取締役
鮫島　宗俊(さめしま むねとし)　(公財)札幌市公園緑化協会職員・樹木医
鈴木　浩二(すずき こうじ)　札幌市環境局みどりの推進部みどりの推進課企画係長
孫田　敏(そんだ さとし)　㈲アークス代表取締役
田淵美也子(たぶち みやこ)*　元(公財)札幌市公園緑化協会円山公園職員，樹木医
辻井　達一(つじい たついち)　前北海道環境財団理事長
都築　仁美(つづき ひとみ)　元(公財)札幌市公園緑化協会さっぽろ花と緑のネットワーク事務局職員
中井　和子(なかい かずこ)　中井景観デザイン研究室代表
中嶋　博(なかじま ひろし)　北海道大学名誉教授
中原　宏(なかはら ひろし)　札幌市立大学デザイン学部教授
中村　佳子(なかむら よしこ)　(公財)札幌市公園緑化協会創成川公園職員・NPO法人公園ねっとわーく代表理事
西宗　昭(にしむね あきら)　元北海道農試畑作研究センター長
走川　貴美(はしりかわ よしみ)　AMAサポーターズ倶楽部代表
丸山　博子(まるやま ひろこ)　丸山環境教育事務所代表
村田　林音(むらた りんね)　元NPO法人ガーデンアイランド北海道職員，㈱プラッツ
矢崎　友嗣(やざき ともつぐ)　元(一社)湿原研究所研究員，北海道大学大学院農学研究院博士研究員
矢部　和夫(やべ かずお)　札幌市立大学デザイン学部教授
山崎　真実(やまざき まみ)　札幌市博物館活動センター
山田　順一(やまだ じゅんいち)　(公財)札幌市公園緑化協会中島公園職員
山田　岳志(やまだ たけし)　(公財)札幌市公園緑化協会豊平公園主任
吉田　惠介(よしだ けいすけ)*　札幌市立大学デザイン学部教授
笠　康二郎(りゅう こうざぶろう)*　㈲緑化計画代表取締役
渡辺　久昭(わたなべ ひさあき)　元北海道立植物遺伝資源センター場長

【編集委員】
源田　良貴(げんだ よしたか)　(公財)札幌市公園緑化協会総務課長
松田　和加(まつだ わか)　(公財)札幌市公園緑化協会都市緑化基金主任
澤田　拓矢(さわだ たくや)　(公財)札幌市公園緑化協会平岡公園所長
西　志乃(にし しの)　元(公財)札幌市公園緑化協会さっぽろ花と緑のネットワーク事務局職員
熊谷　怜奈(くまがい れいな)　(公財)札幌市公園緑化協会さっぽろ花と緑のネットワーク事務局職員
村山亜花利(むらやま あかり)　(公財)札幌市公園緑化協会職員

【写真撮影者・提供者一覧(五十音順)】

カバー：

淺川昭一郎，内倉真裕美，鎌田さやか，熊谷怜奈，下谷地雄三，田淵美也子，豊平公園，中島公園，中村佳子，走川正裕，前田森林公園，円山公園，村山亜花利

本扉・本扉裏・章扉・章末：

大石将人，大通公園，熊谷怜奈，田淵美也子，中村佳子，西　志乃，西宗成樹，村山亜花利，山室睦未，笠　康三郎

左：夏の日(前田森林公園) / 撮影：簑田祥健 / さっぽろ緑と花のフォトコンテスト* 平成25年度サービスサイズ入選
右：秋の親子(円山公園) / 撮影：桑原吉行 / さっぽろ緑と花のフォトコンテスト* 平成22年度四つ切りサイズ優秀賞
*(公財)札幌市公園緑化協会主催

公益財団法人 札幌市公園緑化協会

　昭和59(1984)年設立。平成25(2013)年公益財団法人へ移行。都市緑化，公園緑地および自然環境などに関する事業を通して，みどり豊かで潤いのある持続可能な都市づくりを推進するとともに，健全な地域社会の形成と生活文化・福祉の向上に寄与することを目的とし，札幌市を中心とする北海道内において事業を行う。

　大通公園・中島公園・モエレ沼公園・百合が原公園など，札幌市の主要な公園を指定管理者として管理しているほか，国営滝野すずらん丘陵公園を共同体代表として管理している。また，札幌市都市緑化基金の造成・管理・運営を行い，運用益によって札幌市内の民有地緑化と普及啓発のための事業を実施している。

まちづくりのための
北のガーデニングボランティアハンドブック

発　行
2014年6月25日　第1刷

編　者
公益財団法人 札幌市公園緑化協会

発行者
櫻井　義秀

発行所
北海道大学出版会
札幌市北区北9条西8丁目 北海道大学構内（〒060-0809）
Tel.011(747)2308/Fax.011(736)8605・振替 02730-1-17011
http://www.hup.gr.jp/

Ⓒ公益財団法人 札幌市公園緑化協会，2014

印刷・製本
株式会社アイワード

ISBN978-4-8329-7414-2

愛好家から研究者まで **北海道大学出版会の図鑑・図譜**

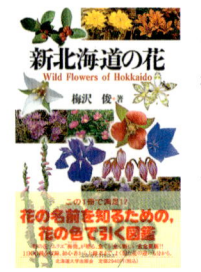

新北海道の花
梅沢 俊 著
ISBN 978-4-8329-1392-9
四六判変型・464頁
本体価格 2800円

春の植物1
河野昭一 監修
ISBN 978-4-8329-1371-4
Ａ4判・122頁
本体価格 3000円

春の植物2
河野昭一 監修
ISBN 978-4-8329-1381-3
Ａ4判・120頁
本体価格 3000円

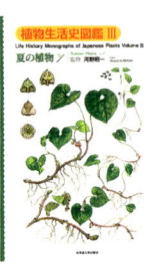

夏の植物1
河野昭一 監修
ISBN 978-4-8329-1393-6
Ａ4判・124頁
本体価格 3000円

バッタ・コオロギ・キリギリス大図鑑
日本直翅類学会 編
ISBN 978-4-8329-8161-4
Ａ4判・728頁
本体価格 50000円

札幌の昆虫
木野田君公 著
ISBN 978-4-8329-1391-2
四六判・416頁
本体価格 2400円

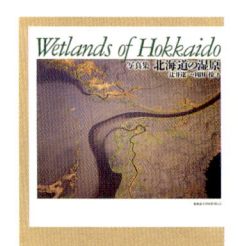

写真集 北海道の湿原
辻井達一・岡田 操 著
ISBN 978-4-8329-8031-0
Ｂ4判変型・252頁
本体価格 18000円

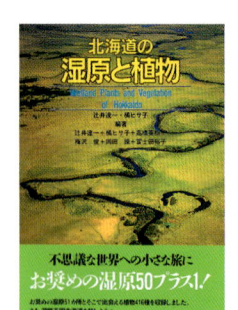

北海道の湿原と植物
辻井達一・橘 ヒサ子 編著
ISBN 978-4-8329-1361-5
四六判・266頁
本体価格 2800円

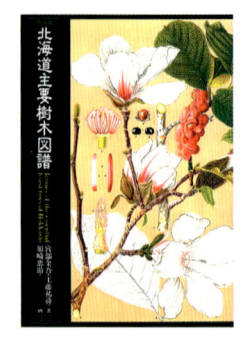

普及版 北海道主要樹木図譜
宮部金吾・工藤祐舜 著／須崎忠助 画
ISBN 978-4-8329-9142-2
Ｂ5判・188頁
本体価格 4800円

北海道高山植生誌
佐藤 謙 著
ISBN 978-4-8329-8173-7
Ｂ5判・708頁
本体価格 20000円

原色 日本トンボ幼虫・成虫大図鑑
杉村光俊・石田昇三・小島圭三・石田勝義・青木典司 著
ISBN 978-4-8329-9771-4
Ａ4判・956頁・本体価格 60000円